電路板新進工程師手冊（二版）

Junior Engineers' Handbook (second edition)

台灣電路板產業學院
Taiwan PCB Institute

目 錄

目 錄　　　電路板新進工程師手冊（二版）

目 錄

目 錄

電路板新進工程師手冊（二版）

13.4.3 電漿蝕刻及化學蝕刻 504

第十四章 電路板品質要求 506

14.1 前言 506

14.1.1 繁複的製程與嚴格的品質要求 506

14.1.2 客戶產品規格變更頻繁，交期短 506

14.2 品管系統 507

14.3 電路板製造各製程品質要求 509

14.3.1 電路板生產過程不同階段的品保確認工作 509

14.3.2 批量管理與追蹤 514

14.3.3 印刷電路板的規格 517

14.4 電路板的可靠度要求 523

14.4.1 多層電路板整體可靠度的探討 524

14.4.2 電路板的應力及環境測試 525

14.4.3 常見電路板的可靠度測試項目 530

第十五章 工程師必知創新手法介紹 534

15.1 創新的重要性 534

15.1.1 S 曲線 534

15.2 產業常用的創新手法介紹 536

15.3 以「TRIZ- 創新發明問題解決理論」導入電路板產業之創新 537

15.3.1 前言 537

15.3.2 TRIZ 的沿革與內容 540

15.3.3 TRIZ 解題流程與工具選擇 545

15.3.4 技術系統的進化模式 (演進型態)
TRIZ Patterns of Evolution of Technological Systems 545

15.3.5 矛盾 (衝突) 矩陣與發明原理 548

15.3.6 電路板產業應用實例說明 552

15.4 後語 561

第十六章 附錄 563

圖片來源說明： 564

參考資料： 588

TPCA 目錄

理事長 序

為培育人才，協會編纂相關教材與出版專書，由衷期盼透過技術分享及知識擴散的力量，增進人才專業力，提升企業競爭力，進而驅動整體產業永續經營與發展。

睽違6年，推出「電路板新進工程師手冊（二版）」，修訂及調整相關資訊，為學習電路板知識奠定良好基礎。有鑑於現今的教育體系未針對電路板設有專門科系，故各大專院校的學生及電路板產業新進工程師，皆可運用本教材了解工程師守則、電路板產業發展、電路板結構與製程及未來展望。

面對全球快速變化的情勢，我們始終相信企業競爭力來自不斷的創新，而知識正是創新的泉源。協會將持續關注電路板知識與技術的推廣，期待同業及相關產業能共同培育人才。為此，可以鼓勵員工參與，由經濟部工業局所推出的「電路板製程工程師能力鑑定考試」，激發人才自主充電，讓學習續航力不間斷。

最後，感謝這本書的作者，同時也是TPCA的顧問—張靖霖先生。感謝所有幫助過協會之產官學研各界先進，未來TPCA將更努力地持續推廣新知，讓我們一同迎接更多機遇及挑戰！

台灣電路板協會
理事長 李長明
2023年9月

作者序

　　印刷電路板製程工程師基本的工作，是對電路板的製程異常進行監測與問題分析，尋求暫時與永久的解決方法。平時藉由各項生產品質與效能指標進行製程維護與改善，確保產品生產品質穩定與流程順暢，以提升良率與產出。筆者30幾年前服完兵役後的第一個工作就是印刷電路板廠的製程工程師一職，當時的主要工作內容與職掌為：

- 電路板生產線良率及轉換率提升與改善
- 電路板製程參數調整及最佳化
- 電路板製程異常問題分析及改善
- 降低成本
- 協助電路板新製程技術之設備與原物料導入
- 協助試量產

　　由於時空變化以及消費者對於電子科技產品的需求期望，使得現在的電子產品功能和以前有很大的差異：

- 人口增加快速，同時開發中及已開發國家的普遍購買力增加，促使產品不斷推陳出新
- 3C產品的廉價化使市場需求大增因此，電路板設備產能迅速擴大
- 可攜式智慧型的電子產品輕量化，讓電子零組件的設計越形成輕薄短，電路板的製造難度大幅提高
- 環保及氣候變遷議題，讓產業的供應鏈必須思考技術、品質、成本以外的社會責任議題，淨零排放已是全球共識，也是產業無法迴避的高難度挑戰

　　所以30年來製程工程師的基本職責變化不大，但是需要的專業背景卻有不少差別。以前的製程工程師以化學化工科系為主，但現今材料、光學、電子、電機等背景的工程人員角色加重，可以整合各類需求的專案能力者更是吃香，現在的電路板產業已是一個集合電性設計、機械製造、化學化工程序、材料科技、光學工程、機電整合⋯等等多元技術結合的產業。唯有匯聚各專業領域之技術並善加整合，才能達成此產品所期待的各項特性。

　　由於科技創新速度之快已超乎我們的想像，要作為一個稱職的產業製程工程師，除了個人專業背景及培養整合能力外，更要放眼未來，迎接AI導入的智慧製造帶來的工作上衝擊。以下是筆者給想要成為一個頂尖工程師需要的能力內涵的建議，與大家共勉之：

品保手法

1. 全面品質管理/6標準差/統計製程管制 TQM/6 Sigma/SPC
2. 解決問題技法 Problem solving
3. 實驗設計 Design of experiments
4. 失效模式效應分析 FMEA

生產管理

8. 專案管理 Project management
9. 精實生產 Lean Production
10. 智慧製造 Smart manufacturing
11. 機械語言程式 Mechanical Language

創新

15. 技術路線圖 Technology Roadmapping
16. 創新思維與方法 Innovation Methods

工程技術

5. 逆向工程 Reverse Engineering
6. 技術報告書寫 Technical writing
7. 設計製造 Design for manufacturing

永續

12. 產品生命週期評估 Product LCA
13. 全球暖化與氣候變遷 Global Warming and Climate Change
14. 循環經濟與低碳製造技術 Circular Economy & Low Carbon Emitting Manufacturing

CHAPTER **1**

頂尖製程工程師的職能培養

第一章 頂尖製程工程師的職能培養

　　人生下來逐漸長大有意識、有記憶後，除了生理本能的需求以外，我們每天醒來必做的兩件事：一是選擇，另一個是解決問題。

　　每天我們一睜開眼就面對無數選擇，小至吃甚麼早餐、穿什麼衣服，大至讀什麼科系、買哪款汽車、選擇什麼人當終身伴侶…只是我們將大部分選擇過程視為理所當然，或重複這個過程而不自知。我們可曾思考過：這些選擇的根據是什麼？它們是怎麼形成的，又被哪些因素影響？我們所做的決定，真的都是出於自己的選擇嗎？這些選擇，是否都有意義？將選擇權交給他人，對自己會不會更好？……選擇是一種藝術，可以有很好的創意，但更多根基於你有沒有足夠的知識輔助你做選擇——不論是自己掌握知識，抑或仰賴專業人士提供協助。

　　每天我們面對大大小小的問題，你可以忽視它，但問題不會消失，只會造成生活或工作上的困擾；因此需要積極面對它，我們必須習得查找問題、分析問題、解決問題、追蹤成效的邏輯思維方法，進而養成習慣。

　　由於時空變化及消費者對於電子科技產品的需求與期望，使得現在的電子產品功能和以前有很大的差異：

- 人口增加快速，普遍開發中及已開發國家的購買力增加，促使產品不斷推陳出新

- 4C產品的廉價化使產量需求迅速擴大

- 可攜式智慧型的電子產品讓電子零組件的製造難度提高

- 環保及氣候變遷議題，讓產業的供應鏈必須思考技術、品質、成本以外的社會責任議題，所以30年來製程工程師的基本職責變化不大，但是需要的專業背景卻有不少差別。

　　以前的製程工程師以化學、化工科系為主，但現今材料、光學、電子、電機等背景的工程人員角色加重，可以整合各類需求的專案能力者更是吃香，現在的電路板產業已是一個集合電性設計、機械製造、化學化工程序、材料科技、光學工程、機電整合…等等多元技術結合的產業。唯有匯聚各專業領域之技術並善加整合，才能達成此產品所期待的各項特性。由於科技創新速度之快已超乎我們的想像，所以要作為一個稱職的產業製程工程師，除了個人專業背景，培養整合能力外，更要放眼未來迎接工業4.0帶來的衝擊。以下是筆者給想要成為一個頂尖工程師需要的能力內涵的建議，與大家共勉之：

品保手法

1. 全面品質管理/6標準差/統計製程管制 TQM/6 Sigma/SPC
2. 解決問題技法 Problem solving
3. 實驗設計 Design of experiments
4. 失效模式效應分析 FMEA

工程技術

5. 逆向工程 Reverse Engineering
6. 技術報告書寫 Technical writing
7. 設計製造 Design for manufacturing

生產管理

8. 專案管理 Project management
9. 精實生產 Lean Production
10. 智慧製造 Smart manufacturing
11. 機械語言程式 Mechanical Language

永續

12. 產品生命週期評估 Product LCA
13. 全球暖化與氣候變遷 Global Warming and Climate Change
14. 循環經濟與低碳製造技術 Circular Economy & Low Carbon Emitting Manufacturing

創新

15. 技術路線圖 Technology Roadmapping
16. 創新思維與方法 Innovation Methods

1. 全面品質管理 /6 標準差 / 統計製程管制 TQM/6 Sigma/SPC

TQM 是以顧客需求為中心，承諾要滿足或超越顧客的期望。讓全員參與，採用科學方法與工具，持續改善品質與服務，應用創新的策略與系統性的方法，不但重視產品品質，也重視經營品質、經營理念與企業文化。也就是以品質為核心的全面管理，追求卓越的績效。

2. 解決問題技法 Problem solving

人們每天醒來就會碰到各式大小不一，或複雜或簡單的問題，各依經驗設法解決這些問題；製程工程師最重要的工作任務就是協助產線各式問題的解決，以維持生產效能與品質的穩定，進一步提升技術能力，協助產品升級，因此解決問題是必備的技能。解決問題的工具如8D Report、KT法、DMAIC、QC Story、TRIZ 的矛盾矩陣/發明原理、麥肯錫/波士頓解決問題方法等都是很好的手法。

3. 實驗設計 Design of Experiment

實驗設計 (Design Of Experiment, 簡稱 DOE)，是研究和處理多因子與反應變數關係的一種方法。透過合理地挑選試驗條件，安排試驗，並通過對試驗資料的分析，從而建立反應與因數之間的函數關係，或找出總體最優的改進方案。最基本的試驗設計方法是全因子試驗法，需要的試驗次數最多，其它試驗設計方法均以"減少試驗次數"為目的，例如部分因子試驗、正交試驗、均勻試驗等。

4. 失效模式效應分析 FMEA

對系統範圍內潛在的失效模式加以分析，以便按照嚴重程度予以分類，或者確定失效對於該系統的影響。失效原因是指加工處理、設計過程中或產品本身存在的任何錯誤或缺陷，尤其是那些會對消費者造成影響的錯誤或缺陷；失效原因可分為潛在的和實際的。影響分析指的是對於這些失效之處的調查研究，採取行動措施，從而消除或減少失效。

5. 逆向工程 Reverse Engineering

逆向工程（英語：Reverse Engineering），又稱反向工程，是一種技術仿造過程，即對一專案標的產品進行逆向分析及研究，從而演繹並得出該產品的處理流程、組織結構、功能效能規格等設計要素，以製作出功能相近，但又不完全一樣的產品。逆向工程源於商業及軍事領域中的硬體分析。其主要目的是，在無法輕易獲得必要的生產資訊下，直接從成品的分析，推導產品的設計原理。

6. 技術報告書寫 Technical writing

職場上工程師會有許多的專案工作，不管是主持者或協同者的角色，過程中需要有計畫執行與成效追蹤的能力；專案完成也需要將成效做完整易懂的報告呈現，並作為經驗傳承的文件，這包括邏輯思考、文字表達以及簡報能力。

7. 卓越設計 DFX

DFX就是「Design for Excellence」的意思，也就是卓越設計，而Excellence可以引申到各個領域及面向中，希望產品可以設計得更出色與完美，所以很多人就把Excellence置換成了可製造性(Manufacturability)、可測試性(Testability)、可檢驗性(Inspection)、可維修性(Repairability)、可回收性(Recycle)、符合成本性(Cost)…等，代表著產品在其生命週期中的各個階段的要求。

8. 專案管理 Project management

專案管理幫助團隊在專案中組織、追蹤並執行工作。專案管理是一種工具，是為完成特定目標而進行的一組任務。專案管理可以幫助專案任務的團隊規劃、管理並執行工作，按時實現專案要求。藉由這個工具，公司可以知道全部工作細節，分享回饋和推動進度，實現更高效的團隊合作。

9. 精實生產 Lean Production

是指能用最少的人力、物料、機器、空間、庫存、金錢等資源投入，獲得最多的產出，使企業的競爭力、獲利率最大化的生產體制，而且是一個有賴於持續不斷改善與改革的行動。

10. 智慧製造 Smart Manufacturing

「智慧製造」是將物聯網、數位化工廠、雲端服務、通訊等技術緊密扣合，創造虛實整合的製造產業，徹底改變一直以來的製造思維。工業4.0的價值是利用物聯網、感測技術連結萬物，機械與機械、機械與人之間可以相互溝通，將傳統生產方式轉為高度客製化、智慧化、服務化的商業模式，可以快速製造少量多樣的產品，因應快速變化的市場，且維持一定的品質水準。

11. 機械語言程式 Mechanical Language

不久的將來是人與AI智慧合作的時代，有很多人機互動的模式，程式語言顯然會成為每一個人必需學習的「外語」。學習如何以正確邏輯思考，如何懂得以運算思維解決問題，將成為數位公民必備技能。在以人工智慧技術為重的發展趨勢中，具備基礎程式語言能力，藉由抽象化、自動化、解析等邏輯演算思考模式，用更有效率方式解決問題。

12. 產品生命週期評估 Product LCA

指分析評估一項產品從生產、使用到廢棄或回收再利用等不同階段所造成的環境衝擊，包括能源使用、資源的耗用、污染排放等。生命週期思考代表將一項產品在整個生命週期中(從原物料萃取到原料加工、生產、配送、使用、修理、維護和廢棄或回收)，對環境、社會和經濟產生的影響納入考量，也考慮到價值鏈。

13. 全球暖化與氣候變遷 Global Warming and Climate Change

過去一世紀，人類大量地燃燒化石燃料，以及工業生產、大幅度開墾林地、拓展農業、人類生活過程的各式溫室氣體（包括二氧化碳、甲烷、水蒸氣、氧化亞氮等）排放，造成大氣中的二氧化碳濃度增加，導致溫度升高，引發各種極端天氣如乾旱、暴雨、熱浪等。氣候變遷儼然是21世紀要嚴肅以對的議題，如何把人類活動排放的溫室氣體減少至工業革命前的水準，讓地球永續，這是工程師可以努力貢獻的機會。

14. 循環經濟與低碳排製造技術 Circular Economy & Low Carbon Emitting Manufacturing

地球資源有限，面對有限資源不斷減少的情況，循環經濟是勢在必行的發展趨勢：資源循環利用、重複填充、共享、租用代替擁有..等。利用循環經濟模式，降低活動或工業製造的耗能及廢棄物，開發低耗能低成本的製程技術，以達到產業永續目標。

15. 技術路線圖 Technology Roadmap

一份文件或指引，其內容勾勒出組織的科技計畫理念、產品開發以及服務等策略內容。圖中必須勾勒出目前已經在使用的技術、未來需要建置的技術，以及如何避免風險和降低成本、控制錯誤和升級過時技術的作法。

16. 創新思維與方法 Innovation Methods

人類文明與科技的進步皆來自於各領域的專業人士不斷地進行創新，S曲線也不斷地正向堆疊進步。創造、提升價值的所有基本假設都處於不斷變化中：怎樣造就新技術？效益如何？規模如何？競爭對手是誰？顧客是誰？他們想要什麼？誰又擁有什麼？風險在哪裡？「想像力」與「判斷力」是造就創新思維的原動力，打破慣性思維是維持創新最好的方法。

CHAPTER **2**

工程倫理與工程師職責

第二章 工程倫理與工程師職責

2.1 何謂倫理

倫理（Ethics）通常和道德（Moral）放在一起，定義為一群人或一種文化所認可的所有行為準則。簡而言之，倫理道德（ethics），就是在判斷：『好與壞，是與非，合適與不合適』

2.2 工程倫理

工程倫理（Engineering ethics）是應用於工程技術的道德原則系統，是一種應用倫理。工程倫理是在審查與設定工程師對於專業、同事、僱主、客戶、社會、政府、環境所應負擔的責任。工程師在解決人類活動中各類問題的過程，不可能不計成本與代價，他會受以下的約制：

A. 有限的時間　　　　　　B. 有限的經費

C. 有限的資源　　　　　　D. 有限的技術

E. 雇主嚴苛的要求　　　　F. 顧客無限的期望

G. 社會的層層約制（環境的、法律的、風俗的、文化的）

所以工程師的工作有多重的挑戰性，必須有相對應的專業素養。

2.3 工程師的職責

我們一般稱從事工程的專業人員為工程師，所以工程師因其工作性質及職掌的不同，有許多的專業稱法，如研發工程師、設計工程師、設備工程師、製程工程師、品管工程師…等。不同產業的工程師需具備不同的專業技術能力，但在工程倫理方面，工程師需具備以下的素養：

A. 認知工程工作的潛在影響能力

B. 辨識工程倫理問題的能力

C. 解析工程倫理問題根源的能力

D. 解構化解工程倫理問題解決代案之能力

E. 抉擇解決方案之能力

F. 預防工程倫理問題之能力

所以歸納工程師的職責，除了遵循工程師倫理素養外，在其專業領域內可以簡單的十六個字說明：發現問題，解決問題，預防問題，創新未來。

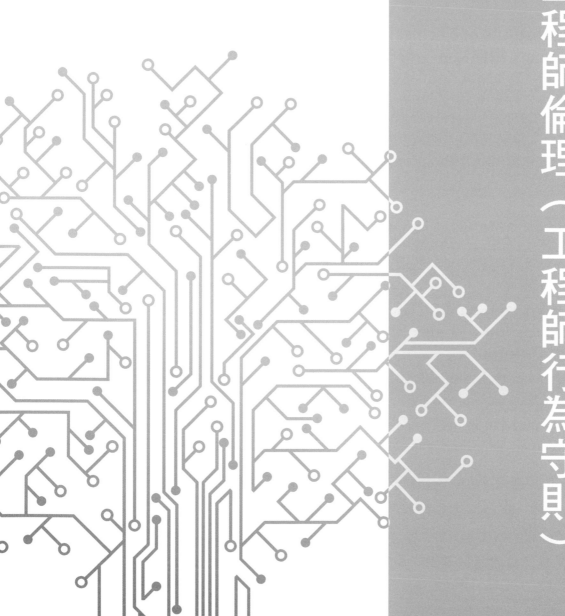

CHAPTER **3**

工程師倫理（工程師行為守則）

第三章 工程師倫理（工程師行為守則）

　　任何產業的工程技術與工作都是博大精深的重要專業，社會會期望此專業的成員及工程師們絕對誠實與廉潔。工程對人類的生活品質影響重大，因此，工程師所提供的服務必需誠實、無私、公平與公正，並且必須致力於維護公共衛生、安全與福祉，確保工程執行過程的合適性與合法性。工程師執行專業時，必須遵循並持守最高倫理守則為必要條件的專業行為標準。以下列舉國內外四個專業單位對於其行業工程師倫理或工程師行為守則所制定的詳細規範。

3.1 IEEE (Institute of Electrical and Electronics Engineers) Code of Ethics for Engineers 電機電子工程師學會之工程師倫理守則

　　電機電子工程師學會（Institute of Electrical and Electronics Engineers，簡稱為IEEE）是一個建立於1963年1月1日的國際性電子技術與電子工程師協會，亦是世界上最大的專業技術組織之一，擁有來自175個國家的36萬會員。下文是其工程師倫理守則內容（IEEE CODE OF ETHICS FOR ENGINEERS）

ARTICLE I

Engineers shall maintain high standards of diligence, creativity and productivity, and shall：

1. Accept responsibility for their actions；
2. Be honest and realistic in stating claims or estimates from available data；
3. Undertake engineering tasks and accept responsibility only if qualified by training or experience, or after full disclosure to their employers or clients of pertinent qualifications；
4. Maintain their professional skills at the level of the state of the art, and recognize the importance of current events in their work；
5. Advance the integrity and prestige of the engineering profession by practicing in a dignified manner and for adequate compensation.

第一條 各成員應保持高標準的勤奮，創造力和生產力，並應：

1. 對自己的行為承擔責任。
2. 依現有的數據要誠實和實際的估計，或說明。
3. 從事技術和承擔其責任，需有合格訓練或經驗，或者充分揭露相關證照給雇主或客戶。

4. 維持其專業技能在目前發展的科技中的最先進水平，並辨識在他們工作中所發生的重要性事件。

5. 以莊嚴的態度從事專業工作，增進自己的誠信和的聲譽，並取得適當的報酬。

ARTICLE II

Engineers shall, in their work：

1. Treat fairly all colleagues and coworkers, regardless of race, religion, sex, age or national origin；
2. Report, publish and disseminate freely information to others, subject to legal and proprietary restraints；
3. Encourage colleagues and co-workers to act in accord with this Code and support them when they do so；
4. Seek, accept and offer honest criticism of work, and properly credit the contributions of others；
5. Support and participate in the activities of their professional societies；
6. Assist colleagues and co-workers in their professional development.

第二條 各成員應在他們的工作中：

1. 公平對待所有的同事和共同工作者，不論其種族、宗教、性別、年齡或國籍。
2. 報告、出版和傳播資訊給他人時，受到法律和所有權的限制。
3. 鼓勵同事和共同工作者的行為符合本倫理守則，並支持他們。
4. 探索、接受工作並提供誠實的批評，適度的讚美他人的貢獻。
5. 支持和參與專業的社團活動。
6. 協助同事和共同工作者，在他們的專業領域中發展。

ARTICLE III

Engineers shall, in their relations with employers and clients：

1. Act as faithful agents or trustees for their employers or clients in professional and business matters, provided such actions conform with other parts of this Code；
2. Keep information on the business affairs or technical process of an employer or client in confidence while employed, and later, until such information is properly released, provided such actions conform with other parts of this Code；
3. Inform their employers, clients, professional societies or public agencies or private agencies of which they are members or to which they may make presentations, of any circumstance that could lead to a conflict of interest；

4. Neither give nor accept, directly or indirectly, any gift, payment or service of more than nominal value to or from those having business relationships with their employers or clients；

5. Assist and advise their employers or clients in anticipating the possible consequences, direct and indirect, immediate or remote, of the projects, work or plans of which they have knowledge.

第三條 工程師應在其與雇主和客戶的關係上：

1. 忠實代理受託人、雇主或客戶在專業和商業的事務，只要這種行動符合本守則。

2. 保持雇主或客戶業務資訊或技術過程機密，直到適當的發表時機，如果這樣的行為符合本倫理守則的其他部份。

3. 告知雇主、客戶、專業學會或公共機構或私人機構，他們的成員或所報告的對象，在任何情況下，可能導致的利益衝突。

4. 既不接受也不給予任何禮品或服務支付超過名義價值--與雇主或客戶有直接或間接參與相關業務的人們。

5. 以專業知識直接或間接的協助和建議雇主或客戶，目前或遠程的項目、工作或計劃預期可能產生的後果。

ARTICLE IV

Engineers shall, in fulfilling their responsibilities to the community：

1. Protect the safety, health and welfare of the public and speak out against abuses in these areas affecting the public interest；

2. Contribute professional advice, as appropriate, to civic, charitable or other non-profit organizations；

3. Seek to extend public knowledge and appreciation of the engineering profession and its achievements.

第四條 各成員應履行社區的職責：

1. 保護公共的安全、健康和福利，表達反對濫用，影響公眾領域的利益。

2. 酌情向公民、慈善或其他非營利組織，貢獻專業意見。

3. 尋求擴大公共知識，感謝專業人員和他們達成的成就。

3.2 EICC（Electronic Industry Code of Conduct）電子產業的行為準則

由電子行業公民聯盟（Electronic Industry Citizenship Coalition）起草的電子行業行為準則（Electronic Industry Code of Conduct, 簡稱 EICC）。EICC 為全球電子行業的供應鏈提供一套在社會、環保及商業道德等方面的行為規範，它是由多家從事電子產品生產的公司（包括Celestica、Dell、Flextronics、HP、IBM、Jabil、Sanmina SCI和Solectron）在2004年6月到10月間聯合起草的。

「所有設計、銷售、製造或為生產電子產品所提供的商品和服務的組織，都被本準則視之為電子業的一部份，即此準則的目標對象。電子行業的任何一家企業都可以自願採用本準則，並隨之而應用到其供應鏈和轉包商中，包括合約員工服務供應商。

要採用此準則並成為其中的參與者，企業應當作出支持本準則的聲明，並按照在此提出的管理體系積極貫徹此準則的規範。參與者必須在整個供應鏈中倡議採用此準則。至少，參與者應該要求下一級的供應商認同並落實執行此準則。

企業的所有活動都必須完全遵守其經營所在國家/地區的法律法規，這是採用此準則的基本原則。此準則鼓勵參與者在遵守法律以外更進一步，積極利用國際公認的標準推動社會和環境責任以及商業道德。此準則符合《聯合國企業和人權指導原則》（UN Guiding Principles on Business and Human Rights），其中的規條引申自不同的關鍵性國際人權標準，包括國際勞工組織的《工作基本原則與權利宣言》（Declaration of Fundamental Principles and Rights at Work）和《世界人權宣言》（UN Universal Declaration of Human Rights）。在《行為準則》的持續發展和實施過程中，EICC 承諾定期接收來自利益相關者的反饋。

此準則由五個部分組成。A、B、C 部分分別概述勞工、健康與安全，以及環境的標準；D 部分提供有關商業道德的標準；E 部分概述能夠貫徹本準則合宜的管理體系所需的要素。

圖 3.1 電子工業行為準則

3.3 中國工程師協會 Chinese Institutes of Engineers

工程師對社會的責任
- 守法奉獻：恪遵法令規章/保障公共安全/增進民眾福祉。
- 尊重自然：維護生態平衡/珍惜天然資源/保存文化資產。

工程師對專業的責任
- 敬業守分：發揮專業知能/嚴守職業本分/做好工程實務。
- 創新精進：吸收科技新知/致力求精求進/提昇產品品質。

工程師對雇主的責任
- 真誠服務：竭盡才能智慧/提供最佳服務/達成工作目標。
- 互信互利：建立相互信任/營造雙贏共識/創造工程佳績。

工程師對同僚的責任
- 分工合作：貫徹專長分工/注重協調合作/增進作業效率。
- 承先啟後：矢志自勵互勉/傳承技術經驗/培養後進人才。

3.4 行政院公共工程委員會

行政院公共工程委員會於民國 96 年編印的『工程倫理手冊』，提供工程倫理之實用知識及事例說明，以引導工程人員建立符合倫理規範之行為準則，培養工程人員之專業情操；另針對當工程人員面臨兩難困境及抉擇課題時，所需要之思慮原則及判斷思考要點與步驟，也做了詳盡說明。下表3.1為此手冊摘錄彙整的工程人員的倫理守則項目及釋義。

表3.1 人員的倫理守則項目及釋義

守則項目	釋義
善盡個人能力，強化專業形象 (對個人的責任)	1. 工程人員應恪守法規，砥礪言行，以端正整體工程環境之優良風氣，並維護工程人員之專業形象。
	2. 工程人員不得以任何直接或間接等方式，向客戶、長官、承包商等輸送或接受不當利益。
	3. 工程人員應瞭解本身之專業能力及職權範圍，不得承接個人能力不及或非專業領域之業務。
	4. 工程人員應對於不同種族、宗教、性別、年齡、階級之人員，皆公平對待。
	5. 工程人員應彼此公平競爭，不得以惡意中傷或污蔑等不當手段，詆毀同業爭取業務。
	6. 工程人員不得擅自利用組織或專業團體之名，圖利自己。

守則項目	釋義
涵蘊創意思維，持續技術成長 (對專業的責任)	1. 工程人員應持續進修專業技能與相關知識，提昇工作品質。
	2. 工程人員不得誇大或偽造其專業能力與職權，欺騙公眾，引人誤解。
	3. 工程人員應積極參與專業團體，並藉由論文發表等進行技術交流，提升整體專業技術與能力。
	4. 工程人員應秉持專業觀點，以客觀、誠實之態度勇於發言，支持正當言論作為，並譴責違反專業素養及不當之言行。
	5. 工程人員應尊重他人專業與智慧財產，不得剽竊他人之工作成果。
	6. 工程人員應隨時思考專業領域之永續發展，並致力提升公眾之認同與信賴，保持專業形象。
發揮合作精神，共創團隊績效 (對同僚的責任)	1. 工程人員應尊重前輩、虛心求教，並指導後進工程人員正當作為及專業技術。
	2. 工程人員不得對下屬作不當指示。
	3. 工程人員應對於同僚業務上之不當作為，婉轉勸告，不得同流合污。
	4. 工程人員應與同僚間相互信賴、彼此尊重，並砥礪切磋，以求共同成長。
維護雇主權益，嚴守公正誠信 (對雇主/組織的責任)	1. 工程人員應瞭解及遵守雇主之組織章程及工作規則。
	2. 工程人員應盡力維護雇主之權益，不得未經同意，擅自利用工作時間及雇主之資源，從事私人事務。
體察業主需求，達成工作目標 (對業主/客戶的責任)	1. 工程人員應秉持誠實與敬業態度，溝通與瞭解業主/客戶之需求，維護業主/客戶正當權益，並戮力完成其所交付之合理任務。
	2. 工程人員應對業主/客戶之不當指示或要求，秉持專業判斷，予以拒絕及勸導。
	3. 工程人員應對所承辦業務保守秘密，除非獲得業主/客戶之同意或授權，不得洩漏有損其權益之相關資訊。
公平對待包商，分工達成任務 (對承包商的責任)	1. 工程人員應以專業角度訂定公平合理之契約，避免契約爭議與糾紛。
	2. 工程人員不得接受承包商之不當利益或招待，並應盡可能避免業務外之金錢來往。
	3. 工程人員不得趁其職務之便，以壓迫、威脅、刻意刁難等方式，要求承包商執行額外之工作或付出。
	4. 工程人員應與承包商齊力合作，完成任務，不得相互推諉責任與工作。
落實安全環保，增進公眾福祉 (對人文社會的責任)	1. 工程人員應瞭解其專門職業乃涉及公共事務，執行業務時，應考量整體社會利益及群眾福祉，並確保公共安全。
	2. 工程人員應熟知專業領域規範，並瞭解法規之含義，對於不合乎規範、損及社會利益與公共安全之情事，應加以糾正，不得隨意批准或執行。

守則項目	釋義
落實安全環保，增進公眾福祉 (對人文社會的責任)	3. 工程人員應提供必要之技術資料或作業成果說明，以利社會大眾及所有關係人瞭解其內容與影響。
	4. 工程人員應運用其專業職能，盡其所能提供社會服務或參與公益活動，以造福人群，增進社會安全、福祉與健康之環境。
重視自然生態，珍惜地球資源 (對自然環境的責任)	1. 工程人員應尊重自然、愛護生態，充實相關知識，避免不當破壞自然環境。
	2. 工程人員應兼顧工程業務需求與自然環境之平衡，並考量環境容受力，以減低對生態與文化資產等之負面衝擊。
	3. 工程人員應致力發展及優先考量採用低污染、低耗能之技術與工法，以降低工程對環境之不當影響。

「在現實的生活或工作中，例如某些特殊生醫科技的運用，或是異國聯姻、同性伴侶等情事，有時合乎法令的行為未必符合倫理規範，反之也有可能符合倫理的情況，卻未必合乎法令的規定。所以為突顯倫理與法律工具的差別，對於倫理事例情境區分為四個象限，如圖3.2所示，以水平軸為合法與否的向度，另以垂直軸作為合於倫理與否的向度。很清楚地，對於任何人，合法是所有事件之最基本要求，所以若一個事件落在第二象限及第三象限，顯然已觸犯法令規定，屬於犯法行為，不是本工程倫理手冊所要談論之事例範疇。其次，第一象限為合法且合乎倫理之事項，則雖可能在下決定時，對於法律與倫理考量的強度有些差異，但因皆符合社會普遍共識的規範，較無個人的倫理決定與行為。對於讀者而言，最重要的是第四象限，因為其中含大致合法但在倫理上卻有值得爭議之處，這個部份便為我們最需探討之灰色地帶。當然，取捨之間未必都有一條清楚的界線可循，所以個人在倫理情境中有時可能僅在一念之差，就可以滑移到其他的象限裡。如果組織在日常運作或個人日常生活中都能有所警惕，避免瓜田李下或臨界情況，都可以避免淪為不當行為的祭品。」

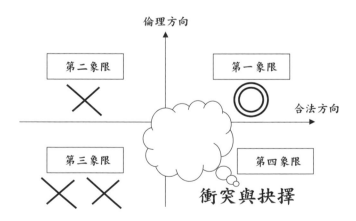

圖 3.2 法律與倫理座標象限

CHAPTER 4

電路板產業的演進與發展

第四章 電路板產業的演進與發展

4.1 前言：甚麼是電路板？

　　電路板全名為印刷電路板，英文為Printed Circuit Board 或 Printed Wiring Board，縮寫為PCB，是以絕緣材料輔以導體配線所形成的機構元件。在組裝成最終產品時，在其孔內或表面銲墊上會組裝積體電路、電晶體、二極體等主動元件，以及電阻、電容、電感等被動元件，及其他各種模組如連接器等各式的電子零件。藉著導通孔及導線的連通，可以形成各元件間的電器及訊號連結，並使電子產品達到其應有的功能。因此，印刷電路板是一種提供元件連結的平台，用以承接聯繫元件的基地，所以也常被稱為母板(Mother board)。之所以稱為印刷電路板，乃因早期線路設計非常粗寬，直接以網版印刷(Silkscreen Printing)方式就可做到所需的線寬距及對準度。圖4.1是一個典型的組裝後的板子，兩面佈滿各種零件，有插腳(DIP)、表面黏著(SMD)、面積陣列(Area Array 或球柵陣列 Ball Grid Array)、連接器(Connector)、主、被動等各式零件。

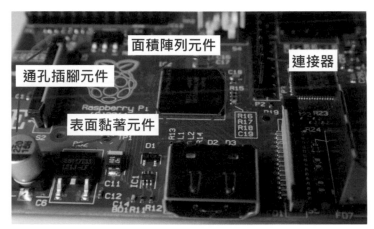

圖 4.1 典型組裝後的板子

　　印刷電路板是依據設計者所設定產品電氣特性、零件配置、尺寸等條件去製作，其形式多樣。電子產品進步迅速，設計變更或零件更新都必須重新製作所需的電路板。因此通常先做樣品(Sample)，確認後多數都會先小量試產(Trial run或Pilot run)，沒問題後再予以放量，期間可能會經過多次修改。隨著電子產品的多功能、複雜化與多樣性，變更愈趨頻繁，且有些產品壽命要求更長，這些是所有電子元件供應商必須面對的課題。

　　印刷電路板既然是以電氣連接及承載元件為主要功能，所以它就必須在電子產品生命週期期間具有耐環境溫濕變化、高絕緣強度、低電阻、低雜訊、導體層及間距間維持良好絕緣性…等等特性。良好的可製性、成品的導通連結性、以及組裝前維持可焊性和組裝完的良好焊點及焊接強度是基本要求。

在電子產品趨於多功能、複雜化的前提下，積體電路元件的接點距離隨之縮小，訊號傳送的速度則相對提高，隨之而來的是接線量的提高、接點間配線的長度局部性縮短，這些變化需要高密度線路配置及微孔(micro via hole)技術來達成目標。配線與跨接的變化對單、雙面板的設計而言有其困難度，因而電路板走向多層化。又由於訊號線不斷的增加，更多的電源層與接地層就成為設計的必須手段，這些原因促使多層印刷電路板(Multilayer Printed Circuit Board)的設計普遍化。

對於高速化訊號的電性需求，電路板必須提供具有：訊號線之特性阻抗控制、高頻傳輸能力、降低不必要的電磁干擾(EMI)等功能需求。採用Stripline、Microstrip的結構，多層化就成為必要的設計。為減低訊號傳送的品質問題，低介電係數(Low Dk)以及低散逸係數(Low Df)的絕緣材料，配合電子元件構裝的小型化及陣列化，電路板也必須不斷的提高密度以因應需求。BGA (Ball Grid Array)、CSP (Chip Scale Package)、DCA (Direct Chip Attachment)等封裝形式的出現，電路板的結構設計，以及組裝方式也有重大的改變，更促使印刷電路板推向前所未有的高密度境界。高層、薄板、細線的挑戰一波接著一波而來，包含盲孔(Blind hole)、埋孔(Buried hole)結構的HDI多層板如今已是占比很高的設計；新的科技世代有新的且更具挑戰性的電子產品正在一個一個實現中，需要電路板材料特性的改變，以及特徵尺寸的更微細化，從設計到製程碰到更難克服的挑戰，等著產業技術人員一一解決。

綜觀整體，印刷電路板產業是一個集合電性設計、機械製造、化學化工程序、材料科技、光學工程、機電整合…等等多元技術結合的產業。唯有匯聚各專業領域之技術並善加整合，才能達成此產品所期待的各項特性，而這也是多數產業的從事人員要努力的方向。

4.2 印刷電路板沿革與重要大事紀

談到印刷電路板的發展歷史，有兩個人的貢獻一定要提：

早於1903年Mr. Albert Hanson首創以"線路"(Circuit)觀念應用於電話交換機系統。它是用金屬箔予以切割成線路導體，再將之黏著於石蠟紙上，上面同樣貼上一層石蠟紙，成了現今PCB的機構雛型，見圖4.2。

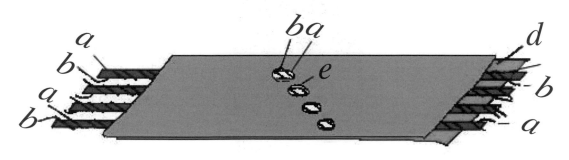

圖 4.2 PCB 的機構雛型

至1936年，Dr. Paul Eisler真正發明了PCB的製作技術，也發表多項專利。而今日之Print & Etch的技術，就是沿襲其發明而來的。

其後PCB隨著材料的開發、製程技術的突破，慢慢的演變成現今多層、增層、高密度、多材質選擇性等市場需求特性。

採用印刷配線再組裝電子零件的想法，在1900年代以後即已陸續產生並有相關專利發表。雖然如此，但因為整體整合的問題而沒有進一步進展。

一般對於印刷電路板的定義是：根據電路設計，將連結零件的線路，以影像轉移(印刷或感光方式)的技術，製作於絕緣材料的表面及內部，此種線路製作技術所產生的機構元件，稱為印刷電路板。

相較於早年的配線生產，印刷電路板有以下的優勢：

- 減少產品配線工作量
- 提高產品組裝的可靠度
- 自動化生產的程度高，適合大量生產
- 降低成本、縮短製作時間
- 縮小產品體積，達成產品輕量化
- 設計流程簡化，有利電性控制

這些優勢也是促成電子產品普及化，同時提昇性能的有利條件。近來電子產品高速化、小型化、無線可攜化、多媒體化等功能性的提昇，電路板技術的進步都有相當的貢獻。

Paul Eisler在1936年發表的金屬膜線路形成技術，是以酚醛樹脂為基材，和現在的單面板結構很類似。但因當時的電氣產品仍以真空管零件為主，酚醛樹脂無法承受如此大量的發熱量，因此實用化仍有相當困難，見圖4.3。

圖 4.3 Paul Eisler 製作設計的全世界第一個應用於收音機中的電路板

美國軍方在1947年開始將電路板用於近接信管(proximity fuse)，並發表量產訊息，電路板的應用才開始逐漸受到重視，見圖4.4。

　　美國國家標準局(NBS)認知到電路板的重要性，乃針對使用真空管的電路板展開製作研究，這些技巧也成為現代印刷電路板的起源，爾後對於其他如複合式電路板和陶瓷電路板(Ceramic PCB, Ceramic Substrate)都產生深遠影響，圖 4.5 是組裝後之陶瓷基板。

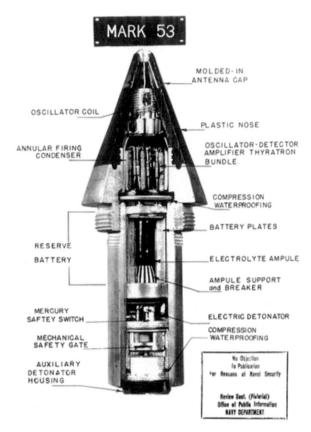

圖 4.4 近接信管 (proximity fuse) 是第一個使用 PCB 於軍事用途的產品

圖4.5 組裝後之陶瓷基板

以印刷形成電路的方法，在電子設備的小型化、量產化、易於設計等方面優點逐漸受到重視。因此有部份業者嘗試在真空管壁面形成線路、將電阻及電容連同線路一起印刷上滑石板，或者在真空管的周邊安裝套件等。但空間利用率很低無法發揮印刷電路板的特性，而在此期間不論材料及製程設備也都不夠普及，真空管所散發的高熱是致命的問題，電路板的發展因而受到限制。這種狀況一直到1950年左右電晶體上市，整體電路板的應用才有較進一步的發展。此期間陶瓷基板往複合式電路元件發展，有機材料為基礎的基板則朝向印刷電路板的方向前進。

1950~1960年間印刷電路板開始大量採用蝕刻銅膜技術來製造，在絕緣基板的單面形成金屬線路，而在其上安裝電子零件並焊接固定或連接。1953年前後電晶體無線電產品逐漸成熟，這樣的電氣產品結構形式漸被確立，甚至延續到現在仍被使用著，圖4.6 為典型的單面板組裝結構之示意圖。

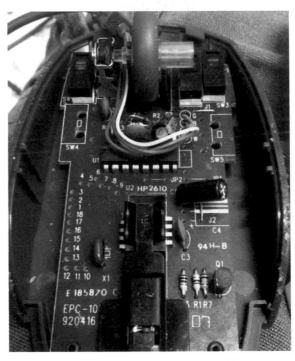

圖 4.6 單面酚醛樹脂組裝板

由於零件逐步的小型化，且要在一片板子上裝載更多的零件，因而產生線路配置必須立體化或多層化，這樣的結構無法以單面配線來解決。因而開始採用雙面線路配置的方法作跨接的設計，當時採用的雙面組裝連結模式如圖4.7所示的跨層接線方式，或者利用鉚釘(Rivet)。但這種作法不但耗工費時，且信賴性不佳，直到約1953年前後Motorola公司開發了以電鍍導通雙面線路的方法後，才獲致可靠度較佳的電路板並立即被廣泛採用，成為多層印刷電路板的基礎技術，並在以後的多年間持續發展。

圖 4.7 雙面 NPTH 板以導線跨接上下兩層線路

在材料開發方面，紙質酚醛基板、特多龍布質環氧樹脂基板、玻纖環氧樹脂基板等都已在市場出現，在1960年以後則以電鍍通孔製程為主要的雙面電路板生產方式。

由於積體電路IC(Integrated Circuit)的出現，電子設備的構造明顯往輕薄短小的方向發展，線路接點的增加促使配線密度隨之提高，為提昇連接密度電路板向多層板推進。於1961年前後，Hazeltine公司開發出以鍍通孔製作的多層印刷電路板，因而使電路板業進入了多層板的時代。因為電氣設備的多元與複雜性，自此以後印刷電路板的發展開始專注於如何提高線路密度以容納更多的零件，不再與電子零件配線等因素混雜，成為一獨立之結構元件。

一般多層板內層是採取印刷蝕刻法(Print & Etch)製作線路，各內層線路完成後再以膠片(Prepreg)隔離各層，以熱壓方式使膠片黏合完成固著的程序。鑽孔之後的流程，則與雙面板雷同。此基本流程自1960年代到現在，並沒有太大的變化。但多層板和雙面板在製程及品質考慮方向仍有許多不同的地方，在材料、製程、設備、工具、信賴度要求各方面，多層板必須考慮的面向更多。

多層板的製作和雙面板最大的不同點就是多片雙面內層板的結合，必須在銅表面採用粗化的手法(如：氧化處理、微蝕粗化等)來改善表面接著力，氧化處理的方式由Meyer於1949年提出。當然膠片的改質使之於壓合過程和銅面接著力更好也是貢獻之一。另外在鑽孔製程產生的樹脂膠渣(smear)，對雙面板問題較少，但對多層板就有較大的影響：在內層顯露在孔壁處之孔環沾黏膠渣，有內層斷路的危險，所以材料的選用、鑽孔的條件、除膠渣的處理方法等都必須改善及解決。

美國軍方曾於1960年代提出現回蝕(etch back)法，以提昇孔銅與孔壁間的結合力，其做法如圖4.8是將孔壁的樹脂部溶解、使內層銅箔3面露出，但此規格僅限使用於軍方用板。近年的做法則是提昇鑽孔能力，減少膠渣產生量，少量的膠渣則以高錳酸鹽將之去除，要求回蝕規格者越來越少。

三面接觸

圖 4.8 回蝕 Etch back　Source：IPC

　　積體電路的發展及電子元件的小型化、高密度化，使得承載基地的電路板佈線隨之細密化。數位設備的增加及高速傳輸的需求，也使電路板對阻抗控制、減低雜訊(cross-talk)等電氣需求相形提高。零件腳和電路板上的銲墊是一對一的關係，接點數增多、接點間距縮小，使得配線狀態更加複雜。在許多地方已設計導線使用3mil或更細的線路、以及更小的導通孔(如 6 mil 或更小)、更高層數的電路板(如：20-50層)的產品，如大型電腦的使用。

　　多層印刷電路板的應用因資訊產業的發達而大增，在個人電腦(Desk Top)需求激增之下，壓合量產(Mass-Lamination)需求大增。另外軟板也在可攜式電子產品、筆記型電腦(Note Book Computer，也稱Lap Top)起步之後也開始出現大量需求。另外一些導熱基板、陶瓷基板、軟硬結合板等不同功能需求的各式板子也風起雲湧各有需求領域。

　　增層電路板的觀念自1967年以後就陸續有概念性的設計出現在產品上，但一直到1990年IBM發表SLC技術，微孔技術才漸漸趨於成熟與實用化。在此之前若不用全板通孔，設計者就會採用多次壓合的方式獲得較高的配線密度，由於材料進步迅速，感光性、非感光性的絕緣材料陸續上市，微孔技術逐漸成為高密度電路板的主要設計結構，並出現在許多可攜式產品上。在線路層間連接方面，除了電鍍之外使用導電膏(Conductive Paste)做為連接的方法也陸續出現，如松下的ALIVH法及東芝的 B^2it 法，這些技術將電路板應用推入了高密度互連(High Density Interconnect -IPC在其規範中明確定義並確定此名稱- HDI) 時代。後來以雷射技術製作微孔開發成熟，且產速加快成本降低之下大量被採用，現在已成為HDI製程的主流微孔技術。

微孔製作技術成熟之際，還碰到盲孔導體化製程的困擾，包括碗底的膠渣去除，以及孔壁導體化。在2000~2003年間藥水供應商研發鍍銅填孔製程，至今也已成熟，於是又讓HDI的設計自由度再度提高。

表4.1列出了百年來和印刷電路板間接或直接相關的重要發展紀事供讀者參考。

表4.1 印刷電路板演進重大紀事

年代	概要
1903	Albert P. Hanson提出以抽出金屬箔方式在絕緣板上連接零件。
1909	Dr. L. Baekland (Invention of Bakelite) 提出以酚醛樹脂與木棉或紙質含浸製成絕緣材料，並註冊商標名稱：「Bakelite」。酚醛樹脂是德國化學家阿道夫·馮·拜爾（1835年－1917年）於1872年首次合成。
1913	Arthur Berry提出在金屬箔上塗佈阻劑，蝕出線路作為電阻加熱體的製作法。也是第一個減除法製程(Subtractive Method)。
1918	Max Ulrich Schoop提出熔融金屬噴鍍製作線路的方法，也是首次商業化生產。
1920	Formica製造無線電用的酚醛基板。
1923	Seymour印刷石墨膏作為可電鍍線路，做成了用於Radio調頻的軟性線路。
1925	美國的Charles Ducas在絕緣體上做出凹槽，再印入導電膏，再加以電鍍形成線路，可做出兩面線路。隨後Ducas又發表多層做法。
1926	Paragon Rubber Co. 提出四項形成線路的專利，主要以低融點金屬流入凹痕線路區形成線路為訴求。
1927	Cesar Parolini提出印接著油墨於絕緣體上，將銅粉灑上接著油墨後，以電解固定的線路形成法。他應用了Ducas方法，並加上跳線(Jumper wires)的觀念。
1929	O'Connell發表金屬薄膜衝壓法及阻絕膜(resist)蝕刻法。
1933	Franz將可導電碳粒加入油墨中，再印於玻璃紙上，再施以銅電鍍，而得立體軟性線路。
1936	Paul. Eisler 發表金屬箔線路形成技術，是PCB鼻祖。
1938	Owens Corning Glass 開始生產玻璃纖維。
1940-1942	玻璃布基材、polyester樹脂基板開始商業化。
1943	電木基材的銅箔基板商業化。
1947	NBS(美國國家標準局)開始研究以印刷技術形成被動元件的製造技術，環氧樹脂(Epoxy Resin)於此期間陸續開始利用，至此PCB進入了發展期。

年代	概要
1950年代	50年代有很多重要的發展： 1.銅箔蝕刻技術成為主流。 2.電晶體商業化。 3.聚醯亞胺(PI-Polyimide)基板出現(軟板主要基材)。 4.Motorola開發出貫孔雙面板。 5.TI發明了積體電路IC。 6.日本大量應用紙質酚醛樹脂基板製作民生電子產品。
1960年代	1.盛行以鉚眼Eyelets作為雙面板的上下電性連接。 2.日本量產貫孔雙面板。 3.V. Dahlgren以金屬箔線路圖案貼於熱塑型薄膜上，視為軟性電路板。 4.美國 Hazeltine公司首先開發電鍍貫孔製法的多層板。 5.日本開始量產環氧樹脂多層板。 6.日立化成發表CC- 4全加成製法。 7.FD-R(Philips)開發PI材質FPC。 8.IBM開發出Flip Chip覆晶技術，也稱C4，用在大型主機。
1970年代	1.多層板的量產化、高層化。 2.PI多層板。 3.SMT設計。 4.盲、埋孔觀念的發表。
1980年代	1.續往高層發展。 2.COB板。 3.玻璃陶瓷多層板製作。 4.感光性絕緣材料的應用。 5.Mass Lamination製造模式的形成。 6.增層法以及Laser開始使用(1988, Simens)。
1990年代	1.個人電腦發展快速，微軟作業系統圖形介面搭配遊戲軟體多樣化，促使個人電腦普及率大增。 2.傳統多層板製層變，不大但需求量大增。 3.HDI時代的來臨，IC Substrate、BUM、High Layer Count板需求漸增。 4.各增層法製程百家爭鳴：1990年，IBM開發「表面增層線路」(Surface Laminar Circuit，SLC) 的增層印刷電路板。1995年，松下電器開發ALIVH的增層印刷電路板。1996年，東芝開發B2it的增層印刷電路板。就在眾多的增層印刷電路板方案被提出的1990年代末期，增層印刷電路板也正式大量地被設計製造。 5.環保觀念逐漸抬頭，進一步左右電子產品的開發與組裝市場，PCB製程中無鹵基材、直接電鍍製程、無鉛的金屬表面處理(Metal Finish)等漸被要求。

年代	概要
2000年代	1. 雷射製造盲孔成熟，HDI產品被大量設計應用。 2. 筆電、手機等可攜式電子產品普及，帶動軟板以及HDI多層板的需求成長。 3. IC載板需求大量增加。 4. MCPCB需求增加。 5. 盲孔鍍銅填孔技術開發出來並逐漸成熟。
2010~ 2020年	1. 2011年台灣電路板產值躍居全球第一。 2. TPCA發布清潔生產機制，正視產業的環保及節能減碳議題。 3. Any Layer HDI製程大量應用於智慧型手機及穿載式電子產品。 4. 網際網路頻寬爆發性發展、雲端計算造就伺服器的需求，於是高頻高速電子產品需求湧現。 5. 德國推工業4.0，各國紛紛跟進，智慧製造帶動自動化產，大數據分析與智慧電子產品的結合、人工智慧的快速發展，電路板的設計材料及製造技術將進入另一世代。 6. 高密度細間距(Fine pitch)的持續要求下電路板的製作，將朝IC載板的製造方式演進。 7. 2015年TPCA彙整產業意見及共識，發佈了2015~2020年的為期6年之產業白皮書。 8. 2018年蘋果手機首度於其主板設計兩片類載板疊板組裝正式將HDI電路板的生產製造推進到30/30μm的極細線間距。

4.3 電路板分類

　　六十幾年來電路板的的製作技術不斷的演進，在材料、層次、製程上的多樣化以適合不同的電子產品及其特殊需求，因此形成了電路板種類的多樣性。依據結構、製程、材質、外觀、物理特性、應用等都可作為分類的依據，以下以一般常見說法及較容易理解的金屬層結構、絕緣材料類別、以及材質軟硬/幾何組裝等作為分類的依據。另針對一些近年來開發設計的一些為解決某些困難點的板子，做一些簡單介紹，因為隨著終端產品的需求改變，也有可能某些概念會成為未來主流產品。

4.3.1 依金屬層結構分類

　　這是最基本常見的區分，同時也是電路板製作價格高低的直接依據，從剖面圖來說明，有幾層導體就稱為幾層板，越多層代表密度越高，製程也越複雜。

4.3.1.1 單面板 (Single side PCB)　見圖 4.9~ 圖 4.12

　　僅有一層導體稱為單面板，這也是最早期開發出來的產品，通常用於較便宜、生命週期短的消費電子產品。印刷電路板的英文名稱Printed Circuit Board的 Printed，指的就是早期單面板的線路非常粗寬，直接利用絲網印刷(Screen Printing)印上抗蝕刻油墨後，即進行化學藥液蝕刻銅層而完成線路的製作，這作法當時稱為Print & Etch做法。之後，再以絲網印刷直接印上防焊油墨而完成加工。

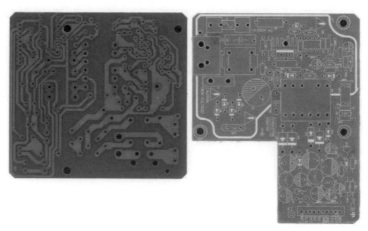

圖 4.9 未組裝零件之單面硬板

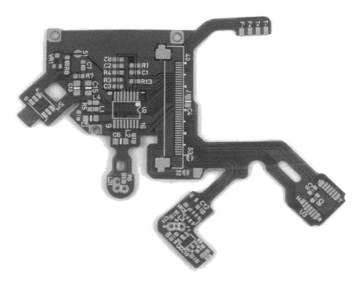

圖 4.10 未組裝之單面軟板

圖 4.11 單面硬板之 PCBA

圖 4.12 手機內單面軟板模組透過連接器組裝於硬板上

4.3.1.2. 雙面板 (Double Sided PCB) 見圖 4.13

在兩層導體中間以絕緣層隔開，再以鑽孔+通孔製程作為兩層間的連通，此種結構就稱為雙面板。

圖4.13 雙面組裝板

4.3.1.3. 多層板 (Multi-layer PCB) 見圖 4.14~16

顧名思義，有3層(含)以上的金屬導體層就稱為多層板，早期多層板製程技術出來時，各層間的連通也是以鑽孔+通孔製程來完成，但因電路板密度要求越來越高，因此後來的HDI結構概念形成，製程技術也完善成熟後，其各層間導通方式的設計自由度就大大增加，原本占用外層很大表面空間的通孔就被盲/埋孔(Blind/Buried Hole)取而代之。因為盲埋孔做法可以在任意兩層間作導通，大大增加空間利用，所以HDI製程也隨之快速應用於可攜式電子產品上。

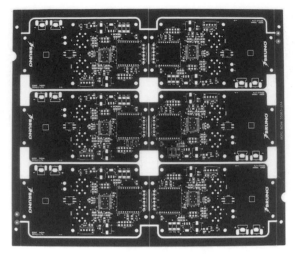

圖4.14 多層6片排版之硬板空板

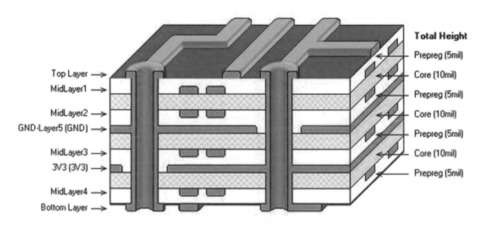

圖 4.15 8 層多層板切面圖示

圖4.16 Intel 的電腦主機板圖4.13 Intel 的電腦主機板

4.3.2 以絕緣材料類別區分

電路板基材使用的絕緣材料可分為兩類：有機材質與無機材質。

4.3.2.1 有機材料 organic materials

多數有機材質主要含有碳、氫兩種元素，有些含氧。部分有機物來自植物界，但絕大多數是以石油、天然氣、煤等作為原料，以人工合成的方法製得。常見於電路板絕緣材料為有機高分子，是一種塑料應用。塑料根據加熱後的情況又可分為熱塑性和熱固性。

加熱後固化，形成交聯的不熔結構的塑料稱為熱固性塑料。常見有環氧樹脂（Epoxy Resin）、酚醛樹脂（Phenolic Resin）、聚醯亞胺（Polyimide）、BT（Bismaleimide Triazine Resin）等皆屬之。使用於電路板的基材以3大類為主：硬性電路板的環氧樹脂/玻璃纖維、軟性電路板的聚醯亞胺（PI）、以及IC載板大宗的BT/ Epoxy。若是屬低階電子產品使用的大宗基板則有紙基酚醛樹脂基板（硬性）及聚酯基板（PET-Polyester，軟性）。

加熱後軟化，形成高分子熔體的塑料稱為熱塑性塑料，較常見的此類用於電路板的塑料為聚四氟乙烯（Teflon，PTFE）。

4.3.2.2 無機材料 inorganic materials

一般金屬材料即為無機材質，而無機非金屬材料是指以某些元素的氧化物、碳化物、氮化物，鹵素化合物、以及矽酸鹽、鋁酸鹽、磷酸鹽、硼酸鹽等物質組成的材料。應用於電路板方面如鋁、銅合金，Copper-invar-Copper就是一例。另如陶瓷ceramic基板也屬之，通常取其散熱及尺寸安定性功能。

4.3.3 材質軟硬 /3D 空間組裝

以空板成品的軟、硬及立體組合結構來區分，其種類有以下幾種，導入與設計此種類電路板與材料，著眼點在於考量後續電子產品內部組裝空間，以及運作時的動態需求的信賴度。

4.3.3.1 硬板 Rigid PCB

目前大宗使用於硬板的基材為FR4（Fire Retardant）之CCL（Copper Clad Laminate銅箔基板)製造而成其組成為電解銅箔（ED Copper foil）、玻璃纖維（Glass Fiber，補強之用Reinforcement）及環氧樹脂（Epoxy Resin），見圖4.17。

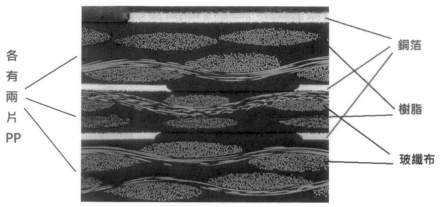

各有兩片 PP

銅箔

樹脂

玻纖布

圖4.17 硬板材料結構

4.3.3.2 軟板 Flexible PCB (如圖4.8)

　　軟板的用途非常廣泛，越是輕、薄、行動式的電子產品都可看到軟板的應用，主要就是取其3D組裝及可撓曲的材料特性，包括導體及絕緣材料。近年在智慧手機、平板電腦、以及穿戴裝置等的使用是大宗。

　　最早的類似軟板產品，稱為「薄膜式開關(Membrane Switch)」，見圖4.18，其線路皆以印刷方式(以銀膠為主)印製於Mylar上，配合碳墨的印刷、跳線及各式按鍵片的組合而形成完整的薄膜式按鍵，應用在各種儀器設備的按鍵或觸摸式的面板上。

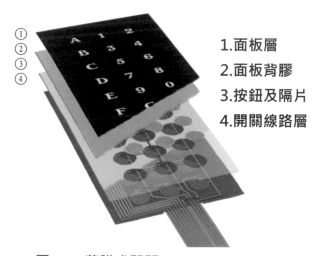

1.面板層
2.面板背膠
3.按鈕及隔片
4.開關線路層

圖 4.18 薄膜式開關 (Membrane Switch)

　　隨著軟性銅箔基板的出現，真正的軟性印刷電路板也開始生產，早期的用途大半做為排線/纜線(Cable)功能，提供點對點的互連，可以很方便的替換，所以狹義的軟性印刷電路板的定義，在IPC-T-50中有如此的說明："A patterned arrangement of printed wiring utilizing flexible base material with or without flexible cover-layers"，意指"佈線在軟質材料上，其表面有或沒有覆蓋膜保護"。由於此類功能軟板多是單、雙面板，因此一般定義軟板為："單面及雙面軟性印刷電路板是利用銅箔壓合在PI或是PET基材上形成單面線路的單面軟性印刷電路板，或以PI為基材在兩面形成線路的雙面軟性印刷電路板"，後來的演變也往多層板結構及HDI結構設計及製作。一般軟性電路板分類為單面板（Single Sided）、雙面板（Double Sided）、多層板（Multilayer），在標榜特殊功能方面還有單層雙面露出板（Double Access）及蝕雕板（Sculptured）。通常客戶端會要求軟板廠出貨模組，在空板上再加工作一些簡單組裝如貼補強板、背膠、EMI貼附、連接器套接、被動元件焊接…等。

4.3.3.3 軟硬結合板 Rigid-Flex PCB

軟硬結合板，顧名思義就是將軟板和硬板兩種不同材質及製程，通過製程設計，最後一體成型的產品。此處的硬板主要是承載零件的平台，通常是多層板，而軟板通常只是排線接線的功能，如圖4.19。設想一塊硬板及軟板要彼此連通，可能透過連接器或Hot bar來完成，但有軟硬結合板的製程技術就可以省掉連接器和Hot bar的加工成本及時間，且軟硬結合板的信賴度也較好，唯一缺點是製作成本偏高。因此目前以小型模組的使用，如數位相機鏡頭、記憶卡…等，以及一些高單價，高信賴性需求的汽車航太軍用設備等為主要市場。

圖 4.19 軟硬結合板

4.3.3.4 三維模造立體互連元件 (3D Molded Interconnect Device-3D MID)

三維模造立體互連元件，也就是一般所謂的"立體電路板"，顧名思義，它是一種可以射出成型的模造塑料基材，於其上做出導線，並整合機構和電性功能，此種元件是由德國LPKF公司利用其雷射設備和有專利添加催化劑的塑料製作而成，近年在很多應用產品上大放異彩如手機天線等，見圖4.20。

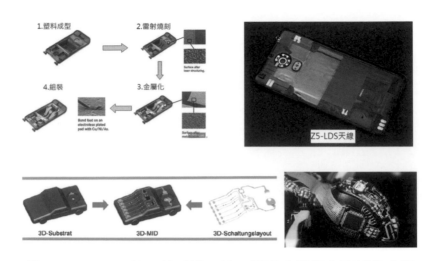

圖 4.20 3D-MID 使用於手機天線及機器人模組有不錯的應用

4.3.4 IC 載板 (IC Substrate 或 IC Carrier)

IC 載板是封裝製程中關鍵零組件，用以承載IC並以內部線路連通晶片與電路板之間的訊號，除了承載的功能之外，IC 載板尚有保護電路、固定線路、設計散熱途徑、建立零組件模組化標準等附加功能。

早期IC採用導線架作為IC晶片承載零件，隨著IC的功能日益繁複使其線路變得密集且微細化，隨之而來的高I/O趨勢使得導線架的功能已不能滿足部份高功能IC的需求。故以BGA（Ball Grid Array，球柵陣列）結構為基礎的"IC載板"便隨之開發出來。所以IC載板可以視為導線架的次世代產品，兩者同用於晶片IC與電路板間訊號傳輸用途並保護IC。見圖4.21

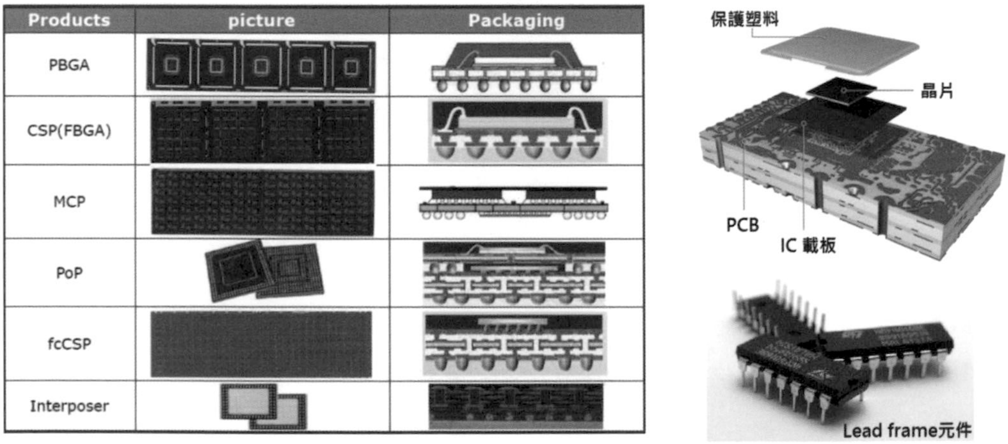

圖4.21 Lead frame 構成之元件與載板封裝之元件

4.3.5 依層間導通結構

早期雙面板以上層次的板子導體層之間的電性導通，是利用機械鑽孔,再進行導體化製程，完成設計者將不同特性元件之間電性的連通。這些通孔的需求在線路布局時，內外層需要留出很多面積供機鑽之用，所以線路密度無法進一步提升，且機鑽的孔徑微細化有其極限，因而有後來埋孔(Buried Hole)及盲孔(Blind Hole)的結構出現，見圖4.22。

通孔(Through Hole)：利用機鑽穿過多層板上下兩層，再進行導體化形成層間的電性連通。

埋孔(Buried Hole)： 其定義是多層板內層和內層間的電性連結的孔，可以機鑽或雷射燒蝕方式成孔，再進行導體化，形成層間的電性連通後，以樹脂塞孔，再進行多層板的壓合。

盲孔(Blind Hole)：以定深機鑽或雷射燒蝕方式，從外層到內層之某一層，再進行導體化，使相關層間電性連通。

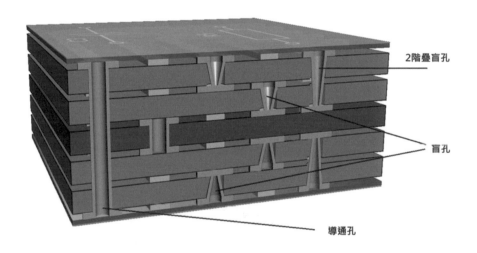

圖 4.22 HDI 多層板結構圖

目前HDI結構的設計與製程已是主流，IC載板最早導入，後來一般電路板的設計密度也隨之快速提升，因此目前HDI的製程已是成熟且板廠必備的技術。

4.3.6 其他

4.3.6.1 厚銅電路板

有別於銅導體厚度在0.5~2 OZ間的一般電路板，此類電路板的特殊性在於金屬層除銅箔之外，還有非純銅的金屬，且通常有較厚的需求。主要是因這些產品應用於需要高電流運作的環境，需要快速散熱所以加厚金屬層，此外也可有較高的尺寸安定性(低CTE)。

• 厚銅板 (Heavy Copper PCB)

高電流需求，其銅厚通常會超過3 OZ，甚至到10 OZ以上。見圖4.23

圖 4.23 厚銅板

• 金屬核心板 (MCPCB-Metal Core PCB)

有些特殊用途的板子不允許X、Y方向出現尺寸不穩情形，以免重要零件在焊接時受到熱應力，常在板材中夾入金屬板(Metal Core)來因應之。導熱基板的市場需求量逐年增加，從前幾年相機閃光燈、顯示器和電視的背光模組，以及室內照明以及路燈、天井燈…等高瓦數LED光源的導熱需求，再加以近年各式伺服器及基地台需求量大增，需要高層板(High Layer Count)設計，同時計算速度快，所以金屬導熱基板越顯重要。見圖4.24

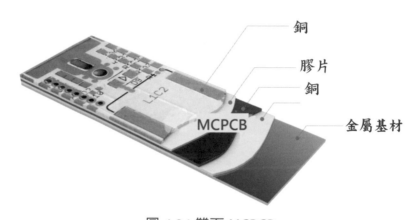

圖 4.24 雙面 MCPCB

• 複合金屬夾心板 (CIC-Copper Invar Copper)

它是屬MCPCB 的一種，Invar是一種含鎳40～50%、含鐵50～60% 的合金，其熱脹係數(CTE)在X、Y、Z各方向都很低，將 Invar充做中層而於兩表面再壓貼上銅層，使形成厚度比例為20/60/20之複合金層夾心板，常被用於散熱器(Heat Sinks)。

4.3.6.2 埋入式電路板 Embedded PCB

見圖4.25在電路板內安裝主、被動元件，這種作法有幾個好處：

- 內置元件，訊號傳輸路徑的縮小，可有效改善電性。

- 元件的內埋化，確保電路板上的最大組裝空間。

- 降低EMI

- 降低總厚度

不過此技術已發展了十來年，更多的技術開發也在探究同樣的目標，所以還有待後續的發展成熟度及成本的可接受程度。

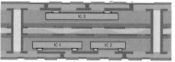

圖 4.25 埋入式電路板

• 齊平電路板 (Flush PCB)

此種電路板的定義是外層的線路是埋在基材內，表面是平整無突出。此產品一般應用於零件需要貼緊表面且可活動，如轉動式開關，減少導體表面的磨耗損傷；或者應用於高電流厚銅散熱，增加其可靠度。見圖4.26&4.27之截面顯示，圖4.28是一般製作流程。

圖 4.26

圖 4.27

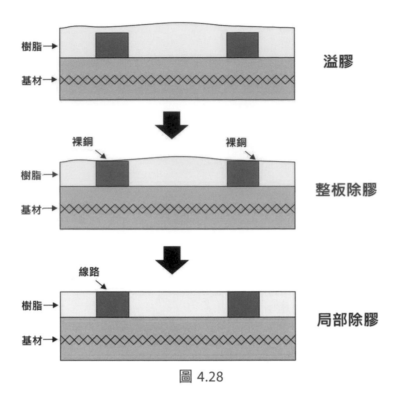

圖 4.28

4.4 印刷電路板的九宮格

　　前面章節說明電路板在材料演變、結構變化及市場應用上約80年來的沿革,近年因為元宇宙AI電動車低軌衛星…等等議題需要各式電子產品設計;因氣候變遷問題帶來的各種再生能源開發,及節電、儲電需求;通信產業在5G/6G/低軌衛星等發展快速之下,同樣帶來相關電路板的商機;摩爾定律趨緩,或者可能走入歷史,半導體/電腦運算的架構將如何改變?

　　種種的變化都告訴電路板產業未來一、二十年將面臨很多挑戰,但也帶來無限商機。從過往材料、製程演變的經驗,我們可從蛛絲馬跡中預測未來的趨勢走向,其中系統九宮格是一個不錯的工具。X軸代表時間--過去/現在及未來;Y軸則表示系統(System選定的主題物件)/子系統(Sub-system此主題物件拆解後的細部組成分)/超系統(Super-system此主題物件的應用環境)。每個系統子系統及超系統都有其過去的歷史資料和現在的情境,並且可以分析這三個系統演進之間的關聯性,從而可以藉以預測這三個系統未來發展。示意圖如圖4.29~4.31,這是一個從時間和空間的特徵打破一般固有思維慣性,進而對未來做出更準確、更創新的科技與技術的簡單好用的手法。

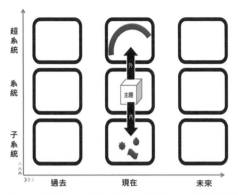

圖 4.29 選定的主題物件有其子系統與超系統，子系統是指系統的組成分，
超系統則是指系統的應用環境。

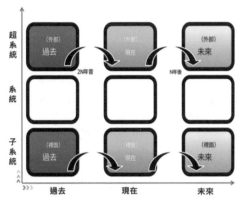

圖 4.30 子系統各成分有其過去、現在以及未來的演進藍圖，超系統亦同。

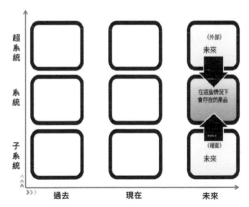

圖 4.31 要找出子系統、系統與超系統間彼此在過去和現在有沒有發展上的間接
與直接關聯，進而研判子系統、系統與超系統的未來可能情境。

我們以電腦的發展，當作一個情境來思考電路板(以及晶片)的未來會如何變化，見圖
4.32-假想量子電腦將成為未來的電腦時，電路板(CPU)的九宮格分析。九宮格正中就是系
統，以電腦主機電路板(CPU)為例，子系統是電路板的材料組成成分如樹脂/銅箔/纖維(CPU
則為矽晶圓等)；超系統就是電腦/伺服器等。電路板有其過去發展歷史子系統的樹脂/銅箔/纖
維也有其技術演進的過往，見4.2節所述。超系統的電腦應用則更是從百年前的真空管組成
的龐然大物，到現在體積極小的電腦系統，但其計算速度卻是快了億倍以上，見圖4.33。

科技的進展不會是偶然，但也不一定是必然，需要我們找出其關聯性與規律性才可以
創造出下一世代的新產品。當摩爾定律逐漸趨緩或者可能失效的情境下未來電腦會是什麼樣
的架構？怎麼計算？速度如何？現在談未來電腦，聲量最大當屬量子電腦，似乎有很大的可
能性假設未來十年二十年量子電腦成熟普及則電路板會是什麼材質？甚麼結構？有沒有晶片
的存在？CPU有是怎樣的架構？會不會有量子晶片的誕生？電路板的銅導體會不會轉變為超
導體？而該超導體又須配合哪種絕緣材料？電路板製程將如何改變現有設備、特化品、光阻
劑…等？這些種種的問號或許透過這個九宮格思維模式，逐步思考，應當可以跟上即將面臨
的另一場科技革命而不被淘汰。

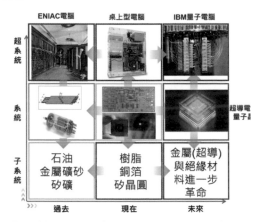

圖 4.32 假想量子電腦將成為未來的電腦時，電路板 (CPU) 的九宮格分析

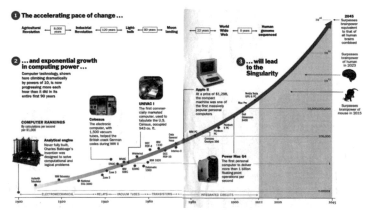

圖 4.33 取自 Ray Kurzweil 的「The Singularity Is Near-When Humans Transcend Biology」

CHAPTER **5**

電路板的產業定位介紹及應用

第五章 電路板的產業定位介紹及應用

5.1 電路板在電子產品供應鏈的重要性

電路板的產業屬性是B to B的交易模式，針對終端電子產品客戶客製化生產，不會直接面對消費者。它的重要性一般大眾較不清楚，但在平常生活食、衣、住、行、育、樂等卻沒它不行，所以也可以說：「PCB is everywhere in your life」。

5.1.1 電子產品供應鏈

任何電子產品上使用的主被動元件必須安裝於電路板上，透過電路板的結構設計使各元件間內部電性連接，發揮電子產品的功能，所以除了晶圓晶片的設計製造外，幾乎都要用到一般電路板及IC載板。圖5.1是電腦系統的完整上下游的供應鏈內容，及提供產品的廠商，縱向橫向的模組產品也都需要用到電路板，不管電子產品如何演變，未來數十年內仍需要用到電路板。

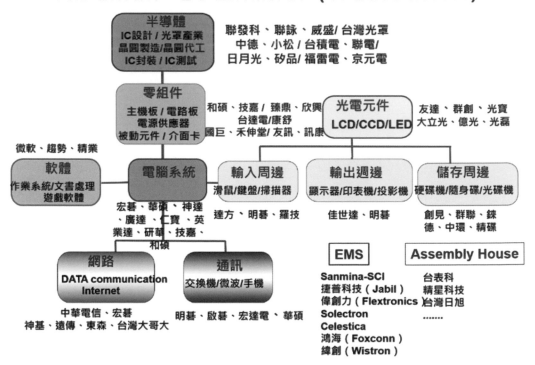

圖5.1 電路板在電子產品供應鏈的地位

5.2 電路板在電子產品扮演的功能及特性要求

5.2.1 前言

　　印刷電路板(Printed Circuit Board；簡稱 PCB)，於1950 年後期才出現的電子元件，是以絕緣材料輔以導體配線所形成的機構元件(Mechanical Component)，顧名思義該產品是以印刷技術製作的電路產品。當時電氣產品是以銅配線配電的方式，所以可用來例如取代收音機中多枚真空管間的繞線組裝方式。它的發明使得電子產品可以大量生產，並且複製速度加快，產品體積得以縮小，方便性提升且單價降低。

　　電路板的主要功用在於承載元件及各主被動元件間之電氣連接，是提供電子零組件在安裝與互連的主要支撐體，更是所有電子產品不可或缺的基礎零件。

5.2.2 電子產品構裝

　　在電子產品的基本功能被決定後，設計者會將非標準的元件設計完成交給晶圓廠製作，其他的一般標準元件則由市場上取得。這些的訂製元件製作出來後會經過晶片構裝的程序，將晶片作成適合組裝的零件，零件再經過組裝焊接等程序安裝在介面卡或母板上，這樣的程序就是一般電子設備的製作程序之一。晶圓的製作是零階構裝，將晶片作成適合組裝的狀態叫做一階構裝，一階構裝焊接安裝到介面卡上被稱為二階構裝，介面卡裝上母板被稱為三階構裝。母板完成後再裝上機殼及周邊模組設備後，成品即大功告成，如圖5.2所示為整體的電子產品構裝關係。

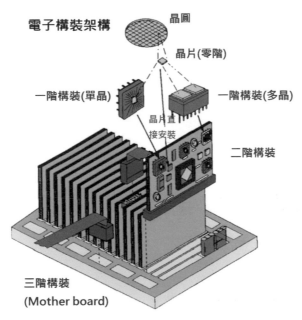

圖 5.2 電子產品系統的組裝（構裝）示意

由於電路板的設計品質，不但直接影響電子產品的可靠度，亦左右系統產品整體的競爭力，其重要性常被稱為「電子系統產品之母」。電路板產業的發展程度可相當地反映一個國家或地區電子產業的強弱與技術水準。隨著電子產業的蓬勃發展，電路板在80~90年代風起雲湧般地成為先進國家國的重點發展產業。台灣因為資訊電子等消費性電子產品是當時高科技產品主要發展項目，因此電路板產業也隨之發展興盛。時至今日，兩岸台商規模產值產能已居全球首位，也是僅次半導體及面板業之兩兆雙星產業而居第3名，一切的努力都靠業者本身的辛苦打拼才有今日全球舉足輕重的地位。

電子機具的應用迅速地擴散到各個領域，被廣泛地應用在資訊、通信、網路設備等不同範疇。由於行動式電子產品如：筆記型電腦、智慧手機、平板電腦等攜帶式產品愈行普及，電子器材小型、輕量、行動化的發展極為明顯。可攜化不止是機器變小，同時必須提供使用者無線高頻的功能，這必須仰賴電氣性能的提昇。

在大型電腦的全盛時期，為了高層次電路板的製作需求，電路板也採用Polyimide、陶瓷等為基材製作電路板。但是自從個人電腦、工作站、一般消費性電子產品走向高密度組裝、更換週期縮短後，印刷電路板的材料由過去採用陶瓷材料作半導體封裝為主，轉而以樹脂材料為大宗的封裝趨勢，有機材料高密度電路板佔據的角色愈來愈重要。

近來由於電子設備的功能整合趨於複雜，相對的半導體封裝也跟著走向高腳數高密度化，傳統的導線架(Lead Frame)構裝已不能完全滿足半導體構裝的需求。因此多晶粒模組MCM (Multi-Chip-Module)、裸晶粒(Bare Chip)直接裝載DCA (Direct Chip Attachment)、轉接板(Interposer-Board)構裝、晶片尺寸構裝CSP (Chip Scale Package)、晶片級構裝WLP (Wafer Level Package)、針狀陣列構裝PGA (Pin Grid Array)、球柵陣列構裝BGA (Ball Grid Array)、柱狀陣列構裝CGA (Column Grid Array)等等構裝方式在各個不同領域出現，而它們與印刷電路板連接也就呈現了多樣的變化。

又由於導線架之不足以滿足晶片構裝所需，因此晶片構裝的方式就逐步從打線(Wire Bonding)模式推向TAB (Tape Automated Bonding)及覆晶技術(Flip Chip Technology)，而這類高密度的載板又必須依賴高密度電路板的技術才能實現低價大量的目標。圖5.3、5.4、5.5分別是TAB、COB及FC產品。

圖 5.3 TAB

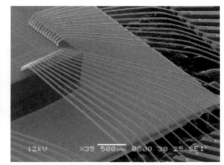

圖 5.4 COB

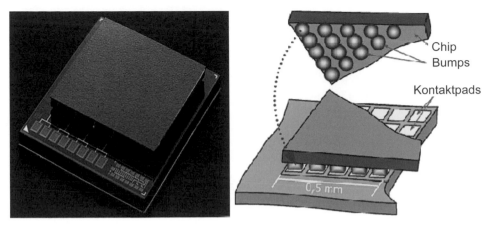

Chip

Bumps

Kontaktpads

0,5 mm

圖 5.5 -Flip Chip

5.2.2.1 IC 的變化與元件封裝

知道電子組裝的形態，可以了解積體電路各階層的封裝機構模式，而積體電路的封裝模式又直接影響到電路板的設計。未來大型封裝的接點會到達數千點，而封裝的內接點數則可能多達萬點，如此其接點的間距必須變小。

半導體元件封裝一向都是以陶瓷(Ceramic)材料或者導線架(Lead Frame) 作為載體，經過封裝後再安裝到印刷電路板上。不過由於低電容率、輕量、加工性、低價大量等等因素，這樣的狀態逐漸改變，有機絕緣基板逐漸在封裝領域嶄露頭角。在組裝的方式上也由接腳插入式(Through Hole Mounting Technology，TMT)，轉為表面黏著式(Surface Mounting Technology，SMT)。前者見圖5.6，後者則見圖5.7。

圖 5.6 插腳式零件　　圖 5.7 表面黏著式零件

接腳型封裝在中大型的封裝已無法符合密度所需，除了針狀陣列(PGA)封裝外，高腳數封裝使用接腳型的模式漸不多見，在低腳數封裝方面仍有一定的使用量。這樣的趨勢除了積體電路封裝多腳化的因素外，高速的訊號必須使用無引腳的封裝來降低電氣干擾也是原因。當然,同面積下希望容納下更多的接腳,讓元件小型化又是另一個重要因素。這種提高封裝密度、降低電氣雜訊、縮小原件尺寸的做法,不但是系統用的電路板必須細密化,高腳數的積體電路封裝也開始採用類似的高密度封裝板。因此,面積陣列組裝逐漸普及,接腳間距密度大幅提高。傳統封裝由於一向使用導線架封裝,因此引腳分布在四周者被稱為周邊型(Peripheral Type)封裝,又因為這類封裝有引腳(Lead),因此被稱為引腳(Lead Type)封裝。由於邏輯積體電路晶片顆粒的接出點(I/O)大幅增加,其接點配置有困難,因而高(I/O)積體電路已多數改用面積陣列型(Area Array Type)封裝。又因陣列型封裝並沒有側向的引腳拉出,因此有無引腳(Leadless Type)封裝的稱謂。因為需求量大、必須低單價、必須高密度、產品生命週期縮短、信賴度要求放寬等等因素,有機材料的封裝板因此變得相當重要。圖5.8所示為封裝引腳結構示意圖。圖5.9所示為塑膠積體電路封裝板範例。

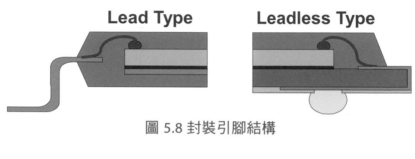

圖 5.8 封裝引腳結構

圖 5.9 塑膠積體電路封裝板

　　這類封裝基板用到的電路板,必須在接腳間作出連結線路,所以須要有細線及微孔的設計。

5.2.3 電路板在電子產品中提供的功能

A. 提供積體電路等各種電子元件固定、裝配的機械支撐。

B. 實現積體電路等各種電子元件之間的佈線和電氣連接或電絕緣。

C. 提供所要求的電氣特性，如特性阻抗等。

D. 為自動銲錫提供阻焊圖形，為元件插裝、檢查、維修提供識別字元和圖形。

5.2.3.1 電路板一般要求的規格

隨著電子產品的普及化及轉換率提高，有機材料已大量介入以往主要以陶瓷為主的封裝市場。因而探討電路板的形式與規格，不但必須涵蓋以往的傳統大電路板及近來較受到注意的高密度電路板，積體電路用的封裝板也不能缺席。表5.1為一般典型的電路板規格。

表5.1 典型印刷電路板規格

	一般等級	高密度等級	封裝模組級
線寬	100-75 µm	75-50µm	30-10µm
間距	100-75 µm	75-50µm	30-10µm
微孔(via)直徑	250-150 µm	150-75µm	100-50µm
銅墊(land)直徑	500-300µm	400-200µm	200-80µm
層數	4~8層	10-20層	8-16層
介電層厚度	200-40µm	80-40µm	50-20µm
全板厚度	0.2-2.0 mm	0.4-1.6mm	0.2-0.8mm

註：表內規格並不包含高層數電路板規格

印刷電路板的主要介電材料以玻璃纖維及環氧樹脂為主，但因為封裝板不論製作過程及實際信賴度要求都較嚴苛，因此使用的基材以高耐熱性、低吸濕的材料為主，BT(Bismaleimide-Triazine)、Polyimide、PPE (Poly Phenylene Ether)、Megtron (PPO/PPE/Glass fiber)等等樹脂系統，都雀屏中選作為封裝的基材選擇之一。除了一般的多層電路板外，許多領域都已使用高密度電路板，不僅via數量暴增，線路配置空間與自由度也相對變大。覆晶技術逐漸在大型晶片封裝領域普及化，這對高密度電路板技術有推波助瀾的效果，也為電子產品的整合提供了相當大的助力。

5.2.3.2 印刷電路板的特性要求

• 電氣性質

印刷電路板是以組裝、連結電氣元件為目的的結構元件，在電子設備數位化、高速高性能化的要求下，其表現出來的電氣性質備受關注。多層及高密度電路板的電氣特性，須具有更高的性能表現，尤其相較於單雙面電路板，多層電路板在線路配置上有更大的自由度，可以對應更多不同電氣要求，一般常被要求到的電氣性質如表5.2所示。

表5.2 典型印刷電路板規格

直流的特性	交流的特性
・導體電阻 ・絕緣電阻	・特性阻抗控制 ・信號傳輸速度及衰減率 ・雜訊容許量 ・高頻特性 ・電磁封閉性

這些項目與電路板的介電材料、線路配置、斷面構造等都相關，必須在設計初期依據指定電氣特性，選擇適當的材料與結構來達成，而所容許的公差也在製作前就已決定，這關係著電路板製作的的品質良率及未來成品的整體電氣表現。

A. 線路電阻

多層電路板是以絕緣材料固定配置的線路，作為電子零件互連的基礎，因此線路電阻是愈低愈好。當組裝密度提昇時零件的距離雖然可能變短，但高密度所必須使用的細線設計卻可能反而使電阻增大。在增加系統功能方面，由於更多的功能性元件可能加入同一載板，某些線路不但不會縮短反而會延長，這些都促使線路電阻變大。

電路板的導體以銅為主體，銅的電阻係數僅高於銀，而電阻是由線路的截面積與長度來決定。當電路板要作細線設計時，線路的厚度可能必須加厚，這對電路板製造技術而言是一大考驗。銅的電阻係數為0.0174 Ohm-μm，當線寬為10μm、厚度為5μm時，若線長10mm時為3.48 Ohm，這個值對小封裝而言不成問題，但對大型電路板就會有信號遲延的問題，在設計電路板時相關的問題必須列入考慮。

最大負載電流是線路設計的另一個重要課題，尤其對於電源(Power)線路的設計更必須注意其額定容許電流。對現行許多細線化設計的電子元件而言由於電阻值相對變高，其重要性不言可諭。

通孔的金屬截面積比線路大得多，因此多數不成問題，但高密度電路板由於微孔(Micro-via)電鍍並不容易，因此孔內銅厚度相對要求較低，是否會有問題仍必須列入考慮。

B. 絕緣電阻

線路必須暢通無礙但線路間的絕緣性卻必須保有，否則整體電氣性質將因而受損。多層電路板的絕緣性，主要來自於介電材料的絕緣能力，絕緣材料的絕緣性又會因其本身的吸水性、不純物含量、界面狀態等等因素影響而改變。一般而言，不論加濕或其他污染因素加總，絕緣電阻仍應有5×10^8 Ohm (電阻＝電阻率×電阻長度/電阻截面積)以上，這個值被視為實用上的最低數值。

線路間距與附加電壓間的關係並不單純，隨著高密度電路板的應用愈趨普及，更好的絕緣性材料成為一急迫性的課題，雖然主動元件的操作電壓逐步下降，但線路間距壓縮的需求更快。介電層的薄形化，對內層線路的絕緣性產生考驗，表面線路的細密化更促使防焊漆的絕緣性受到考驗。高密度所導致的孔密度增加，不但是盲孔密度大幅提昇，對通孔而言其間距也大幅壓縮，這些又考驗著介質材料的加工性及後續的電性表現。

由於高密度、小孔、細線等因素，介質層的厚度不斷壓縮，某些特殊的產品甚至將厚度設計到低於0.5mil以下，如此的厚度甚至連銅箔的粗糙度都開始影響到導體間的絕緣性，加上如此薄的材料其強度也受到挑戰，因此如何保持良好的絕緣性就成為未來提高電路板密度的關鍵因素。

C. 特性阻抗控制與信號的傳輸速度

電子產品的操作時脈進步神速，尤其是半導體的內頻目前已公佈的數字可高達100GHz以上，而且還不斷的在推昇中。電路板的部分現在以500~2.4 GHz 類的產品為主，未來高頻將出現10GHz 以上，甚至上百GHz的產品，而這類的產品對電路板的需求就更形嚴謹。圖5.10所示為訊號傳輸示意圖。

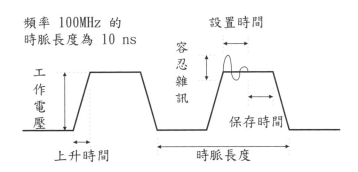

圖 5.10 訊號傳輸示意圖

當工作電壓降低、頻寬變大、波長變短時，其可容許的雜訊量相對變小。一般的電子零件如果輸出或輸入的阻抗與電路板的匹配性不佳，在銜接的介面會產生反射訊號，因而將減低訊號的品質，甚而使訊號失真無法辨識。對高頻電子設備高速傳輸線路而言，這樣的問題就更加的明顯。

近年來個人通信的發達，造就了通信市場的蓬勃發展，但通信的品質有賴於公共建設的品質提昇。就以手機市場為例，通信服務公司必須建置足夠的基地台及交換機設備才能提供穩定的服務，而基地台的功能表現又與基地台建置時所用的基地台電路板及相關電子元件表現有極大的關係。圖5.11所示，是有關不同線路配置在電路板中的阻抗值計算參考公式。

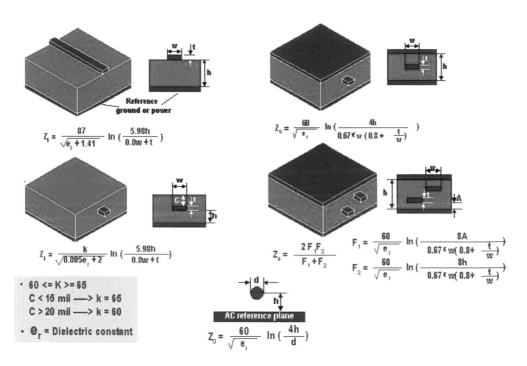

圖 5.11 一般的電路板線路配置及阻抗計算

由於數位電路是以交流電的方式傳輸，因此以Z_0為表示符號，從公式中可以看出R仍是其中的一個因子，特性阻抗一般採用TDR(Time Domain Reflectmeter)來測量。由於電路板的線路配置多樣，因此多數的阻抗偵測都是透過特定的標準線路設計在板邊或空區，以作為偵測參考數據的依據。

Stripline (條線、帶線)係指訊號線之上下均有介質層與參考層，其傳輸品質之"訊號完整性"(SI)較 Microstirp Line(微帶線)好。但則 Microstirp Line 是在表面層的一根信號線，與銅平面之間有介質隔離。但由於 Stripline 與 Dk 為 1 的空氣隔絕，故其傳播速度反而不如 Microstrip。由於實際的阻抗常利用實驗公式或經驗式，其計算的偏差量會隨不同的假設及模式而有差異，目前市場上已有不少軟體可提供不同的模擬計算，只要輸入相關數據如：線寬／間距、材料種類、幾何形狀等，軟體就會提供相關答案。不同的設計相關書籍也提供各式的阻抗關係圖供作參考，專攻設計者最好查閱專書較不易疏漏，在此不作贅訴。

一般常見要求較嚴的特性阻抗精度，常落在+/-10% ~ +/- 8% 的範圍內，現在更進一步要求到+/- 5%以內。嚴格的特性阻抗值，使線路的寬度及厚度、絕緣層厚度等的精度都大幅提高。因此必須開發更新的絕緣基板以提高精度，並進一步提升製作技術以穩定結構。

由於介電係數落在分母，在高速電路板的應用上就必須找到介電係數低的材料，才有助於電氣訊號的高速運行。

5.3 電路板的產品應用

各式各樣的電子產品從低階到高單價、從低層次到精密度高的IC載板都屬於電路板的應用範圍，表5.3及表5.4詳列了各種類電路板的應用產品。隨著IT與3C新產品上市時間越來越快速，讓電路板的製造除了靠經濟規模降低成本外，還需要彈性生產縮短交期，並且因應訊號傳輸速度加快的高頻、無線應用產品、雲端大量計算的伺服器、以及需求高可靠度的汽車電子、醫療電子、航太電子產品等，PCB的製造似乎從成熟產品期，又必須跨入新技術導入的成長階段。

表5.3 印刷電路板產品技術層次和運用領域的關聯介紹

1-2 層板	4-6 層板	6-8 層板	8-10 層板	10 層板以上	HDI 板
家用電器	DT	繪圖卡	NB	工業電腦	NB
電話機	MB	DSC	DSC	背板	手機
PC 週邊	PC 週邊	儲存媒體	通訊	通訊	IC 載板
音響	DSC	NB	基地台	基地台	DSC
遙控器	遊戲機	PC 週邊	伺服器	伺服器	可攜式產品
一般電子產品	汽車用板	汽車用板	手機	迷你大型電腦	軍事
汽車用板	手機	光電板	軍事、航太	軍事	航太
事務機	事務機	無線感測器	無線感測器	航太	

技術層次最低	技術層次中等	技術層次高

表5.4 印刷電路板主要應用

主要產品		主要用途
硬板	單面板	電視機、錄放影機、收錄音機、遙控器、掌上型遊樂器、照相機、警報器、緊急照明設備、電源供應器、家電用控制板、工業用控制板、電話機、電話總機、傳真機、監視器、終端機、鍵盤、滑鼠等。
	雙面板	電腦週邊及終端機、傳真機、攝影機、數值控制設備、通訊設備、計算機。
	多層板(含HDI結構)	個人電腦、傳真機、工業自動化相關設備、數值控制設備、通訊設備、迷你及中小型電腦、半導體測試設備、掛壁式超薄電視系統、數位相機、GPS等。
軟板		筆記型電腦、硬碟機、顯示器、光碟機、智慧型手機、傳真機、計算機、印表機、影印機、音響、電視、視訊攝影系統、數位相機、刷卡機、汽車電子產品、工業儀器、醫療儀器等、穿載式電子產品。
軟硬結合板		高階功能智慧型手機、醫療儀器、航太軍事設施、高階攝影機。
IC 載板	PBGA	BGA 封裝，應用之產品為晶片組、繪圖晶片。
	Multi chip Module (MCM)	MCM封裝，應用之產品為結合類比、數位、Power 控制電路及記憶體、邏輯 IC控制之 IC。
	CSP	CSP封裝，應用之產品為 Flash、高速 DRAM、邏輯晶片。
	Flip chip	應用之產品為晶片組、繪圖晶片、快閃記憶體、邏輯 IC。
	FC CSP	高階手持式設備之系統晶片、通訊晶片與晶片組。

5.4 台灣電路板產業的往昔與現況

5.4.1 台灣電路板產業發展沿革

1). 台灣印刷電路板產業起源於桃園，1969年美國安培公司在桃園創立台灣第一家印刷電路板製造商，之後有國民黨營的新興電子公司及日資的日立化成公司成立。而安培所生產的電路板是運回美國母廠或直接進行裝配，並不對外接單，是屬於大公司的附屬工廠(美國許多這類工廠，這種製造模式稱為Turnkey Solution—統包解決方案，意即電路板的製作、零件採購、組裝及測試，有時連電路板的佈線及機構設計也一起統包)。新興電子是與美國TRW電子技術合作，主要供應GTE公司的電話通訊系統用板，是對外接單按圖製作的零組件製造工廠，也就是OEM模式的專業工廠。台灣印刷電路板的製造，雖有美商安培來台設廠，不過對於技術移轉並不熱衷，產線作業及規範幾乎是由人員口述及摸索而成。後來有安培離職人員參與華通及台路設廠後，才陸續引進美國相關製程技術，成為台灣印刷電路板製造的先鋒部隊。

2). 1970年代後期台灣的家電業，尤其是電視機工業的快速發展，提供了單面印刷電路板良好的生存發展環境。之後電視遊樂器掀起風潮，以及全球資訊工業的全面推動，印刷電路板的需求出現了空前熱絡景象，台灣電路板廠如雨後春筍般紛紛設置，也奠定台灣印刷電路板產業的發展基礎。

3). 1990年代在資訊、通訊、消費性電子的需求帶動下,印刷電路板產業蓬勃發展,多集中在資訊相關領域上。但1997年起,低價電腦盛行,資訊大廠紛紛要求調降電路板價格,而國內業者又在產能擴充過快的情況下,不得不殺價搶單,致使利潤不斷被壓縮。且因進入這個產業者眾多,造成供過於求,價格持續下探。

4). 削價競爭的情況至2000年稍為好轉,因為網際網路與行動電話快速成長,美、日、歐同業均往IC載板及手機通訊板等高階產品發展。台灣如華通、欣興(聯電子公司買下新興後改名欣興)、南亞等業者也開始跨入通訊相關產品領域,並步入多元化產品方向發展。2001年全球電路板產業嚴重衰退,因PC、手機及通訊設備需求滑落,產品單價也逐步下滑。但由於大陸擁有低廉且大量的勞動力,仍吸引許多日、美、韓等業者加速在中國的投資生產。因此台商在中國投資電路板的腳步也逐漸加快,大多集中在珠江三角洲的廣州、惠州、深圳及長江三角的昆山、蘇州等地,產業鏈日趨完整。

5). 2002~2004 年因應資通訊產品需求擴大,及產品功能增強趨勢,使得電路板層次結構出現很大變化,包括多層硬板層次更高,使板子面積縮小。同時因應終端產品小型化與薄型化趨勢,造成HDI(High Density Interconnect,有微孔結構)板需求激增。同時也因微孔(Micro via)技術漸成熟,因此吸引更多業者投入。同時因手機與平面顯示器市場快速發展,也帶動軟板需求增加,所以各廠商紛紛擴充產能因應。這是軟板的第二波市場需求大增時點,台灣的軟板產品穩住陣腳佔有一席之地,主要是在第一波的筆記型電腦起飛的時點。至於IC載板,則逐步朝向BGA、CSP、FC、COF發展。

6). 2005 年面臨環保意識高漲,以及歐盟「電子電機設備中危害物質禁用指令」(RoHS)法規亦將在2006年7月1日執行,使得電路板廠商積極研發無鉛製程,帶動無鹵及無鉛銅箔基板(Copper Clad Laminate ,CCL)的興起。另由於多功能與3G手機興起,HDI板需求殷切,台灣HDI板廠商財務多轉虧為盈。但軟板產業卻未盡理想,因既有廠商大舉擴充產能,又面臨硬板廠商的加入,反而使得軟板出現供過於求的現象,各廠商財務狀況普遍不佳。2006 上半年軟板廠商基於供給過剩影響因而縮減產能,使得供需情況轉趨穩定。下半年在手機與面板需求力道推升之下,接單表現逐漸回溫,但仍集中在大廠如嘉聯益、台郡與臻鼎(原鴻勝)等,軟板產業大者恆大經營情勢更趨明顯。另IC載板廠商仍延續先前榮景,並在半導體封裝製程轉換下,帶動產品需求持續旺盛。儘管下半年各廠商產能大幅開出,使得供貨缺口縮小,且部分產品價格出現鬆動,但對IC載板產業景氣影響不大。至於硬板產業兩岸分工佈局更趨明顯,如較低階多層板陸續轉往大陸生產,台灣則以HDI板及其他利基型產品為重。

7). 2008年下半年因全球金融風暴衝擊,致使下游市場需求急凍,客戶端調節庫存,各種電路板出貨更不順,訂單能見度也持續降低,使得電路板上下游供應鏈失序,故

2008年台灣電路板產值規模出現下滑。儘管2009年台灣電路板產值年增率尚未擺脫負成長窘境，但產值規模已自第一季谷底逐步回升，除受到中國家電下鄉政策激勵，且因應CULV NB以及iPhone 3GS等新款終端產品陸續釋出，下游客戶開始回補庫存，因此台灣電路板業者也逐步拉高產能利用率。

8). 2010 年台灣產業景氣相對回升，儘管上半年歐洲爆發債信問題，但由於全球經濟景氣仍持續回溫，帶動市場需求力道增強，下游客戶感受到景氣熱度仍為強勁，況且因應新款智慧型手機與平板電腦等產品進行備貨，故拉貨動能仍大。唯下半年景氣不若上半年突出，主要是因美國內需求動能放緩，且歐債陰影揮之不去，使得PC、面板等市場需求受到影響。而且上半年多已提前大舉拉貨備料，使得庫存調節時程提前，接單能見度降低，因而減緩 2010 年成長動能。2011年成長動能明顯趨緩，主要需求僅仰賴智慧型手機與平板電腦，由於日本 311 強震打亂終端產品鋪貨時程，後又因遭逢歐洲債信風暴擴大，美國經濟景氣亦有放緩疑慮，以及泰國受水災肆虐所害，當地硬碟與汽車廠房設備受損，在市場不確定因素干擾以及供應鏈關係變化之下，致使下游客戶拉貨意願轉趨謹慎保守，業者出貨動能相對放緩，產能利用率也隨之滑落，只有軟板景氣表現仍持續強勁增長。

9). 2012 年產業景氣與 2011 年相當，上半年雖有 Apple 推出 New iPad 產品激勵，帶動週邊關鍵零組件拉貨需求，但卻也因產品規格升級，若干零組件良率提升不易，甚至影響後續鋪貨速度。Ultrabook 銷售也不若預期，影響台商相關用板出貨量，因此上半年產業景氣相對疲軟。直至下半年才漸有改善，主因是軟板出貨強勁，各國際品牌大廠相繼推出新款行動裝置，使台灣軟板需求逐漸提高，配合產能擴充與良率提升之助益，更成功斬獲不少國際大廠訂單，有部分來自日本轉單的加持。但對於其他硬板與載板廠商來說，卻因 PC 市況不如預期，同時Windows 8 上市也並未帶來明顯換機潮，牽動相關零組件供應鏈，使板廠開始調整產品出貨比重，主要投入網通、汽車以及工業等應用面為重。但受到 PC 需求放緩影響，使得下半年本產業景氣回升力道仍極有限。

10).2013、2014年靠智慧手機及平板在各大廠牌推陳出新並增加許多功能下，是電路板產業在電腦系統持續下滑的時候，仍可維持平盤不至有太大變化的最大貢獻。至於穿載式裝置及各式VR的產品尚在試水溫，實際的影響不大。車載電子倒是值得期待，台灣幾家專攻車用電路板如敬鵬、健鼎等有突出的表現。

由上述的台灣PCB產業40年來的製造辛酸史可以有以下結論：

- 印刷電路板是一個成熟產業，但因為產品特性，它只有景氣循環的波動。因此這個產品不會衰退，除非有革命性的替代材料發明與電子訊號的傳遞方式改變，否則電路板這個產業還是會持續成長。

- 雖是成熟產業，但因終端需求環境不斷的變化，使得材料與製程技術屢有新的概念與挑戰，所以產業或企業處在第一條S曲線上的哪個位置，以及第二條S曲線該在何時切入，這是台灣比較弱的地方。台灣電路板產業一直是個跟隨者，憑藉我們良好的製造業基礎可以維持產業於不衰。但是深入探究美國、日本甚至韓國他們掌握的是終端產品的未來情境趨勢，如果台灣電路板產業無法突破只是跟隨者的角色，可能我們只能賺辛苦的代工管理利潤，無法提升產品附加價值。

5.4.2 印刷電路板產業上下游供應鏈與產業群聚效應

5.4.2.1 產業供應鏈

台灣印刷電路板產業上、中、下游的供應鏈相當的完整，除幾個重要的設備與材料(這也是台灣必須警覺的，因為必須仰賴國外進口的材料或設備的都是高階或高附加價值電路板產品製作上所需要的)，圖5.12顯示了從原料端到板廠端的供應鏈廠商及其產品的列舉，而且超過6成集中在大桃園地區和新北市，於是形成了一個重要對產業發展效益很大的論點—產業群聚。

台灣-全球最完整的PCB產業供應鏈

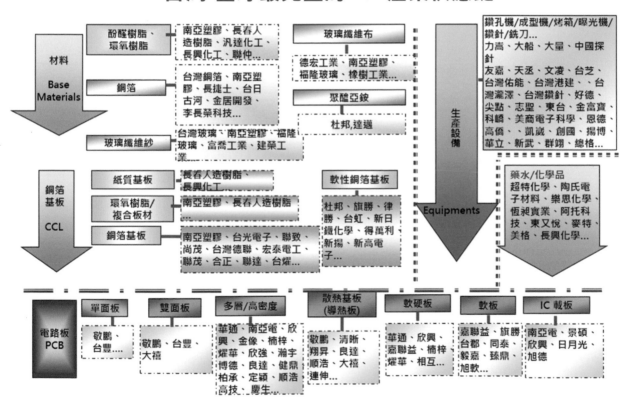

圖5.12 印刷電路板產業供應鏈圖

5.4.2.2 群聚效應一桃園是電路板產業大本營

　　將近50年來台灣PCB產業之所以打下良好基礎，在大桃園地區形成的一個產業聚落是一個非常重要的因素。台灣是以製造業外銷為主，必然有很多國內外貿易商直間接在產業尋找商機。國外的一些電子廠商不管直接或間接來台灣買PCB，都可以在最短時間那拿到價美物廉的產品，因而打響名號聚集了很多的商機，也可說是另類的「磁吸效應」。

　　桃園會成為這個產業的群聚區域，可歸納幾個因素：

- 美商安培公司就座落於桃園，後面跟進的華通、台路也都在桃園，所以自然由這些公司分支出去的最理想地點會選擇桃園。

- 桃園的大專院校很多，所以人才的取得不困難。

- 由於當時產業環境氛圍，使得人才積極學習知識技術、企圖心很強。而衍生出去的廠商仍與母公司維持良好的互動關係，相互交換資訊及知識技術，甚至承接/支援母公司的訂單，成為水平面向的合作關係。

- 由於電路板專業的知識技術是在進入業界之後才慢慢學習，透過師徒制面對面地傳授、不斷地從做(錯)中學習，以累積經驗。人才藉由在不同工作單位的流動，包括： 廠內不同的部門、同業廠商間、相關產業間，學習到相關的知識技術，提高在業界的競爭力。而電路板廠商就也因人才的流動(離開或挖角)，讓知識技術普遍的傳遞，使產業內各企業的技術水準均一且快速成長，促進創新並降低研發的風險，提高生產率及競爭力。

- 台灣電路板協會(TPCA)於1998年3月成立，會址就在桃園，這些年在扮演推動產業間技術人才交流、市場資訊收集、分析以及每年一度的國際產業大展上，有非常傑出的表現，也帶動會員間的良性互動，並且在產學合作上也多有貢獻，並適時替產業發聲，向政府建言或建議改善不合理的政策或制度。這對桃園成為產業群聚有很大的加乘效益。

- 因為大部分的電路板產品是外銷，桃園有國際機場是一個頗為重要的因素之一，可以更準時的達成客戶的交期，尤其有些在研發測試階段的電路板需求，往往客戶要求板廠直接Hand carry到客戶手上。

- 另外根據朱兆營先生(2003)研究桃園地區的電路板產業聚落形成、發展與變遷的結構因素與動態演進，指出電路板產業群聚會在桃園地區逐漸茁壯成長的主要成功關鍵因素為：需求強烈、成本相對較低、環保法規寬鬆、周邊配套完整、以及強烈創業精神。

- 由於台灣電路板產業成立了TPCA後，會員已增長到接近700家，更在全體會員團結努力之下於2011年產值躍居全球第一，直至今日依然是保持領先。雖然會員間有競爭，但競爭中又彼此扶持成長才有今日的成績；在先進的HDI、SLP、以及IC Substrate類的板子，台商都是維持第一的地位。但未來挑戰重重，包括在大陸的生產基地成本逐漸拉高、台灣勞動力不足、土地成本偏高、水電供應的不穩定性等，都造成非常多的不確定性，有待產業接下來從多方角度來思考如何面對這些的挑戰了。

5.4.3 台灣現階段在全球之產業地位

2022年的統計數字台商電路板的總產值達3成多，仍居全球第一，而百大中雖然只27家入榜，但其產出卻占百大的總產出32.8%(表5.5)；全球前25台商佔了9家，前五大更佔了3家，見表5.6。就在地生產的總值，台灣也居全球第二，僅次大陸。由此可知台灣在此產業，不管產值或製程技術在國際間都是舉足輕重。

表5.5 各地區百大家數與營收統計分機 (Source：N.T.I.)

NTI-100 2021年摘要：依國家地區分

單位: 百萬美元

地區	入選家數	2020年營收	2021年營收	年增率 YoY	比例
台灣	27	24,780	28,873	16.5%	32.8%
中國大陸	69	22,221	27,634	24.3%	31.3%
日本	23	12,355	15,174	22.8%	17.2%
南韓	14	8,383	9,594	19.8%	10.9%
美國	5	2,790	3,017	8.1%	3.4%
歐洲	5	2,013	2,611	29.7%	3.0%
東南亞洲	3	1,004	1,242	23.7%	1.4%
全球總計	146	73,546	88,145	19.85%	100.0%

(N.T. Information Ltd，2022 年 7 月 4 日)

表5.6全球25大PCB企業(Source：N.T.I.)

排名	製造商名稱	地區	當地名稱	年增率	2020	2021	短評
1	Zhen Ding Technology	台灣	臻鼎科技控股	18.10%	4,749	5,609	60+%來自FPC與FPCA，納入IC載板
2	Unimicron	台灣	欣興電子	19.00%	3,178	3,783	IC載板：20.8億美元，HDI：9.45億美元
3	DSBJ	中國大陸	蘇州东山精密	9.20%	2,932	3,201	Mflex+ Multek, 80% FPC & FPCA
4	Nippon Mektron	日本	日本メクトロン	13.90%	2,585	2,944	100% FPC & FPCA，第一名車用PCB
5	Compeq	台灣	華通電腦	4.20%	2,189	2,281	75%中國大陸製，中國大陸工廠擴張
6	Tripod	台灣	健鼎科技	18.40%	2,010	2,279	96%中國大陸製，中國大陸工廠擴張
7	TTM Technology	美國	TTM Technologies	6.80%	2,110	2,249	正於馬來西亞檳城興建工廠
8	Shennan Circuits	中國大陸	深南电路	20.20%	1,812	2,178	15億美元投資於IC載板

排名	製造商名稱	地區	當地名稱	年增率	2020	2021	短評
9	Ibiden	日本	イビデン	42.70%	1,524	2,174	IC載板：19億美元？
10	HannStar Board	台灣	瀚宇博德	24.70%	1,654	2,062	含ELNA、精成科技
11	AT&S	奧地利	AT&S	33.80%	1,416	1,895	在馬來西亞為22億美元，在奧地利為5億美元
12	Nanya PCB	台灣	南亞電路板	35.60%	1,393	1,890	IC載板：12.25億美元，佔總營收65%
13	Kingboard PCB	中國大陸	建滔集团	31.40%	1,390	1,828	含依利安達、科惠、榮信電路板等
14	SEMCO	南韓	삼성전기	7.60%	1,551	1,669	IC載板：14.12億美元，在越南為10億美元
15	Shinko Electric Ind	日本	新光電気工業	49.50%	1,040	1,554	100% IC載板、擴張

排名	製造商名稱	地區	當地名稱	年增率	2020	2021	短評
16	Kinwong	中國大陸	景旺电子	35.00%	1,101	1,489	進入高端HDI與高層數MLB
17	Young Poong Group	南韓	영풍그룹	18.70%	1,253	1,487	YPE、Interflex、Korea Circuit（8.4億美元FPC）
18	Meiko	日本	メイコー	26.80%	1,092	1,388	6.72億美元車用，納入日本IC載板
19	LG Innotek	南韓	LG이노텍	26.20%	1,095	1,382	100% IC載板
20	WUS Group (TW+CN)	台灣	楠梓電子（滬士電子）	1.10%	1,337	1,352	台灣楠梓電子加滬士電子
21	Kinsus	台灣	景碩科技	31.60%	980	1,291	90%IC載板，新工廠在台灣
22	Flexium Technology	台灣	台郡科技	19.00%	1,082	1,287	100% FPC及FPCA，63%為中國大陸製
23	Simmtech	南韓	심텍	11.80%	1,057	1,200	在馬來西亞檳城設IC載板新廠
24	Victory Giant	中國大陸	胜宏科技	32.70%	875	1,161	在南通的HDI，IC載板成長快速
25	AKM Meadbville	中國大陸	安捷利美维	32.70%	846	1,123	AKM與AKM Meadville合併
	前25大製造商總計			21.20%	42,251	50,756	前145大製造商的57.8%

5.4.4 台商兩岸產業現況

由於印刷電路板已是成熟產業，外移至其他開發中國家生產，降低生產成本是必然要走的路，從楠梓電子首先到中國大陸設廠製造電路板後，陸續非常多板廠及供應鏈也過去設廠，將近30年的時間，台商整體產值為全球第一，而大陸台商產值一直維持6成以上，見圖5.13最新統計的2018~2022年台商兩岸產值。

大陸是台灣電路板廠海外最重要的基地，兩岸間的產能與技術的互補，成就了今天台灣電路板全球領先的重要地位。，而在百大有排行的台灣板廠更在大陸地區幾乎都有生產基地，見圖5.14。在大陸各項成本逐步墊高的現實下，台商如何維持現有的競爭力，應是未來最重要課題。

台灣PCB生產地產值趨勢

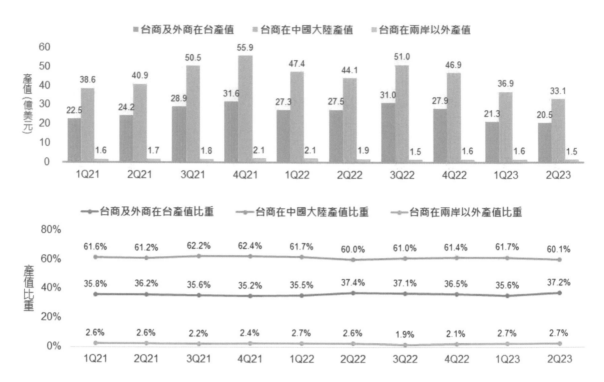

圖 5.13 2018~2022 年台商兩岸產值

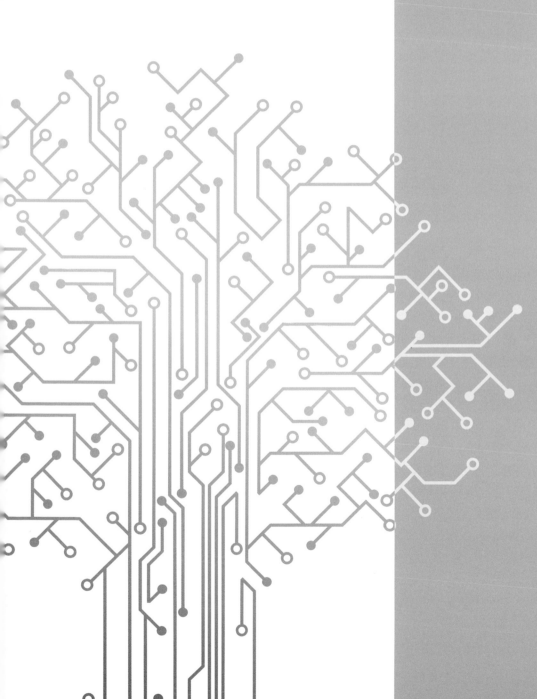

CHAPTER **6**

電路板產業的環保使命

第六章 電路板產業的環保使命

6.1 寂靜的春天

1962年一本書：《寂靜的春天》的出版激發了全球環保運動，作者是瑞秋·露意絲·卡森(Rachel Louise Carson)。書中幾百個原野調查的DDT(雙對氯苯基三氯乙烷，Dichloro-Diphenyl-Trichloroethane)殺蟲劑的使用雖然成功使瘧疾、傷寒和霍亂等疾病的發病率急劇下降，但它在環境中非常難分解，並可在動物脂肪內蓄積，對昆蟲、鳥等以及人類帶來極大危害。雖然這本書的出版讓瑞秋·卡森備受這些化學製藥公司的攻擊壓力太大，而於1964年癌症過世，但也因為她的努力不懈讓美國民間及政府重視環保議題，而於1970年成立環境保護署(EPA)，這應是全球首個國家成立的環保機構。這本書以及1969 年的聖巴巴拉漏油事件(Santa Barbara oil spill)，讓美國訂立1970 年 4 月 22 日為地球日(Earth Day)，當天超過 2000萬人湧上街頭，第一個地球日應是人類史上最大規模的單日活動之一。隨後20年逐步往全球其他國家推動，因而每年的4月22日成了世界的地球日。

時至今日環保議題已經在大部分人心中生根發芽，但所謂人在江湖身不由己，除了部分專業於環保、節能減碳、再生能源...等項目的從業、研究開發的工作人員，大部分的我們不只在工作上，可能在生活中依然無法避免地做著浪費能源、為害環境的一些活動。

人類追求物質享受、生活便利、以及經濟的成長所做的一切，是違反自然生態的運作法則，導致目前地球現狀是千瘡百孔：例如人類認為人定勝天，因此恣意迫害大自然追求物質享受─企業追逐高獲利、政府重視GDP成長、國家或民間的活動也競相追逐世界第一；為獲得更多的糧食收穫，滿足爆炸性人口成長糧食需求所以破壞土地，種植單一植物…，這些都是導致人類生活環境惡化、地球資源逐間枯竭、氣候變遷劇烈的直接原因。要扭轉這個情境，只有靠人類的決心，共同面對、共同解決，別無選擇。

第一次工業革命之後到現在不過250年，人類經濟活動排放的溫室氣體已經嚴重影響地球環境生態的平衡。地球可以適合人類居住的主要原因除了地球有空氣、海洋之外，是因太陽的存在；每天約莫進入到地球的太陽輻射能(Incoming Solar Radiation)約為340W/m^2，原本大致平衡的地球能量預算為零(能量預算指進出地球系統的淨能量流)，因為大氣會儲存熱能， 大量二氧化碳若持續累積在大氣中，即，我們在大氣中的碳排放(碳排放泛指溫室氣體的排放，其中以二氧化碳為主)越高，將使地表溫度顯著升高；2010年的估算地球約每年吸收0.6W/m^2，如圖6.3。

依據IPCC提出的數據，相較於工業化前的水準，2011至2020年的全球地表溫度，已升溫近攝氏1.1度。而升溫1.1度的概念是什麼？近年，因地球能量失衡導致地球氣候變遷，而極端氣候造成地球的天災頻傳，大至「南亞大海嘯」與「東北大海嘯」兩場世紀災難，小至全球各地因為洪災火災旱災所造成的人命傷亡和經濟巨大損失，例如，涼爽多雲天氣美國西北部，有數百人死於高溫；在歐洲暴雨淹沒最富裕地區；美加澳非不斷發生野火失控景況；中國河南鄭州2021年17日20時起三天的降雨量高達617.1毫米，相當於鄭州全年降雨量；印度和印尼等亞洲國家頻傳大洪水，土石流沖毀城鎮，導致數十萬人流離失所，而台灣西部在2021年遭遇了自1947年以來最嚴重乾旱。

　　按照地表溫度持續提高的這個趨勢，到2100年，全球氣溫將比工業化前水平高3-5℃，而平均氣溫升高6℃，人類將集體滅絕！2100年之後，我們與死亡的距離也許只有1.5℃，這不是驚悚電影的預告片，而是真實世界的現實夢魘。

　　IPCC 關於全球升溫1.5℃的特別報告中，認為全球變暖必須限制在1.5℃，才能減少對生態系統、人類健康和健康的挑戰性影響。因此，COP26(全球第26次氣候峰會)決議通過「格拉斯哥氣候協定」（Glasgow Climate Pact），2030年全球碳排較2010年要減少45%，2050年達淨零排放。於是現在各國政府與國際企業紛紛提出他們在2030年之前要達的減碳比例或碳中和，以及2050年淨零排放的承諾及做法。雖然此目前以現有科技做法要達成的機率微乎其微，但畢竟一但我們有決心扭轉此關乎人類生存的重大危機就會有機會，且科技一直在進步，在負碳排技術及再生能源發展上，在AI的協助下(目前人工智慧已協助人類在多領域上有突破性的成果)也會有超乎想像的進展。

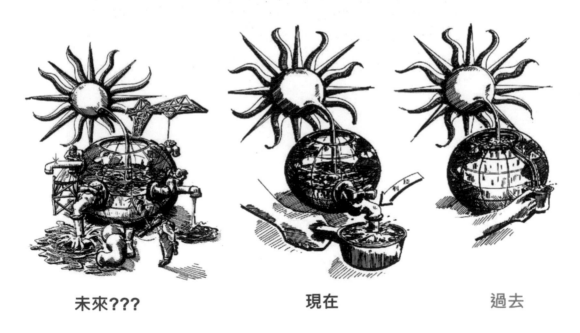

未來???　　　　　現在　　　　　過去

圖 6.1 地球資源有限，若沒有有效的節制行動，地球終有一天會枯竭

經濟目標(人類) vs. 生態主張(地球)

數大就是美
GDP成長
世界之最
金錢遊戲
物質享受
人定勝天

....

vs.

生物多樣性
綠色GDP
與狼共舞
Waste=food
C2C
Biomimicry

....

圖 6.2 人類破壞大自然是反地球的自然生態的運作

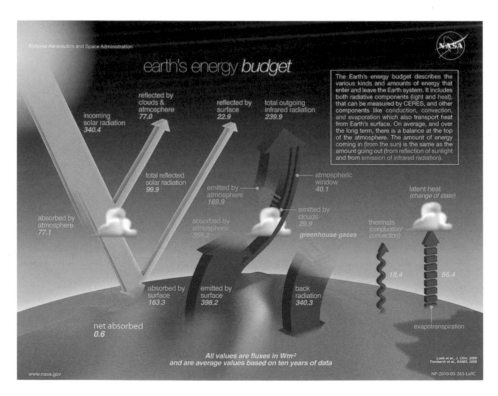

圖 6.3 The NASA Earth's-Energy Budget- 地球能量吸收與排放圖示

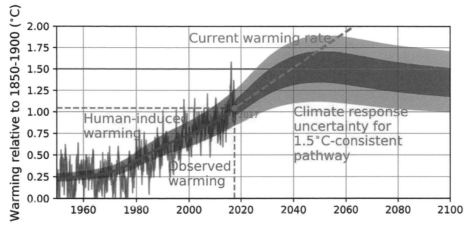

Source: IPCC Special Report on Global Warming of 1.5ºC, Chapter 1 – Technical Annex 1.A, Fig. 12

圖 6.4 依照現在的碳排放趨勢，2040 年前地球升溫將達 1.5℃，
2050 年是轉折點，若無法扭轉，人類勢必遭受來重大災難。

6.2 歐盟環保三指令

6.2.1 廢棄電子電機設備指令 WEEE

「Waste Electrical and Electronic Equipment (WEEE)-廢電子電機設備指令」，是歐盟在
2003年2月所通過的一項環保指令，制訂所有廢棄電子電機設備收集、回收、再生的目標，
並自2005年8月13日生效，其管制重點如下：

- 擴大生產商責任以涵蓋產品最後的生命週期
- 為WEEE設定產品收集目標下限
- 為WEEE設定產品再生/回收目標下限
- 鼓勵為有利於再用/回收而設計的措施
- 為了減少棄置垃圾、有害物的影響和資源耗損

WEEE指令要求所有在歐盟販賣上述物品的製造商必須考慮到產品廢棄時所造成的環境
污染問題，採用易於回收且環保的設計，並負起回收的責任和費用，減少電機電子產品對環
境的衝擊。WEEE指令要求歐盟市場上流通之10大類電機電子產品製造與供應商擔負起廢棄
電子產品之回收及再利用責任，內容包括會員國應建立廢棄電子產品回收體系，並達成法定
回收率及回收量目標等。WEEE所規範之10大類電機電子產品如下：

1. 大型家用設備
2. 小型家用設備
3. 資訊及電信通訊設備

4. 消費設備

5. 照明設備

6. 電機電子工具

7. 玩具、休閒與運動設備

8. 醫療器材

9. 監視及監控儀器

10. 自動販賣機

最新版本

經過將近10年之久，終於在2012年的7月24日公佈了修訂版本，並於2012年8月13正式生效實施。此次的修訂，主要包括：

6.2.1.1 適用範圍：擴大至所有電子電機設備 (EEE)

1). 尚有六年的過渡期，即從2012年8月13日至2018年8月14日，分類原則(2012/19/EC附錄1)與舊版2002/96/EC指令大致相同。除了第四類消費性產品，改為消費性產品與太陽能板。

2). 新的WEEE指令，自2018年8月15日起，將EEE重新分類成6大類產品(2012/19/EC附錄3)，並採開放式範圍(open scope)，亦即2012/19/EC 附錄4所列清單並非詳盡清單，未列的產品亦屬規範範圍，除了排外項目外。

6.2.1.2 WEEE 收集率目標

所有會員國須確保其生產者負起收集廢電子電機設備（WEEE）的責任，自2016年起， 每年至少需達成45%收集率的目標。而自2019年起，所有會員國每年WEEE收集率至少需達成65%的目標，或於該國產生WEEE總量的85%。

6.2.1.3 WEEE 回收率目標 (Recovery Target)：分三階段進行

1). 第一階段(2012年8月13至2015年8月14日)：WEEE修正指令生效後3年內，10類產品最小回收率目標，其與舊WEEE指令有兩個不同處：(A)新增醫療器材料回收率目標，於WEEE修正指令生效後廢醫療器材料之再循環率（Recycling）及回收再利率（recovery）分別需達成50%及70%之目標；(B)原再使用與再循環率目標，改為再循環率目標。

2). 第二階段(2015年8月15日至2018年8月14日)：WEEE修正指令生效後3年至6年間，10類產品最小回收率目標，除了氣體放電燈外，相較於第一階段各類產品最小回收率目標皆提高5%，並將再使用率納入規範。

3). 第三階段：(2018年8月15日起)：因應WEEE修正指令新規範產品類別正式生效，設定各項回收率目標。

各階段的實施見下表6.1~6.3

第一階段：2012年8月13至2015年8月14日期間最小回收率目標：

表6.1 第一階段最小回收率目標

產品類別 (WEEE修正指令附件一)	回收率目標(%)	
	回收再利用(Recovery)	再循環(Recycling)
1或10	80	75
3或4	75	65
2, 5, 6, 7, 8或9	70	50
氣體放電燈	---	80

第二階段：2015年8月15日至2018年8月14日期間最小回收率目標：

表6.2 第二階段最小回收率目標

產品類別 (WEEE修正指令附件一)	回收率目標(%)	
	回收再利用(Recovery)	再使用(reuse)與再循環(Recycling)
1或10	85	80
3或4	80	70
2, 5, 6, 7, 8或9	75	55
氣體放電燈	---	80

第三階段：2018年8月15日起最小回收率目標：

表6.3 第三階段最小回收率目標

產品類別 (WEEE修正指令附件一)	回收率目標(%)	
	回收再利用(Recovery)	再使用(reuse)與再循環(Recycling)
1或4	85	80
2	80	70
5或6	75	55
3	---	80

　　歐盟會員國需在 2014年2月14日前，轉成國內法，制定法規及行政規定，以確保符合該指令之要求。舊版 WEEE 指令(2002/96/EC)則於2014年2月15日廢除。

6.2.2 危害性物質限制指令 RoHS(Restriction of Hazardous Substance)

歐盟會員國從2006年7月1日起,必需確保放在市場上的新電機和電子設備的物質中的以下項目不得超過所述重量百分比:

- 鉛(Pb);1000ppm
- 汞(Hg):1000ppm
- 鎘(Cd):100ppm
- 六價鉻(Cr6+):1000ppm
- 多溴聯苯(PBB):1000ppm
- 多溴二苯醚(PBDE):1000ppm

這些物質應用於那些產品上見表6.4,從RoHS公布之後,開啟了無鉛和無鹵時代,大幅改變了電路板製造及組裝焊接的材料特性及製程參數。

這6種物質中,鉛和後二者含溴化合物的限用直接對電子構裝各階段製程產生影響。有鉛焊料和無鉛焊料其熔點差異達30~40℃,因此對電路板材料熱特性的衝擊、組裝使用的焊料成分改變、組裝溫度的提升、以及零件焊點的強度等各方面的影響頗大。和兩個含溴化合物原做為止燃劑的使用,這是關係到安規,所以須開發新的替代添加劑。

無鉛與無鹵的說法並非指鉛和鹵素是零檢出,國際有嚴格規範如下:

無鉛:RoHS 規定 鉛低於 0.1%(1000PPM)

無鹵:國際電工協會IEC 61249-2-21定義 (檢測項目之限制值,不含氟、碘),見下表6.5。

表6.4 RoHS 6種禁用物質應用的產品分析

管制物質	可能含有危害物質的組件或用料
鉛(Pb)	鉛管、油料添加劑、包裝件、塑膠件、橡膠件、安定劑、染料、顏料、塗料、墨水、CRT或電視之陰極射線管、電子組件、銲料、玻璃件、電池、燈管…等
鎘(Cd)	包裝件、塑膠件、橡膠件、安定劑、染料、顏料、塗料、墨水、銲料、電子組件、保險絲、玻璃件、表面處理…等
汞(Hg)	電池、包裝件、溫度計、電子組件…等
六價鉻(Cr6+)	包裝件、染料、顏料、塗料、墨水、電鍍處理、表面處理…等
(溴化耐燃劑) PBDEs 與PBBs	主要在電子電器與資訊產品的含塑膠零組件、塑膠製品、紡織品、建築材料及汽車內裝等產品上使用。電路板之溴化耐燃劑以四溴丙二酚(TBBPA)為主

表6.5國際電工協會IEC 61249-2-21無鹵定義之限制含量

鹵元素	限制值	檢測方法	檢測儀器
氟(F)	—	EN14582	IC
氯(Cl)	0.09% (900ppm)	EN14582	IC
溴(Br)	0.09% (900ppm)	EN14582	IC
氯(Cl)+溴(Br)	0.15% (1500ppm)	EN14582	IC
碘(I)	—	EN14582	IC

最新版本

　　歐盟於2015 年6 月4 日正式公告RoHS（ recast）指令（ 2011/ 65/ EU）禁用物質清單（Annex II）如下表6.6

表6.6 Rohs指令禁用物質清單

管制物質	濃度限值
鎘 (Cd)	0.01%
鉛 (Pb)	0.1%
汞 (Hg)	0.1%
六價鉻 (Cr6+)	0.1%
多溴聯苯 (PBB)	0.1%
多溴二苯醚 (PBDE)	0.1%
鄰苯二甲酸二(2-乙基己基)酯 (DEHP)	0.1%
鄰苯二甲酸丁酯苯甲酯 (BBP)	0.1%
鄰苯二甲酸二丁酯 (DBP)	0.1%
鄰苯二甲酸二異丁酯 (DIBP)	0.1%

　　歐盟成員國必須在2016年12月31日前將指令轉化為國家法令。執行日期為2019年7月22日（醫療設備和監控儀器2021年7月22日）。

6.2.3 能源使用產品生態化設計指令 EuP

能源使用產品生態化設計指令（Directive of Eco-design Requirements of Energy-using Products，2005/32/EC），簡稱EuP指令。歐盟鼓勵生產者為他們所製產品進行生態化設計(Eco-design)，在產品生命週期內對環境的衝擊降到最低，以提升能源使用效率，包括：減少能源需求、提高能源效率，採用更優勢的法規等。

歐盟於2005年7月6日議會確認建立一架構（framework）形式的指令，以規範未來法令在能源使用產品的實施方法。2005年7月22日官方期刊（Official Journal of the EU）中，正式公告「2005/32/EC號指令」。EuP指令於2005年8月11日正式生效。歐盟各會員國需於2007年8月11日完成國內立法，以確保EuP指令得以有效運作。

具體內容如下簡述：

（1）能耗產品（Energy-using Products，簡稱EuP）：是指依靠能源輸入（電力、石化及再生燃料）才能操作，以及那些用來發動、運送及測量該能源的上市產品。這還包括單獨耗能的部件成品（Dependent part），以及用電產品內的部件（incorporated part）。

（2）實施方法（Implementation measures）是指本指令所指的生態化設計規定方法。

（3）生命週期（Life cycle）是指一種EuP產品連續性的階段，涵蓋原料使用至最終處置階段。

（4）生態檔案（Ecological profile）是指一種記述說明（description），涵蓋該EuP產品整個生命週期階段的投入與產出（如原料、排放及廢棄物）。這些投入/產出在環境衝擊角度而言最為顯著，以及它們的數量可以被計算。

（5）生態化設計規定（Eco-design requirement）是指任何一種關於EuP產品或它的設計在提升環境績效時的規定。

（6）一般生態化設計規定（Generic eco-design requirement）是指在生態檔案中的任何一種生態化設計規定，而這無須符合某種特定環境方面的需求。

（7）特定生態化設計規定（Specific eco-design requirement）是指一種EuP產品的某個環境方面的可量化/可量測的生態化設計規定，如在使用時的耗能（以能源投入/績效產出作為計算單位）。

EuP指令還要求，生產商必須採取措施，保證產品在符合EMS/QMS(環境管理體系/品質管制體系)下製造，滿足EuP指令要求並貼附CE標誌，這樣的產品才能進入歐盟市場。

歐盟此環保3指令在生效時間及執行次序是經過考慮，且和電機電子產品的LCA有高度關聯性。導入電機電子產品的生態設計需要相當長的時間，歐盟考慮在環境衝擊最小的情形下，讓生產商依WEEE—RoHS—EuP的要求內容先後導入其產品，已取得輸往歐盟國家需要的認證，如此讓生產商有較足夠時間應對其產品設計的改變。見圖6.5及圖6.6的圖示說明。

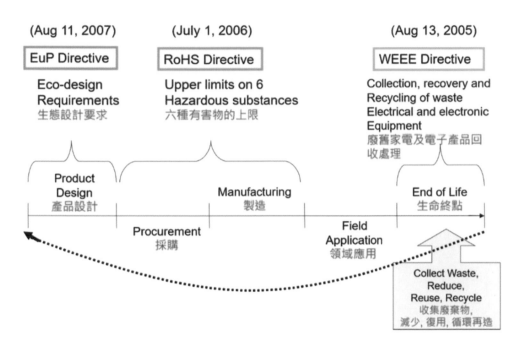

圖 6.5 歐盟環保 3 指令生效時間產品生命週期的不同階段

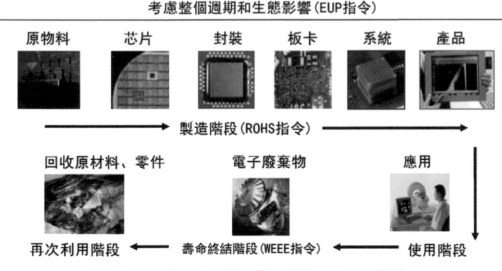

圖 6.6 歐盟環保 3 指令和電子產品 LCA 的關聯性

6.3 綠色製造

傳統的工業生產是以最大限度地謀求經濟效益為主要目標，因此不可避免地帶來嚴重的環境污染問題。在生產過程中如何最大限度地利用能資源，在追求經濟效益的同時，又將對環境的污染降到最低，這就是產業界在大力推進的綠色製造技術。

6.3.1 什麼是綠色製造？

它是一個綜合考慮環境影響和資源效益的現代化製造模式，其目標是使產品從設計、製造、包裝、運輸、使用到報廢處理的整個產品生命周期中，對環境的影響（負作用）最小，資源利用率最高，並使企業經濟效益和社會效益協調最佳化。綠色製造這種現代化製造模式，是人類可持續發展戰略在現代製造業中的體現。

「綠色製造」是一套跨學科的方法，旨在減少消耗能源(Energy)與物質(Material)，譬如優化處理程序、改進/改善製造技術、減少廢棄物及危險物質、改善能源效益等。

這和電路板產業有何重要關聯性？電路板使用的原料如基材之環氧樹脂，防焊油墨、光阻劑(乾膜)等也是以環氧樹脂系列為大宗，這是一種石化產品；銅箔最上游是從銅礦開採、提煉、再加工而成。電路板製作過程中耗用大量的電力和水資源，產生了一些事業廢棄物需適當回收及處理。因此須了解國際間對於環保及廢棄物處理的相關法規或貿易限制，最終仍須找出一條耗用最少能源物質的生產模式，產業才會有永續發展的可能。`

為因應國際製造業在綠色議題上的發展，工業局於101年推動「綠色工廠」標章的認證，其推動背景與時程見圖6.7。

圖 6.7 歐盟環保 3 指令和電子產品 LCA 的關聯性

工業局對綠色工廠的定義：「整合綠建築與清潔生產之系統化機制，致力於降低工廠廠房於建造、運作，以及生產之產品於生命週期各階段之能資源消耗與環境衝擊，提升產業與產品之環境友善性，以符合產業低碳化之目標」。

「綠色工廠」包括「綠建築」和「清潔生產」(Cleaner Production)兩個評估系統(見圖6.8)，TPCA配合工業局綠色工廠的推動，於2012年完成「電路板清潔生產專責」，報請工業局通過審核，於隔年開始推動板廠的導入。

1997年初聯合國環境規劃署(UNEP)對清潔生產(Cleaner Production, CP)定義如下：

指持續地應用整合及預防的環境策略於製程、產品及服務，以增加生態效益和減少對於人類及環境之危害。

其評估項目見表6.7，在工廠營運過程中，透過資源節約、綠色製程、污染物管控、環境友善設計、綠色管理、社會責任、創新思維及其他清潔生產作法等8項努力，致力降低對環境之衝擊。

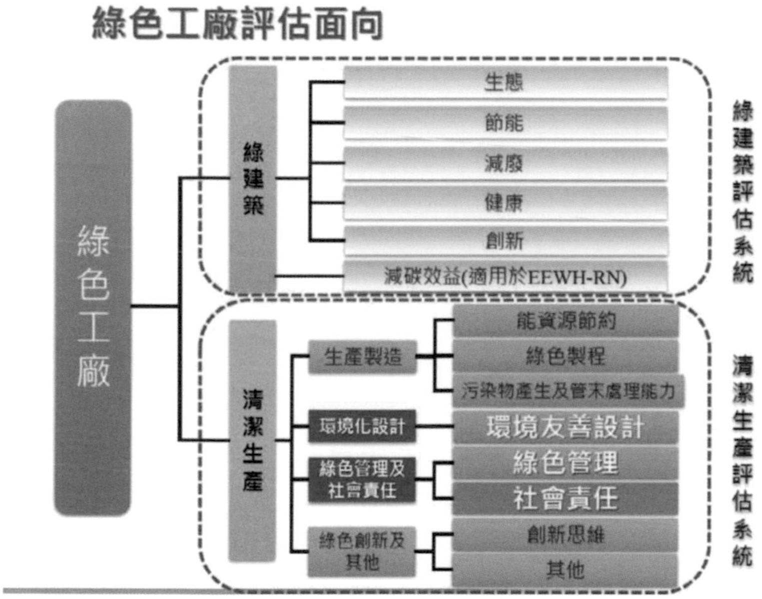

圖 6.8 綠色工廠內涵，包括綠建築和清潔生產兩個構面

依據產基會統計至2020年止，累計核發79張綠色工廠標章，以及125張清潔生產合格證書，見圖6.9。

圖 6.9 歐盟環保 3 指令和電子產品 LCA 的關聯性

表6.7 印刷電路板清潔生產評鑑

印刷電路板業(PCB 製造)清潔生產評估系統指標			配分	指標類型	
生產製造	1. 能資源節約	*1-1 單位產品原物料使用率	4	定量指標	必要性指標
		*1-2 單位產品能源消耗量	6		
		*1-3 單位產品水資源耗用量	8		
		1-4 廢水回收率	8		
		*1-5 單位產品事業廢棄物產生量	8		
		1-6 事業廢棄物回收再利用率	4		
		*1-7 單位產品溫室氣體排放量	4		
生產製造	2. 綠色製程	2-1 廠房流程管理有效性	3	定性指標	必要性指標
		*2-2 採用清潔生產製程技術	4		
	3. 污染物產生及管末處理功能	*3-1 事業廢棄物妥善處理	4		
		*3-2 管末處理設備能力及設備異常處理機制	4		
產品環境規劃設計	4. 環境友善設計	*4-1 採用物質節約設計	2		
		4-2 採用廢棄物減量設計	2		
		4-3 採用可回收再利用設計	2		
綠色管理及社會責任	5. 綠色管理	*5-1 危害物質管制措施	2		
		5-2 通過國際管理系統認證	2		

印刷電路板業(PCB 製造)清潔生產評估系統指標			配分	指標類型	
綠色管理及社會責任	5. 綠色管理	*5-3 自願性溫室氣體制度導入	4	定性指標	必要性指標
		*5-4 與利害關係人溝通	4		
		*5-5 綠色供應鏈管理	3		
		5-6 綠色採購管理	2		
		5-7 環保法規符合性	4		
	6. 社會責任	*6-1 員工作業環境	8		
		*6-2 永續資訊之建置與揭露	4		
		6-3 綠色經驗成果分享與促進	4		
創新及其他	7. 創新思維	7-1 去毒化創新作法	2		選擇性加分項目指標
		7-2 去碳化創新作法	2		
		7-3 其他促進環境永續創新作法	2		
	8. 其他 (最多兩項)	自行舉例	2		
		自行舉例	2		

*為核心指標

概括而言，綠色製造的內涵必須具備以下元素：

- 綠色設計
- 能源消耗
- 物料選擇
- 製造過程
- 包裝
- 循環使用

最終要做到環保6R，見表6.8

表6.8環保6R含意

Reduce	減少丟棄之垃圾量
Reuse	重複使用容器或產品
Repair	重視維修保養，延長物品使用壽命
Refuse	拒用無環保觀念產品
Recycle	回收使用再生產品
Recovery	(再生)指改變原料形態或其他物質結合，供作為材料、燃料、肥料、飼料、填料、土壤改良等用途，使再生資源產生功用之行為。例如沼氣發電、輪胎磨粉作為燃料，廢油回收製做生質能源、廚餘回收做堆肥等。

6.4 循環經濟 (Circular Economy)

「循環經濟」一詞是美國經濟學家波爾丁在20世紀60年代提出生態經濟時所提。波爾丁受當時發射的宇宙飛船的啟發來分析地球經濟的發展，他認為飛船是一個孤立無援、與世隔絕的獨立系統，靠不斷消耗自身資源存在，最終它將因資源耗盡而毀滅。惟一使之延長壽命的方法就是要實現飛船內的資源循環，儘可能地少排廢物。同理，地球生態系統如同一艘宇宙飛船，儘管地球資源系統大得多，地球壽命也長得多，但是也只有實現對資源循環利用的循環經濟，地球才能得以長存。傳統線性經濟模式下是不可持續性，因此催生可持續發展（Sustainable Development）的循環經濟新模式。

可持續發展（Sustainable Development，或稱永續發展）一詞最早是被先前提到《寂靜的春天》作者瑞秋·卡森提出，之後有關於永續發展的三個重要報告陸續提出，逐漸被關注地球環境議題的人士重視：

(1) 「**羅馬俱樂部(The Club of Rome)**」於1972年發表了《增長的極限》(The Limits to Growth)

(2) 「**國際自然與自然資源保護同盟(International Union for Conservation of Nature and Natural Resources)**」於1980年發表了《世界保護策略》報告，並為這一報告加了一個副標題：可持續發展的生命資源保護(Living Resources Conservation for Sustainable Development) 。

(3) 「**世界環境與發展委員會(World Commission on Environment and Development)**」於1987年發表了《我們共同的未來》(Our Common Future)文件。

從這些報告中顯示了我們開始覺醒：地球資源有限，人類慾望無窮。我們必須找到一種平衡的人類經濟活動模式，與自然生態共同成長。

6.4.1 LCA-Life Cycle Assessment 產品生命週期評估

1969年，美國可口可樂公司委託中西部研究所(Midwest research institute, MRI)對其飲料容器材質之能源耗用量進行評估。1973年起隨著美國省能及回收等環保意識的高漲，MRI、富蘭克林公司(Franklin associates Ltd.)及美國環保署，針對飲料容器、尿布、毛巾等日常用品，進行資源及環境的剖面分析(Profile analysis)。而80年代起，美國能源部則開始分析各產業製程的能源流與物質流（Energy and Material Flows），此即生命週期評估之前身。1990年，環境毒理化學協會（Society of Environmental Toxicology and Chemistry ,SETAC）所提出的『操作標準』（Code of Practice），提出LCA的定義與架構。而國際標準組織（International organization for standardization, ISO ）則於1996年起，公佈ISO14040系列

標準,制訂LCA應用至環境管理上的標準評估架構及步驟。(Curran et al,1996;黃建中, 2005)

　　圖6.10.簡述了LCA的概念---任何一項讓我們生活更便利舒適的工業產品,它的製造過程從原料的選擇、開採、原料的加工,產品的生產組裝,完成品的配銷,消費者的使用,到產品壽終正寢,同時也帶來了無可避免的一堆汙染。這一系列的過程就是所謂的產品生命週期,或者另一常見的說法---**Cradle to Grave**,『**從搖籃到墳墓**』。從工業革命以來,地球的資源不斷被挖掘使用,也累積了越來越多的廢棄物,雖然人類已慢慢了解地球只有一個,資源也極為有限,所以利用LCA的觀念來減少製造業所帶來環境的衝擊,並將有限的資源盡可能回收。但是這個觀念基本上還是無法有效阻止資源的快速耗用,因此我們必須思考更有效的方法或觀念,才有辦法挽救有一天地球會變成廢墟的危機。

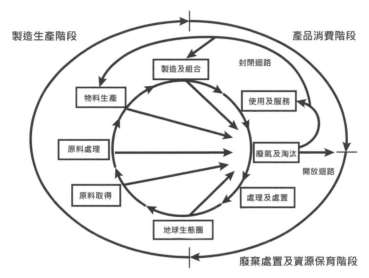

圖 6.10 「產品生命週期 LCA」的概念

圖6.11 Cradle To Grave觀念下,地球充斥著各式破壞環境的汙染物

6.4.2 Cradle to Cradle─從搖籃到搖籃

　　相對於上節介紹的產品生命週期概念，本節要傳達的一個前衛的做法，卻是未來必然要走的路：搖籃到搖籃，它的一個觀念就是「循環利用，生生不息」，就如同地球上的生物圈一樣。推動這個做法有兩個人：威廉·麥唐諾（William McDonough）和麥克·布朗嘉（Michael Braungart）。

威廉·麥唐諾（William McDonough）

　　美國維吉尼亞大學建築學院院長，當代「永續建築」旗手，出生於東京的背景，使他從童年的日式生活中體會到與自然契合的建築設計。他相信一個良好的設計，能夠在生態和經濟上取得平衡，並在自己所設計的案例中徹底實踐，影響力遍及全世界。曾獲1996年永續發展總統獎、1999年《時代雜誌》行星英雄獎、 2004年國家設計獎等。

麥克·布朗嘉（Michael Braungart）

　　德國呂訥堡大學化學教授，年輕時是激進的生態行動主義者，也是「綠色和平組織」(Green Peace)裡的第一個博士，七〇年代更成為德國綠黨的創辦人之一。他曾把自己綁在煙囪上，抗議化學工廠排放污染物；也曾在北海游泳，抗議漁船濫捕。1987年作風丕變，創立「鼓勵環境保護協會」（簡稱EPEA），開始和企業合作，研究兼顧經濟發展、商業利益和生態平衡的工商設計方案，並於世界各地積極講演推廣，2007年10月首度來台開辦短期工作坊。

　　1991年布朗嘉遇到麥唐諾（從搖籃到搖籃的另一個推行者）之後，他們共同撰寫了漢諾威原則（The Hannover Principles），並在1992年地球高峰會的城市論壇上發表。其中主要的想法就是打破「廢棄物的概念」，沒有東西是「廢棄物」，不像當時環保人士所提倡的儘量減少，或者避免廢棄物，而是透過設計來徹底消除廢棄物。

　　這個觀念就是布朗嘉提出 Cradle to Cradle 的精髓：

　　「產品設計階段就應構思其結局，讓廢棄產品成為另一個循環的開始，如同櫻桃樹於四季更迭，掉落的櫻花與果實，是養份而非負擔。落實從搖籃到搖籃的工業，並非只是減少廢棄物，而是將廢棄物轉化為其它有用的循環物質或產品。讓自然界的循環體系和工業界的循環體系，維持個別獨立卻又能和諧共鳴，因而滋養萬物。」

　　在他們兩個合著的一本【從搖籃到搖籃】書中，舉出非常多實例，如：

　　美國最著名的辦公室設計公司Herman Miller已推出市場第一款符合從搖籃到搖籃原則的座椅產品，椅子鋼和鋁的部分可以拆開來回收，產品中98%可以再利用，做成新的椅子。在設計之初，他們就決定把有害環境的PVC拿掉，並且讓全部零件可以在15分鐘內拆解完畢。

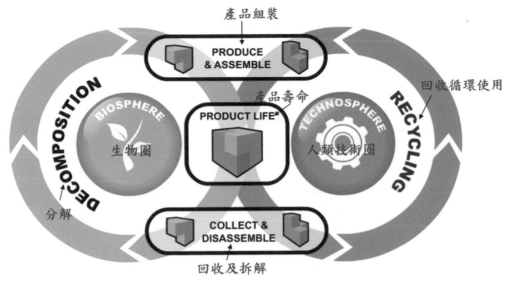

圖 6.12 搖籃到搖籃概念圖示

　　以色列魏茨曼科學研究所的Ron Milo團隊在2020年12月9日的在線Nature《自然》雜誌上，發表一篇文章：『Global human-made mass exceeds all living biomass-全球人造質量超過所有生物量』，研究團隊對被稱「Anthropogenic mass」的人造物質進行了量化的蒐集，並將之與地球上目前的總生物量Biomass（絕乾量約等於1.12兆噸）進行了比較。研究人員發現地球現狀正處於交叉點；在2020年（±6年），人造物質重量（見圖6.13及表6.9）將超過全球所有生物量而達到1.154兆噸。

　　人造物質種類分為6大類，城市建築、公共建設佔大部分，其他則是人類生活中使用的設施，如汽車、電子產品、家電…等。這些構成的物質都是從地球資源挖掘再加工而成，大部分都是無法在壽終正寢時再加以利用，而是透過燃燒、填埋、化學處理…等方式消滅之，或提煉純化再使用。意味著如果無法尋求以循環經濟模式改變這種線性做法，未來人類居住的地球將名符其實成為不是合人居住的人造地球了！

表6.9地球人造物質總量統計

單位：10 億噸 (Gt)

人造物質	敘述	1900	1940	1980	2020
混泥土 Concrete	用於建築和基礎設施，包括水泥、礫石和沙子	2	10	86	549
骨料 Aggregates	礫石和沙子，主要用作道路和建築物的鋪墊	17	30	135	386
磚塊 Bricks	主要由粘土組成，用於建築	11	16	28	92
瀝青 Asphalt	瀝青、礫石和沙子，主要用於道路建設/路面	0	1	22	65
金屬 Metals	主要是鐵/鋼、鋁和銅	1	3	13	39
其他 Other	實木製品、紙/紙板、容器和平板玻璃和塑料	4	6	11	23
	總量	35	66	295	1154

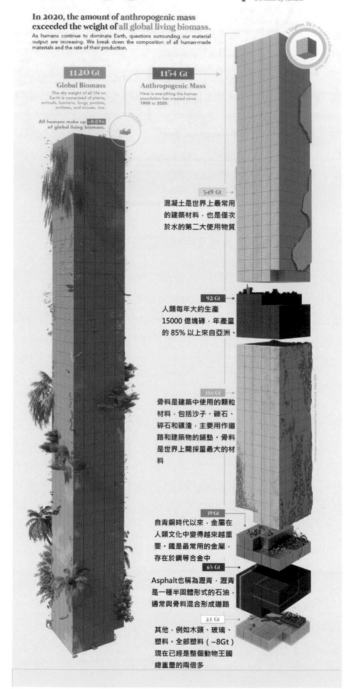

圖 6.13 Anthropogenic 圖 .
2020 年，人造物質的重量將超過全球所有生物質的重量。
隨著人類繼續主宰地球，圍繞人類的物質產出的問題越來越多。
此圖分解了所有人造材料的成分及其生成速度。

6.5 2030 年碳中和與 2050 年淨零排放

為因應全球「努力將溫度升幅限制在1.5℃或2℃內」的淨零排放長期願景趨勢，行政院國家發展委員會於2022年3月30日率同環保署、經濟部、科技部、交通部及內政部等相關部會召開盛大的記者會，進行台灣2050年的淨零排放路徑及策略總說明，公布了「台灣 2050 淨零排放路徑圖」(見圖6.13)，正式宣告達到「2030年碳中和」，以及「2050年淨零排放」的目標已是國家重大政策。

6.5.1 什麼是碳中和？什麼是淨零排放？

碳中和（Carbon Neutrality）：是指國家、企業、或個人活動，在一定時間內直接或間接產生的二氧化碳排放總量，通過使用低碳能源取代化石燃料、植樹造林、節能減排等形式，以抵消自身產生的二氧化碳排放量，實現正負抵消，達到相對「零排放」

淨零排放（Net-Zero Emissions）：因為造成地球暖化的溫室氣體不是只有二氧化碳，還有甲烷等等，要逆轉氣候危機光是減碳還不夠，必須是要減少所有的溫室氣體排放，減少的方法須透過負碳排的技術，以達溫室氣體排放為零。

這個將影響台灣未來30年國家戰略規劃，採用了與IEA 的 2050 淨零排放路徑圖(見圖6.14)相同架構，並且呼應稍後4月時IPCC 所公布的第六份評估報告（AR6）《氣候變化2022：氣候變化減緩》及其決策者摘要（SPM）報告(見圖6.15)的關鍵見解；在面對溫室氣體造成的氣候危機，與國際同步達成淨零排放目標，不僅昭示了我們高度重視IPCC的長期疾呼警告，更明確政府希望藉由加強國家自主貢獻(NDC)淨零轉型，協助各產業積極力拚「2030年碳中和」的中期目標，和「2050年淨零排放」的長期目標。

政府即時提出考量產業結構與能源方向的淨零規劃，確實緩解了大部分企業的焦慮；位居世界最核心供應鏈之一的台灣科技產業，早已於數年前就開始陸續面臨國際品牌大廠強力要求其供應鏈配合淨零排放時程壓力。

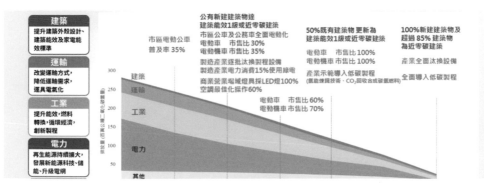

圖 6.14 台灣 2050 淨零排放路徑圖　資料來源：國發會

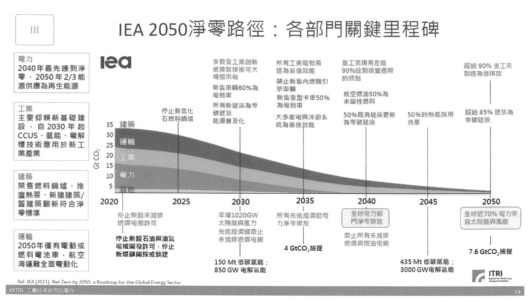

圖 6.15 IEA 2050 淨零排放路徑圖　資料來源：IEA

在COP26之前宣布的NDC預計的全球溫室氣體排放量將使得升溫可能超過1.5℃，並且在2030年後更難將升溫限制在2℃以下。

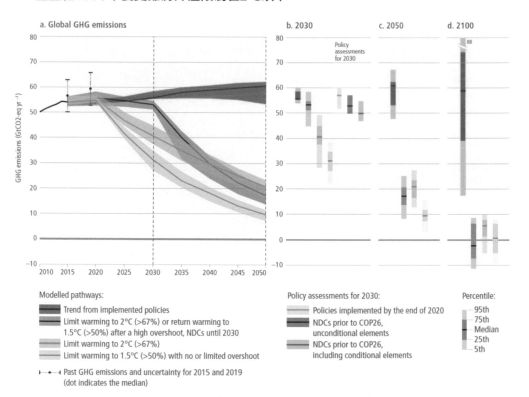

圖 6.16 全球溫室氣體排放的模擬路徑
（a. 全球溫室氣體排放模擬路徑 b、c、d 是對應 a 圖於 2030 年
2050 年與 2100 年的可能情境機率）。資料來源：IPCC

6.5.2 科技巨頭的碳中和及零排放承諾

全球碳中和趨勢下，國際大型企業大多早已積極完成碳中和及淨零排放時程規劃，尤其是前幾大科技巨頭甚至早已超前「巴黎協議」的進度；居於領導地位的美國前幾大科技業者的氣候行動承諾，參考表6.10。

表6.10 國際科技企業的氣候行動承諾

公司	再生能源100%使用	碳中和	淨零碳排	備註
蘋果Apple	2020年已完成	2030年	2050年	蘋果在2020年4月已經實現了100%碳中和運營；執行長CEO Tim Cook表示，"氣候行動可以成為創新潛力、創造就業和持久經濟增長的新時代的基礎。隨著我們對碳中和的承諾，我們希望成為池塘中的一個漣漪，影響整個行業做出更大的改變。"
谷歌Google	承諾2030年實現	2007年	2030年	谷歌是美國第一家率先承諾致力於實現碳中和的科技公司。依靠風力來支持其數據中心營運的谷歌，則在2007年就已經實現了碳中和，預計在2030年，所有的資料中心和辦公室都將使用無碳能源。
微軟Microsoft			2030年	除了計畫在2030年實現碳負排放外，微軟還承諾將在2050年消除公司從1975年成立至今所有總碳排放量。
亞馬遜Amazon	2025年		2040年	2015年啟動"Shipment Zero"計畫；未來將致力於所有運輸流程淨零碳。
臉書Meta			2030年	雖然Meta(Facebook)不至於像製造電子設備或硬體的公司一樣，排放許多的溫室氣體，碳足跡遠遠小於谷歌、蘋果、微軟、亞馬遜…企業，但這家社交媒體巨頭還是承諾2030年，其供應鏈、員工通勤和商務旅行將實現淨零排放。

即使各大科技巨頭已領先全世界大部分企業的碳中和計畫，但，要使企業營運真正實現完全無碳化，確實是一個幾乎不可能的任務；素來以重壓下仍能保持冷靜而聞名的Google執行長桑達爾・皮查伊（Sundar Pichai）在2021年6月份的一次直播中對外表示，自己非常焦慮。

他說：「我們希望，人們發出的每一封 Gmail 電子郵件，在谷歌搜索框中進行的的每一次查詢，都完全不含碳。這是我們的『登月計畫』，這一計畫令我倍感壓力。」

為達淨零排放目標的壓力，不只是各大科技巨頭無法承受之重，達標的壓力也擴散至其供應鏈，許多科技巨頭發布針對氣候和環境的承諾時，也理所當然地紛紛要求其供應鏈配合其淨零排放的時程與計畫；手機產業為典型代表，全球手機每年產出至少15億支，所以手機產業供應鏈在淨零排碳扮演的角色至關重要。以蘋果為例，其在2020年公佈的《環境進度報告》中指出，有75%碳排放都來自於供應鏈的夥伴，這些伙伴有90%的電力都來自非再生能源，因此為達到2030年碳中和目標，蘋果（Apple）的達到百分百用使用再生能源(綠電)的清潔能源承諾，其範圍涵蓋所有供應鏈以及整個產品生命週期都必須符合要求；台廠是蘋果供應鏈的重要角色，如何轉換至使用再生能源，成為台廠一大挑戰。

6.5.3 電子產業供應鏈投資並使用綠電

Apple在2016年加入RE100，承諾於2020年達成100%使用再生能源目標，並已於2018年提前達標，範圍包括品牌總部、研發中心、全球零售店及數據中心等。然而，盤點其整體碳排放量，約有近一半的碳排放量來自於產品製造時的用電。Apple也承諾2030 年以前在其整個業務、製造供應鏈和產品生命週期中實現碳中和目標以及 2050達零排放。為了實現這一目標，蘋果與供應商合作，轉變整個製造供應鏈—包括材料端、組件製造和最終產品組裝—在2030年以前使用 100% 可再生電力。

2022年第一季止已有213家供應商承諾在2030年以前使用100%再生能源，其中和電路板直接相關台商供應鏈共有9家加入行列：ASE日月光、Avary Holding鵬鼎、Career Tech嘉聯益、Compeq華通、Flexium Interconnect Inc.台郡、Nan Ya PCB南亞、Tripod Technology Corporation健鼎、Unimicron欣興、Unitech耀華。

Apple於2015年推動「供應商清潔能源計畫Supplier Clean Energy Program」以及「供應商能源效率方案Supplier Energy Efficiency Program」，在其「供應商清潔能源計畫」中，Apple把清潔的再生能源歸納4種：風能、太陽能(wind and solar solutions)、生質能(biomass)及水力發電(hydroelectric generation)；其中風能和太陽能的解決方案大部分符合蘋果的清潔能源標準，針對生質能和水力發電則會個別審查，確保其對環境的正面影響及最低的傷害。同時這些再生能源項目，Apple認可可以在營運廠區(Onsite)內自行設置發電設施，以及向外取得再生能源，包括購買綠電、憑證、以及直接投資等，見表6.11所列。

表6.11 供應商認可的再生能源解決方案
(Supplier-identified renewable energy solutions)
取自「Apple_Supplier_Clean_Energy_Program」年度報告

Onsite Renewable Projects 場域內可再生能源項目	Offsite Renewable Projects 場外可再生能源項目				
	Markets Power Purchases 市場電力購買	Direct Investments 直接投資	China Clean Energy Fund 中國清潔能源基金	Utility 公用水電	Certificates 憑證

不僅對再生能源的使用要求，Apple在其【2021 年進度報告-我們供應鏈中的人員與環境】(Apple_SR_2021_Progress_Report)中明白宣示努力實現營運零廢棄物，不但使用可回收或可重複使用的物料，而且沒有需要送至掩埋場的廢棄物。Apple 於2020年完成100%最終組裝廠區取得零廢棄物認證，也取得第 1 家在越南的廠區獲得 UL 零廢棄物填埋認證(UL零廢棄物填埋證書Zero Waste to Landfill, UL 2799)，見(圖6.17)，取自(Apple_SR_2021_Progress_Report)。

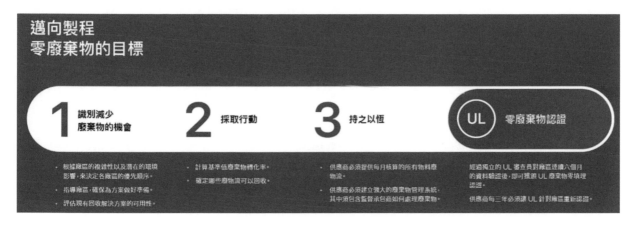

圖 6.17 零廢棄物填埋證書
(Zero Waste to Landfill, UL ECVP 2799) 要求至少 90% 的廢棄物轉化為能源而非填埋
(銀級 90% 至 94%、黃金級 95% 至 99% 及白金級 100%)。

6.5.4 再生能源的重要性與重類

6.5.4.1 何謂再生能源？

　　全球二氧化碳的排放大半集中在能源產業，它提供各行各業以及人們生活起居之日常用電，現階段是以燃燒化石燃料為主要發電來源，正是二氧化碳排放的元兇。與化石燃料不同的能源來源我們稱之為再生能源，或綠電，它們有個特點--碳系數(註：「電力排碳係數」指「電力生產過程中，每單位發電量所產生之二氧化碳排放量」，見表6.12)極低，甚或趨近於，這是乾淨的電力來源，可有效降低二氧化碳的排放。2022年我國再生能源占整體發電量8.3%，微幅超過核電。

表6.12 各種發電方法產生的二氧化碳排放量

發電方法	簡述	每單位電量所產生的二氧化碳 (g CO2/kWhe)（百一分段價）
水力發電	假設利用水塘，不含水壩建設	4
風力發電廠	位於低成本陸地的情境，不含海上型	12
核電	以普遍的第二代核反應爐計算 不含更新型科技	16
生物燃料		18
聚光太陽能熱發電		22
地熱發電		45
太陽能電池	多晶矽太陽能電池 生產過程的碳排放	46
燃氣發電	加裝燃氣渦輪 聯合廢熱回收蒸汽發生器	469
燃煤發電		1001

備註：這些數據的原始來源是1989~2010年間的各種相關研究報告。

常見的再生能源有以下幾種：

1). 風力發電 (WIND POWER)

風力發電就是運用氣體流動所造成的風能來發電，適用於多風處或具備地勢高低差的地區。以台灣為例，擁有山地、丘陵及平地等多種地勢環境，相當適合發展風力發電。近年來，政府也積極發展離岸風力，截至2019年底，台灣風力發電累計裝置量已達84.52萬瓩，是目前全台占比第4的綠能發電方式。

2). 水力發電 (HYDRO POWER)

水力發電是由流動的水產生的電力。

水力發電有兩種一般類型：

-傳統的水力發電使用水壩或溪流和河流中的水來旋轉渦輪機並發電。

-抽水蓄能係統通過在不同高度的兩個水庫之間移動水來使用和發電。

水力發電目前是台灣占比第2的綠電來源。

3). 生質能發電 (BIOENERGY)

生質能源是全球最大的自然資源，是一種透過生物分解轉換成能量來發電的方式，和其他綠能發電方式相比，生質能較不會受到氣候、環境等因素限制。我國主要是利用廢棄物及生質能沼氣發電，為全台占比第3的綠電來源。

4). 太陽能發電 (SOLAR POWER)

太陽能系統利用來自太陽的輻射來產生熱量和電力。太陽能系統分為三類：

-太陽能光伏SOLAR PHOTOVOLTAICS (PV)
使用將太陽輻射直接轉換為電能的太陽能電池。

-集中式太陽能熱發電CONCENTRATING SOLAR THERMAL POWER (CSP)
集中式太陽能熱發電系統是使用透鏡或反射鏡，加上跟蹤系統，利用光學原理將大面積的陽光聚焦到一個相對細小的集光區中。然後將濃縮的熱用作常規電站的熱源。

-太陽能加熱SOLAR THERMAL HEATING
太陽能發電是藉由陽光輻射的能量轉換來產生電能，適合能長期受到日照的地區發展。相較其他再生能源，太陽能不易受到地域限制，加上發電時段符合人類用電需求等優點，越來越多國家開始積極發展太陽能。2020年，臺灣的太陽能發電占比更超越水力發電，成為最主要的綠電來源。

5). 地熱能 (GEOTHERMAL POWER AND HEAT)

地熱能是來自地球內部炎熱或地球表面附近的熱量。地殼中的裂縫使被地熱加熱的水在溫泉和間歇泉處自然上升到地表。鑽入地下的井允許蒸汽或水受控釋放到地表，以驅動蒸汽輪機發電。地球表面附近的地球接近恆定的溫度用於地熱熱泵，用於加熱和冷卻建築物。

6). 廢棄物轉製能源（Waste-to-Energy，WtE）

從廢物的主要處理過程、或將廢物加工成燃料的過程中，以電能或熱能的形式產生能量的過程。「廢棄物轉製能源」是能源回收的一種形式，大多數「廢棄物轉製能源」方法為通過燃燒直接產生電能、熱能，或產生可燃性商品，例如甲烷、甲醇、乙醇或合成燃料。

7). 海洋能 (OCEAN POWER)

海洋蘊含著巨大的能量，海洋能源資源包含：
-潮汐和洋流Tidal & Currents
-波浪Waves
-溫度梯度Temperature Gradients
-鹽度梯度Salinity Gradients

截至111年底，我國再生能源裝置容量共14,128千瓩，其中慣常水力2,094千瓩，地熱發電5千瓩，太陽光電9,724千瓩，風力發電1,581千瓩，生質能發電92千瓩，廢棄物發電632千瓩。

6.5.4.2 核電爭議

排除政治考量核電真的是萬罪不赦嗎？歷經史上3次重大核事件： 三哩島、車諾比、福島後，核分裂的核能發電全球兩極化看待。歐盟議會於2022年通過，在一定條件下將核電列為綠能，許多國家則朝向無核家園發展，包括台灣在內。從科技科學或統計數字角度，以及能源效率角度來看，核能發電都應該被正視與重視。最近幾年新一代核分裂發電廠的安全性、小型核能發電、核融合發電、核廢料的處置等都有突破性發展。依據愛因斯坦的「質能不滅定律」，在人類可控的機制下，核融合應該才是人類永續能量的來源，所以政府應改重啟這方面的研究，以因應未來全球在穩定供電來源方面的可能變局。

6.6 印刷電路板產業之因應

電路板製造過程的三高特性：高廢棄物量、高耗電、高耗水，使得產業在做節能減碳過程格外艱辛，但又是必須做的使命；大、中、小不同規模的產業整體供應鏈的一員，我們應該要怎麼做？

6.6.1 溫室氣體盤查是首部曲

依據「ISO 14064溫室氣體盤查」的指引，溫室氣體盤查有六個類別(舊版是三個範疇)：見圖6.18

- 工廠生產的直接溫室氣體排放。(類別 1)
- 外購電力、熱或蒸汽等能源利用的間接溫室氣體排放。(類別 2)
- 其他間接溫室氣體排放，包含採購原料生產與運輸、委外服務、員工通勤與差旅等，或是納入產品與服務生命週期的溫室氣體排放碳排。(類別 3~6)

上述盤查至少須有一年時間的數據，唯有做完溫室氣體盤查，方能知道企業營運的排放在哪個環節有改善空間，再去研擬方案把溫室氣體排放量降低。不足的部分未來就需購買綠電、憑證，或者導入負碳技術，否則未來就須繳碳費。

綠色工廠推動成效

2020年累計核發
✓ 79張綠色工廠標章
✓ 125張清潔生產合格證書

友達光電后里廠
台達電台南廠
高冠企業南投廠
南寶樹脂寶立廠
聯華電子Fab8A
台積電12廠
3M台南廠
國瑞汽車中壢工廠
德聯高科桃園廠
羅門哈斯
群創光電三廠
聯華電子Fab12A
宏遠興業
南茂科技台南廠
璨揚企業一期廠房

圖 6.18 2020 年 pcb 產業溫室氣體盤查

6.6.2 節能減廢

　　經過溫室氣體盤查後，就所獲得電、水、廢等數據資料，從減量、減排、減廢、循環使用等方向進行改善：

6.6.2.1 電

- 生產效率優化：流程改善，降低無效能源耗用。
- 生產設備汰舊更新，設備的能耗降低，提升能源使用效率 。
- 從管理面改變習慣，強化員工減少資源浪費意識。
- 導入智慧生產，減少待料時間、減少報廢率。

6.6.2.2 水

從兩方面進行

- 清洗板面設備的用水，使用效率必須提升，以減少總用水量。

- 廢水管路必須做好分流，酸、鹼、重金屬以及COD等水洗水排放管路分流處理；高濃度各式廢液通常先收集，有價賣掉，無價委外；這些委外處理事業廢棄物包括有機、無機汙泥、廢膜渣、高COD廢液..等。這些委外廢棄物，對板廠而言是零回收，從循環經濟角度來看，有必要導入新的處理方式，設法轉廢為能。

- 目前各大小板廠水回用比例都偏低，必須擴大水回收再利用。和自來水及地下水費比較，水回用處理成本一定比較高，但外部成本內部化，是永續發展的趨勢，必需未雨綢繆。

6.6.2.3 廢

由於製造業產生的事業廢棄物量非常龐大，若沒有適當的轉廢為能的技術導入加以回收，最後只有進焚化爐燃燒，或者填埋，對於環境的衝擊極為巨大。

電路板製造過程的廢棄物主要分固態和液態，廢氣方面比較少，除了小部分製程有使用溶劑型的液體之揮發性氣體(VOC)。電路板製程中的固、液廢棄物見表6.13~表6.15所示。

表6.13 電路板各製程單元固態廢棄物成分分析(例)

製程單元	廢棄物	成份
裁板	邊料	樹脂、玻璃纖維
	墊板	電木板
微蝕	硫酸銅結晶	$CuSO_4$
壓膜	塑膠膜	PE、PET
製版	底片	AgBr、樹脂
顯影	膜渣	樹脂、顏料
剝膜	膜渣	樹脂、顏料
壓合	膠片	樹脂
	銅箔	Cu
鑽孔	墊板	電木板
	鋁板	Al
	粉塵	Cu、Al、電木、玻璃纖維、樹脂
磨刷	銅粉	Cu
噴錫	錫渣	Sn、Flux（助焊劑）
成型品檢	成型邊料	Cu、玻璃纖維、樹脂
	邊屑	Cu、玻璃纖維、樹脂
	報廢板	Cu、玻璃纖維、樹脂
廢水處理	污泥	Cu、錫、鎳
其它	原料桶、廢紙、棧板、廢汞燈等	

表6.14 製程單元廢棄槽液成份分析(例)

製程單元	步驟	槽液成份
刷磨	酸洗	5%硫酸(H_2SO_4)
內層顯影	顯影	1~2%碳酸鈉(Na_2CO_3)
內層蝕刻	蝕刻	氯化銅($CuCl_2$)
		氯化鐵($FeCl_3$)
內層去墨或剝膜	去墨或剝膜	4%氫氧化鈉(NaOH)
黑／棕氧化	脫脂	鹼性脫脂劑
	微蝕	硫酸／雙氧水(H_2SO_4/H_2O_2)
		過硫酸鈉(SPS)
		過硫酸銨(APS)
	氧化	亞氯酸鈉、氫氧化鈉..等
除膠渣	膨鬆	鹼性有機溶劑
	氧化	高錳酸鉀($KMnO_4$)
	還原	酸性溶液
PTH鍍通孔	整孔／清潔	鹼性清潔劑
	微蝕	硫酸／雙氧水(H_2SO_4/H_2O_2)
		過硫酸鈉(SPS)
		過硫酸銨(APS)
	預活化	氯化亞錫($SnCl_2$)、鹽酸(HCl)
	活化	氯化鈀($PdCl_2$)、氯化亞錫($SnCl_2$)
	加速化	硫酸(H_2SO_4)、氟酸類
	化學銅	硫酸銅、甲醛、螯合劑
一次銅	脫脂	酸性清潔劑
	微蝕	硫酸／雙氧水(H_2SO_4/H_2O_2)
		過硫酸鈉(SPS)
		過硫酸銨(APS)
	預浸酸液	10%硫酸(H_2SO_4)

製程單元	步驟	槽液成份
乾膜	顯影	1～2%碳酸鈉(Na_2CO_3)
二次銅／錫	脫脂	酸性清潔劑
	微蝕	硫酸／雙氧水(H_2SO_4/H_2O_2)
		過硫酸鈉(SPS)
		過硫酸銨(APS)
	預浸酸液	10%硫酸(H_2SO_4)
	預浸氟硼酸	5%～10%氟硼酸(HBF_4)
外層剝膜	剝膜	4%氫氧化鈉(NaOH)
外層蝕刻	蝕刻	氨水(NH_4OH)、氯化銨(NH_4Cl)
剝錫	剝錫	氟化銨、硝酸、雙氧水
綠漆顯影	顯影	1～2%碳酸鈉(Na_2CO_3)
鍍鎳金	前處理	鹼性清潔劑
		活性酸液
噴錫	酸洗	5%硫酸(H_2SO_4)
	助焊劑塗佈	鹵化有機物
剝掛架	硝酸(HNO_3)	3,000～5,000
剝廢板綠漆	強鹼性溶液	100,000～150,000

表6.15 印刷電路板製造業廢棄物產出關聯表

製程名稱（單元）		可能產出廢棄物名稱
裁板		廢裁切邊料、印刷電路板粉塵
內層印刷	前處理	銅粉
	壓膜	廢膠膜
	曝光	廢底片、廢汞燈、廢塑膠
	顯影	乾膜墨渣
	蝕刻/去膜	廢蝕刻液、硫酸銅結晶、乾膜墨渣
壓合	黑/棕化	廢黑（棕）化液
	壓合	廢銅箔、廢塑膠（PP板）、廢紙
	裁切	廢裁切邊料、印刷電路板粉塵

製程名稱（單元）		可能產出廢棄物名稱
鑽孔		廢鋁板、廢電木板、印刷電路板粉塵、廢鑽頭
鍍通孔/一次銅		廢PTH液、電鍍廢液
乾膜	前處理	銅粉
	壓膜	廢膠膜
	曝光	廢底片、廢汞燈、廢塑膠
	顯影	乾膜墨渣
	蝕刻	廢蝕刻液、硫酸銅結晶
二次銅	鍍銅（錫）	電鍍廢液
	蝕刻/去膜	廢蝕刻液、乾膜膜渣
	剝錫	剝錫廢液
中檢		廢不良板、廢治具
濕膜	前處理	銅粉
	印刷	廢油墨空罐、廢油墨
	低溫烘烤	廢活性碳
	曝光	廢底片、廢汞燈、廢塑膠
	顯影	濕膜墨渣
	高烤	廢活性碳
	UV光機	廢汞燈
噴錫	前處理	廢助焊劑
	噴錫	錫渣
化學鍍金		化學鍍金廢液
文字	印刷	廢油墨
	烘烤	廢活性碳
	UV光機	廢汞燈
成型		廢印刷電路板邊、印刷電路板粉塵
品檢		廢印刷電路板
廢水處理		含銅污泥
廢氣處理		活性碳
非屬製程產出		口罩、鞋套、廢潤滑油、廢容器、廢木材棧板、廢日光燈（直管）、生活垃圾

註：表6.13~ 表 6.15 的內容是取自 印刷電路板業資源化應用技術手冊98" 及"印刷電路板業汙染防制法
規與處理技術手冊 103" 之內容，因電路板製程繁多，材料及化學藥液種類及成分，各廠採用多有
不同，化學藥液濃度範圍亦有差異，因此各表僅供參考，實際仍以各廠之實測為主。

UL2799為零廢棄物填埋（Zero Waste to Landfill）的國際認證，該認證要求企業內所有的廢棄物流向必須進行合規性管理、查驗和稽核，確認廢棄物經過妥善的回收、再利用、轉化等過程，而非直接掩埋處理，當整體廢棄物轉化率達到80%以上時，始可取得認證。目前國際多個品牌大廠如Apple已導入，未來也將擴及到供應鏈；國內也有如台積電、華碩等大廠取得認證。在轉廢為能的同時，也減少了二氧化碳的排放量。

6.6.3 轉廢為能，資源可以怎麼做？

以下為幾個實務案例將液態高濃度重金屬及COD (化學需氧量 Chemical oxygen demand , COD)的廢棄物

6.6.3.1 將廢光阻轉化為「固體再生燃料」(SRF, Solid recovered fuel)

透過一個非常實用的專利技術，將影像轉移製程中的廢光阻膜轉化為燃料的方法，見圖6.19；此技術可說一魚三吃，透過處理系統把有機汙泥減量，產生一種**中介物質(NAM)**和**有機胞液**，此中介物質再和廢光阻膜混拌，即可形成SRF，其有機胞液還可進一步作為碳源，或濃縮做成營養成分高的有機肥料。初步統計台灣電路板廠每個月產生的光阻膜廢液超過1000噸，這個數量非常可觀。

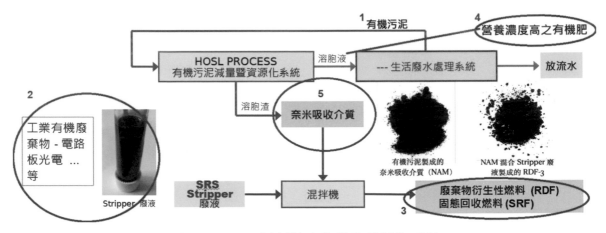

圖 6.19 HOSL 新創轉廢為能資的技術系統

6.6.3.2 廢銅液金屬回收

電路板製造加工過程，有多個銅腐蝕及銅電鍍程序，這些高銅濃度廢液此電解方式100%回收，是成熟的系統，表6.16羅列常見的銅廢水種類。

表6.16.電路板廠常見銅廢水種類與特性

體系	種類	銅濃度(g/L)	特性
蝕刻液	酸性蝕刻	>100	氯化銅，強酸性，以鹽酸為主體
	鹼性蝕刻	>100	氨銅，鹼性，含有高濃度氨氮汙染
微蝕	雙氧水微蝕	1~30	硫酸雙氧水體系，濃度隨製程大幅不同
	SPS微蝕	1~30	硫酸SPS體系，但濃度隨製程大幅不同
	超粗化	1~30	有機酸雙氧水，並時常帶有螯合劑
	棕化	1~30	有機酸雙氧水，含高濃度螯合劑
其他	電鍍	>60	硫酸銅，電鍍線排放，並非常態性排放
	剝掛架	>80	硝酸銅為主，部分廠商採用硫酸雙氧水
	化學銅	<5	高螯合劑，帶有銅還原劑，易自反應沉積

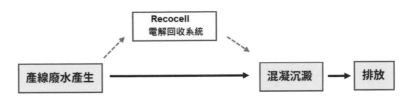

圖 6.20 銅電解回收系統

圖 6.21 廢銅液電解回收

6.6.3.3 廠區 (Onsite) 設置再生能源發電案例

　　板廠及板材廠製造過程有多種高COD濃度的廢液，例如膨鬆液(除膠渣第一道)、剝膜過濾液、顯影液、除膠水..等，其COD濃度可以超過4,50萬ppm，甚至超過百萬ppm，非常難處理，通常也當廢液委外。下圖6.20所示系統可以轉廢為能，將這些廢液經系統設備處理後產生沼氣，進而集中發電，這種沼氣發電也正是各國在推動的一種再生能源電力，減廢又可產生綠電。

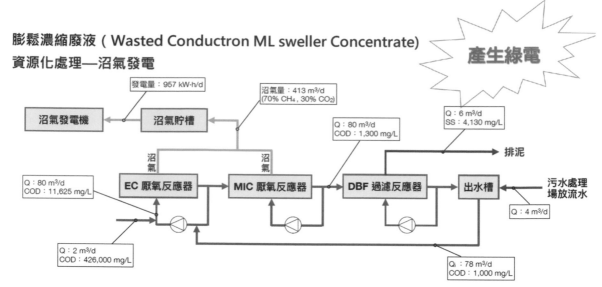

膨鬆濃縮廢液 (Wasted Conductron ML sweller Concentrate)
資源化處理—沼氣發電

圖 6.22 將高濃度 COD 廢液轉化後產生綠電之系統示意

6.6.4 導入綠色製造是當務之急

如前所述，在製程中的能耗最直接的就是水和電，所以改善能源耗用以及提高循環使用比例，當屬電路板綠色製造的當務之急。

以下列舉一些業者常進行的改善方向：

- 製程/污防技術類

1. 溫室氣體盤查
2. 企業社會責任導入(CSR)
3. 能源效率提升-空調系統改善
4. 能源效率提升-回風使用比率提升
5. 資源效率提升-製程用水效率改善
6. 資源效率提升-空氣洗滌塔節水改善
7. 資源效率提升-製程廢料回收再利用

- 產品/服務技術類

1. 清潔生產技術導入-直接金屬化處理製程
2. 清潔生產技術導入-水平式黑/棕氧化製程導入

3. 清潔生產技術導入-清潔脫脂製程導入

4. 清潔生產技術導入-開發生物可分解塑膠

5. 綠色供應鏈危害物質管理

6. 供應商風險評估

7. 高回收效率供應機制- 藥水供應機制改善

- 工安風險管理類

1. 倉庫備料相容性改善

2. 承攬商管理

3. 作業環境改善

2023年3月底台灣電路板協會在工業局和工研院協助下，歷經一年的時間發布了《**台灣PCB產業低碳轉型策略**》，**內容包括六大單元：**

- 台灣PCB產業所面臨支淨零壓力
- 台灣PCB溫室氣體盤查與耗電熱點分析
- 低碳轉型三大階段性推動主軸
- 台灣PCB產業面臨的挑戰與關鍵議題
- 台灣PCB產業低碳轉型策略方針
- 台灣PCB產業淨零排放路徑與目標設定

這是台灣電路板產業在自主低碳減排與資源循環利用多面向策略的擬定，可謂一個新的里程碑，真正困難的工作才要開始展開！

6.7 結語

如果把地球稱為生物圈1號，人類曾試圖仿造一個模擬地球生態環境的地球圈2號，試驗和地球環境完全隔離之下，能夠生存多久。

生物圈2號（Biosphere 2）位於美國亞利桑那州圖森市南部的Oracle地區，是富豪愛德華•巴斯(Edward Bass)為了擴展人類新的生存空間，出資二億美元於在美國亞利桑那州的沙漠區動工興建的人造封閉生態系統。佔地1.3萬平方米，大約有8層樓高，為圓頂形密封鋼架結構玻璃建築物，見圖6.23。「生物圈2號」建造於1987年到1989年之間，它被用於測試人類是否能在，以及如何在一個封閉的生物圈中生活和工作，也探索了在未來的太空殖民中封閉生態系統的可行性。「生物圈2號」的規劃是讓人們能在不傷害地球的前提下，對生物圈進行研究與控制。「生物圈2號」的名字來自於它的原始模型「生物圈1號」，即地球。

圖 6.23 位於美國亞利桑那州圖森市南部生物圈 2 號（Biosphere 2）

　　共有8位科學家進行兩次任務；第一次任務計劃從1991年9月26日起至1993年9月26日結束，第二次任務在1994年起至1994年9月6日結束。第一次任務因實驗室環境惡化不得不結束，第二次則是管理問題也不得不提前結束。1991~1994年8位科學家兩度都以失敗退出，其失敗證明了自然界的精密及複雜，至今人類仍無法複製。若將自然界所提供的生態系服務（Ecosystem Services），如淡水純化、食物生產、廢物分解等以金錢估算，每年約值33兆美金，此數字遠遠超過全球所有國家年度國民生產毛額總和。我們所擁有的地球就是我們唯一的所有，無法被取代。

圖 6.24 進入生物圈 2 號的 8 位科學家兩度失敗撤出

　　我們不得不下一個結論：至少到目前這個時間點，人類尋求地球有一天毀滅時，有無可能在地底、空中、或者移居其他沒有類似地球資源的外太空生存，答案是否定。所以地球只有一個，如何在維持人類的經濟活動又能保護她的生態環境，這是每個人責無旁貸必須思考。

CHAPTER **7**

電路板產業驅動力

第七章 電路板產業驅動力

7.1 前言

電路板在電子產品中和其他元件一樣，隨著終端產品的趨勢發展有各自的技術需求與驅動力。電路板發展和其他元件的最大差異是，它承載了所有的各式各樣的主、被動元件及相關模組，因此它有多面向的發展藍圖，尺寸精細化、材料多元化、以及電路板的結構設計也隨著產品的應用而有極大的差異。

1840年代，人們開始使用電之後，生活與工作效率大大改善。1897年，英國物理學家湯木生（J. J. Thomson）發現「電子」，1904年，英國機械工程師佛萊明（John Ambrose Fleming）利用愛迪生效應，製造二極真空管(Vacuum Tube)，但這種二極管只能單方面傳導電流。1906年，美國物理學家德福雷斯特發明了三極管，這種真空管具有將微弱信號放大的功能，是第一種真正的放大器。在往後的40年，真空管主導電子科技的發展，一直到電晶體的出現才被取代。

圖 7.1 真空管

拜固態物理的發展所賜，1947年約翰·巴丁（John Bardeen）、沃爾特·布拉頓（Walter Brattain）以及威廉·肖克利（William Shockley）發明了電晶體(Transistor)，它是一種半導體放大器，它的體積比真空管小且省電，功效卻比真空管大。因此，電晶體取代了控制電流、將訊息放大和開關功能的三極管，目前許多電子產品，若不用電晶體，體積將會大得不符實際需要。

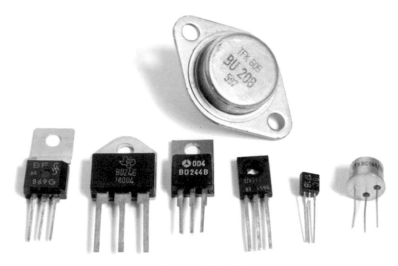

圖 7.2 電晶體

1958 年前後，傑克‧基爾比（ Jack Kilby）和羅伯特‧諾頓‧諾伊斯（ Robert Norton Noyce）發明了積體電路（integrated circuit， IC），積體電路可以把很大數量的微電晶體整合到一個小晶片內，以當時只能夠以手工組裝個別電子元件來說，是一個巨大的突破，此二人後來個別擁有互不侵權的專利。1959年，平面處理技術出現，也就是利用照相和其他技術，在矽晶體表面製成電晶體，就能將矽晶片表現的活性區域轉換成惰性的氧化物或氮化物。1962年，發展出更進步的平面技術，能將電晶體由金屬線路連接在一起，製成第一個真正的積體電路，一般稱為「晶片」。積體電路的發展從此開始大致遵循摩爾定律，約每18~24個月晶片的效能提高一倍（容納更多的電晶體使其效能加速）。

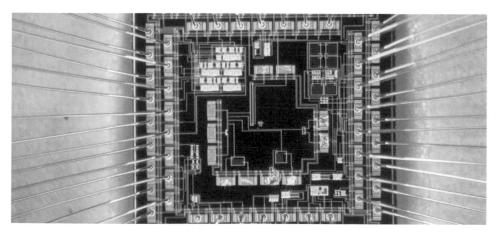

圖 7.3 積體電路 (Integrated Circuit)

摩爾定律曲線和電晶體數量的指數關係見圖7.4 ，摩爾定律現在還持續有效地進行中，也由於積體電路如此快速發展，帶給人類莫大的便利、舒適與生活的多采多姿，可攜式、數位化產品不斷有讓人驚豔的創新發想。圖7.5是Micro SD 記憶卡2005年和2014年的尺寸比較，同樣大小但容量從128M增長到128G，足足增加一千倍。隨516GB/1TB陸續出來，到2022年又有2TB產品問世。

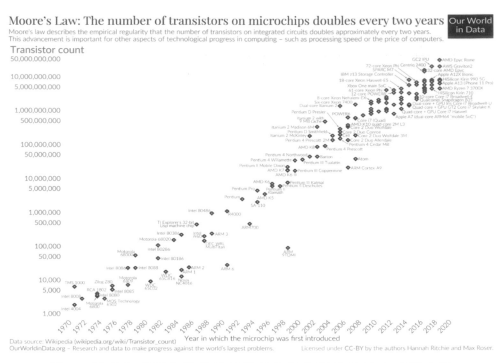

圖 7.4 電腦處理器中晶體管數目的指數增長曲線符合摩爾定律
Source：https：//www.wikiwand.com/zh-tw/%E6%91%A9%E5%B0%94%E5%AE%9A%E5%BE%8B

圖 7.5 同樣大小 Micro SD 卡，其記憶容量 不到 20 年增加 20,000 倍

科技技術的不斷演進，我們試圖找出其規則性-讓產業可以預測、企業可以依循的未來的產品發展趨勢，及早準備因應。但它不是那麼容易，1995年國際研究與顧問公司Gartner提出「技術成熟度曲線（Hype Curve）」，這是一種對新興技術的評估模型。Gartner每年所出版的《新興技術發展週期報告》（Hype Cycle for Emerging Technologies）是科技產業經營主管每年要看的重點報告之一，此報告是在全球約130個國家地區所做調查整理而成，從2,000個技術項目依據以下的評估，後提出25個具潛力的新興技術：

· 定義
· 地位與採用速度研判
· 建議
· 商業影響
· 收益等級
· 市場滲透率
· 成熟度
· 典型廠商

圖7.6是2022年最新的報告。

技術成熟度曲線將新興技術的發展區分為五個階段，包括「科技誕生的萌芽期」(Technology Trigger)、「過高期望的過熱期」（Peak of Inflated Expectations）、「泡沫化的低谷期」(Trough of Disillusionment)、「穩步爬升的復甦期」(Slope of Enlightenment)、「實質生產的成熟期」(Plateau of Productivity)。其中「過熱期」與「低谷期」為Gartner的創見與發明。在「過高期望的過熱期」階段，由於媒體的過度報導與宣傳，導致了許多的不理性

宣傳，因此社會大眾對於新興技術產生了過高的期待。「泡沫化的低谷期」為回歸理性後的再次沉澱，包括社會大眾逐漸瞭解新興科技對於需求的滿足，也包括商業模式的重新釐清與趨向成熟。

Gartner在分析觀察與調查了超過15年的經驗告訴我們，回歸理性與重新找出商業模式後，新興技術的重新定位與穩定成長之路就可預期已不遠矣。技術成熟度曲線除了區別出技術在生命週期所處的位置外，另一個維度是指出技術發展的速度，亦即該新興技術要達到成熟所需要的時間。Gartner將此所需時間分成五個區間，分別為：

A. 小於2年（less than 2 years）
B. 2~5年（2 to 5 years）
C. 5~10年（5 to 10 years）
D. 10年以上（more than 10 years）
E. 被淘汰（obsolete before plateau）

要了解此《新興技術發展週期報告》至少需觀察之前5年的每年報告，這些技術項目每年都在推展、變動，有些成熟成為商品就不再列入，有些則是被踢出，因為不可行；留著的就是尚在此S曲線上努力奮鬥且有前瞻潛力的項目。最近幾年的內容幾乎都是以自駕、AI、元宇宙…等相關延伸的技術項目，亦即電子產品的應用也將以這些項目為主。

　　本書第15章會提到一個工程技術預測趨勢理論，透過專利的分析所得到的預測理論，是一個很有用的工具。讀者或許存疑為什麼要懂這些趨勢預測？工程師工作上會需要嗎？ 也許會，也許用不到，但可以改變自己看問題的角度，與擴大思維廣度，在工作的能力上絕對會提升很多。

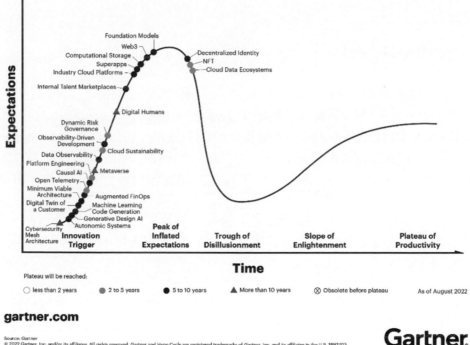

圖 7.6 Gartner 的 2022 年度新興技術成熟度曲線

7.2 電子產品發展趨勢

電路板的應用範圍包括4C(Consumer、Computer、Communication、Car)以及其他工業(如機電、航太、醫療、軍用..等)使用的電子產品,過去個別產業產品多是線性式發展,從功能、尺寸、安裝以及使用環境等做技術性的開發新產品。但隨著晶圓技術及封裝方式的不斷創新,加上各式新商業模式的推波助瀾,電子產品的演進已進入多功能、跨不同產業領域、以及智慧化等3維度的產品整合性發展,如圖7.7所示。

所以電子產品未來發展趨勢的變數,隨著其應用的不同而有差異,其設計的驅動晶片、控制元件、與封裝形式等也必然有些差距,但電路板承載所有的元件,必須迎合各種演變作不同因應,因此會從幾個面向討論其技術趨勢,後面7.4節將有說明。

圖 7.7 電子產品的整合性發展

除了前述Gartner的《新興技術發展週期報告》外,下面敘述則是另兩個機構(Trend Force & Forbes)發表的2023年十大科技趨勢預測,以及一個新創平台(StartUs Insights Discovery Platform)調查的2023年10大電子製造趨勢:

7.2.1 Trend Force 針對 2023 年十大科技趨勢預測：

1. 晶圓代工成熟製程聚焦多元化特殊製程
2. 車用半導體需求加溫
3. 疫情亮點產品伺服器
4. 先進駕駛輔助系統加速車規MLCC發展
5. 電動車電池戰持續
6. AMOLED應用擴展
7. 量質提升 Micro LED觸角延伸多元應用場景
8. 5G智慧型手機占比可望破五成
9. AR/VR產品需求漸增
10. 全球5G FWA設備大爆發

7.2.2 Forbes 的十大基本技術趨勢預測

1. 人工智能無處不在
2. 元宇宙的一部分將成為現實
3. Web3的進展(區塊鍊與NFT的應用)
4. 連接數位世界和物理世界
5. 越來越可編輯的性質(奈米科技編輯材料、DNA編輯改變自然)
6. 量子計算
7. 綠色科技進步
8. 機器人將變得更加人性化
9. AI協助的自動系統進展快速
10. 更具永續性的技術

7.2.3 10 大電子製造趨勢的影響

這是一新創平台(StartUs Insights Discovery Platform)在全球1112家全球初創企業和正擴大規模的企業所做深入調分析，整理出影響全球公司的 10 大電子製造趨勢和創新，見圖7.8。

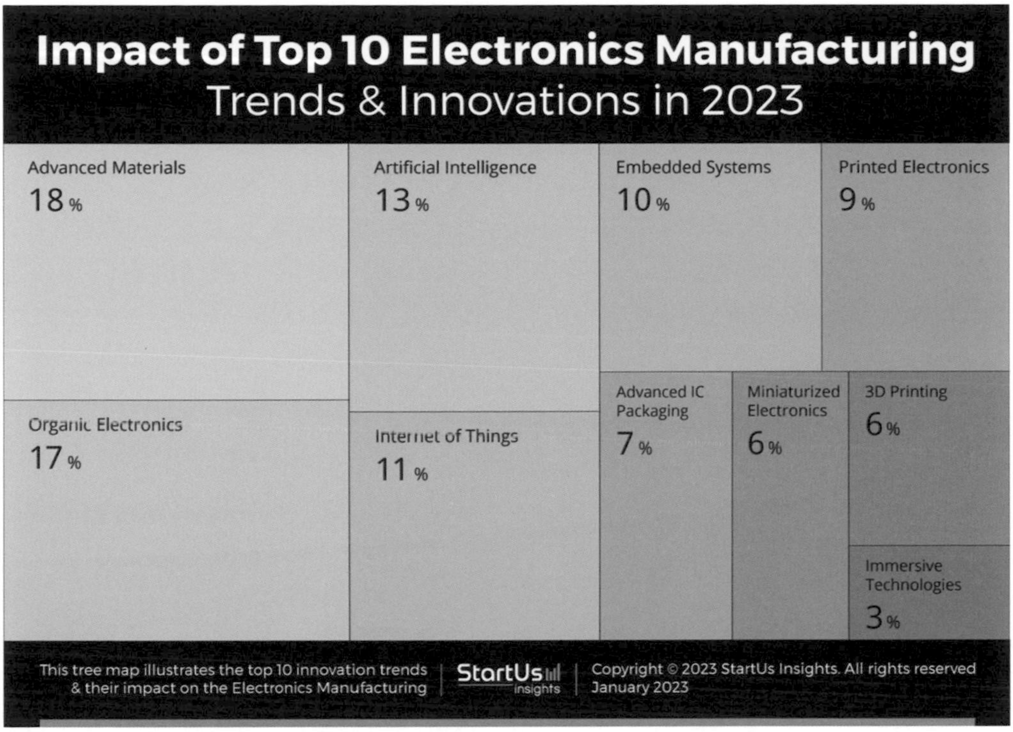

圖 7.8 10 大電子製造趨勢和創新

1. 先進材料 Advanced Materials

2. 有機電子 Organic Electronics

3. 人工智能 Artificial Intelligence

4. 物聯網 Internet of Things

5. 嵌入式系統 Embeded Systems

6. 印刷電子 Printed Electronics

7. 先進IC封裝 Advanced IC Packaging

8. 微型電子產品 Minaturized Electronics

9. 3D列印 3D printing

10.沉浸式技術 Immersive Technology

　　現實的世界加上虛擬的世界，人類的生活將變得更多采多姿。但實現這些場景仍需要電子科技技術，包括材料及製造技術的到位方可盡其功，而這也是驅使從半導體、元件封裝、及電路板和組裝不斷往前進步的動力。

7.3 半導體及封裝技術發展

　　第一顆稱為奈米級(晶片銅線寬在100奈米以下)晶片是約在2002年由Intel開發製造的90奈米晶片，當時就有不少聲音傳出半導體製程發展將碰觸到物理極限，但是今天的情況是10奈米即將在2017年量產，7奈米也會緊接著登場。走到今日確實有很多的已達摩爾定律的極限的討論出來，因此眾多方案出爐，但不管摩爾定律會不會持續走下去，或有其他方案替代，面對這樣的變化首先受到衝擊自然是封裝(IC Packaging)。封裝的領域面對的是IC載板，但元件封裝完成後，電路板也面對其變化的挑戰，因此是息息相關必須同步了解並因應。

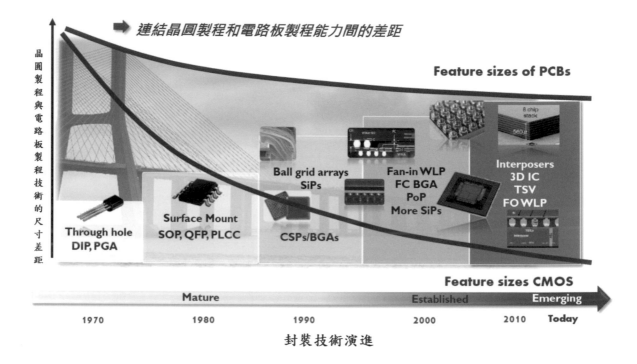

圖 7.9 清楚說明晶片和電路板尺寸微細化的發展是越拉越遠，兩者的差異達千倍以上（微米與奈米），因此構裝的重要性也與日俱增。

　　從系統產品的發展趨勢來看，電子元件的小型化、高效能、高度整合、低系統成本 始終是驅動元件技術走向的基本要素。就封裝技術的演進與發展歷程來看，已由小型化的 TSOP、CSP、WLP 等技術轉入 PoP(Package on Package)、SiP(System in Package) 等強調整合特性的技術為發展方向，而晶圓製造端則採3D IC堆疊及FOWLP來應對。最終由哪種技術勝出尚無定論，我們應密切觀察其發展。

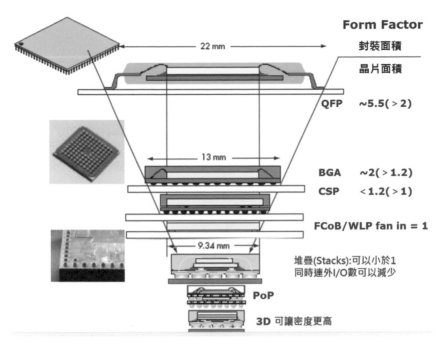

圖7.10 封裝演進與其 Form Factor 的關聯性

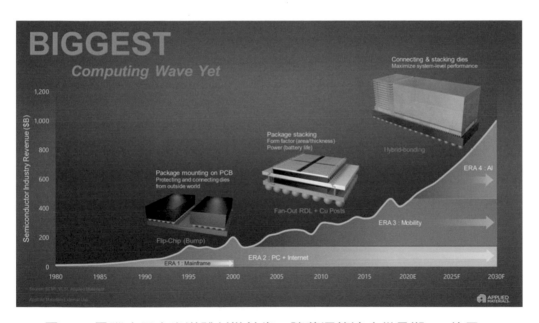

圖 7.11 電腦應用之半導體封裝技術，隨著運算速度從早期 PC 使用，
到網際網路的蓬勃發展，再到可攜式產品的大量使用，帶來過去 40 年的輝煌時期；
然今日人工智慧在圖形辨識及運算速度需要更快速的提升之下，半導體封裝技術
未來 10 年將迎來爆炸性的發展。 Source：美國應用材料

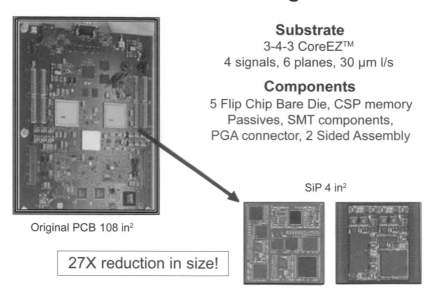

PWB to SiP Redesign

Substrate
3-4-3 CoreEZ™
4 signals, 6 planes, 30 μm l/s

Components
5 Flip Chip Bare Die, CSP memory
Passives, SMT components,
PGA connector, 2 Sided Assembly

SiP 4 in²

Original PCB 108 in²

27X reduction in size!

圖7.12 PCB to SiP 重設計圖示

　　SiP（System in Package）系統級構裝為一種構裝的概念，是將一個系統或子系統的全部或大部份電子功能配置在整合型基板內，而晶片則以2D、3D的方式接合到整合型基板的封裝方式。SiP技術包括：

- 多晶片模組（Multi-chip Module；MCM）
- 多晶片封裝（Multi-chip Package；MCP）
- 晶片堆疊（Stack Die）
- 堆疊式封裝（Package on Package）
- Package in Package
- 內埋元件基板（Embedded Substrate）

　　這是封裝廠主要在推動的一種在單一個封裝體內不只可運用多個晶片進行系統功能建構，甚至還可將包含不同類型器件、被動元件、電路晶片、功能模組封裝進行堆疊，透過內部連線或是更複雜的3D IC技術整合，構建成更為複雜的、完整的SiP系統功能，同時也可減低基板的需求面積，如圖7.12所示。

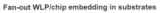

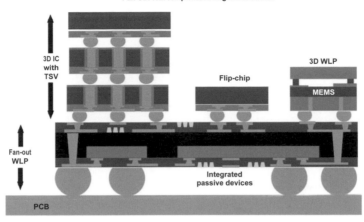

圖 7.13 FoWLP 內再做 3D IC

　　晶圓廠則以微凸塊(Micro bump)及TSV堆疊晶片，以增加功能、減少構裝面積。另外垂直整合以Fan-out WLP技術在晶圓上直接做RDL (Redistribution Layer)完成封測，不必再由封測廠購買IC載板做封裝製程，見圖7.13及7.14所示。

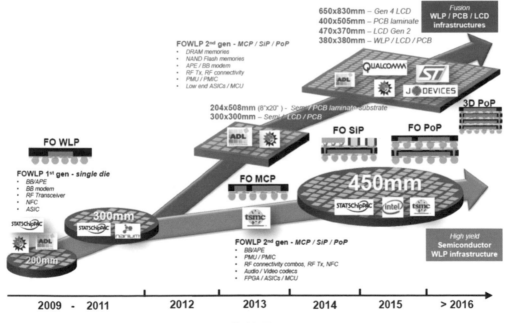

圖7.14 FOWLP發展趨勢圖 (Yole Development)

這樣的技術發展，也將陸續衝擊IC載板及電路板的材料及製程技術。

7.4 元件發展

電路板的結構及製程演進，除了電和熱的需求外，最重要當然是組裝於其上的元件和電路板間焊接的型態與尺寸的變化。

早期元件的引腳多以手工方式製造，電路板上的孔也是手鑽而非現在的CNC鑽孔，如圖7.15，其元件組裝於電路板也是以手動置放、焊接，其精準度要求不高。

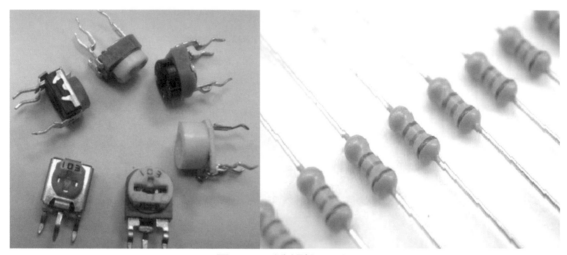

圖 7.15 手製引腳元件

圖 7.16 手工組裝板

隨者消費性電子產品的大量上市被使用，於是標準化、自動化的採用Lead Frame-銅或銅合金平板以蝕刻或沖型方式加工製成，再和晶片封裝後，衝壓成各式引腳。圖7.17是QFP元件的Lead Frame 製成後晶片安裝(一般以打線方式連接)於其上的說明。

圖 7.17 使用於 QFP 元件封裝的腳架
(https：//en.wikipedia.org/wiki/Lead_frame#/media/File：TQFP_Leadframe.jpg)

元件引腳隨著精密度的提高以及電子產品輕薄短小的趨勢，其形式也有很大的變化，從插腳形式演進為表面黏著，節省通孔所占的面積。接下來因Lead Frame精細度無法達到要求，於是Area Array的封裝形式及無引腳(如BTC： Bottom Termination Component 底部端子元件)形式的元件就大量出現，圖7.18~22為各式元件封裝引腳形式。

圖 7.18 雙排直立式封裝（Dual Inline Package；DIP）

圖 7.19 左為 J 型引腳，右為 Gull Wing(鷗翼型) 引腳之 SMD

圖 7.20 插腳 (DIP), 鷗翼型腳 (PQFP), J 型腳 (PLCC) 剖面圖示

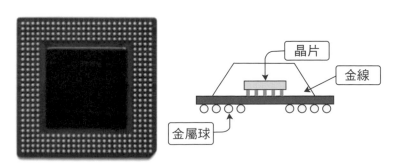

圖 7.21 BGA 元件

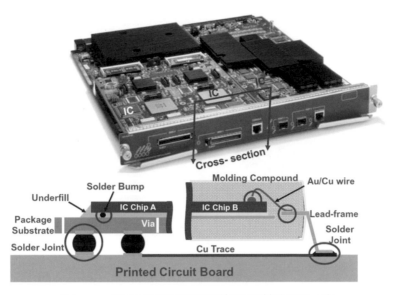

圖 7.22 組裝件有引腳面積陣列等剖面示意

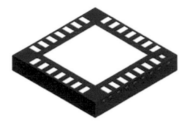

圖 7.23 QFN(Quad Flat No-Lead 四方平面無引腳封裝

元件和電路板銲墊間的焊接面積越來越小，厚度也越薄，因此銲點強度要求越顯重要。銲球或錫膏在有限的空間中，經回焊(Reflow)後氣體若無法完全排出，將產生空泡影響銲點強度，而且無法以肉眼目檢，須以X-ray檢測此類元件，相對應的電路板銲墊、防焊圖型的設計是很大關鍵。圖7.23 QFN組裝後銲料中大面積空泡情形。

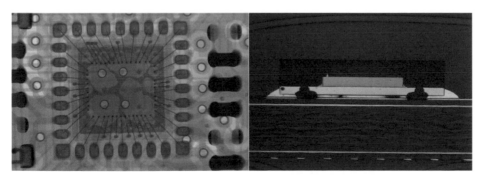

圖7.24 QFN組裝後銲料中大面積空泡情形

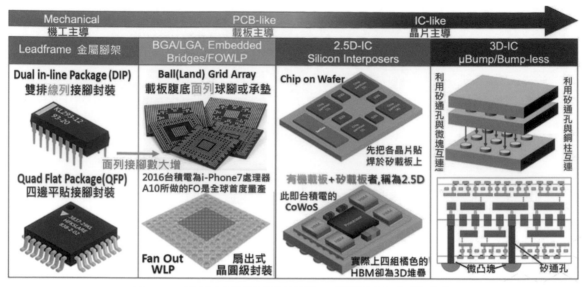

圖 7.25 元件封裝形式可歸納三個不同的主導時代

圖左早期封裝是以金屬腳架 (導線架) 打線式雙排腳與通孔插腳波焊式產品，之後進入錫膏貼焊的 SMT 時代，直到 95 年 Motorola 發明 BGA 後才進入載板主導腹底面列接球腳的 BGA 時代，至於晶片主導的 2.5D 與 3DIC 則是 2020 年以後才發展的。

7.5 印刷電路板的因應發展

為了因應電子產品的應用變化以及晶片封裝的形式發展，電路板必須有對應的方案，本節從幾個方向來探討電路板的製造必須面對的未來種種變化和挑戰。

7.5.1. 材料

材料的發展是首當其衝，必須配合產品應用的需求以及環保的需求。譬如現在的車載電子的應用越來越多，惡劣環境下的高可靠度要求是必要達到。(IPC針對車載電子需求之硬板配合產品應用的需求以及環保的需求，以獨立一本性能要求規範：IPC 6012DA)針對高頻訊號傳輸，Low loss的基材非常重要。以下列出一些材料發展方向：

* Tg-超過180℃的板材

* Dk-低於3.6

* Df-低於0.01

* Thin Core 厚度-25~50 μ m

* 銅箔厚度-5 μ m但粗糙度(Rz)不高於1.5 μ m

* 材料的導熱-1~2 W/m-k

* 無鹵

7.5.2. 結構

電路板的設計結構同樣會隨著不同產品的需要，從整體或個別元素上做變化：

Any layer—HDI-Coreless(圖7.26)

厚銅(Heavy Copper)—超過3oz(圖7.27)

High Layer Count—Back Drill的需求(圖7.28)

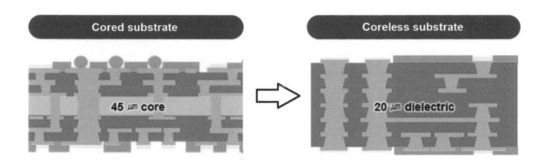

圖 7.26 Coreless 趨勢

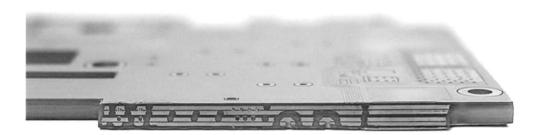

圖 7.27 厚銅板

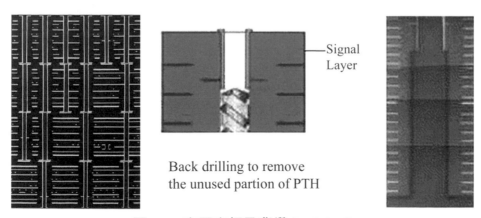

圖 7.28 高層次板及背鑽 Back Drill

7.5.3. 電路板載板化

由於移動裝置的巨大需求及產品變化快速，所以一直是電路板的最大需求市場，智慧型手機是典型的代表產品，iPhone主板設計足以代表電路板HDI製程變化的驅動力。圖7.29~7.30 從iPhone 3到iPhone X 清楚的理解了手機主板之電路板設計帶給產業很多製程的改變。

圖 7.29 iPhone 3~6 的 x-ray 照射下的電路板變化

從iPhone X之後其主板有大幅度的規格升級，包括將普遍採用的高密度連結板（HDI）進階設計為類基板（Substrate-like PCB），且以兩片主板疊組裝的方式讓組裝件使用的空間極小化，以利大量導入系統級封裝（SiP）技術，來達到次系統模組化的目標。這裡提到兩個名詞，一個是SiP，我們在7.3節談過，另一個名詞是Substrate-like HDI，第十二章有說明。

SLP主要為其製作規格更精細，和前一代手機的差異：

- 主板面積只有iPhone 8 Plus的70%
- 使用類載板(Substrate-Like PCB、SLP)技術、堆疊兩片主板
- 類載板是高密度的基板，導線寬度僅有20~30微米(μm)，並採用微盲孔(microvias)，直徑為40~60微米
- 電池相當特殊，結合兩個電池做成L型電池，之間以Rigid Flex連結

為了要配合SiP技術，需將電路板上的線距線寬朝向細間距（fine pitch）方向發展，線寬/距必須微縮到35微米(μm)以下。一般多層HDI的製程無法達到如此之細間距要求，因此類基板HDI需要採用IC載板的製程生產，這也是為何其被稱為Substrate-like PCB的原因，見圖7.31，未來移動式、穿戴式裝置將會朝這類板子發展。

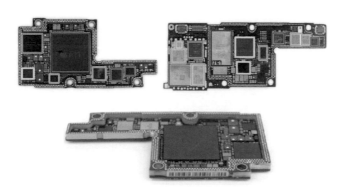

圖 7.30 iPhone 主板，採用 SLP 設計且雙主板堆疊方式，面積更小

圖 7.31 類載板 HDI PCB-Substrate-like PCB(Source：AT&S)

7.5.4. 環保訴求

- 節能節水製程開發改善
- 材料的循環使用
- 無鹵基材
- 廢棄物資源化

7.5.5. 其他

7.5.5.1 加成製造 Additive Process

- 印刷電子電路 Printed Electronics

主要應用於越來越多的穿載式電子產品，需要輕、薄與可撓性，所以包括絕緣基材、線路及元件以加成印刷方式製作，屬於利基市場，會帶來一些需求，但仍需考慮材質特性及功能可否到位。

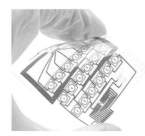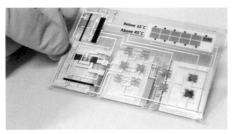

圖 7.32 軟性印刷電子

7.5.5.2 全加成 Full Additive

　　日立化成曾有一製程 CC-41，以及德國 LPKF 的 LDS 製程，都屬全加成製造方式，線路採金屬無電解沉積在定義好的基材圖案上，以形成線路。此方式完成的線路形狀，以及線寬距的控制都有很好的效果。有別於全加成製程，現在製作細線方面主要的兩種技術--也是IC載板的主要製程技術--一是半加成 (SAP，Semi-additive Process)，另一是 改良式半加成Modified SAP，見圖 7.33 及圖 7.34 之說明，更詳細內容可參閱第十二章。

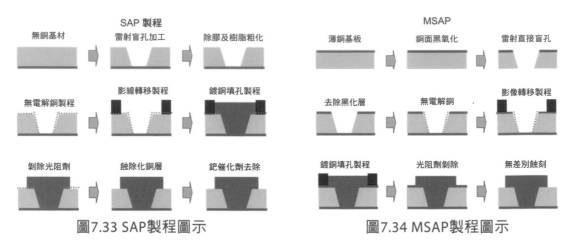

圖7.33 SAP製程圖示　　　　　　圖7.34 MSAP製程圖示

7.5.5.3 Embedded PCB 內埋元件電路板

　　在電路板內安裝主被動元件，內置元件，可強化訊號完整性（傳輸距離縮短）及熱管理效能，也可確保電路板表面上的組裝空間與增加設計密度。

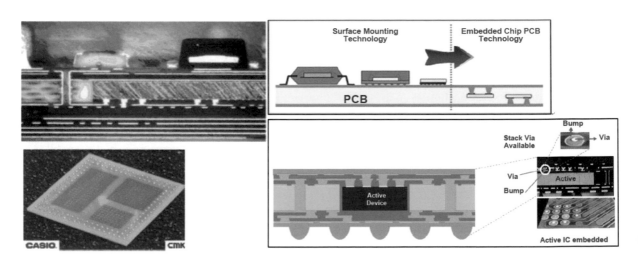

圖 7.35 內埋元件電路板

7.5.5.4 光傳輸 PCB(EOCB-Electrical Optical Circuit Board)

晶片與晶片以光速傳輸訊號當然速度最快，也可以減少能耗，但須要有正確且成熟的光波導(waveguide)材質的開發及製程的匹配度。目前都在開發中尚未成熟，但因電腦運算速度越來越快熱、耗能及速度因素將加速這類技術的發展。目前主要有兩種技術在研究，有機光波導及玻璃材質，圖7.36是以玻璃做光波導的圖示。

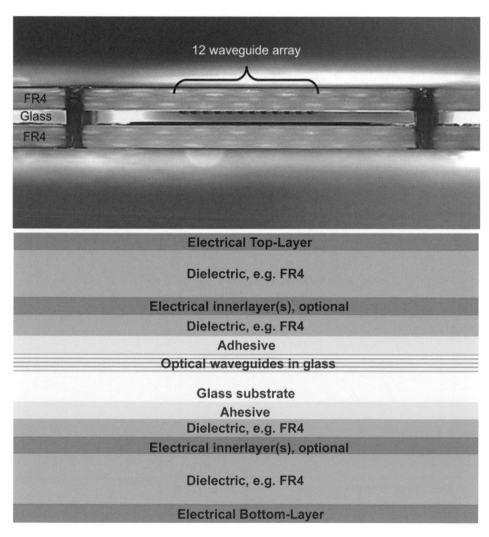

圖 7.36 光傳輸 PCB 示意

7.6 結語

　　電路板從1940年代開始有了雛型之後，經過80年的演進，已然是半導體之外所有電子產品必須具備的元件。這麼長的時間電路板材料、製程技術及結構上在一些時間點上，或者說突破性電子產品問世的當下，也有重要的技術突破以滿足電子產品功能的需求。雖然不像半導體長期以來有著摩爾定律規律性的發展，但是筆者試著將電路板產品發展和時間以S曲線來歸納，見圖7.37，可以發覺和摩爾定律有著不同的曲線。摩爾定律是指IC上可容納的電晶體數目，約每隔十八個月到兩年便會增加一倍，意即晶片的效能提高一倍。不過隨著其線寬降到7奈米之下後，到5奈米、3奈米、2奈米，其發展趨緩，時間拉長。但電路板反倒在線寬/距、層數、孔徑等密度提高或尺寸縮小的發展上加快腳步。未來半導體運算速度會呈指數性成長，甚至現有的電腦架構可能改變，量子運算可能取而代之，到哪時候電路板如何改變？絕緣材料、導體種類、尺寸、…等應該會有新的電路板技術的革命出現吧！

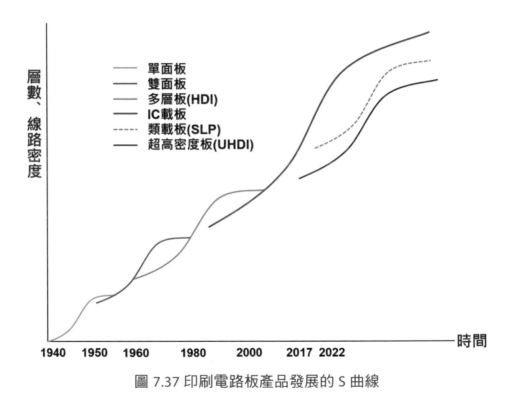

圖 7.37 印刷電路板產品發展的 S 曲線

電路板的智慧製造

第八章 電路板的智慧製造

8.1 從第一次工業革命到工業 4.0

西元1712年英國人湯瑪斯·紐可門(Thomas Newcomen)發明了紐可門蒸汽機(Newcomen atmospheric engine)，同為英國的人瓦特在1769年將之改良後，人類正式從手工勞動走向動力機器的生產，這也是我們熟知的第一次工業革命的開始。蒸汽機產生蒸汽的動力，其能源以煤炭為主，運用在紡織工業，也催生了蒸汽火車與輪船。

接著在隔了一個世紀後的1870年至1914年進行了第二次工業革命，包括西歐（包括英國、德國、法國、低地國家和丹麥）和美國以及1870年後的日本，工業得到快速發展。第二次工業革命以電力的大規模應用以及電燈的發明為重要標誌，使用石油作為主要能源。

20世紀四五十年代到現在，是為第三次工業革命；由於量子力學理論體系的發展，使得計算機技術、核能技術、半導體技術、光學技術、感測技術、數位科技、生物科技等呈指數型的快速進展，也稱為資訊科技革命、數位革命、資訊革命、科技革命。它是人類歷史上規模最大、影響最深遠的科技革命，至今仍未結束。隨著電腦與IT產業的逐步發展，在製造業的最大影響就是實現了生產流程自動化，帶來了生產效率提高、生產成品降低、產品品質穩定等效益。

早在 2011 年德國在漢諾威工業博覽會提出了"工業4.0"一詞後，全球先國家及製造產業爭先定出製造復興、再工業化、智慧製造等策略，見圖8.1。德國喊出的"工業4.0"的核心就是虛實整合系統（Cyber Physical System, CPS）。所謂的"虛實整合系統"就是網際網路世界（虛擬世界）與實體世界（實際工廠世界）整合後的系統與世界"，它是一種多維度的智能技術體系，以大數據、網路與巨量計算為基礎，透過核心的智能感知、分析、挖掘、評估、預測、優化、協同等技術方法，將計算、通訊、控制（Computing、Communication、Control，3C）融合協作，做到網路空間與實體空間的深度融合。換個角度就是利用這樣的系統達成「智慧製造」的目的，製造體系的智慧化程度和工業化4.0的距離畫上了等號。

圖 8.1 先進國家爭相提出在提升製造業能力與智慧化的具體目標

8.2 工業 4.0 成熟度指標

德國國家科學工程院(National Academy of Science and Engineering, acatech)定義了工業4.0成熟度指數，此指數協助企業了解本身工業化程度外，亦幫助企業有計劃的引入工業4.0，見圖8.2的說明，將工業4.0成熟度分成六個階段：

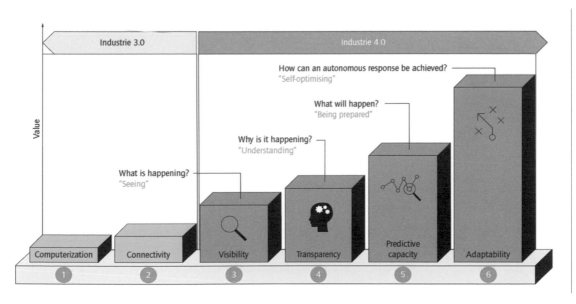

圖 8.2 Industry 4.0 Maturity , Acatech, 2016

1) 電腦化：以電腦處理資料取代純人工作業

2) 聯結化：核心IT系統互聯，並且具結構化資料處理流程。

3) 可視化：企業能透過顯示真實數據了解任何特定時刻正在發生的事情，以便管理決策可以基於及時資料了解正在發生的事件，並依據數據進行決策。

4) 透明化：企業能透過資料了解各事件發生的原因，分析解決後累積處理知識。

5) 預測化：企業能透過累積處理知識資料，了解未來可能發生的事件，並且依預測的數據進行決策。

6) 適性化：企業能夠依據發生的事件自動進行最有利的策略回應。

產業進行數位轉型前，都應先了解企業本身在工業4.0的階段定義中，是落在過程中的哪個位置。透過企業本身的數據資料，找到適合本身企業體質的智慧製造推動方式。智慧製造範圍無邊無際，應該以科學量化的方式，釐清企業目前的狀況，確認企業的現況和工業4.0的落差。

8.3 台灣電路板智慧製造發展現況

8.3.1 何謂「智慧製造」？

「智慧製造」是將物聯網(IoT)、數位化工廠、雲端服務、通訊等技術緊密扣合，創造虛實整合(CPS)的製造產業，徹底改變一直以來的製造思維。工業4.0的價值是利用物聯網、感測技術連結萬物，機械與機械、機械與人之間可以相互溝通，將傳統生產方式轉為高度客製化、智慧化、服務化的商業模式，可以快速製造少量多樣的產品，因應快速變化的市場，且維持一定的品質水準。智慧製造可以提高生產效率，降低成本，改善生產品質，增加可靠性，滿足客戶的需求，並減少不必要的風險。

8.3.2 路板智慧製造發展現況與瓶頸

電路板製造有如下幾個製造特性：

1).產品客製化-產品皆是客供規格。

2).製程繁複-有數十道流程，每道流程依不同電路板應用及材料種類，需有嚴格的製程參數控管，方可做出品質穩定合規的產品。

3).設備種類繁多-乾、溼、化學電鍍、高溫加工、影像轉移...等不同製程需求的設備。

4).各企業因設備新舊都有，且設備間數據整合及傳遞困難。

因此電路板製造朝工業4.0智慧製造發展的道路必然困難重重，必須克服很多關卡，各階段瓶頸(見圖8.3)可以發現，企業在整合不同面向的數據與資訊系統的能力，將顯著影響企業發展智慧製造的難易程度。目前板廠的智慧生產或工業4.0的成熟度在3.0上下，有些還在2.5的階段，有些則已跑到3.0以上，正努力向3.5邁進。當板廠要從工業2.5階段提升至3.0

時，企業因缺乏統一不同資訊系統或各部門數據的能力，導致管理者無法透過整合後的資訊發現與診斷問題，並迅速作出營運改善計畫：

2.5-3.0
- 缺乏生產與營運資訊系統整合、設備與生產資料整合能力
- 缺乏提供系統整合服務廠商

3.0+
- 缺乏提供整體策略規劃與系統整合服務廠商
- 缺乏數據模型建立、分析與預測之能力
- 缺乏企業流程、外部供應鏈系統資料與流程整合

例如製造設備間的生產訊息的無法流通是一個必要解決的基本問題，所幸在工研院與產業協力下制定「PCB設備M2M通訊技術（PCBECI，Printed Circuit Board Equipment Communication Interface）」，並於2019年9月份正式成為國際半導體產業協會（SEMI）規範的正式通訊協定標準，設備廠商新製設備必須將之成為標配。PCBECI協定所規範的通訊標準，包含機台時間設定、事件回報、異常警報回報、機台常數資料、遠端控制命令、終端訊息傳送、配方傳送管理、狀態資料傳送等。目前 PCBECI協定與其相關技術已擴散至國內20多家軟大廠，並完成100台以上設備聯網設置。

企業容易面臨缺乏專業的數據分析人才與能力，使得無法更進一步藉由數據模型預測提升生產與設備效率。再者企業缺乏整合企業內部流程與外部供應鏈系統資料能力，無法與上下游業者搭建完善互聯系統並有效的互通協作，這些都是業界正在努力克服與追趕的議題。

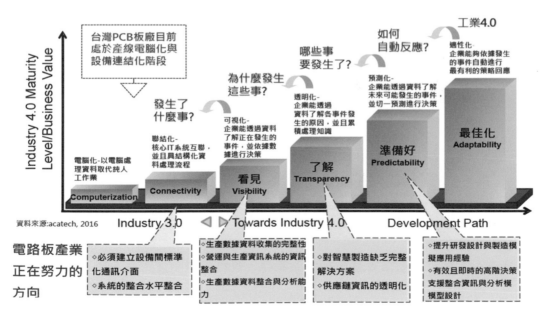

圖 8.3 電路板產業朝工業 4.0 之路的情境，資料來源：資策會服創所，2017、2019

8.3.3 邁向工業 3.5，產業正在做的事

　　2016年，資策會、TPCA與台經院三方共同發表一份PCB智慧製造藍圖提供欲發展智慧製造之PCB廠商參考。根據藍圖應用，於2017年結合法人與業界能量，成立電路板產業智慧製造聯盟(PCB A-Team)，結合國內四間指標性電路板大廠做為PCB產業導入智慧製造技術之示範。在設備聯網逐漸普及與智慧製造應用漸趨成熟，資策會與TPCA更進一步於2018年與PCB設備業者合作，成立PCBECI設備聯盟，協助中小型電路板製造商完成設備聯網與共同通訊標準的使用，奠定我國PCB產業發展智慧製造良好基礎。隨著廠商實際導入的經驗漸增，在資策會規劃下，於2019年與台經院及TPCA根據訪談實際了解PCB廠商目前推行智慧製造經驗與反饋，彙整並更新智慧製造藍圖，修訂為2019年PCB產業智慧製造發展藍圖，做為業者未來發展智慧製造時的重要參考。整個歷程參照圖8.4所示

　　同年國際半導體協會通過 PCBECI成為PCB設備通訊協定標準，設備生產資訊的整合就有標準可循，產業很多舊設備要納入聯網必然需要做一些統合模組，在經濟部工業局、資策會及TPCA相關會員的通力合作，解決了各板廠不同場域間共同的智慧製造起頭關鍵的通訊標準，降低PCBECI設備聯網的建置費用，除傳統PC Base及PLC Base(可程式化邏輯控制器programmable logic controller)的框架外，也開展新的HMI Base(人機顯示介面 Human Machine Interface)方式。新的HMI Base成功嵌入了PCBECI(SEMI-A3)通訊介面，除兼具低廉的售價，亦具備各式樣通訊Protocol以連結各種不同通訊格式的設備機群，也附加跨場域資安風險，見圖8.5所示。

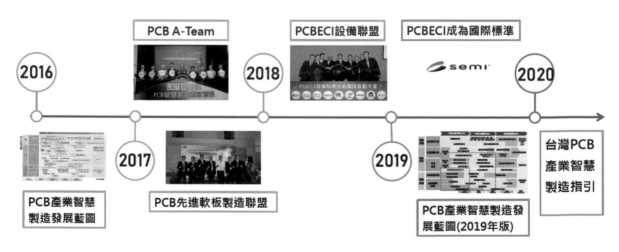

圖 8.4 台灣 PCB 產業智慧製造發展歷程，資料來源：資策會服創所，2019

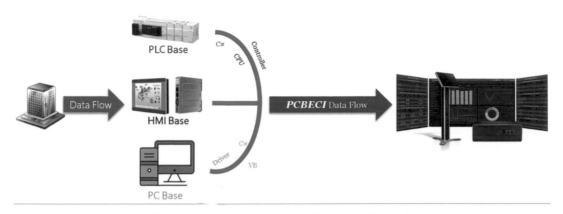

圖 8.5 SEMI A3 (PCBECI) 導入的三種方式

　　另成立PCBECI設備聯盟，首要目標針對曝光、蝕刻、烘烤與鑽孔等四項重要製程站別，協助20家中小型電路板廠100台設備，進行設備聯網升級，並擷取重要參數，達到數據收集目的，整體板廠聯網普及率達20%。其次，建立PCB產業可視化介面樣板，包含機台稼動率、設備異常即時顯示、設備狀況遠端監控、數據整合等四大功能，縮短設備及生產資訊擷取及分析的時間，見圖8.6。

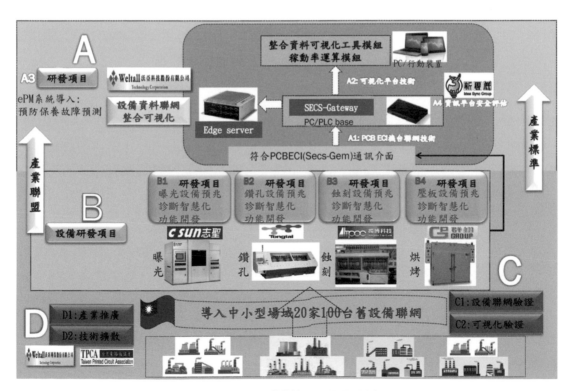

圖 8.6 PCBECI 設備聯網示範團隊架構圖

TPCA在2019年發佈的「台灣電路板產業智慧製造發展藍圖」，制定了智慧營運、智慧生產與智慧設備3個面向的短(產線可視化)、中(生產智慧化)、長期(營運智慧化)工作目標，見圖8.7。

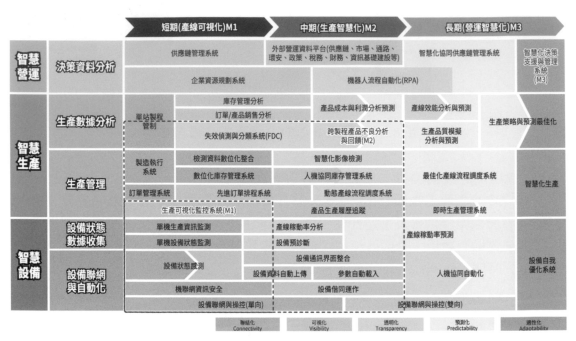

圖 8.7 台灣電路板產業智慧製造發展藍圖

　　台灣電路板產業居全球龍頭地位，近年來配合政府政策推動，積極導入智慧製造相關應用，已具有相當成效。台灣電路板協會、資策會和台經院，將持續關注電路板製造業，與設備業者在推行智慧製造所面臨的問題、挑戰與成果。期望新版台灣電路板產業智慧製造藍圖未來可逐項落實，建立相關解決方案導入做法案例，提升整體電路板產業技術能力與實力，推升電路板產業智慧製造發展，成為國內製造業智慧製造發展典範之一。

　　智慧製造應用可區分為生產管理與生產數據分析兩大應用次領域。在生產管理上，短期優先的工作，是整合智慧設備應用產出的數據，形成生產可視化系統，呈現生產狀況。產線的管理者期望能藉由智慧設備階段安裝的感測器所收集到的數據，透過視覺化方式呈現並監控產線生產系統，例如：生產狀況、機台運作情形、人員廠內環境。另外，電路板的品質檢驗仍是台灣電路板產業耗費最多人力的工作項目之一，如何精進自動光學檢測儀

(Automated Optical Inspection, AOI) 仍為目前許多板廠研究之重點。未來可藉由機台檢測資料的整合，提供數據模組分析應用，針對檢出瑕疵進行分類以達未來的智慧化檢測。除此之外，企業亦可再進一步擴展資料整合的範圍，包含相關的生產資訊系統與檢測系統資料，視需要發展智慧化排程、產品生產履歷追蹤與智慧化庫存管理等應用，最終完成可因應生產需求，具彈性與最佳化調度的生產線。

　　智慧製造應用在中長期發展上，關注的焦點在於生產數據分析上。企業需要能將生產所累積的數據，逐步導入各種數據分析方法，回饋或分析生產製程、品質、庫存與產線管理等領域，例如： 將單站的製程不良分析，提升到具失效偵測與分類系統的功能，甚至升級成跨製程的不良分析，更精確掌握各製程參數間、生產條件與設備狀況相互的影響；亦可對分析產品實際生產成本，提供營運面未來對於類似產品人均工時成本的參考。最終，待企業適應數據分析應用回饋於生產問題後，就能夠開始投入生產模擬、效能分析與預測的應用，朝生產流程調度最佳化邁進。

8.4 數位孿生在智慧製造中扮演的角色

8.4.1 何謂數位孿生

　　1970年4月13日，阿波羅13 號太空船在距離地球220,000公里處，即將抵達月球前發生氧氣罐爆炸，爆炸摧毀了艙體外的某一側，其嚴重程度不僅破壞了太空人賴以生存的氧氣大量損失，還造成水供應和一些電力系統的損毀。地球上NASA的工程師和科學家們當下發揮團隊精神全心齊心協力尋找解決阿波羅問題的方法。第一時間，工程師們需要阿波羅太空人到艙體外檢查，並極盡可能陳述眼睛所見的損毀細節，並在和科學家研議後，指導外太空的太空人如何進行應對緊急狀況；但重點是，在地面尋求解決方法的團隊並無法親眼看到損壞的實況，在只能接收太二手轉述後的解決方法，並無法真正修復太空艙，因此，最後，NASA的科學家們只能採取暫時應急措施，指示機組人員使用紙板、塑膠袋和膠帶將飛船修補到足以讓他們回家的程度。

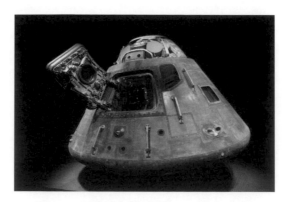

圖 8.8. 破損的阿波羅 13 號太空艙

當阿波羅13號災難發生時，NASA的工程師無法從他們最初的設計去推演判斷發生了甚麼事，因為太空船在不可預見的惡劣環境而失敗了，當時NASA無法預見這個問題。要設定數個惡劣環境條件去做不同測試，勢必需要多幾個太空船做實驗，而建造幾個太空船對每一個可能的因素進行壓力測試，會很快耗盡預算。休斯頓的工作人員需要在地球上建立一個直接反映太空船的模型-因此有了數位元孿生 (Digital Twin)概念雛形。

2002年，佛羅里達理工學院（Florida Institute of Technology)的Michael Grieves首先正式提出"數位孿生應用於製造業的PLM (Product Lifecycle Management產品生命週期管理)"的概念，但礙於當時軟硬體的技術、數學運算以及無線環境，是無法實現數位孿生要達到效益。

2011年，數位孿生這個詞彙正式出現在美國NASA Mike Shafto等幾個科學家發表的論文中，在此論文中，這些科學家說明發展數位元孿生的目的是為了最大化太空船和美國空軍飛機的運行壽命，以提高航空航太任務的成功率。在飛行中，以記錄的資料為基礎，可以把握機體的老化程度、預測機體可以繼續工作的時長、制定為延長使用壽命應進行怎樣的維護計畫等問題，見圖8.9。

當時，物聯網和人工智慧…等等技術與應用都還不像現在這樣先進與成熟，所以NASA當時期待的數位孿生在實際發展和應用方面還僅限於模擬技術的高保真度。即使到現在，很多人對數位孿生的理解，可能都還侷限在它不過就是一個和現實世界所存在的物件一樣的一個複製的虛擬物件，只是3D擬真的人物、藝術品、建築物..等等，人們透過平臺系統可以動態操控它罷了。

IBM對數位孿生的定義：

"A digital twin is a virtual representation of an object or system that spans its lifecycle, is updated from real-time data, and uses simulation, machine learning and reasoning to help decision-making"

「數位孿生是針對某個對像或系統跨越其生命週期的虛擬代表，從實時數據更新，並使用模擬、機器學習和推理來幫助決策」。

所以依此被眾人認同的定義，必須要符合下面定義才能稱為數位孿生：

1. **REPRESENTATION 必須感覺或看起來和真實對象一樣**
2. **INTERACTION 真實對象和數位對象必須可以互動**
3. **CONNECTION 從真實對象收集的數據可以鏡射到數位對象，並產生同樣行為**
4. **SIMULATION 真實對象的產品生命週期的變化，透過數據模式模擬必須有高度的保真度(FIDELITY)**

隨著技術變革的不斷推陳出新，我們也正在逐漸靠近理想中的數位孿生。例如，隨著**物聯網**技術的進化，企業可以從市面上的產品收集到更多的訊息，讓產品改善及研發新產品的時程縮短。**人工智慧**及**大數據**的發展，還可以讓我們精確預測到以往很難獲取的資訊。擴增實境（AR）等技術，可以讓數位孿生的驗證結果展示得更加清晰，從而幫助人們更好的理解事物與解決問題，進一步做出正確決策。

8.4.2 電路板產業有無可能導入數位孿生？

電路板產業目前在工業化的進展大致才剛進入3.0，正朝3.5努力中，有沒有可能現階段導入數位孿生？雖然這是一個艱辛的路，而且是需長期規劃及投資，整個產業應該還在摸索中。如果有那麼一天板廠每個廠區有一個數位孿生，工廠業務接到新訂單的良率及交期預測、新研發技術導入的製程參數訂定、選擇正確材料、預測產品可靠度的表現..等，都可透過數位孿生系統做到。首先透過從感測器和其他連線裝置收集的實時資料，與現實世界中的製程設備相關聯，使得虛擬工廠中的虛擬設備能夠映象、分析和預測電路板在製程中的變化狀態，掌握電路板品質狀況。要達上述效益自然需一定的投資，而且需要整體供應鏈的貢獻才有辦法成其事，期盼有相關公司可以專注於數位孿生系統的開發，造福產業。

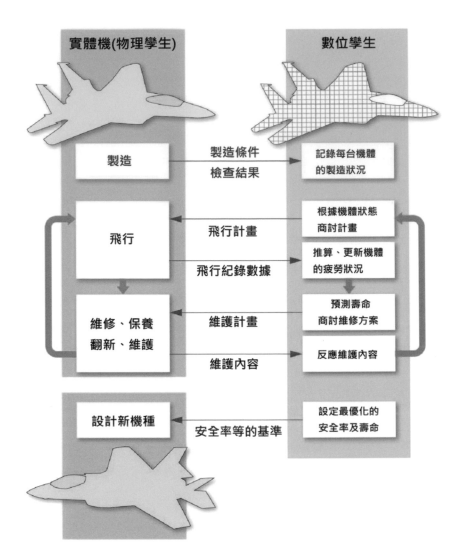

圖 8.9. 美國 NASA 構想的數位孿生原型 筆者編譯
資料來源：「數位孿生製造 | 技術、應用 10 講 - 日經 BP 社」

CHAPTER **9**

基本材料組成結構

第九章 基本材料組成結構

9.1 前言

印刷電路板是以銅箔基板(Copper-clad Laminate 簡稱CCL)做為基礎原料來製造的電子重要機構元件，從事電路板之上下游業者必須對銅箔基板有所瞭解：有那些種類的基板、它們是如何製造出來、使用於何種產品、各有那些優劣點，如此才能選擇適當的基板材質，製作出符合客戶要求規格的電路板產品。表8.1列出幾種不同典型基板的適用電子產品。

表9.1 不同基材製成之電路板的產品應用領域

印刷電路板基板種類	應用領域
紙質酚醛樹脂單面板、雙面銀膠灌孔板 (FR1 & FR2)	電視、顯示器、電源供應器、音響、影印機、錄放影機、計算機、電話機、遊樂器、鍵盤…
環氧樹脂複合基材單、雙面板 (CEM1 & CEM3)	電視顯示器、電源供應器、高級音響、電話機、遊戲機、汽車用電子產品、滑鼠、電子記事本
玻纖布環氧樹脂單、雙面板(FR4)	介面卡、電腦週邊設備、通訊設備、無線電話機、手錶、文書處理機、家電產品…
玻纖布環氧樹脂多層板(FR4)	桌上型電腦、筆記型電腦、平板電腦、硬碟機、智慧型手機、IC卡、數位電視音響、記憶卡、穿載式電子裝置、無線網路模組、汽車電子、生醫電子…
PET(Polyester)聚酯軟性基材	儀表板、印表機…
PI(Polyimide)聚醯亞胺軟板基材	智慧型手機、平板、數位相機、硬碟、印表機、筆記型電腦、攝錄放影機、LCD模組…
軟硬結合板(PI+FR4)	智慧型可攜式電子產品、CCD攝影機、相機鏡頭、汽車電子、航太用電子產品、記憶體模組..
BT、ABF、FR5基板	IC載板
Teflon (PTFE) Base 基板	通訊設備、軍用設備、航太設備..
陶瓷材料(Ceramic)	LED 燈具、散熱裝置

附註：FR-4已在2013年UL / ANSI type改為FR-4.0(有鹵, Brominated Epoxy)與FR-4.1(無鹵, Non-Halogenated Epoxy)

電路板因為配合電子產品結構設計與組配需求，其材料主要分硬性基板和軟性基板，本章從其組成分、功能及製造方法加以說明。

基板製造是一種材料的基礎工業，由介電層（如：樹脂 Resin 及玻璃纖維 Glass fiber），及高純度的導體 (如：銅箔 Copper foil) 二者所構成的複合材料（Composite material），所牽涉的理論及實務不輸於電路板本身的製作。

常見的銅箔基板是以環氧樹脂或其他的有機樹脂系統製作而成，在製程中加入玻纖布等強化纖維予以補強硬度，再利用壓合的方式將表面貼附銅箔就形成銅箔基板。因為材料多於一種故被稱為複合材料，它是製造各式電路板的主要材料。而這10幾年來已成主流製程之一的高密度增層電路板，其介電材料，有感光性材料與熱硬化材料兩類，而熱硬化材料又分為附銅箔與不附銅箔兩類，這些材料與核心板貼合製作增層電路層。各個材料的性能對電路板的特性都有影響，必須在確定目標產品後選用恰當的介電材料系統，才能符合規格需求。

目前電子產品的需求趨勢是多樣的發展以及環保的訴求，這兩個主軸的功能及技術變化，讓銅箔基板的各種性能要求，有些是截然不同的發展方向，有些則是有一致的趨勢。因為沒有一種材料是完美適合任何種類產品，所以對於基板的供應商來說，多樣化產品需求的困難度增加，給他們帶來莫大的挑戰。例如高密度高層次的發展，需要基板的尺寸安定、絕緣厚度薄、散熱性好等；汽車、航太電子因關乎人身的安危，需要在極端環境變化下的電性、物性的高可靠性與持續運作；面對環保訴求如無鉛、無鹵及再利用的議題，則須全面性的開發新的添加劑或填充物(Filler)，對於PCB的基材特性、甚至製程技術的改變等都需被一一檢視，圖9.1舉例說明高頻(RF)需求的電路板結構設計與材料發展重點。

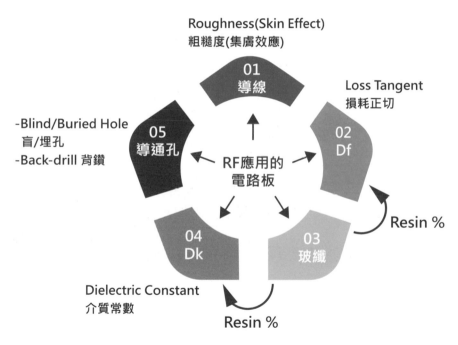

圖 9.1 高頻 (RF) 需求的電路板結構設計與材料發展重點說明

因為環保(如無鉛、無鹵、循環使用等)、產品特性(高頻、散熱、特殊電性需求等)、可靠度(如惡劣環境、安全、長生命周期等)、不同結構(尺寸、厚度、寬度、層數、成孔方式等)等發展的需求，必須進行各式材料的開發、改良以運用於不同的電子產品上，這需要更多的業者參與和努力。

9.2 電路板基板的特性要求及其組成成分

9.2.1 硬式銅箔基板

硬式電路板基材(Base Material)是以3種主要成分-銅箔(Copper Foil) 、樹脂(Resin)及玻璃纖維(Glass Fiber)組合而成,稱之為銅箔基板(CCL-Copper Clad Laminate),其組成結構如圖9.2a及9.2b。

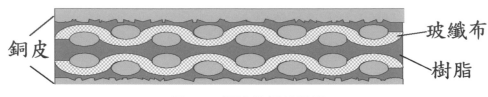

圖 9.2a 銅箔基板結構圖

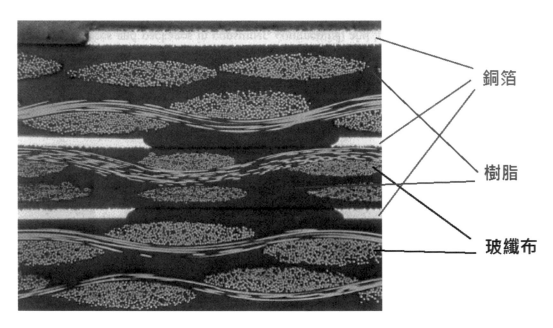

圖 9.2b 多層板剖面圖顯示基板的 3 種元素

9.2.1.1 銅箔基板的基本特性要求

銅箔基板在電路板製造過程、元件組裝以及電子產品運作條件等方面有各種不同的特性要求,以下針對這些特性說明如後:

(1) 製程中尺寸的安定性

　　多層電路板必須經過壓合對位的過程，若內層板在製作過程中發生尺寸變化，層與層間的對準度不夠，造成後續的通孔製作可能發生切破或鑽偏的問題。因此電路板材料的尺寸穩定度在薄板需求激增下必須提高，尺寸不規則變化小，才能有利各濕、熱製程的板材尺寸控制。

(2) 可電鍍性

　　電鍍通孔(PTH-Plated Through Hole)主要目的是導通不同層間電路，並承接插腳元件的零件腳的固定連結。進行電鍍時材料不能有抑制化學銅或直接電鍍製程導電體的析出的物質。溶出物的量應愈低愈好，以免污染電鍍液。

(3) 通孔加工性

　　一般多層板的通孔以機械鑽孔加工為主，因此需降低鑽孔時產生的纖維切削不完全造成的突出。機械鑽孔的切削熱也會在孔內造成樹脂熔解形成膠渣(Smear)，產生電鍍通孔與內層銅環連接的障礙，鑽孔條件改善固然可以減少其發生，但仍必須進行除膠渣處理。因此提高樹脂耐熱性及易於在除膠渣(De-smear)製程中被處理掉是重點。

(4) 板彎板翹

　　基板翹曲會造成線路對位的偏差，尤其是曝光、鑽孔、成型等必須有座標關係的製程。交貨給客戶其組裝過程也會因不符規範的板彎板翹造成元件的銲接點失效，因此為避免偏差的發生，基材製作過程對於後續會造成電路板製作時板彎板翹發生的因素要克服。

(5) 耐化學性

　　電路板製程中會用到大量的化學品，有酸、鹼、溶劑等，有些在高溫的環境中反應，因此基材不可以發生侵蝕、過度膨潤、變色等性質的惡化現象。

(6) 熱安定性

　　電路板製作過程會有烘烤、樹脂聚合、防焊烘烤以及噴錫等高溫製程，電路板經過這些製程不可發生變色、分離、剝落、白點、爆板等缺陷。並非所有的樹脂耐熱性都很好，一般會以玻璃轉化點(Tg -Glass Transition Temperature)作為判定標準，Tg越高代表熱安定性越好。

(7) 表面平整性

對於細線的加工，電路板表面所呈現的玻纖束凹凸痕跡，可能影響製造細線的能力，因此必須有平整的表面才能順利的作業生產，當然考慮的因素如：和銅箔粗面接觸的PP種類、玻纖束直徑及樹脂含量等。

(8) 樹脂接著性

內層線路製作完成後，會進行多層板的壓合作業，樹脂與基材的接著性(和銅面以及樹脂面)會直接影響電路板成品的絕緣能力與外層線路的抗撕力，因此必須確認選用材料的壓合附著強度。

9.2.1.1.2 成品組裝時的要求

(1) 電路板成品尺寸安定性

電子零件不斷的小型化，表面黏著零件和自動上件(Pick & Place)的定位需要，對銅墊(Pad)的位置精度要求越來越嚴格。

(2) 銲錫熱穩定性

電子零件多數以銲錫熱熔連接零件腳及板面銲墊，電路板必須承受高溫考驗。經過焊接製程，電路板不可以發生爆板、分離、白斑等缺陷。尤其無鉛製程，銲錫的溫度較有鉛製程提昇20~30℃，電路板材料承受更嚴苛的考驗。

(3) 板彎板翹

電子零件組裝時若發生板彎板翹，會使零件組裝發生困難，尤其是精度一再提高的高密度電路板，最明顯的缺陷就是墓碑現象(Tombstoning，圖9.3)，以及多腳元件因共面性(Coplanarity)不良形成的焊接缺陷(圖9.4)。

圖 9.3 墓碑現象

圖 9.4 共面性不良造成的銲點接觸問題

(4) 銅箔的附著力

經零件組裝加熱後，不可發生銅線路脫離或剝落的現象。

(5) 機械強度

電路板不可因零件重量而產生板子變形。

9.2.1.1.3 組裝後電子產品的運作穩定性

(1) 線路的絕緣性

電子產品的穩定運作，有賴於電路板的電氣安定性，而電路板的導通性和絕緣性都必須穩定。尤其是基板的電氣絕緣性、耐電壓能力等都必須夠高，當然也必須有低吸濕率以防止離子遷移現象發生。

(2) 電氣特性

介質材料除了絕緣性外，也對線路的特性阻抗、訊號傳輸、電子雜訊等產生影響。設計電路板時必須針對介質常數(Dielectric Constant；日本稱為"誘電率")、介質損失正切(Loss Tangent)、容許電流量、電感、電阻等特性加以考慮，以達到產品的電性需求目標範圍。特性阻抗的控制，還包括內層板間的距離；某些特定的組裝需要特別強的機械強度，因此全板厚度也會同時列入考慮。

(3) 可靠度

電路板必須能承受電器產品實際使用的環境變化考驗，尤其是Z軸方向的漲縮容易產生通孔的問題。一般在開發新電路板材料之初，會對該材料作完整的可靠度測試，以確保整體的電氣特性及長期可靠度。

(4) 基板安全性

　　電路板材料有耐燃性的規定，即使意外著火也必須在短時間內自動熄滅。以往都是使用鹵素添加物來達成耐燃的目的，隨著環保需求的提高，無鹵素材料要求已是主流。

　　沒有一種材料是萬能，一般消費性電子產品使用的電路板希望使用低價又符合規格的素材，但是高功能、高可靠度需求的電子產品，就不是一般樹脂系統構成之電路板可以符合的。因此如何讓單一樹脂多用途化，提昇樹脂整體的物性和化性，也是業者可以努力的目標。

9.2.1.2 銅箔基板組成成分及其功能

　　基板工業是電路板產業的基礎材料工業，是由介質層(樹脂 Resin、玻璃纖維 Glass fiber)及高純度的導體 (銅箔 Copper foil)三者所構成的複合材料(Composite material) 。銅箔基板製作流程，基本上是以玻纖布或強化纖維含浸樹脂乾燥後，以熱壓方式作出的複合材料，其基本結構如前圖9.2a及9.2b所示。多數多層電路板以使用玻纖布為主，在其他的基材方面，如Aramid纖維、LCP纖維用量較少。至於其他的混合材料、紙材等，單雙面板較常見到其應用，在多層板應用上極為罕見。

　　製作銅箔基板前，會先將玻纖布經過樹脂含浸，含浸乾燥後的素材稱為膠片(Prepreg)。其後依據基板的厚度需求決定所須膠片張數，疊上適當厚度的銅箔，再進行熱壓即成為銅箔基板。

　　板廠製作多層電路板時，先在銅箔基板上做線路作為內層，再與膠片、銅箔堆疊經壓合而成為一體。因為內層板的厚度、全板厚、線路層數、特性阻抗控制、電容量等等特性都直接受制於結構，因此使用不同厚度的內層板及銅箔可以組合出多樣結構。現有市場最薄的內層基材產品，除軟板外目前已有2mil的產品在運作，特殊的產品甚至更薄。銅箔以35μm (1oz)及18μm (0.5oz)最普通，薄銅產品有到5μm厚度，而厚銅產品則有超過200μm以上者。隨細線需求的增加，薄銅產品比例也逐漸變多，但薄銅產品所產生的粗化程度以及與絕緣材料的附著力，則是一個必須克服的難題。

　　絕緣基材是以樹脂為主與玻纖布所製出的複合材料，為了使玻纖與樹脂有較強的結合力，因此在玻纖上處理一層矽烷(Silane)化合物。這層化合物可以使樹脂與玻纖布結合緊密，維持絕緣、強度及耐熱性。

　　一般市售的基材都會注意某些特性並提供在基本資料內，主要的項目如表9.2所示。

表9.2 典型的電路板基材特性內容

電氣特性	物化特性
・介質常數 　(Dielectric Constant) ・介質耗損正切 　(Loss Tangent) ・介質強度 　(Dielectric Strength) ・絕緣電阻 　(Insulation Resistance) 　1. 體積電阻係數 (Volume Resistivity) 　2. 表面電阻係數 (Surface Resistivity) 　3. 耐離子遷移性 (Resistance to Ionic Migration)	・機械強度(Toughness) ・熱膨脹係數(CTE) 　1. XY方向 　2. Z方向 ・玻璃轉換溫度(Tg) ・耐熱性、銲錫耐熱性(Thermal Stability) ・銅箔剝離強度(Peel Strength) ・樹脂間接著強度(Bonding Strength) ・尺寸變化率(Dimension Stability) ・翹曲、扭曲(Warp) ・吸水率(Water Adsorption Rate) ・耐化性(Chemical Resistance) ・加工性(Manufacturability)

　　除一般的產品外，也有不同特性需求如：High Dk、Low Loss、高耐熱、高尺寸安定性、低熱膨脹率(CTE)、低電容率、或抗CAF等不同的產品。一般用於高頻、電子構裝、高可靠度等領域，較知名產品如：Polyimide、PPE、BT、FR-5、GETEK(PPO/EPOXY/Glass fiber)、Teflon、Megtron(PPO/PPE/Glass fiber)等等…，這些都是在某些電氣特性或物化性上有特殊表現的材料。電子產品功能進步快速，因此對應使用的多層電路板和基材也勢必需要搭配，在選用前必須充分瞭解產品需求，才能恰當的選用材料。

　　有機樹脂多少會具有吸濕性，在高濕度時水分吸收很快，長時間放置會有電性劣化的問題，因此吸濕性是先進材料的重要指標之一。對於特定的物料適合的應用，須要檢討其使用環境及機器的要求特性，而這些特性近年來已有了相當的改善。吸濕不只會影響絕緣電阻，也會影響到銲錫耐熱性，由於水汽化的過程中體積會膨脹百倍以上，汽化的壓力容易產生爆板的問題。

　　由於紫外光可以穿透雙面板板面，因此在阻焊漆曝光時會影響另一面的光阻影像形成。一般基材廠對此會採用添加紫外光遮蔽(UV-Block)設計，在基材內添加紫外光吸收材料，而目前所泛用的四功能(Tetra Function) 環氧樹脂基材，不須特別添加即可切斷紫外線。

　　對目前普遍使用的光學自動檢查機(AOI)，目前除使用可見光偵測外也有用螢光偵測的方式作業。由於一般環氧樹脂的螢光很弱，因此添加螢光劑就成為必要手段。泛用的四功能環氧樹脂，由於本身會發出螢光，也不需要再添加。

由於新的特性需求或製程特性，製造商不斷的對現有樹脂系統作改良與變更。但變更時仍必須對材料的基本的性能所產生的影響，如：鑽孔、電鍍等加工性或絕緣性、機械特性、熱穩定性等最終產品需求作全面探討，才能真正發揮新材料的功能。

　　為改善電路板的電氣特性，業者不斷的尋求低介電係數的材料。一般而言，低介電係數的材料多數都是高耐熱性的產品。目前所知的低介電係數材料數值最低者，是使用氟樹脂(PTFE)的產品。但因熱可塑性材料在使用上有困難，因此替代性熱硬化性樹脂材料依然在開發中。在玻纖方面多數使用E級玻纖，有特定需要低介電係數時的產品會使用D級玻纖，而在需要高尺寸安定性時會使用S級玻纖等。但因後二者價格高且有製造的問題，一般都只使用在非常特殊的場合。

9.2.2 軟式銅箔基板 (Flexible CCL)

　　從1970年的早期開始，軟板即漸成為高可靠度電子製品中的關鍵性零件，而廣泛的使用在軍事用途上。在過去短短幾年中，軟板用途已快速的擴及到3C電子產品、以及家用及消費性的電子產品上，這麼顯著的快速成長，皆由於軟板特有的性質所促成。

　　為提供這些特性而設計的高分子材料，主要以絕緣材的聚醯亞胺(Polyimide，PI) 為主，聚酯類(Polyester，PET)則應用於不須熱焊接組裝之產品上。以及接著用途的接著劑(Adhesive)，如壓克力(Acrylic)及環氧樹脂(Epoxy)系統，能將軟板之底材銅導線做緊密的黏合，不管在製程中或是後來組裝用時的線路性能上，其黏合必須緊密牢靠，在任何時間都不能出現差錯。再加上以銅為主要金屬的導體(Conductor)，覆以覆蓋層(Coverlay)保護線路而構成了軟性印刷電路板。見圖9.5所示。

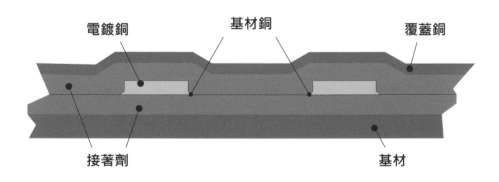

圖 9.5 軟板材料結構示意圖

9.2.2.1 軟板的特性要求

• 尺寸穩定度

軟板基材的收縮與伸長，是製造者與使用者最關心的議題，因為它會影響製作與裝配的品質。因此如何從材料與製程條件的改善來提高軟板尺寸的穩定度，是一努力的方向。

• 耐熱

一般軟板的零件裝配條件雷同於硬板，因此選擇的材料就必須可耐正常裝配步驟的溫度而不會有板扭或爆板發生。

• 抗撕強度

由於厚度薄以及材料本身的特性，因此抗撕能力一直是材料商努力改善的重點，製造者則從材料的選擇以及設計上來提高抗撕強度。

• 耐折能力

很多的電子產品使用軟板在連續撓曲的作業條件下，其來回次數從數十萬到數億次不等，因此在導體的選擇、材質的機械強度與電氣特性等的整體搭配是非常重要的。

• 極限溫度下的柔軟度

由於使用軟板的產品作業的環境，從極低溫到極高溫都有可能，因此材料必須在這麼寬的溫度範圍內仍維持其柔軟度是非常重要的，尤其是低溫環境下的軟板基材會脆化。

• 吸濕率(Hygroscopic)低

基材中含太多濕氣在軟板的製作過程中，會影響品質(如分層)。組裝成品後，也會因材料的Dk值變化而影響其效能。

• 抗化性

由於軟板製作過程會接觸很多不同種類的酸、鹼、溶劑等的化學藥液，因此材料和這些化學品共容的範圍要寬，以避免基材受損。

• 自熄性Self-Extinguishing

或稱難燃性(Flame Retardant)，基本的安規(UL94V-1)是所有電子產品必須要求達到的，未來有無鹵材料的規定，對於自熄的特性則材料商需及早做準備。

9.2.2.2 軟板的基本結構

9.2.2.2.1 基材 Base Material

基材的功能為絕緣、支撐導體及零件之用途，目前應用大宗有兩種材質：

A. 聚亞醯胺或簡稱PI，Polyimide：

Dr.Sroog於4~50年前發表PI的合成方法，隨後由Dupont製出並量產，商品名是Kapton H，由於PI具有良好的耐熱性、電性及機械性質，因此是最常使用的軟性電路板基材材料。Kapton的專利過期之後，包括日本、台灣、韓國、大陸等多家廠商也陸續開發出來，形成百家爭鳴的情景。

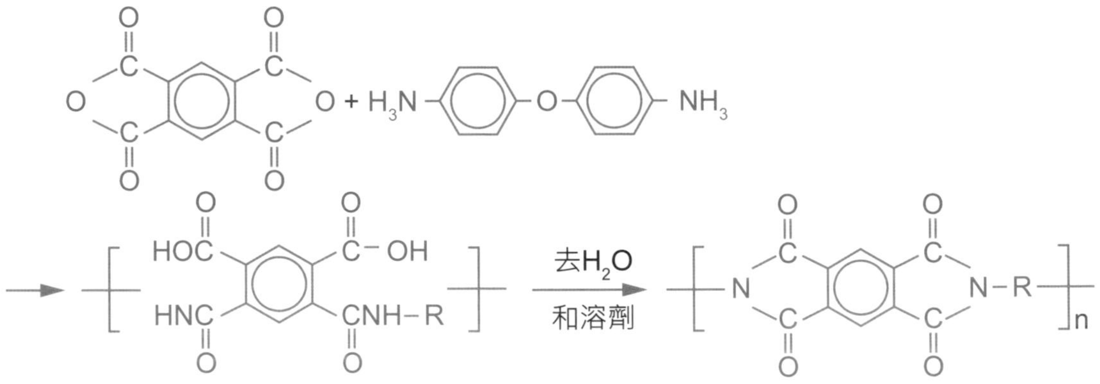

圖 9.6 杜邦之 PI 分子結構

在價格上以25 μm的PI薄膜成本最低，隨著厚度增加價格越來越高。而12.5 μm以下的薄膜價格也較高。

優點：

- 耐高溫
- 良好的電氣特性
- 抗撕力強
- 柔軟度（Flexibility）極佳

缺點：

- 吸濕率高
- 價位高
- 三層式結構，高溫的表現受限於膠系。

B. 聚酯，或簡稱PE，Polyester：

　　PET(Polyethylene terephthalate聚乙烯對苯二甲酸酯)，Dupont 商品名為 Mylar，使用量次於PI。因為它有優異的撓曲性、電氣性質、抗化性及較低的吸濕性，同時具有尺寸穩定及一定水準的熱安定性，因此用於軟板的製作，其分子結構見圖9.7。此材料短時間可耐溫度大約為150℃，因此如果要進行零件裝配焊接，就應該設計治具的支撐與保護，並有適當的熱導裝置，這樣才可以避免材料變形及線路剝離的危險。PET因為尺寸熱安定性遠不如PI，因此在尺寸的控制上必須小心。PET較不容易做到耐燃性，不過目前已經有UL94V-0等級的PET薄膜問世。PET膜可以用壓合的方式製作，而一些更高穩定度的聚脂樹脂材料也不難在市場上取得。

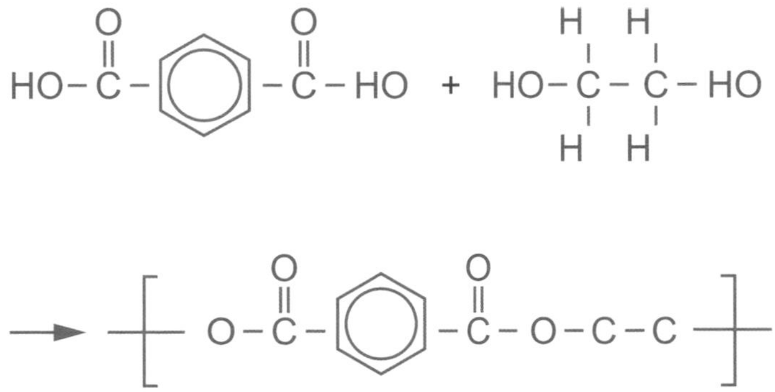

圖 9.7 Polyester 之分子結構

　　除了銲錫的條件外，PET是用於軟板製作極佳的材料。它可以鑽、沖孔、熱成形、印線路、雷射加工、金屬化、染色、作各種塗佈等等，但是價錢卻遠低於PI。

優點：

- 成本低
- 抗撕力佳
- 柔軟度好
- 吸濕率低
- 抗化性佳

缺點：

- 可承受溫度低，焊接製程受限
- 不適合極冷的環境
- 較易燃
- 導體 Conductor

軟板採用的導體仍以銅為主，銅箔(Copper Foil)的種類及製造，同9.3.1.3節所述。銅箔的製作分為兩大類：電解銅箔(ED，Electro-Deposited Copper Foil)和輾軋銅箔(RA，Rolled Annealed Copper Foil)，後者價格貴，但用於3D空間組裝與動態撓曲需求的產品非常適合，因其銅箔晶相結構利於延展，所以電氣特性表現較好。到底ED銅箔及RA銅箔何者適合軟板的用途，則端視成品用途如何。近年因電解銅箔物理性質逐漸提升，例如高延展性的ED銅用於非動態撓曲的產品比例已超過一半以上。表9.3兩者特性比較。

表9.3 ED銅箔，RA銅箔二者性質之比較 (1 OZ銅厚)

特性	ED銅箔	RA銅箔
純度Purity	99.8%	99.9%
電阻Ohm-cm	$1.8*10^{-6}$	$1.7*10^{-6}$
延伸率Elongation at break	10%	10%
抗拉強度Tensile Strength @180℃	20 kpsi	14 kpsi
彎折次數限制Bend Cycles to Failure	10~100	$>10^{-6}$

9.2.2.2.2 接著劑 (Adhesives，或稱純膠)

接著劑主要功能在用於黏著導體金屬箔與基材薄膜，或多層軟板內層間的接著(稱之為Bonding ply)，它必須有如下的幾個重要特性：

- 對銅箔及PI或其它基材都有良好的附著力

- 絕緣性要好

- 抗焊錫性(耐高溫)

- 耐化性要好

- 高溫壓合時流動性要低

- 可撓性(Flexibility)

- 尺度安定性(Dimensional stability)要好

- 儲齡(Stortage lifetime)要長

- 低吸濕性

必須由上述各參數條件中，小心精巧的找出其各特性間的平衡點，才能顧全大局。

接著劑層的厚度常用者約為20~40μm。一般FCCL的生產廠商在產品規格中都會標示銅箔及基材厚度，但是常常會省略接著劑厚度的標示。

通常接著劑層的厚度與銅箔及基材的厚度相當，但是對於軟板而言厚度是一個重要的設計參數，因此最好與廠商確定整個軟板基板的厚度，常見的軟板用接著劑種類有4種：

A. 壓克力 Acrylic

壓克力系列目前是使用比例最高的接著劑，其壓著特性是在硬化前會有較好的流動性，而在硬化後則會有較好的機械強度(Mechanical strength)，但吸濕性高以及尺寸安定性較差是其主要弱點。

B. 改質環氧樹脂 Modified Epoxy

環氧樹脂做為接著劑，早已廣泛應用於硬板之領域中，但其可撓性及黏結強度(Bonding strength)對於高品級的用途而言，則仍尚嫌不足。環氧樹脂系接著劑的耐熱性雖然比壓克力系差，不過整體平均特性較佳，近來一些改良型耐熱性較佳的環氧樹脂接著劑陸續開發出來，因此也可以應用在多層rigid-flex。

C. PE 聚酯

PET(Polyester)接著劑是一種低溫熱可塑型的樹脂，可利用部分的交聯(Crosslinking)反應來改良PE，使其耐高溫的特性趕上熱固型的膠系，而仍保有熱塑型膠的柔軟性。此種改良型PE可以經得起銲錫的溫度。

D. PI 聚亞醯胺樹脂

聚亞醯胺樹脂可以短時間承受約380℃高溫的操作，但是在聚合過程中會產生水份，因此要非常小心的控制聚合的製程條件。PI樹脂和PI薄膜的接著力及柔軟度都比壓克力樹脂弱。但是因為它的低膨脹係數的特性，對多層軟板非常理想，因此未來仍值得去改善。表9.4是上列4種接著劑的重要特性敘述。

表9.4 常用接著劑特性

Property	PI	PET	Acrylic	Modified Epoxy
Peel Strength, lb/in	2.0~5.5	3~5	8~12	5~7
After Soldering	No change	X	1~1.5*higher variable	
Low temp, Flex：	All pass IPC-650 2.8.18@5+			
Adhesive Flow	＜1 mil	10 mil	5 mil	5 mil
CTE (ppm / ℃)	＜50	100~200	350~450	100~200
Moisture Absorption	1~2.5%	1~2%	4~6%	4~5%
Chemical resistance	Good	Fair	Good	Fair
Dk @ 100khz	3.5~4.5	4.0~4.6	3.0~4.0	4.0
Dielectric Strength KV/mil	2~3	1~1.5	1~3.2	0.5~1.0

9.2.2.3 軟性銅箔基板 (Flexible Copper Clad Laminate，FCCL)

軟性銅箔基板有三層式結構與二層式結構，三層結構的FCCL，其PI薄膜與銅箔是以接著劑貼合，因此又稱接著劑型(Adhesives)銅箔基板；二層式結構的FPC則不使用接著劑，又稱為無接著劑型(Adhesiveless或Non-adhesive)銅箔基板。三層FPC因為有接著劑，只能忍受短時間的熱處理，可靠度會因為熱處理造成接著劑劣化而降低，接著劑的存在也會引起銅原子遷移(copper migration)以及電鍍液滲透的問題，而二層FCCL則沒有上述的這些問題。二層FCCL之所以在這幾年快速發展與受重視，主要是因其優越的特性：高耐熱性與耐燃性；低介電常數與散逸係數；受頻率與溫度的影響不大；高表面與體積抵抗力，可以確保不同製程條件下的安定性；離子不純物的量少，確保高可靠度；尺寸變化小，X方向與Y方面幾乎相同；剝離強度受熱影響很小；打線容易。因此性質優異的二層FCCL常用於硬碟、軟碟驅動、印表機等需要高撓曲性的設備，也用於需要耐高溫的汽車引擎室以及需要耐化學藥品的液化偵測器，至於需要超薄與細線的COF更是需要此種基材。

9.2.2.3.1 接著劑型的銅箔基板 (Adhesives Laminate，或稱三層式基板)

軟性電路板發展初期，銅箔基板是由接著劑直接與基材薄膜貼合在一起。但此接著劑層帶來一些軟板的一些困擾：

- 使軟板厚度增加，重量也增加，使得它輕薄的特性被打折扣
- 在導通孔的鑽孔及孔內金屬化製程，以及受熱過程中，有不盡理想的表現
- Z方向的熱膨脹係數高，影響多層板的品質
- 在訊號高速傳輸下，接著劑的絕緣性質會惡化而使軟板的效能降低

除上所述，近年來一些高密度軟板的應用受限制，因其所需的特性如耐高溫、尺寸安定、良好電氣特性、細線、耐燃及長時間作業的可靠性等，無法達到需求，也多半和接著劑層有關，於是有無接著劑軟板基材被研發出來。

9.2.2.3.2 無接著劑型的銅箔基板 (又稱兩層式基板，Two Layer Laminate)

無接著劑型軟板基板目前有三種主要生產方式，分別為濺鍍/電鍍法(Sputtering/Plating)、塗佈法(Casting)及壓合法(Lamination)。三種製程各有其優缺點，表9.5詳列三種製程的一些特性。另外接著劑型FCCL和無接著劑型FCCL的一些特性比較則見表9.6。

表9.5 無接著劑型軟板基板三種製程特性比較

製造方法 原物料種類		濺鍍/電鍍法	塗佈法	壓合法
銅箔	種類	ED	RA、ED	RA、ED
	厚度	0.2~35 μm	9~70 μm	12.5~70 μm
聚亞醯胺	種類	Kapton、Apical	PI Varnish	PI Varnish + PI Epoxy adhesive
	厚度	12.5~125 μm	12.5~75 μm	12.5~150 μm
	表觀	Excellent	Poor~Good	Poor~Good
特性	線路	Ultra fine	Fine	Fine
	抗熱性	Good	Excellent	Excellent
	可蝕刻能力	Fair	Difficult	Difficult
	線路能力	Small	Wide	Wide
	拉力值	Fair	Excellent	Fair
	雙面板	Fair	Available	Fair
	耐撓曲性	Poor	Excellent	Poor~Good

表9.6 接著劑型FCCL和無接著劑型FCCL的一些特性比較

特 性	接著劑型	無接著劑型
基材厚度	30~150 μm(含接著劑)	12.5~125 μm
耐熱性	低	高
尺寸安定性	劣	良好
耐曲撓性	良好	依種類
與覆蓋層相容性	良好	---
加工性	容易	難
使用歷史	長	短
成本	低	高

目前無接無接著劑型FCCL的使用量已超越接著劑型FCCL，表9.7是兩種FCCL在不同產品應用上的比較。

表9.7 兩種FCCL在不同產品應用上的比較

產品類別	種類	特性需求	構裝方式	附註
LCD driver IC	三層式	Pitch＞50μm	TAB	LCD Monitors
	二層式	Pitch＜40μm高電流密度、信號高速化	COF	Color LCD Monitors for Cell phones、DSC、DV Monitors
PDP driver IC	三層式	N/A	N/A	N/A
	二層式	高電流密度、信號高速化	----	Large size PDP Display
T-BGA，T-CSP	三層式	耐熱性、電氣信賴性	Wire bonding	--------
	二層式	高耐熱性、高電氣信賴性、輕薄短小	Wire bonding	Logic IC、 DRAN、 Flash
HDD (FSA)	三層式	N/A	SMT	HDD
	二層式	高容量、高電流密度、信號高速化	COF	Higher Performance HDD
Printer Head	三層式	N/A	-	Printer Head
	二層式	耐曲撓性、耐熱性	-	Printer Head

9.2.2.4. 覆蓋層 Coverlay or Covercoat

9.2.2.4.1 覆蓋膜

覆蓋層材料所能選擇的種類也有很多種，覆蓋膜和FCCL一樣使用PI或是PET作為基材。常使用的基材厚度也和基板一樣。對於軟板而言必須考慮接著劑的種類和厚度。接著劑也可分為壓克力系或是環氧樹脂系列。壓克力系樹脂的流動性較安定，因此對於線路的覆蓋特性較佳，但是電性較差。壓克力系樹脂的絕緣強度比環氧樹脂差，因此對於細線距高電壓的應用，應儘量避免使用這類的接著劑。而環氧樹脂必須注意流動性及使用壽命，如果選擇適當的材料則軟板可以具有良好的機械特性和電性。

9.2.2.4.2 液態覆蓋層

液態覆蓋層一般使用網版印刷，可分為熱硬化型及紫外光硬化型。由於成本低且容易量產，因此一般多應用在汽車或是民生家電領域。不過網版印刷法有其技術的極限，因此無法符合高密度線路的要求。而且液態覆蓋層材料的耐撓曲特性也比覆蓋膜差，因此最好不要應用在需要反覆撓由的應用上。

9.2.2.4.3 感光型覆蓋層 Photo-imagible Coverlay

隨著構裝密度的提高，覆蓋層的加工精度也必須跟著提高。傳統硬板使用感光性防焊已經很久了，不過由於這種材料為硬質而不具柔軟性，因此無法直接應用在軟板上，一直到90年代以後才陸續有一些具柔軟性的感光性覆蓋層材料逐漸問世。近年來經一些廠家的努力研發，目前感光型覆蓋層材料(PIC)已經可以量產使用了。感光型覆蓋層材料可分為乾膜型及液態型兩種，材料通常分為環氧樹脂系、壓克力系或是聚亞醯胺系列的樹脂。通常是利用網版印刷或是噴塗的方式在線路上均勻鍍上一層感光覆蓋層材料後經過乾燥、曝光顯像得到所需要的圖形，最後再經過烘烤的步驟。表9.8是感光型覆蓋層種類及特性比較。

表9.8 感光型覆蓋層種類及特性

項目	乾膜型		液態型	
	壓克力	聚亞醯胺	環氧樹脂	聚亞醯胺
覆蓋方式	真空壓膜	滾輪壓膜	網版印刷 噴塗 簾塗	網版印刷 噴塗 滾塗
厚度範圍	25~50μm	25~50μm	10~25μm	10~20μm
最小開口直徑	70μm	70μm	70μm	70μm
電性	好	好	好	佳
化性	可接受	好	好	佳
作業	容易	困難	尚可	困難
成本	尚可	高	低	高

9.2.3 軟板基材的測試

由於軟板的特性很容易受製程的影響，因此對軟板的製作而言必須確保材料品質良好以減少影響軟板品質的變數。表9.9列出了一些FCCL相關的一些測試項目。其中包括軟板特有的撓曲特性及尺寸安定性的測試。這兩個特性最容易隨著軟性電路板的製程改變而改變。其中有兩個項目尤為重要，一是耐折性，另一則為尺寸變化率，見以下之敘述：

9.2.3.1 耐折性 (Bendability)

目前對於軟板撓曲能力有兩種測試方式，稱為IPC法和MIT法。這兩種測試方法分別如圖9.8、圖9.9。這兩種方式都適用於FCCL和軟板的耐折性測試。

IPC法和實際的撓曲模式較接近，但是實驗的時間很長且容易產生誤差，不過IPC法的測量數據可用來直接評估材料的撓曲壽命。

MIT法測試時間很短，大約只需要30分鐘左右，雖然操作非常簡便，但是由於測試方式與實際撓曲方式相差較大，因此只能用來比較相對的撓曲壽命，而無法用來推算實際上可使用的壽命長短。

表9.9 軟板基材測試項目

電性	
1. 介電常數(Dielectric Constant)	2. 介電強度(Dielectric Strength)
3. 絕緣電阻(Insulation Resistance)	4. 體積電阻係數
5. 表面電阻係數	6. 耐離子遷移性
7. 表面層耐電壓強度	8. 層間耐電壓強度
物 性	
1. 抗拉強度(Tensile Strength)	2. 延伸率 (Elongation)
3. 初始抗撕強度(Initiation tear strength)	4. 裂痕擴展抗撕強度(Propagation tear strength)
5. 銅箔剝離強度(Peel Strength)	
・常態	・加熱處理後
・浸銲錫處理後	・浸藥品處理後
6. 熱膨脹係數(CTE)	
・XY方向	・Z方向
7. 耐熱性、焊錫耐熱性(Thermal Stability)	
8. 尺寸變化率(Dimension Stability)	
・蝕刻、乾燥處理後，MD・TD方向	・加熱處理後，MD・TD方向
9. 耐折性	10. 耐燃性
化 性	
1. 吸水率(Water Adsorption Rate)	2. 耐藥品性(Chemical Resistance)

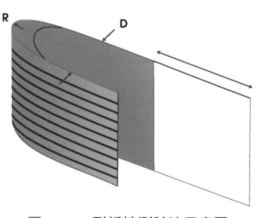

圖 9.8 IPC 耐折性測試法示意圖

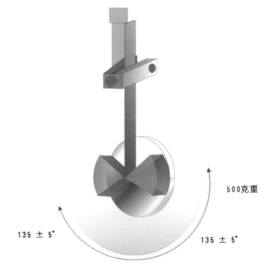

135 ± 5°   135 ± 5°

500克重

圖 9.9 MIT 耐折性測試法示意圖

9.2.3.2 尺寸變化率

尺寸變化率的測量方法可以利用如圖9.10測量材料基板上四個孔洞間的相對距離。然後再測試經過不同製程處理後的相對尺寸變化率。由於材料各個方向的尺寸變化率可能會不一樣，而尺寸改變會造成線路歪斜，因此尺寸的測量至少必須選擇四個參考點來測量。

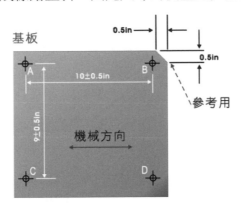

圖 9.10 IPC 之基材尺寸安定性測量方式

9.3 銅箔基板的製法及基本材料

本節將以硬式銅箔基板的介紹為主，其基本結構是介質樹脂、強化用纖維布及銅箔。大部分的電路板基材都使用玻纖布，特殊用途方面則也使用Aramid纖維、液晶高分子(LCP)纖維等，在此針對以玻纖布製作的銅箔基板為基礎加以說明。

9.3.1 銅箔基板的製作

典型銅箔基板的製作流程如圖9.11所示，先將玻璃纖維布和樹脂含浸半烤成膠片，再和銅箔組合壓合成各不同厚度需求的銅箔基板。針對玻纖布、膠片、樹脂、銅箔等材質的組成及製造，將在下列各節介紹。

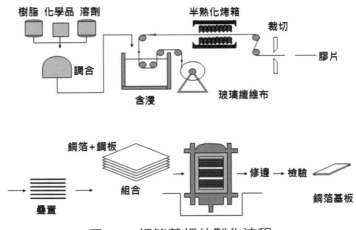

圖 9.11 銅箔基板的製作流程

9.3.1.1 膠片 (Prepreg) 製作

銅箔基板用膠片的製作程序如圖9.12所示，從調製清漆(Varnish)、含浸、乾燥、刮平、乾燥到做成膠片為止。

製作時先調整樹脂的組成、粘度、溫度等，之後送入清漆槽，將玻纖布以傳動機構讓清漆含浸入纖維內，再用刮輪(Doctor Roll)調節攜出量。烘烤前的清漆狀樹脂稱為A階段(A Stage)，經過乾燥塔乾燥、烘烤除去溶劑後稱為B階段(B Stage)。藉控制溫度及烘烤速度調整樹脂聚合度，達成最適切的B階膠片。膠片呈半乾固狀態，製作出的膠片會依需求長度成捲後以切刀切斷。

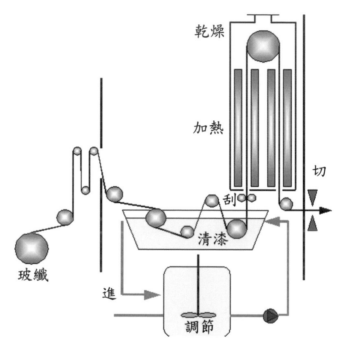

圖 9.12 膠片 (Prepreg) 製作流程示意

製作完成的膠片與銅箔依厚度規格及其他條件組合堆疊，被放置於鏡面鋼板間，送入熱壓合機。壓合機在加熱材料的同時也會施加壓力，使樹脂熔融流動並固化聚合。經過高溫聚合後，將之冷卻下料即完成製作程序。熱壓的溫度設定、昇溫斜率以及壓力設定、昇壓時點以及作業時間等，隨樹脂的特性及疊合膠片的張數而異，但一般製造條件都會以幾個平衡性的程式設定，避免生產條件種類太複雜而不利於於生產。

冷卻過程非常重要，如果條件得宜，此階段可以消除熱應力及機械應力。冷卻階段完成後取出堆疊的材料，拿掉鏡面鋼板，就成為一片片分離的銅箔基板，再經過裁切、修邊、烘烤、端面研磨、倒角等程序後檢查出貨。檢查項目主要以板厚均勻度、銅面缺陷、樹脂聚合度等為重要事項，但也可以依照使用者需求訂定。

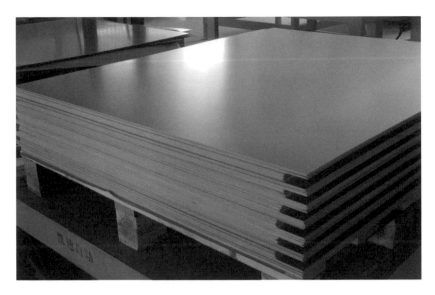

圖 9.13 銅箔基板成品

　　在多層板壓合用的膠片特性方面，必須具有良好的接著性、流變性、填充性及易於操作保存。接著性有賴於樹脂本身或不同樹脂間的相容性，流變性、填充性則影響線路間空間的填充及厚度的控制。一般對膠片觀察的品質指標包括樹脂含量(Resin Content)、流動性(Resin Flow)、硬化時間(Gel Time)、揮發分含量(Volatile Content)等項目。測定法可依IPC-TM-650等相關測試規範進行之。膠片一般典型的特性如表9.10所示。

表9.10 膠片(PP)一般特性說明

Glass	Resin Flow	Resin Content	Gel Time	Pressed Thickness	Volatile Content
PH78	32 5%	48 3%	160 30 秒	0.00865 "	< 0.50 %
7628	21 4%	42 3%	160 30 秒	0.00745 "	< 0.75 %
1506	28 5%	48 3%	160 30 秒	0.00619 "	< 0.60 %
2116	31 5%	52 3%	160 30 秒	0.00459 "	< 0.75 %
1080	40 5%	62 3%	160 30 秒	0.00277 "	< 1.00 %
106	50 5%	72 3%	160 30 秒	0.00210 "	< 0.75 %

　　對膠片而言，樹脂含量充足可以填充所需的空間是最重要的規格之一。在膠片使用時，必須有良好的流動性及充裕的流動時間，如此才能保證填充性良好，但是樹脂在壓合作業中所處的狀態是黏度變動的狀態。黏度先降後升會影響樹脂的流動，因此其流動性及膠化時間就成為重要特性。由於膠片製作時會使用溶劑稀釋樹脂原料以利塗裝，因此在進入B階段時去除溶劑就十分重要。膠片殘留的溶劑量愈大，愈容易產生壓板後氣泡的問

題，但如果除溶劑過度又可能會使膠片聚合，加上環境的濕氣可能使膠片在儲存環境中吸濕，因此控制總體揮發成份就十分的重要。至於樹脂含量除了會影響填充能力，對電路板最終的特性阻抗也會發生影響。因此多數的膠片製造或使用者，都會對這些特性作要求。

膠片的儲存必須控制溫溼度才能保有其特性，即使環境控制恰當，膠片仍會隨時間而變化，因此在恰當的低溫、乾燥環境下，一般的膠片保存期間約為3個月。超過此期間，一般工廠都會將膠片先行壓成銅箔基板待用，以免浪費材料。

9.3.1.2 玻纖布及其他相關材料

玻璃纖維(Fiber-glass)在基板中的功用，是作為補強材料。基板的補強材料尚有其它種類，如紙質基板的紙材、Kevlar (Polyamide聚醯胺)纖維以及石英(Quartz)纖維等，本節以最大宗使用的玻璃纖維來說明。玻璃纖維因為有以下的共同特性(表9.11)，而被用於電路板製造。

表9.11 玻纖主要特性

高強度	和其它紡織用纖維比較，玻璃有極高強度。在某些應用上，其強度/重量比甚至超過鐵絲。
抗熱與火	玻璃纖維為無機物，因此不會燃燒
抗化性	可耐大部份的化學品，也不為黴菌，細菌的滲入及昆蟲的功擊
防潮	玻璃並不吸水，即使在很潮濕的環境，依然保持它的機械強度
熱性質	玻纖有很低的熱線性膨脹係數，及高的熱導係數，因此在高溫環境下有極佳的表現
電性	由於玻璃纖維的不導電性，是一個很好的絕緣物質的選擇

玻璃(Glass)本身是一種混合物，它是一些無機物經高溫融熔合而成，再經抽絲冷卻而成一種非結晶結構的堅硬物體。此物質的使用，已有數千年的歷史。做成纖維狀使用則可追溯至17世紀。真正大量做商用產品，則是由Owen-Illinois及Corning Glass Works兩家公司其共同的研究努力後，組合成Owens-Corning Fiberglas Corporation於1939年正式生產製造。

原始熔融態玻璃的組成成份不同，會影響玻璃纖維的特性，不同組成所呈現的差異，也各有其獨特及不同應用處。按組成的不同，玻璃的等級可分四種商品：A級為高鹼性，C級為抗化性，E級為電子用途，S級為高強度。電路板中所用的就是E級玻璃，主要是其介電性質優於其它三種。

玻纖布和一般布材類似，是將玻纖以織布機編織而成的布材。電路板基材用的紗線，是將調整過的玻璃配方原料投入窯爐內熔化，經過細微的濾嘴(Nozzle)驅動流出、延伸、冷卻而成為玻璃纖維。完成後的玻纖經過防靜電處理、以澱粉為主的上漿處理、紡紗等程序，作成紗錠，準備進入編織玻纖布的程序。雖然玻纖有多種不同的成分組成，但從加工及成本考量仍以E級玻纖為主要選擇。

玻璃纖維的製成可分兩種,一種是連續式(Continuous)的纖維另一種則是不連續式(Discontinuous)的纖維,前者即用於織成玻璃布(Fabric),後者則做成片狀之玻璃蓆(Mat)。FR4等基材,即是使用前者,CEM3基材,則採用後者玻璃蓆。電路板基材為達到某些物理特性,因此會針對樹脂及玻纖的化學結構作適度的改質或添加填充劑(Filler)以提高基材的特性,也因此持續有新的產品推出。

非玻璃系的一些纖維在部分特殊性能上的關係有很好的應用,如:Aramid纖維、LCP纖維、PTFE纖維等。其中尤其是Aramid纖維的表現特異,由於熱膨脹係數極低,有利於高密度接點的信賴度,因此有特定的應用。PTFE由於介電常數低,因此高速的電路板領域有一定的應用機會。LCP(液晶高分子Liquid Crystal Polymers)在部分特性上有很好的機會,如耐熱性、尺寸安定性等方面,但也有不少弱點有待克服,如強度與收縮率。

目前整體的電路板強化材料仍以玻纖布材料占最大比例,而材料形式則分編織與不織布兩類,圖9.14所示為編織與為編織的玻纖狀態。整體而言,玻纖編織式的布材仍是最大宗的應用材料。

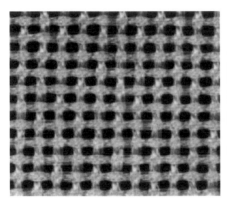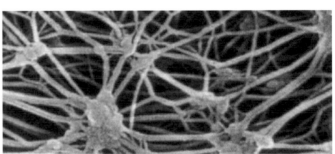

圖 9.14 左為編織之玻纖布,右為未編織

9.3.1.3 銅箔

早期電路板線路的設計寬粗,厚度要求亦不嚴苛,但今日一般電路板線寬已到3mil以下,而趨勢繼續往低於1 mil的線寬需求發展。阻抗要求嚴苛、抗撕強度、表面Profile等也都詳加規定,因此銅箔的製作發展對於電路板的品質、製程能力與可靠度有很大的影響。

一般銅箔的製造方式主要有兩種:軟式電路板用於動態撓曲用途的銅箔叫做壓延銅(RA-Rolled Annealed Copper Foil),是將銅塊經多次輾軋製作而成,其所輾出之寬度及薄度受到技術限制,較難達到較大的標準尺寸基板的要求 (3呎*4呎),以及薄銅(1/3 OZ)要求,而且很容易在輾製過程中造成報廢。又因表面粗糙度不夠,所以與樹脂之結合能力比較不好，而且製造過程中所受應力需要做熱處理之回火韌化 (Heat treatment or Annealing)，故其製造成本較高。但其延展性(Ductility)高，所以應用於動態環境下的信賴度較佳。低稜線表面(Low-profile Surface)，對於一些Microwave電子應用也是一種利基，見圖9.15兩種不同製作方式銅箔的晶相比較。

圖 9.15 RA 和 ED 銅箔的晶相比較

　　硬式電路板的銅箔製作，主要是以電化學析出的方法製作電鍍銅箔(ED -Electro-Deposited Copper Foil)，利用各種廢棄之電線電纜將銅線抽出熔解成硫酸銅鍍液，打入殊特深入地下的大型鍍槽中，其陰陽極距非常短，以非常高的速度沖動鍍液，以600~1200 ASF 之高電流密度，使銅以柱狀 (Columnar) 結晶鍍在表面非常光滑又經鈍化的 (Passivated) 金屬大桶狀之電鍍鼓(Drum)上，早期是不鏽鋼材質，改進後為鈦塗層或整體以鈦材質取代。因鈍化處理過的不銹鋼胴輪上對銅層之附著力並不好，故鍍面可自轉輪上撕下。如此所鍍得的連續銅層，可由轉輪速度、電流密度的調整而得不同厚度之銅箔，貼在鼓上光滑銅箔表面稱為光面(Drum Side)，另一面對鍍液之粗糙結晶表面稱為毛面或粗面 (Matte side)。

　　電路板製作所使用的銅箔主要用於線路的形成，由於形成的線路必須要有良好的密著性，同時必須符合製造極最終產品信賴度的需求，因此製作程序中會有多重的處理。

　　典型的銅箔構造如圖9.16所示，由一平滑面(Shiny Side)及一粗化面(Matte Side)面所構成。典型電鍍銅箔的製程如圖9.17所示。電鍍時，圓筒狀的電鍍鼓(Drum)浸泡在電鍍液中作為電鍍的陰極，銅電鍍膜會析出在電鍍鼓面上，剝下後捲成軸狀即成為生銅箔。

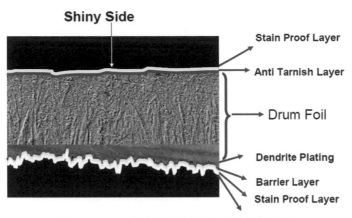

圖 9.16 ED 銅結構及其後處理示意圖

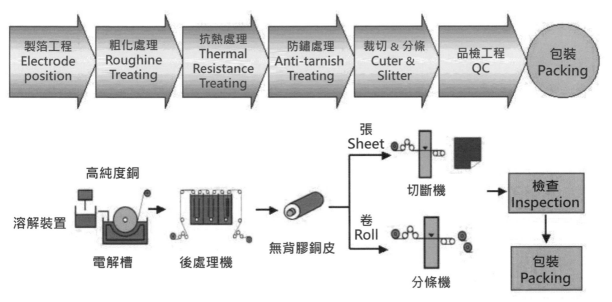

圖 9.17 典型銅箔製造流程

　　電鍍液是以硫酸銅為主，依銅箔表面輪廓(Profile)及物性的需求來調節鍍液及電鍍條件，厚度則決定於電鍍時間。所製作的銅箔與電鍍鼓相接的面，因電鍍鼓表面呈平滑狀故銅箔也成為平滑面，另一面由於是以高電流密度沉積故呈現柱狀結晶結構。這樣的銅箔一般業界稱為生箔，通常還會再增加細部粗度以提高錨接(Anchor)能力。

　　為了提高耐化學性、耐熱性及樹脂接著性，銅箔電鍍後會進行適當的表面處理，傳統處理的方式是在ED銅箔從Drum(電鍍鼓)撕下後，繼續下面的處理步驟：

　　A. Bonding Stage－在粗面(Matte Side)上再以高電流極短時間內快速鍍上銅，因其長相如瘤而被稱為"瘤化處理"(Nodulization)。目的在增加表面積，其厚度約2000~4000Å。

B. Thermal barrier treatment－瘤化完成後再於其上鍍一層黃銅 (Brass)，這是Gould公司的專利，稱為JTC處理。或者以鋅(Zinc)處理，這是Yates公司的專利，稱為TW處理。或是以鍍鎳處理，其作用是做為耐熱層。因為樹脂中的Dicy，於高溫反應時會攻擊銅面而生成胺類與水份，一旦生成水份就會導致附著力降底。此層的作用即是防止上述反應發生，其厚度約500~1000 Å。

C. Stabilization－耐熱處理後，再進行最後的"鉻化處理" (Chromation)，光面與粗面同時進行做為防污防銹的作用，也稱"鈍化處理" (Passivation)或"抗氧化處" (Anti-oxidization)。

較新式的處理方法則有以下方式：

• 兩面處理 (Double treatment)

指光面及粗面皆做粗化處理，嚴格來說，此法的應用已有20多年的歷史，但今日為降低多層板製作的成本而使用者漸多。在光面也進行上述的傳統處理方式，如此應用於內層基板上，可以省掉壓膜前的銅面處理以及黑/棕化步驟。 美國Polyclad銅箔基板公司，發展出來的一種處理方式，稱為DSTF® 銅箔，其處理方式有異曲同工之妙。該法是在光面做粗化處理，該面就壓在膠片上，所做成基板的銅面為粗面，因此對後製程也有幫助。

• 低輪廓化處理 (Low profile)

傳統銅箔粗面處理，其Tooth Profile (稜線) 粗糙度 (波峰波谷)，不利於細線路的製造(影響just etch時間，造成over-etch)，因此必須設法降低稜線的高度。上述Polyclad的DST銅箔，以光面做處理，改善了這個問題。另外，一種叫"有機矽處理"（Organic Silane Treatment），加入傳統處理方式之後，亦可有此效果。它同時產生一種化學鍵，對於附著力有幫助。完成處理的銅箔經過修邊捲筒，做切片及做完外觀檢查、可靠度檢查後包裝出貨。

一般銅箔厚度是以每平方英尺的重量為計量單位，重量以英制的盎司(oz)計量，以平均厚度而言，1 oz相當於約35 μm的厚度。常見的厚度有5、9、12、18、35、50、70μm等等，製作商可依訂單製作。

近來為達成細線路製造的目的，有不少的銅箔製造商開始製造低輪廓(Low Profile)銅箔。這樣的銅箔結晶較細，不但有利於細線路的製作，所製作出來線路邊緣也較細緻平整，有利於電路板的電氣特性。低輪廓(Low Profile)銅箔的斷面結構如圖9.18所示。

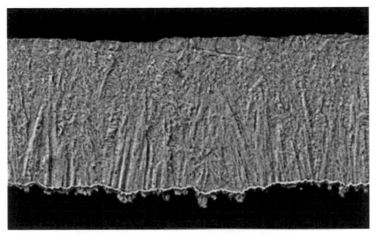

圖 9.18 Low profile 銅箔剖面結構

　　一般的銅箔表面處理資料，多數是以環氧樹脂的FR-4為基礎作討論，對於其他的非泛用樹脂則討論較少。由於近來高功能的樹脂逐漸受到重視，使用的機會也相對增加，在使用時要如何選用恰當表面處理的銅箔，必須事先作充分的瞭解。

　　銅箔一般的物性需求是以可承受電路板內外部各種應力，達成在期待的溫溼度操作環境下正常運作的目的。對於特殊需求的銅箔，有些時候會作退火處理以增加延展性。銅箔是藉錨接(Anchor)效果與樹脂結合，以提高銅箔的剝離強度，所以必須做粗面化處理。對銅皮厚度而言，一般35μm厚度的銅箔光是粗面的凹凸大約就有25%的粗度，因此在蝕刻線路時要將銅凸點完全去除，最少要延長蝕刻15~20%才能乾淨，也就是蝕刻量大約40~42μinch左右。電路板蝕刻採用藥液蝕刻線路，經過長時間蝕刻產生的側蝕會使線路製作能力變差，精度偏離，因此並不利於線路尺寸的控制。若銅箔能有較均勻的厚度，不但可以降低平均蝕刻量，線路控制的能力相對也較為理想。

　　因此細線路製作而言，希望粗面的輪廓能儘量減小，但是在結合強度方面仍希望維持一定的水準。近來對低輪廓、強化結合力的銅箔開發，多數廠家有較積極的動作及成果。即使在低輪廓結構下，多數的銅箔產品仍能保持1Kg/cm的拉力水準，對多數的應用而言其物性及強度已足可應付。為了確保銅箔的接著強度，銅箔粗面的表面處理就是重要的工作。為了具有與樹脂間有較佳的親和力，多數銅箔會採用析出鋅、鋅銅合金、鎳、鉻、鉬等各樣金屬，或是採錫、矽烷化合物類的特殊處理劑。同時為了防銹，表面會進行鉻酸鹽處理，這也是為何在使用銅箔基板時要求要確實清洗的原因。

　　RA銅的製作如圖9.19所示，全球僅有數家公司有能力製作，台灣的銅箔製造廠皆生產ED銅，中國這幾年有幾家國企的子公司，曾開發出RA銅，但這些年因其單價貴，除非用於動態撓曲的產品仍沿用RA銅，其他大半採用較低價格的改質之高延展性ED銅箔，所以其市場需求大幅降低。

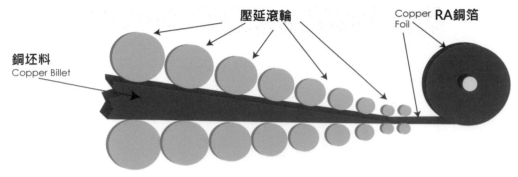

圖 9.19 RA 銅製作示意

按 IPC-CF-150 將銅箔分為兩個類型，TYPE E 表電鍍銅箔，TYPE W 表輾軋銅箔，再將之分成八個等級， Class 1 到 Class 4 是電鍍銅箔，Class 5 到 Class 8 是輾軋銅箔。其型級及代號，如表9.12所示。

表9.12 IPC-CF-150的銅箔分類

Class	Type	名稱	代號
1	E	Standard Electrodeposited	STD-Type E
2	E	High Ductility Electrodeposited	HD-Type E
3	E	High Temperature Elongation Electrodeposited	HTE Type E
4	E	Annealed Electrodeposited	ANN-Type E
5	W	As Rolled –wrought	AR Type W
6	W	Light Cold Rolled –Wrought	LCR Type W
7	W	Anneal-Wrought	ANN Type W
8	W	As Rolled–Wrought low-temperature annealable	ARLT Type W

9.3.2 樹脂系統

電路板使用的樹脂系統是左右整體特性的重要因素，目前已使用於線路板之樹脂類別很多，如酚醛樹脂（ Phenolic ）、環氧樹脂（ Epoxy ）、聚亞醯胺樹脂（ Polyimide ）、B—三氮樹脂（Bismaleimide Triazine 簡稱 BT ）等皆為熱固型的樹脂（Thermo-setting Plastic Resin）。

在一般多層電路板方面使用最廣泛的是環氧樹脂系統，對特別性能需求的產品，則使用較高階的樹脂系統，如： Polyimide、BT等樹脂，比一般環氧樹脂有較高的耐熱性，在低介質常數方面，則以PPE(Poly-Phenylene-Ether)樹脂、PTFE樹脂等較多採用。

酚醛樹脂(Phenolic Resin)是人類最早開發成功而又商業化的聚合物。是由液態的酚(Phenol)及液態的甲醛(Formaldehyde 俗稱Formalin)兩種便宜的化學品，在酸性或鹼性的催化條件下發生立體架橋(Cross link)的連續反應而硬化成為固態的合成材料。其反應化學式如圖9.20所示。

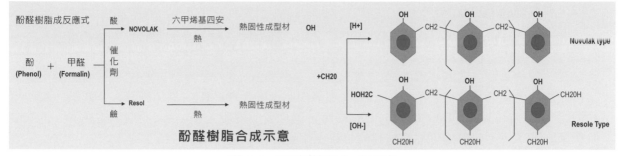

圖 9.20 酚醛樹脂合成反應

表9.13是常見的各式板材、成分及分類,右欄的編碼是NEMA(國家電器製造商協會 National Electrical Manufacturers Association)所編,一直為國際沿用。

表9.13 常見的各式板材、成分及分類

電路板基板材料種類	基板材料細分類
紙基材銅箔基板	紙基材酚醛樹脂銅箔基板(非耐燃版,XPC) 紙基材酚醛樹脂銅箔基板(非耐燃版,FR-1) 紙基材聚酯類銅箔基板 紙基材環氧樹脂銅箔基板
複合基板	Composite銅箔基板(CEM-1) Composite銅箔基板(CEM-3)
玻纖布銅箔基板	玻纖材基材含浸環氧樹脂銅箔基板(G-10) 玻纖材基材含浸耐燃環氧樹脂銅箔基板(FR-4) 高耐熱性為基材環氧樹脂銅箔基板(FR-5) 玻纖布基材含浸Polyimide樹脂銅箔基板 玻纖布基材含浸Teflon(PTFE)樹脂銅箔基板
軟/硬板	Polyester Base銅箔基板(軟板) Polyimide Base銅箔基板(軟板) Polyester 或Polyimide 銅箔基板(軟硬版)
陶瓷基板	氧化鋁基板、氮化鋁基板、碳化矽鋁基板 低溫燒結基板
金屬基板	金屬Base基板、Metal-Core基板
熱塑性基板	耐熱性熱可塑性樹脂銅箔基板 石英聚亞醯胺樹脂系銅箔基板 Aramid聚亞醯胺銅箔基板

9.3.2.1 環氧樹脂 Epoxy Resin

　　環氧樹脂(Epoxy Resin)是目前電線路板業用途最廣的基材，在液態時稱為清漆或稱凡立水(Varnish)，處於所謂的A-stage。玻璃布在浸膠半乾成膠片，膠片經高溫軟化液化可以用於黏著銅箔及內層板基材，這樣的狀態被定義為B-stage的Prepreg。若再經過熱壓合，樹脂硬化無法回復流動而達到最終狀態被稱為C-stage。環氧樹脂與硬化劑的配方選用種類多不勝數，較典型的樹脂如：Biphenol A-Epichlorohydrin 樹脂、溴化環氧樹脂、Novolac形環氧樹脂等。近來由於環保的需求，不少無鹵素耐燃材料的材料也相繼開發出來。

　　典型一般Tg的樹脂為雙功能的環氣樹脂 (Di-functional Epoxy Resin)，如圖9.21所示。為了達到使用安全的目的，特於樹脂的分子結構中加入溴原子，使產生部份碳溴之結合而呈現難燃的效果。也就是說當出現燃燒的條件或環境時，它要不容易被點燃，萬一已點燃在燃燒環境消失後，能自己熄滅而不再繼續延燒，見圖9.22。此種難燃材料在 NEMA 規範中稱為FR-4。(不含溴的樹脂在 NEMA 規範中稱為 G-10) 此種含溴環氧樹脂的優點很多，如介質常數很低、與銅箔的附著力很強、與玻璃纖維結合後之撓性強度很不錯等。

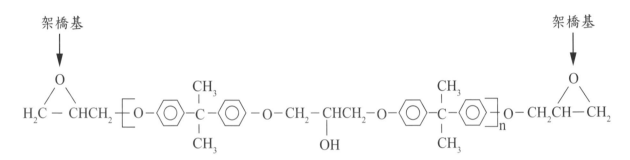

圖 9.21 雙功能環氧樹脂典型結構

加溴處理之環氧樹脂化學式

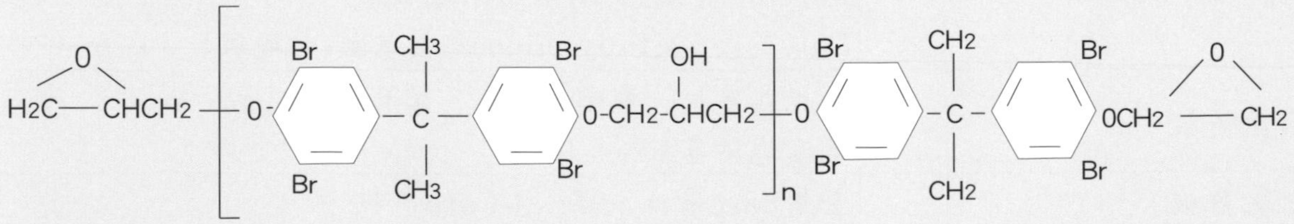

圖 9.22 含溴 FR4 難燃材料

環氧樹脂的架橋劑一向都是Dicy(雙氰胺)，常溫中很安定，故多層板 B-stage 的膠片才不致無法儲存。但 Dicy的缺點卻也不少，第一是吸水性偏高；第二是難溶解，溶不掉自然難以在液態樹脂中發揮作用。早期的基板商並不瞭解下游電路板裝配工業問題，那時的Dicy磨的不是很細，其溶不掉的部份混在底材中，經長時間聚集的吸水後會發生針狀的再結晶，造成許多爆板的問題。現在的基板製造商都很清楚它的嚴重性，因此多已改善。

　　任何新的配方開發都會對電路板的特性、加工特性等產生影響，因此採用與認證都必須小心。傳統使用的雙功能型環氧樹脂近年來已被四功能多功能環氧樹脂取代，典型的四功能環氧樹脂結構如圖9.23所示。

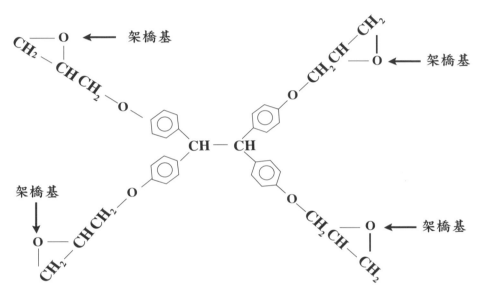

圖 9.23 四功能環氧樹脂結構

　　四功能環氧樹脂(Tetra-functional Epoxy)，其與傳統 "雙功能" 環氧樹脂不同之處是具立體空間架橋，Tg 較高能有較佳的耐熱性，且抗溶劑性、抗化性、抗濕性及尺寸安定性也好很多，最早為美國的Polyclad公司所引用。為保持多層板除膠渣的方便起見，某些廠商在鑽孔後烘烤160 ℃約 2-4小時，使孔壁露出的樹脂產生氧化作用，這樣樹脂較容易被蝕除，而且也增加樹脂進一步的架橋聚合。因為樹脂脆性的關係，鑽孔要特別注意參數的調配。

　　高分子聚合物因溫度之逐漸上升，導致其物理性質漸起變化。由常溫時之堅硬及脆性如玻璃般的物質，轉變成為一種黏滯度較低，柔軟有彈性(flexible and elastic)另一種狀態。處於這個狀態的轉化溫度，被稱為玻璃轉化點Tg。早期含鉛焊接時代 FR4 之 Tg 約在120~140℃之間，無鉛焊接以及熱穩定性要求開啟了High Tg的時代，且近年來由於電子產品各種性能要求愈來愈高,所以對材料的特性也要求日益嚴苛。如:抗濕性、抗化性、抗溶劑性、抗熱性、尺寸安定性等都要求改進,以適應更廣泛的用途。而這些性質都與樹脂的 Tg 有關,Tg 提高之後上述各種性質也都改善。例如 Tg 提高後,耐熱性增強使基板在XY方向的膨脹減少,使得板子在受熱後銅附著力不致減弱太多。在Z方向的膨脹減小後,使得通孔之孔壁受熱後不易被底材所拉斷。Tg 增高後,其樹脂中架橋之密度必定提高很多使其有更好的抗水性及防溶劑性,這樣板子受熱後不易發生白點或織紋顯露,而有更好的強度及介電性。至於尺寸的安定性,由於自動插裝或表面黏著之嚴格要求就更形重要了。因而近年來如何提高環氧樹脂之 Tg 是基板材所追求的要務。

9.3.2.2 其他高性能樹脂

為了特定的性質改良或特殊用途,廠商以各種不同的樹脂與環氧樹脂混合以提升其基板之性質。

• 聚四氟乙烯 (PTFE)

全名為Polyterafluoroethylene,分子式見圖9.24所示。以之抽絲作PTFE纖維的商品名為 Teflon 鐵弗龍,其最大的特點是D_K很低 (Impedance),在高頻微波 (microwave) 通信用途上是無法取代。但此樹脂有幾個板廠製作時較困擾的如:

PTFE 樹脂與玻璃纖維間的附著力問題;此樹脂很難滲入玻璃束中,因其抗化性特強,許多濕式製程中都無法使其反應及活化,在做鍍通孔時銅不易固著在底材上。由於玻璃束未能被樹脂填滿,很容易在做鍍通孔時造成玻璃中滲銅 (Wicking) 的出現,影響板子的可信賴度。

另外此四氟乙烯材料分子結構,非常強勁無法用一般機械或化學法加以攻擊,做除膠渣時只有用電漿法。Tg 很低只有19℃,故在常溫時呈可撓性,也使線路的附著力及尺寸安定性不好。

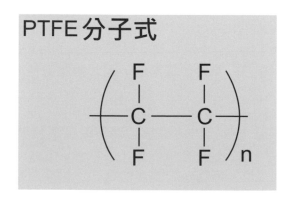

圖 9.24 PTFE 分子結構

• BT/EPOXY 樹脂

BT樹脂也是一種熱固型樹脂，是日本三菱瓦斯化成公司(Mitsubishi Gas Chemical Co.)在1980年研製成功。是由Bismaleimide及Trigzine Resin monomer二者反應聚合而成，其反應式見圖9.25。BT樹脂通常和環氧樹脂混合而製成基板。

BT樹脂系統的優點很多，Tg點高達180℃，耐熱性非常好，BT作成之板材，銅箔的抗撕強度(Peel Strength)、撓性強度亦非常理想，鑽孔後的膠渣(Smear)甚少。可進行難燃處理，以達到UL94V-0的要求。介質常數及散逸因數小，因此對於高頻及高速傳輸的電路板非常有利。耐化性，抗溶劑性良好，絕緣性佳。

BT樹脂系統的應用目前以IC Substrate為主，或如COB設計的電路板，因為wire bonding過程的高溫，會使板子表面變軟而致打線失敗，BT/EPOXY板材可克服此點。在BGA、PGA、MCM-Ls等封裝載板，有兩個很重要的常見問題，一是漏電現象，或稱CAF(Conductive Anodic Filament)，一是爆米花現象(受濕氣及高溫衝擊)，這兩點也是BT/EPOXY板材可以避免。

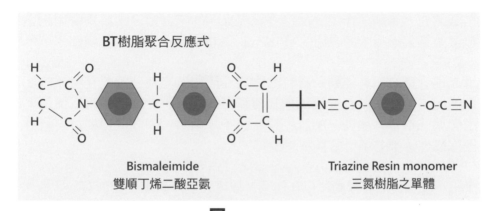

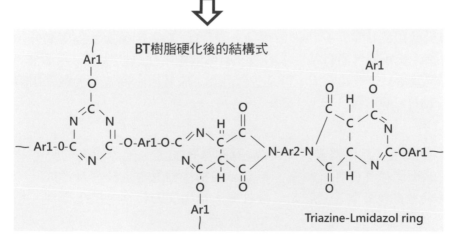

圖 9.25 BT/EPOXY 的反應機構

9.3.3 高密度增層電路板用的材料

多層電路板一向都採用通孔電鍍製造，約1990以後陸續有各種增層技術被提出，而同時也有許多增層製程用材料被開發出來。若不包括特殊製作方法，較一般性的增層材料有三類，他們各為感光樹脂、熱硬化樹脂、及附樹脂銅箔。

各樹脂系統會針對製程需求對應調整特性，而其特性是由基本樹脂單體(Monomer)、硬化劑(Hardener)、安定劑(Stabilizer)、添加劑(Additive)、填料(Filler)等搭配而成。液態樹脂的訴求與防銲油墨類似，主要仍以有利於塗布，符合最終產品特性為重點。真空壓合薄膜則訴求類似一般乾膜，但樹脂必須具有介電材料的特性。熱壓合式的材料，則應多少具備有傳統膠片的特性反應。

·感光型材料

這類的材料多是由感光性防焊系列產品所發展出來的，它的微孔形成是使用底片曝光製造完成，由於不分孔密度可以一次作出所有微孔(Micro-via)，因此在高密度增層板開發初期十分被看好，在微孔加工後必須靠化學銅及電鍍銅形成線路連接。為了提高與化學銅的密著性，必須在化學銅前作出表面粗度以提昇銅的結合力。由於不使用銅箔，所以會採用全板電鍍全蝕刻製程或半加成法(SAP-Semi Additive Process)製作線路。

由於感光性介電材料必須顧及材料的物理性質和感光性，因此在材料的配方控制上有較大的困難度。這類的樹脂有液態油墨及薄膜形式兩種。液態產品可以使用網印法、簾幕塗佈法、滾輪塗佈法等作塗裝，由於平整度較不易控制，因此採用的材料特性、壓合或塗佈機具、操作條件等都必須恰當控制與選擇。

雖然樹脂薄膜製作成本較高，但在作業、厚度控制、清潔度方面有較大優勢，因此也有部分產品作成薄膜形式。由於要壓膜在有凹凸的面上，因此以真空壓合機進行薄膜壓合。

光成孔技術是以底片進行孔位影像轉移，進行UV感光、顯像等程序製作出小孔。顯像液隨使用的樹脂系統不同，而有鹼性水溶液、有機溶劑兩種系統產品。水溶液系統環保問題相對較小，溶劑型產品則較為麻煩，但某些產品為了整體樹脂特性，仍會使用溶劑型設計。

·熱硬化樹脂材料

這類樹脂會採用二氧化碳雷射或UV雷射作微孔加工，因此樹脂的配方並不需要考慮感光性。相對的樹脂使用彈性就較寬，而產品的物性相對的也較容易達成。一般這類的樹脂系統特性需求，主要著重在雷射光的吸收率、螢光反射特性、抗化學性、粗化適用性等特性。

這類樹脂產品有液態油墨及薄膜兩類，經過塗佈或壓膜後進行雷射鑽孔，之後藉電鍍進行層間導通及線路製作。由於無面銅，因此必須進行化學銅處理作為電鍍的種子層。為了確保銅與樹脂間的結合力，必須先將樹脂表面粗化獲得錨接(Anchor)力，一般可以達到的拉力值約為0.8~1.2kg/cm。

液態樹脂基本的塗布方法與感光樹脂相同，薄膜型材料也與感光型相似。一般常見於高密度增層電路板的膜厚度，一般分布在40~80μm之間。由於板面沒有銅箔，不論是感光或熱硬化樹脂，因蝕刻量較少而有利於細線路製作。

• 附樹脂銅箔材料 (RCC-Resin Coated Copper Foil)

這類材料主要是為了符合傳統的電路板製作模式而開發，做法是在銅箔粗化面上塗佈B階熱硬化樹脂。使用的銅箔厚度，一般為12μm或18μm較多，但特殊用途會使用超薄銅箔。樹脂厚度必須依據填充量需求決定，一般都以壓後的厚度為指標。

由於有銅箔壓合的程序，因此結合力來自於樹脂熔融與銅箔的接著力，其銅箔拉力較穩定類似於傳統電路板。而使用熱壓合技術及傳統堆疊作法，在使用的工具及操作方面有較佳的相容性，製程容易導入是他被廣泛使用的原因，有多家廠商投入生產。

這類材料在高密度增層板開發初期，會以影像轉移及蝕刻在銅箔上開出銅窗(Conformal Mask)，因而此類製程被稱為Conformal mask法。數年後由於雷射技術的進步加上製程技術的漸趨成熟，部分加工也開始採用雷射直接加工的模式，因而此類製程被稱為LDD-Laser Direct Drill法。由於有面銅的遮蔽，增層後的整個板面都被銅箔所覆蓋，如何作基準辨識是一個必須面對的問題，工具系統搭配性、製作及設計時必須列入考慮。

這類材料在製作線路時仍必須依賴蝕刻，且其蝕刻量比無銅箔的電路板大得多，因此不利於線路精度的控制。

9.4 電子產品功能演進趨勢對應材料需求

電子產品功能需求牽動半導體元件的發展，更對電路板材質特性要求帶來很多挑戰，可從3個方向來探討。

9.4.1 高頻

微波高頻(至高頻、超高頻、特高頻、極高頻、高頻、中頻)在通訊、汽車電子、萬物聯網等需求上的應用越來越多，電路板材料須符合下述基本特性：

- 介電常數(Dk)必須小而且很穩定，高介質常數容易造成信號傳輸延遲。

- 介質損耗(Df)必須小，這主要影響到信號傳送的品質，介質損耗越小使信號損耗也越小。

- 與銅的熱膨脹係數儘量一致，因為差異太大會在冷熱變化中造成銅箔分離及龜裂。

- 由於高速傳輸的集膚效應(Skin effect)，所以銅線路和基材接著面及表面的粗糙度必須縮小。

- 吸水性要低、吸水性高就會在受潮時影響介電常數與介質損耗。

- 玻璃纖維布的編織密度要提高，不連續性區域須小。

- 其耐熱性、抗化學性、衝擊強度、剝離強度等亦必須良好。

圖9.26是以Dk及Df為軸對應的不同材質，可作為材料選擇的參考。表9.14列出一些常用於微波的材料，及其各種特性的表現。

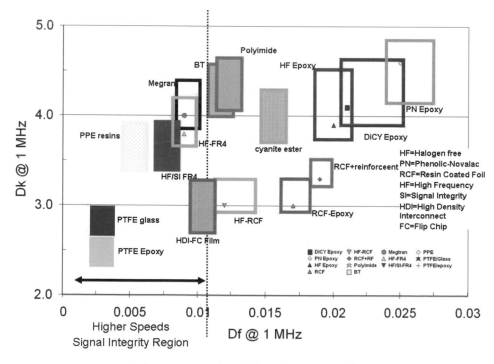

圖 9.26 不同材質對應的 Dk、Df 值

表9.14 微波常用板材比較表

Dk@10GHz	Supplier	Name	Type	D.F.	CTE-X	CTE-Y	CTE-Z	MIL REF	IPC
2.08 +/- -0.02	Nelco	NY9208	P,W	0.0006	25	35	260	-	-
2.1	Polyflon	CuFlon	P	0.00045	12.90	12.90	12.90	-	-
2.17-2.20 +/- 0.02	Arlon	CuClad 217LX	P,W,CP	0.0009	29	28	246	GY	4103/05
2.17-2.20 +/- 0.02	Arlon	DiClad 880	P,W	0.0009	25	34	252	GY	4103/05
2.17+/-0.04	Arlon	IsoClad 917	P,R	0.0013	46	47	236	GP,GR	4103/03
2.17 +/- 0.02	Arlon	Intermod/-165dbc	P,W	0.0009	25	34	252	-	125/05
2.17 +/- 0.02	Nelco	NY9217	P,W	0.0008	25	35	260	-	-
2.17	Taconic	TLY-5A	P,W	0.0009	20	20	280	GY	125/05
2.20 +/- 0.02	Nelco	NY9220	P,W	0.0009	25	35	260	-	-
2.20 +/- 0.02	Rogers	RT/Duroid 5880	P,R	0.0009	31	48	237	GP,GR	125/04
2.20	Taconic	TLY-5	P,W	0.0009	20	20	280	GY	125/05
2.32 +/- 0.005	Polyflon	Polyguide	P,W	0.0002	108	108	108	-	-
2.33 +/- 0.02	Arlon	CuClad 233LX	P,W,CP	0.0013	23	24	194	GY	4103/05
2.33 +/- 0.02	Arlon	DiClad 870	P,W	0.0013	17	29	217	GY	4103/05
2.33 +/- 0.04	Arlon	IsoClad 933	P,R	0.0016	31	35	203	GP,GR	4103/03
2.33 +/- 0.02	Nelco	NY9233	P,W	0.0011	25	35	260	-	-
2.33 +/- 0.02	Rogers	RT/Duroid 5870	P,R	0.0012	22	28	173	GP,GR	125/04
2.33	Taconic	TLY-3	P,W	0.0012	20	20	280	GY	125/05
2.4-2.6 +/- 0.02	Arlon	CuClad 250GT	P,W,CP	0.0010	18	19	177	GT	4103/01
2.4-2.6 +/- 0.02	Arlon	CuClad 250GX	P,W,CP	0.0022	18	19	177	GX	4103/02
2.4-2.6 +/- 0.02	Arlon	DiClad 522	P,W	0.0018	14	21	173	GT	4103/01
2.4-2.6 +/- 0.02	Arlon	DiClad 527	P,W	0.0018	14	21	173	GX	4103/02
2.4-2.6 +/- 0.04	Rogers	Ultralam 2000	P,W	0.0019	15	15	200	GX	125/02
2.40 +/- 0.04	Nelco	NX9240	P,W	0.0016	12	18	150	-	-
2.45 +/- 0.04	Nelco	NX9245	P,W	0.0016	12	18	150	-	-
2.45	Taconic	TLX-0	P,W	0.0019	9	12	140	GX	125/02
2.50	Arlon	AD250	P,W	0.0018	12	15	95	-	4103/02
2.50 +/- 0.04	Nelco	NX9250	P,W	0.0017	12	18	150	GX	125/02
2.50	Taconic	TLX-9	P,W	0.0019	9	12	140	GX	125/02
2.55	Arlon	AD255	P,W	0.0018	12	15	95	-	4103/02
2.55	Polyflon	NorClad	P,W	.0007@1Mhz	53	53	53	-	125/02
2.55 +/- 0.04	Nelco	NX9255	P,W	0.0018	12	18	150	GX	125/02
2.55 +/- 0.04	Taconic	TLX-8	P,W	0.0019	9	12	140	GX	125/02
2..6	Sheldahl	ComClad HF	T	0.0025	59	59	59	Copper Clad Norel	-
2.60	Arlon	AD260A	P,W	0.0017	12	15	95	-	N/A
2.60 +/- 0.04	Nelco	NX9260	P,W	0.0019	12	18	150	GX	125/02
2.60	Taconic	TLX-7	P,W	0.0019	9	12	140	GX	125/02
2.65	Taconic	TLX-6	P,W	0.0019	9	12	140	GX	125/02
2.70	Arlon	AD 270	P,W	0.0030	12	15	95	-	4103/09
2.70 +/- 0.04	Nelco	NX9270	P,W	0.0022	25	35	260	GX	125/02
2.75	Taconic	TLC-27	P,W	0.0030	9	12	70	-	-
2.92 +/- 0.04	Rogers	RT/Duroid 6002	P,C	0.0012	16	16	24	-	-
2.94	Arlon	CLTE-XT	P,C,W	0.0012	8	8	20	-	4103/06
2.94	Arlon	LC-CLTE	P,C,W	0.0025	10	12	35	-	4103/06
2.94 +/- 0.04	Nelco	NX9294	P,W	0.0022	25	35	260	GX	125/02
2.94 +/- 0.07	Nelco	NH9294	P,W	0.0022	9	12	71	-	-
2.94 +/- 0.04	Rogers	RT/Duroid 6202	P,C,W	0.0015	15	15	30	-	-
2.95	Taconic	TLE-95	P,W	0.0030	9	12	70	-	-
2.96	Arlon	CLTE	P,C,W	0.0025	10	12	35	-	4103/06
3.00	Arlon	AD300A	P,W	0.0020	12	12	125	-	4103/09
3.00 +/- 0.04	Nelco	NX9300	P,W	0.0023	25	35	260	GX	125/02
3.00 +/- 0.07	Nelco	NH9300	P,W	0.0023	9	12	71	-	-
3.80	Nelco	N9300-13 RF	ME	0.0040	13-20	-	67	-	-
3.00 +/- 0.04	Rogers	RO3003	P,C	0.0013	17	17	24	GX	125/02
3.00	Taconic	TLC-30	P,W	0.0030	9	12	70	-	-
3.00	Taconic	TacLam TLG-30	P,C,W	0.0026	8	12	61	-	-
3.00 @ 1.9 GHz	Taconic	Rf-30	P,C,W	0.0014	11	21	125	-	-
3.00	Taconic	TSM-30	P,C,W	0.0015	23	28	78	-	-
3.02 +/- 0.05	Rogers	RO3203	P,C,W	0.0016	13	13	58	-	-
3.05 +/- 0.05	GIL	GML 1000	polyester	0.004	40	34	80	-	-
3.05	Polyflon	Cu Clad ULTEM	-	0.003	56	56	56	-	-
3.20	Arlon	AD320	P,W	0.003	12	15	95	-	4103/09
3.20	Nelco	N8000Q	CE	0.006	11-13	-	70 (2)	-	-
3.20 +/- 0.04	Nelco	NX9320	P,W	0.0024	25	35	260	-	-
3.20 +/- 0.07	Nelco	NH9320	P,W	0.0024	9	12	71	-	-
3.20	Nelco	N9320-13 RF	ME	0.0045	13-20	-	67	-	-
3.20	Taconic	TLC-32	P,W	0.0030	9	12	70	-	-
3.20	Taconic	TacLam TLG-32	P,C,W	0.0026	8	12	61	-	-
3.26 +/- 0.05	GIL	MC5	polyester	0.014	25	26	315	-	-
3.27 +/- 0.032	Rogers	TMM-3	C,T	0.0020	16	16	20	-	-
3.38 +/- 0.06	Arlon	25N	C,W,T	0.0025	15	15	52	-	4103/10
3.38 +/- 0.07	Nelco	NH9338	P,W	0.0025	9	12	71	-	-
3.38 +/- 0.05	Rogers	RO4003C	C,T	0.0027	11	14	46	-	-
3.38	Taconic	TacLam TLG-34	P,C,W	0.0031	8	12	61	-	-
3.38	Nelco	N9338-13 RF	ME	0.0046	13-20	-	67	-	-
3.48 +/- 0.10	Nelco	NH9348	P,W	0.0030	9	12	71	-	-
3.48 +/- 0.05	Rogers	RO4350B	C,T	0.0037	14	16	35	-	-
3.48	Nelco	N9350-13 RF	ME	0.0055	13-20	-	67	-	-
3.50	Arlon	AD350	P,C,W	0.003	12	15	95	-	4103/09
3.50	Arlon	AD350A	P,C,W	0.003	5	9	35	-	4103/09
3.50 +/- 0.10	Nelco	NH9350	P,W	0.0030	9	12	71	-	-
3.50	Nelco	N4350-13 RF	ME	0.0065	10-14	-	3.5%	-	-
3.50	Nelco	N8000	CE	0.011	-	-	2.5%	-	-
3.50 +/- 0.05	Rogers	RO3035	P,C	0.0017	17	17	24	-	-
3.50	Taconic	TacLam TLG-35	P,C,W	0.0030	8	12	61	-	-
3.50@1.9 GHz	Taconic	RF-35	P,C,W	0.0018	19	24	64	-	-
3.50@1.9 GHz	Taconic	RF-35A	P,C,W	0.0016	10	13	106	-	-
3.50@1.9 GHz	Taconic	RF-35P	P,C,W	0.0025	15	15	110	-	-
3.58 +/- 0.06	Arlon	25FR	C,W,T	0.0035	16	18	59	-	4103/11
3.5 - 4.0	Isola	Gigaver 210	W,T	0.01	-	-	-	-	-
3.6 - 4.2 typ.	Matsushita	Megtron	W,T	0.01	-	-	-	-	-
3.8 - 4.2	GE	Getek	W,T	0.01	12	15	55	-	-
3.8 - 4.0	Isola	Gigaver 410	W,T	0.007	-	-	-	-	-
3.80	Nelco	N4380-13 RF	ME	0.007	10-14	-	3.5%	-	-
3.86 +/- 0.08	GIL	MC3	polyester	0.019	-	-	-	-	-
4.10	Arlon	AD410	P,C,W	0.003	9	9	40	-	4103/16
4.10 +/- 0.10	Nelco	NH9410	P,W	0.0030	9	12	71	-	-
4.10 Full Sheet	Taconic	RF-41	P,C,W	0.0038	9	12	93	-	-
4.30	Arlon	AD430	P,C,W	0.003	9	9	40	-	4103/16
4.30 Full Sheet	Taconic	RF-43	P,C,W	0.0033	9	11	96	-	-
4.50	Arlon	AD450	P,C,W	0.0035	8	11	42	-	4103/16
4.50 +/- 0.10	Nelco	NH9450	P,W	0.0030	9	12	71	-	-
4.50 +/- 0.045	Rogers	TMM-4	C,T	0.0020	14	14	20	-	-
4.50 Full Sheet	Taconic	RF-45	P,C,W	0.0037	9	13	96	-	-
5.10	Arlon	AD5	P,C,W	0.003	15	15	45	-	4103/16
6.00 +/- 0.08	Rogers	TMM-6	C,T	0.0023	16	16	20	-	-
6.15	Arlon	AD600	P,C,W	0.003	11	10	45	-	4103/07
6.15 +/- 0.15	Rogers	RT/Duroid 6006	P,C	0.0027	47	34	117	-	125/07
6.15 +/- 0.15	Rogers	RO3006	P,C	0.0020	17	17	24	-	125/07
6.15 +/-0.15	Rogers	RO3206	P,C,W	0.0027	13	13	34	-	-
6.15 Full Sheet	Taconic	RF-60A	P,W	0.0028	9	8	69	-	-
9.20 +/- 0.23	Rogers	TMM-10	C,T	0.0023	16	16	20	-	-
9.80 +/- 0.245	Rogers	TMM-10i	C,T	0.0020	16	16	20	-	-
10.0 nominal	Arlon	AR1000	P,C,W	0.003	14	16	37	-	4103/08
10.0 Full Sheet	Taconic	CER-10	P,C,W	0.0035	13	15	46	-	-
10.20	Arlon	AD1000	P,C,W	0.0023	8	13	20	-	4103/08
10.20	Arlon	AD10	P,C,W	0.005	6	6	8	-	N/A
10.2 +/- 0.30	Rogers	RO3010	P,C	0.0023	17	17	24	-	125/08
10.2 +/- 0.50	Rogers	RO3210	P,C,W	0.0027	13	13	34	-	-
10.2 +/- 0.25	Rogers	RT/Duroid 6010LM	P,C	0.0023	24	24	24	-	125/08

P = PTFE, C = Ceramic, W = Woven, CE = CYANATE ESTER, T = Thermoset Resin, D.F. = Dissipation Factor @10GHz, CTE = Coefficient of Expansion ppm/℃,
R = Random Glass, ME = Modified Epoxy Resin, IPC = Spec.Sheet IPC-L125A, (1) = 130-145, (2) = [50° C to Tg]

9.4.2 耐熱、耐惡劣環境特性

高速計算的伺服器、大型電腦，以及在極端環境下運行的電子產品，如車電、儲能設施、電源供應設施等等，其電路板材質必需在熱性質及其他物理特性上有特殊的表現，可靠度的要求更勝於現有的電子產品，這也是板材供應商必須發展的方向。

9.4.3 綠色環保

環保一直是電路板製造的一個非常重要趨勢，任何一個環節都有改變的可能，但也充滿技術上的挑戰，尤其現在全球掀起所謂循環經濟的議題，如何以最小的資源耗用，達最大的產出，應該是未來10年內必須有重大突破的進展—不管是材料面還是製程面。

9.5 IPC 4101 Specification for Base Materials for Rigid and Multilayer Printed Boards 硬質多層板之基材規範

近年，IPC 標準以發展速度快，相關標準配套完善而得到業界認可、廣泛使用。IPC-4101是包含66個PCB基材及相對應膠片材料詳細規範的總規範。

9.5.1 標準的發展過程

美國IPC於1976年首次頒佈IPC-L-108《多層電路板用壓附金屬基材規範》和IPC-L-109《多層電路板用膠片規範》。1977年頒佈IPC-L-115《電路板用硬質壓附金屬基材規範》，1981年頒佈IPC-L-112《電路板用壓附金屬複合基材規範》。1997年12月IPC頒佈IPC-4101《硬質及多層電路板用基材規範》，從此以上四項標準宣佈作廢。

IPC-4101從1997年頒佈至今，經歷2001、2006及2009年三次修訂，現最新版本是IPC-4101C。該規範對銅箔基板與膠片的性能要求包括以下幾個方面：

1. 對金屬箔面的外觀的要求：該要求主要指對金屬箔面皺折、刮痕及凹點等缺陷的要求。
2. 尺寸要求：銅箔基板與膠片的尺寸要求包括長度、寬度、厚度、垂直度及板彎和板扭的要求。
3. 性能要求：該要求包括電性能要求、物理性能要求、化學性能要求、環境性能要求等。

9.5.2 基材採購規格單 SPECIFICATION SHEET

此規範針對每一種基材附有詳細規格，基板廠符合個別板材規範，可在產品目錄上註明，電路板製造廠採購基材時即依據需要註明基材編碼，如表9.15是IPC-4101/95之基材詳細規格內容。

表9.15 IPC-4101/95之基材規格內容

規格單		
規格單編號： 增強材料： 樹脂體系： 耐燃機制： 填料： 參考型號： 玻璃化溫度（Tg）：	IPC-4101/95 1：E玻璃纖維布 主體：環氧 次要1：多官能環氧 氫氧化鋁 不適用 UL/ANSI：FR-4 ANSI：FR-4/95 150℃~200℃	2：不適用 次要2：不適用 最低UL94要求：V-1 MIL-S-13949：不適用 溴或氯：最大900 ppm 溴+氯：最大1500 ppm

基板的要求	指標<0.50mm	指標≥0.50mm	單位	試驗方法	參考節
1. 剝離強度，最小 　A. 所有低輪廓和甚低輪廓 　　銅箔大於17μm 　B. 標準輪廓銅箔 　　1. 熱應力後 　　2. 在125℃ 　　3. 工藝溶液處理後 　C. 所有其他複合箔	 0.70 0.80 0.70 0.55 由供需雙方商定	 0.70 1.05 0.70 0.80 由供需雙方商定	 N/mm	 2.4.8 2.4.8.2 2.4.8.3	3.9.1.1 3.9.1.1.1 3.9.1.1.2 3.9.1.1.3
2. 體積電阻率，最小 　A. C-96/35/90 　B. 耐濕後 　C. 在高溫下 E-24/125	10^6 - 10^3	- 10^4 10^3	MΩ·cm	2.5.17.1	3.11.1.3
3. 表面電阻率，最小 　A. C-96/35/90 　B. 耐濕後 　C. 在高溫下 E-24/125	10^4 - 10^3	- 10^4 10^3	MΩ	2.5.17.1	3.11.1.4
4. 吸水率，最大	-	0.80	%	2.6.2.1	3.12.1.1
5. 擊穿電壓，最小	-	40	kV	2.5.6	3.11.1.6

基板的要求	指標<0.50mm	指標≥0.50mm	單位	試驗方法	參考節
6. 介電常數，1MHz，最大（基板和壓成板的膠片）	5.4	5.4	-	2.5.5.2 2.5.5.3 2.5.5.9	3.11.1.1 3.11.2.1
7. 介質損耗角正切，1MHz，最大（基板和壓成板的膠片）	0.035	0.035	-	2.5.5.2 2.5.5.3 2.5.5.9	3.11.1.2 3.11.2.2
8. 彎曲強度，最小 　A. 縱向 　B. 橫向	- -	415 345	N/mm2	2.4.4	3.9.1.3
9. 彎曲強度，在高溫下縱向，最小	-	-	N/mm2	2.4.4.1	3.9.1.4
10. 耐電弧性，最小	90	90	s	2.5.1	3.11.1.5
11. 熱應力，288℃下10 s，最小 　A. 未蝕刻的 　B. 蝕刻的	目測合格 目測合格	目測合格 目測合格	等級	2.4.13.1	3.10.1.2
12. 電氣強度，最小（基板和壓成板的膠片）	30	-	kV/mm	2.5.6.2	3.11.1.7 3.11.2.3
13. 耐燃性（基板和壓成板的膠片）	最低V-1	最低V-1	等級	UL94	3.10.2.1 3.10.1.1
14. 鹵素含量，最大 　氯- 　溴- 　氯+溴	900 900 1500	900 900 1500	ppm	2.3.41	3.12.1.4
15. 其他	-	-			

膠片的要求

膠片的要求	指標	單位	試驗方法	參考節
1. 貯存期，最小（條件1/條件2）	180/90	天	由供需雙方商定	3.17
2. 補強材料	按照IPC-4412或由供需雙方商定			
3. 揮發物含量，最大	1.5	%	2.3.19	3.9.2.2.8
4. 膠片參數	-	由供需雙方商定	由供需雙方商定	1.1.7
5. 耐燃性（壓成板時）	最低V-1	等級	UL94	3.10.2.1
6. 其他	-	-		

9.6 電子產品應用與材料趨勢 --6H1L1R

　　電子產品的功能隨著使用者的需求以及科技的到位，因此正快速實現中，元宇宙、AR/MR、AI機器人、自動駕駛…等生活情境已漸漸在勾勒中，人類的生活未來會更便利、更多采多姿。要實現這些產品，電路板製作以及其使用的材料勢必會遇到更多挑戰；要因應這些趨勢，電路板製作及材料的特性的發展方向，筆者將之歸納為6H1L1R，見表9.16及後文字說明。

表9.16 6H 說明

	高頻 (High Frequency)	高速 (High Speed)	高多層 (High Layer Count)
名詞解釋/技術定義	無線通訊年代的相關電子產品，其訊號的傳輸需求特性是： 1.速度越來越快 2.沒有延遲 3.巨量資料 4.訊號無死角。 這些特性要求帶來眾多挑戰，高頻是其中之一。訊號的傳輸如同波的傳輸，它也是一種能量的傳遞，其傳輸速度是波長*頻率。在波長固定下必須提高頻率以增加傳輸速度。 5G標準下的毫米波長對應到的頻率就須達到3GHz ~300 GHz，目前5G Sub標準是6 GHz，未來會使用24 ~30 GHz甚或更高。	工業4.0的推動造就AIoT需求。它需要如大數據分析、雲端計算等項目，所以必須快速運算分析這些資料，並無時間差的傳輸到客戶端。 所以大量的資料處裡中心於全球各地成立，這些資料中心也同時需要5G基站建設，以及大量高階伺服器高速運算單元(CPU)；另如影像辨識、圖形處理等人工智慧甚或電競娛樂，這些電子產品皆需求高速的運算元件。	電路板從單面板開始逐步演進至今日的多層板，主要的驅動力是在有限甚至更小的電路板空間下，可以做更高密度的佈線，以達更高功能需求。 不只是平面的高密度發展，且因承載高流量及高傳輸速度，也需要朝高層次發展，例如各種大型電腦伺服器或通信基地所需的電路板。
可能碰到並須克服之問題與難點	1.高頻材料 2.細線製作 3.線路截面形狀控制 4.銅箔粗糙度 5.銅墊表面處裡 6.內埋技術	1.材料選擇 2.銅箔結構 3.背鑽 4.孔壁導體化	1.薄基板 2.高縱橫比孔導體化 3.層間對位 4.板子尺寸漲縮控制 5.背鑽

	高階HDI	高電流 (High Current)	高可靠度 (High Reliability)
名詞解釋/技術定義	HDI電路板是指電路板結構中有盲埋孔的設計,盲孔定義為外層和內層的連通採用雷射作業一般HDI板先做一多層板稱為Core板,標準雷射製程是單階製作。 從此Core板最外層到第二層,此稱一階HDI;如果再往外上下堆疊壓合一層,再做一次盲孔稱為二階,如此累推可以有三階、四階。 三階以上一般就稱是高階HDI,現在極致的結構設計及作法是沒有Core,一般稱之為Coreless或Anylayer HDI。	電路板上若組裝高功率元件,或高速計算之元件電子產品在運作時其上的線路承載電流很高,將會產生很大量的熱能;或者因運算速度非常快速也會產生熱能。 這類產品因運作中產生高溫,對於電路板結構設計需特別注意,對電路板材質要求也是一重要項目;同時對於熱性能可靠度表現更是一大挑戰。	可靠度是指電子產品在正常使用下的穩定性、信賴性以及其他性能指標。 該指標衡量了該產品對於必須有的功能的實際執行程度。電路板作為主要電子產品重要機構元件及所有元件載體,必須維持產品生命週期期間的品質;主要影響電路板運作的可靠度有三: 一是長時間使用,產品老化;二是環境惡劣變化,如高低溫度、高低濕度等;三是外力的影響,如震動、撓曲、掉落等。 電路板必須在電子產品設計的工作壽命期限之內正常運行。
可能碰到並須克服之問題與難點	1.板材漲縮控制 2.板材熱特性表現 3.盲孔可靠度 4.鍍銅填孔	1.厚銅線路製作 2.材質熱導性 3.板材熱特性表現 4.防焊及樹脂填充 5.機械鑽孔製程控管	1.高低溫循環測試 2.焊錫性測試 3.熱衝擊測試 4.高溫高濕測試 5.CAF測試

9.6.1 高頻

9.6.1.1 高頻材料

　　因應傳輸速率越來越高的需求,PCB所使用的樹脂材料之特性也必須符合高頻高速所需,才能確保訊號傳輸的穩定性,而高頻材料基板要求較低且穩定的Dk、Df值、低吸濕性與低膨脹係數等特性。

高頻/高速傳輸的標準—低介電常數(dielectric constant, Dk)與低介電損耗因數(dissipation factor, Df)等要求。Dk太高會增加導線之間的電容效應，造成訊號傳輸額外的時間延遲，同時也會增加訊號的衰減(與Dk的根號成正比）。Df則會直接影響訊號的衰減量(與Df值成正比），進而降低信號的完整性。特別是在多層數的高速電路板設計上，高Df的材料將造成嚴重的訊號損耗問題。因此高頻材料需具備low Dk & low Df的特性，以減少訊號延遲並提升傳播能量功率(dB)，因此高頻材料的設計以及對應的產品其電路板設計及製造將帶來很多挑戰。

9.6.1.2 細線製作

電路板銅線路設計密度越來越高，意味著線寬/距越來越細，其需求可達50um以下；作為訊號傳輸載體，有幾個製程上的挑戰：

1. 銅線路與絕緣基材間的附著力和其粗糙度正相關，但高頻的應用因集膚效應（skin effect）卻必須是低粗糙度，兩難之下要找解決方案，如SAP、mSAP等。

2. 細線製作已達50um以下至30um或更細需求，因此影像轉移之製程技術從有光罩的平行曝光到無光罩如DI、LDI等製程，進展到Step & Repeat、Scanning微影設備的導入、以及全加成轉印製程開發。這些製程技術的進展需要龐大資本支出、曝光設備挑戰、流程及製程參數改變、成線形狀精準性等，微細線路的製作有眾多困難持續克服中。

9.6.1.3 線路截面形狀控制

承載電流與高頻/高速訊號傳輸的需求電路板的線路設計與製作要求重點不同承載電流考慮其負載大小和線路截面積，相關截面積越大電阻越小可負載電流越大；高頻/高速資料流量及訊號傳輸頻率影響因素眾多，材料電性特性介質層厚度防焊厚度銅導體寬度厚度及線長等電路板能有效控制特性阻抗(Characteristic Impedance)，則可達成電路板與起始及終端元件的電子阻抗相匹配，訊號方能快速完整的傳輸。阻抗匹配是指電子傳輸能量在傳輸時要求負載阻抗要和傳輸線的特性阻抗儘量相等。

如果兩者阻抗不相等，就是所謂阻抗不匹配，阻抗不匹配時訊號傳遞能量就會產生反彈，造成訊號強度衰減，使原本良好品質的方波訊號立即出現異常的變形，進而產生訊號雜訊而影響訊號傳輸品質。

9.6.1.4 銅線路粗糙度

　　隨著5G商轉，傳輸頻率將大幅提升，也使訊號傳輸來到毫米波(mmWave)層級。從而衍生如下問題：(1)反射(reflection)、(2)介入損耗(insertion loss)、(3)集膚效應(skin effect)。其中電路板製程在材料的選擇及製程參數對集膚效應相對影響較大。電流大多於導線表面傳輸，此稱為集膚效應(skin effect)，集膚深度將隨頻率上升而減薄。以銅導線為，當頻率升高至約10 GHz時，銅導線之集膚深度將小於1 μm。當集膚深度較小時(例如：高頻操作)，極容易造成訊號的駐波(standing wave)與反射(reflection)等現象發生，導致訊號損失。因此導線的表面形貌粗糙度(Roughness)及材質特性(金屬表面處理，Metal finish)是訊號損耗的重要因數。

　　電路板使用的銅箔基板及多層板外層使用的銅箔，為了提升銅箔與基板結合強度，其接合面常會進行粗化工程，使其產生具有高粗糙度的牙根，以利後續壓合(lamination)製程的進行。另外外層防焊製程後之銅墊、銅線之表面處理(Metal finish)，其介面(含銅線表面及兩側)之粗糙度在越高頻率的傳輸下，影響越深遠，因此銅線路的介面粗糙度控管在高頻產品的應用上越來越重要。

9.6.1.5 銅墊表面處理

　　高頻高速傳輸時，訊號的整體損耗稱為介入損耗(insertion loss)，其主要源於(i)介電損耗(dielectric loss)與(ii)導體損耗(conductor loss)。介電損耗(dielectric loss)：泛指訊號被基板介電材料影響所造成之損耗情形，並以介電損耗因數(Df)表示導體損耗(conductor loss)：其包括直流電(direct current, DC)電阻損耗及交流電(alternating current, AC)電阻損耗兩種。導體損耗與導體總電阻有關，因此導體損耗和銅以及其上的表面處理金屬種類，就有極大關連：導線的截面積(線寬和厚度的乘積)，及金屬材質導電率(σ)；亦即除了介質材料種類，和金屬表面處理的金屬種類及沉積厚度都有直接的、重要的影響。

9.6.1.6 內埋技術

　　電子產品在輕、薄、短、小、高功能化趨勢演進之際，有限的構裝空間中容納數目龐大的電子元件，是電子構裝業者必須面對解決與克服的技術瓶頸。為了解決此一問題，構裝技術逐漸走向System in Package (SiP)的系統整合階段，因此立體式的構裝方式及埋入式元件整合的技術，已然成為SiP的發展關鍵，也衍生出下世代電子構裝架構的契機。藉由元件的內埋化，可使構裝面積大幅度縮小，使多餘的空間能加入更多高功能性元件，藉此提高產品整體的構裝密度；此外，由於訊號傳輸路徑的縮小，可有效改善電性，亦提高產品品質與可靠度。因此，內埋技術的發展便逐漸受到重視。

9.6.2 高速

9.6.2.1 背鑽

傳輸資訊之高速訊號板類的結構十分複雜,例如用於用於交換機(Switch)的厚大板設計可到2、30層,各通孔縱橫比(Aspect Ratio)都在10:1以上,作為訊號傳輸線連通的孔為了避免多餘孔銅壁會出現天線效應,必須做背鑽(Back Drill)除去無用的孔銅。此無用的多餘孔銅壁(Stub)若未去除會造成信號完整性問題。

背鑽的設計可減小雜訊干擾、提高信號完整性以及減少埋盲孔的設計,降低PCB製作難度。背鑽要求基本就是在不破壞通孔與走線連接下,把Stub長度儘可能鑽除,因此除鑽孔製程之深度控制能力外,尚需在前製程的層間對位、層間厚度控制、及總體厚度均勻性等都要精準管控。

9.6.2.2 孔壁導體化

電路板層間導通是利用孔壁導體化+鍍銅來完成所需電性功能,一般多指鍍通孔化學銅製程,直接電鍍(Direct plating)的技術,如碳粉、以及導電高分子等。由於高速運算效能需求,板層數高,產品運作時往往產生高熱,板子的絕緣層及金屬層的熱膨脹係數CTE差異大(Z軸尤甚),若孔壁導體化及電鍍銅製程控管不當,經常可見到孔口處被拉斷形成所謂的斷角(Corner Crack)、或鍍層龜裂、或孔銅分離等缺陷,造成產品失效。

9.6.2.3 銅箔結構

銅箔的製作過程一般都是以高電流密度(可以高達600ASF以上)生產形成柱狀之高速銅箔,但在高頻/高速運用的電路板,其使用的銅箔為排除集膚效應,除了低粗糙稜線及反轉銅箔(reverse treated copper foil)需求外,還刻意以低電流鍍之,故見不到柱狀結晶,且在不同電流密度下結構中甚至可看到中分線的高速銅箔,當然此種銅箔價格比一般標規銅箔貴許多。

9.6.3 高多層

9.6.3.1 薄基板

由於電腦/通訊電子產品的高速/高頻化,且傳輸容量龐大,因此DC(數據中心)所需數量大增,伺服器、路由器、交換機等大尺寸/高多層電路板(20~40層以上)的大量需求。因層數高,避免總厚度過厚,並節省傳輸線的長度以減高速傳輸中的雜訊(Noise),所以多層板之內層"薄基板"(也稱Thin Core)薄型化需求殷切,現有基材已可達0.05mm厚度,但未來勢必會有更薄基材的出現。

9.6.3.2 高縱橫比孔導體化

電路板製作時，結構中的"通孔"或"盲孔"自身的長度（及板厚度）與直徑二者之比值，稱之為縱橫比(Aspect Ratio)。縱橫比越高代表板厚越厚或孔徑越細或者兩者皆是以目前高層數板動輒20幾層，via孔徑若為0.2mm，則其縱橫比就過10：1。過往5：1製程就有難度，但隨著設備的改良添加劑的改善等，更高層數的產品如晶圓探測卡(Probe card)等，各廠商的製程能力都須超過20：1的高縱橫比。除通孔導體化製程外，其鑽孔作業也比較困難；受熱時孔壁應力集中點或較薄處也容易被拉斷，這些都是高縱橫比結構必須克服的製程。

9.6.3.3 板子尺寸漲縮控制

電路板的尺寸漲縮就是指電路板製作流程中，基材吸濕膨漲、除濕收縮以及線路蝕刻前後之板子尺寸變化的過程。愈高溫高濕時，尺寸變化越大，尺寸漲縮對各製程的作業有很大的影響-如多層板壓合層間對位、鑽孔與內層的對準度、外層和防焊、文字的對準度、以及成品的尺寸公差等。越是高層次板，對這些製程的對位精準度的挑戰越大。

9.6.4 高階 HDI

9.6.4.1 板材熱特性表現

電路板在組裝過程受到焊接的熱衝擊-如無鉛組裝製程、多次的波焊和回焊；其次組裝好之電子產品成品可能運作場域是在氣候極端惡劣的環境，如赤道、沙漠、南、北極等，在其產品生命週期中，可能承受數百、數千次的高低溫循環變化，這些冷熱的衝擊對電路板材及組裝成品是很大挑戰。所以板材熱特性的表現就非常重要，其特性如玻璃轉化溫度 (Tg)、熱膨脹係數 (CTE)、熱裂解溫度(Td)、熱衝擊試驗(Thermal Shock)的表現、冷熱循環測試(Thermal Cycling)的表現...等，都是影響其可靠度及產品壽命的重要因素。

9.6.4.2 盲孔可靠度

標準盲孔製作是以不同能量、波長的雷射光束除銅、除介質層來完成盲孔。完成的盲孔再經過孔壁導體化、鍍銅填孔、或樹脂塞孔等製程期間盲孔必須做的品質檢測包括：漏鑽、雷射過強或過弱、偏移、殘膠、污染、縱橫比等。雷射對於玻纖布去除能力不足，所以介質層的選擇就有純樹脂及膠片。因鍍銅填孔製程的成熟進步，再加以玻纖布製造廠商開發適合雷射燒蝕的布種，因此目前已不形成困擾。但是高階HDI因盲孔疊數多，代表需經過多次的壓合、多次的高熱製程，材質必須耐得住多次熱製程而不變質盲孔之銅層和孔壁絕緣層附著，以及和底銅(Target Pad)之間的附著性，也必須經得起未來電子產品完成前後的各式環境及壽命測試，消費性電子產品壽命有限，挑戰不大，但高階及產品壽命要求長的電子產品就有諸多挑戰！

9.6.4.3 鍍銅填孔

盲微導孔(BMV)的鍍銅填孔(Copper filled)起源於IC Substrate製程，現已成為一應用標準。VIP（Via in Pad）技術，係由對BGA更小間距的需求所驅動。有了可靠的BMV填孔，高密度PCB設計的VIP技術可被達成，同時可免除如焊錫空銅/焊點可靠度等組裝問題。因無化學藥劑殘留，可避免焊接點被污染或腐蝕。盲孔的鍍銅填孔讓堆疊孔（stacked vias）的製程成熟、全部填銅盲孔任意層互連的ELIC（Every Layer Interconnection)得以實現；鍍銅填盲孔使從構裝和組裝作業到整個構裝電子產品電路板可靠度獲得整體的改善。

9.6.5 高電流

9.6.5.1 厚銅線路製作

電子產品在高電流需求的作業環境下，如電源模組（功率模組）、汽車電子元件以及一些軍工產品，其傳導高電流的銅線路寬度及厚度的設計及製作為其重點。其銅線路厚度通常在3OZ以上，甚至到10OZ以上，因此透過線路截面積與通過電流的關係圖可設計適當的電路板線路孔徑及孔銅結構。厚銅電路板製作重要相關製程如下：

1. 內外層厚銅線路的製作

2. 厚銅線路芯板的壓合，包括層壓線路樹脂填充和整體板厚的控制

3. 厚銅芯板層壓後的外層的鑽孔

4. 外層厚銅線路的防焊塗佈及圖形轉移製作

9.6.5.2 防焊及樹脂填充

厚銅板的線路特性就是縱橫比高(線厚/線寬)，線路形成後之後續製程：壓合及防焊塗佈製程的挑戰性頗高。

多層板壓合過程藉由膠片(Prepreg)裡樹脂的流動鋪滿線間距，並把空氣排走，一但線路很厚—例如5OZ銅(超過170um)，很難只以PP來提供樹脂，通常會先塗佈樹脂鋪平間距，再進行壓合製程；外層防焊塗佈碰到同樣的挑戰，外層線路縱橫比高，需考慮如何塗佈、幾次塗佈、何種塗佈設備等。如果有內層埋孔或外層導孔需塞孔，尚需考慮塗佈數量以及烘烤條件--必須充分硬化且經得起後續各種可靠度測試，防焊及樹脂的填充製程是厚銅電路板產品製作的挑戰之一。

9.6.6 高可靠度

電子產品的可靠度指的是該產品在正常使用下的穩定性、信賴性以及其他性能指標。該指標衡量了該產品對於它原有功能的實際履行程度。

使用時間和環境對於電子產品的可靠度也有很大的影響。如果一個產品在正常條件下無法正常使用，則其可靠度不高。另外，隨著使用時間的延長，電子產品的可靠度也會有所下降，尤其是在寒冷和潮濕環境中使用時更是如此。

依據不同的產品，可靠度測試可以分為兩類：靜態測試和動態測試。靜態測試包括質量檢測、耐久性檢測、安全驗證等；動態測試則包括可靠性試驗

9.6.7 低碳製程

低碳製程可以涵蓋減少能源消耗、降低碳排放、廢棄物管理、能源回饋、生態保育等一系列方案。

9.6.8 綠色材料

綠色材料指的是由可回收材料或可再生材料製成的物品，例如木材、紙張、玻璃和金屬等。它們可以有效降低環境污染，循環再造，並且能夠減少地球資源的依賴與破壞。

CHAPTER **10**

電路板製造之製前工程

第十章 電路板製造之製前工程

10.1 前言

台灣PCB產業屬性，幾乎是以OEM（Original Equipment Manufacturer，貼牌生產或原始設備製造商），也就是受客戶委託製作空板（Bare Board，其尚未焊接元件）而已，有些國家地區，尤其是美國，很多電子產品設計公司是承接包括了線路設計，空板製作以及組裝(Assembly)的Turn-Key業務。二、三十年前，因為電腦輔助系統才正處發展階段，所以客戶要委由電路板廠製造PCB時，往往需提供原稿資料如Drawing(工程圖)、Artwork(製作底片)、Specification(工程品管規範)、BOM(物料表)等再以手動翻製底片、排版、製作鑽孔程式帶等作業，讓製造單位進行生產。隨著半導體功能的飛快發展，電腦系統演算速度跳躍式的進步，過去以燈桌、筆刀、貼圖及大型照相機(排版翻拍做工作底稿)等做為製前工具，現在已被電腦工作站、作業軟體及鐳射繪圖機等所取代。以往以手工排版，或者還需要Micro-Modifier來修正尺寸等費時耗工的作業，今天只要CAM(Computer Aided Manufacturing)人員取得客戶提供的製作資料及規格後，就能在幾小時內依設計規則自動排版並補償生產過程的變異參數。透過DFM(Design For Manufacturing)系統，可以同時輸出如：各層工作底片、鑽孔程式、AOI程式、成型程式、電測Net-list等供生產部門使用。

製前設計顧名思義即是製造前基於生產工程的考量，設計出各項提供給各製程使用之工具及作業指示，讓各製程單位明瞭產品的規格要求，得以生產出符合客戶需求的印刷電路板。例如，在工具方面包括有內層、外層及防焊製作曝光用的底片、文字印刷製作網板用的底片、鑽孔程式、成型程式、電測程式等。製作工單上的工程及品質規格的確定，基本的項目如成品板厚、防焊顏色、孔銅厚度…等，進而在許多的製程參數方面如電流密度、烘烤時間、銑刀刀徑…等，甚至是出貨包裝方式、幾片一包等，均須明確的指示。因此製前工程設計，所包含的範圍涵蓋印刷電路板的所有生產製造、品質要求等細節。

近年由於3C可攜式電子產品的輕薄短小多功能發展趨勢，以及如汽車電子、大型工作主機、雲端伺服器等高可靠度要求、4G/5G的高速通訊需求等，電路板的製造面臨了幾個挑戰：

（1）薄板
（2）高密度
（3）高性能
（4）高速高頻
（5）環保議題
（6）材料多樣異質化
（7）產品週期縮短
（8）降低成本…等。

這些挑戰改變了製前工程的工作內涵，他必須清楚了解客戶產品使用的電路板電性、物性等信賴性需求，也須了解廠內製程特性與能力，才有辦法在生產前規劃設計出良率高且符合客戶需要的板子。面對激烈競爭的環境，精準的製前準備工作越顯重要。

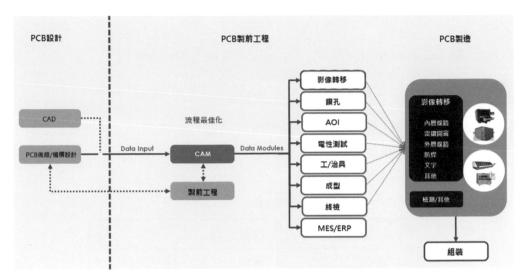

圖 10.1 製前工程工作事項示意圖

10.2 相關名詞的定義與解說

A Gerber file

這是一個從PCB CAD軟體輸出的資料檔，做為光繪圖語言。1960年代一家名叫Gerber Scientific（現在叫Gerber System）專業做繪圖機的美國公司所發展出的格式，爾後二十幾年，行銷於世界四十多個國家。幾乎所有CAD系統的發展，也都依此格式作其Output Data，直接輸入繪圖機就可繪出Drawing或Film，因此Gerber Format成了電子業界的公認標準。

B. RS-274D

是Gerber Format的正式名稱，正確稱呼是EIA STANDARD RS-274D (Electronic Industries Association)，主要有兩大組成：1.Function Code：如G codes、D codes、M codes 等。2.Coordinate data：定義圖像（Imaging）。

C. RS-274X

是RS-274D的延伸版本，除RS-274D之Code 以外，包括RS-274X Parameters，或稱 Extended Gerber Format。它以兩個字母為組合，定義了整個繪圖過程的一些特性。

D. IPC-350

IPC-350是IPC發展出來的一套neutral format，可以很容易由PCB CAD/CAM產生，然後依此系統，PCB SHOP 再產生NC Drill Program、Netlist，並可直接輸入 Laser Plotter 繪製底片。

E. Laser Plotter

見圖10.2，輸入Gerber format或IPC 350 format以繪製Artwork。

F. Aperture List and D-Codes

見表10.1及圖10.3，舉一簡單實例來說明兩者關係，依據表10.1的數值及定義可繪出圖10.3。Aperture的定義亦見圖10.2。

表10.1

Gerbe 資料	代表意義
X002Y002D02*	移至(0.2.0.2).快門開關
D11*	選擇Aperture2
D03*	閃現所選擇Aperture
D10*	選擇Aperture1
X002Y0084D01*	移至(0.2.0.84).快門開關
D11*	選擇Aperture2
D03*	閃現所選擇Aperture
D10*	選擇Aperture1
X0104Y0084D01*	移至(1.04.0.84).快門開關
D11*	選擇Aperture2
D03*	閃現所選擇Aperture
D12*	選擇Aperture3
X0104Y0048D02*	移至(1.04.0.48).快門開關
D03*	閃現所選擇Aperture
X0064Y0048D02*	移至(0.64.0.48).快門開關
D03*	閃現所選擇Aperture

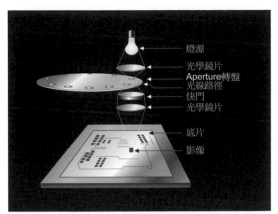

圖 10.2 雷射繪圖機示意

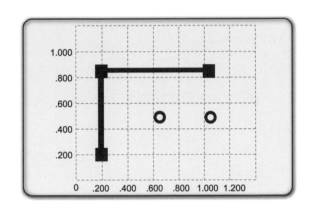

圖 10.3 依表 10.1 的 Gerber 資料對應的圖檔

10.3 製前設計流程

圖10.4是典型板廠製前工作流程

製前工程設計銜接業務單位所提供的客戶訂製之產品資料，通常包括所謂的Gerber 檔案，工程圖及製作規格書…等。製前工程師根據客戶提供的這些資料，進行資料的審查確認，最主要的是要確認廠內的製程能力是否能符合客戶的要求。

有些板廠的組織把製前工作分為兩個部分：產品設計及CAM 設計。產品設計的工作範圍包括，客戶資料審查 > 原稿分析 > 排版設計 > 疊構設計 > 鑽孔設計 > 流程設計 >CAM 作業指示…等；CAM 設計的工作範圍則包括，底片編輯 > 鑽孔程式 > 成型程式 > 電測程式…等。

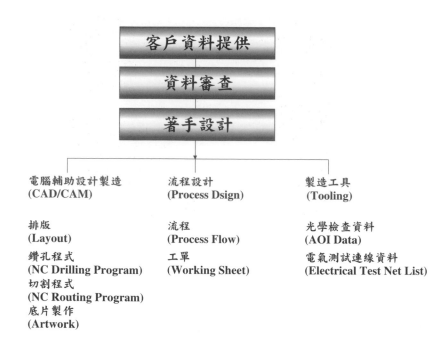

圖 10.4 典型板廠製前工作流程

一般客戶資料審查的項目如下表10.2所示。

表10.2 一般客戶資料審查的項目

項目	內容
1. 料號資料 (Part Number)	包含此料號的版別、更改歷史、日期以及發行資訊。
2. 工程圖 (Drawing)	料號工程圖： 包括一些特殊需求，如原物料需求，特性阻抗控制、防焊、文字種類、顏色、表面最終處理(Metal finish)、尺寸容差、層次等。
	B. 鑽孔圖 　此圖通常標示孔位及孔號
	C. 連片工程圖 　包含每一小片的位置、尺寸、折斷邊、工具孔相關規格、特殊符號以及特定製作流程和容差。
	D. 疊合結構圖 　包含各導體層，絕緣層厚度，阻抗要求，總厚度等。

項目	內容
3. 底片資料 (Artwork Data)	A 線路層 B 防焊層 C 文字層
4. Aperture list	定義：各種pad的形狀，一些特別的如thermal pads
5. 鑽孔資料	定義： A. 孔位置 B. 孔號 C. PTH & NPTH D. 埋孔及盲孔層
6. 鑽孔工具檔	定義： A. 孔徑 B. 電鍍狀態 C. 盲埋孔 D. 檔名
7. Netlist 資料	定義線路的連通
8. 製作規範	A. 指明依據之國際規格，如 IPC、MIL B. 客戶本身的PCB進料規範 C. 特殊產品必須meet的規範如汽車應用-IPC 6012DA

10.3.1 客戶必須提供的資料

　　電路板客戶委託製造，必須提供如表10.2所示的相關資料，以供板廠製作依據。除表列的必備項目，有時客戶會提供一片樣品(Golden board)，一份BOM(Bill of material)，一份保證書（例如：保證製程中使用之原物料、耗料等不含某些有毒物質）或報關需要之產品安全證明C of C (Certificate of Conformity)等。這些額外資料，製造商必須自行判斷其重要性加以釐清運用。

　　終端產品的設計製作者，他對於產品所用的電路板會有不同的認知，因此會對組裝的大小、功能、供電模式、散熱方法等，更細部的考慮。若是電路板製造者能夠更進一步的參與整體功能的規劃，會對產品製作有更大的幫助。隨著半導體的設計更小、更細、更密、更高效能，電子產品運作時熱能產生必定提高，因此散熱的設計是產品順利運作的關鍵，而目前許多電子產品的散熱方式在電路板結構設計時就已被列入考慮。

10.3.2 資料審查

面對這麼多的資料，製前設計工程師接下來所要進行的工作程序與重點，如下所述。

10.3.2.1 審查客戶的產品規格，是否廠內製程能力可及，審查項目見表 10.3。

表10.3 承接料號製程能力檢查表

項目	重點說明
規格要求等級及檢驗依據	如材料成分(例如IPC 4101)及等級外觀檢驗依據(例如IPC- A 600)、性能表現規格(如IPC-6012)…等，客戶資料或訂單內容須有明確說明。依據IPC的等級分類為特別說明及依據Class 2來檢查。
最高層數	層數越高代表層間對位難度增加，並對各製程的品質控制要求越高，容差越小。
板厚	有些製程設備對工作件的Min和Max板厚有限制，如輸送結構、電鍍掛架系統、刷磨機…等，若未留意製程設備能力，有可能拉高不良率與成本。
最小線寬、距	高密度細線須要較好的製程條件（如曝光、蝕刻），以及底片製作與保存條件的控制。尤其近年的線寬/距的縮小需求的速度加快甚至需評估新的製程方式如DI設備、SAP製程等。
最小成品孔徑	愈小的孔，須要更嚴苛的鑽孔條件，如鑽針材質及結構的改進、鑽針尺寸容差、對位（如PAD對孔）容差皆須縮小、鑽孔機轉速及其他參數的配合等。
最大的縱橫比(板厚/孔徑稱之，Aspect Ratio）	小孔及厚板將增加PTH及電鍍作業的困難，因此相關的電鍍製程化學品及製程設備之改良，提升製程能力。
整體尺寸容差	包括出沖型(Die punch) 或NC成型(NC routing)或V-cut各相關尺寸位置的容差要求。
其他各項容差	孔徑、厚度、阻抗、成型、尺寸…等，這些品質管制的各項容差，牽涉各製程的能力，且有可能彼此影響，因此須謹慎檢查客戶提供的資料加以評估。
特殊要求	如板彎翹容差、阻抗控制、鍍層平均厚度sigma需求、材料特性、最小絕緣厚度…等。

10.3.2.2 原物料需求（BOM-Bill of Material）

根據上述資料審查分析後，由BOM的展開，來決定原物料的廠牌、種類及規格。主要的原物料包括了：基板（Laminate）、膠片（Prepreg）、銅箔（Copper foil）、防焊油墨（Solder Mask）、文字油墨（Legend）等。另外客戶對於銅面的表面處理(Metal

Finish)的規定，將影響流程的選擇，當然也會有不同的物料需求與規格，例如：化鎳浸金(ENIG)、化鎳鈀浸金(ENEPIG)、電鍍軟／硬金、噴錫、OSP、化銀等。

表10.4歸納客戶規範中，可能影響原物料選擇的因素。

表10.4 客戶規範中，可能影響原物料選擇的因素

項目	敘述	
物性	如Tg、Td	
電性	如特定層之阻抗需求及其容差(現嚴格者已到+/-5%)等	
基材	1. 種類要求如FR4、PI、TEFLON 2. 厚度容差規格	3. 銅箔厚度 4. 絕緣層厚度
防焊	1. 塞孔與否 2. 有否後製ENIG、局部鍍金等需求	3. 厚度要求 4. 其他機械、化學的後處理及耐熱要求

上述乃屬新資料的審查，審查完畢進行樣品的製作，若是舊資料，則須確認製作的版本及有無客戶ECO (Engineering Change Order)，然後再進行下流程必要的審查。

10.3.2.3 多層板疊構

多層板疊構設計是印刷電路板生產過程中，最主要的程序，也是影響印刷電路板各項可靠度最重要的因素之一。

表10.5 疊構設計準則

ITEMS	重點說明
材質	不同的材質，最主要影響到的就是疊板材料特性的選用，這部分最主要是要依據客戶的規格。特別有些低阻抗介電質常數(Dk) 的材料，或是低損耗率(Df)的材料。
疊合架構	即所謂的Buildup Type，在多層板特別是HDI 或是Sequential 板，要如何(How)以及何時(When)去疊合、壓合與成孔。請參考下圖。
材料供應商組合	材料供應商組合所定義的主要是基於對UL 認證送樣核准的材料供應商的匹配。UL認證有一定的規格要求，依據所送樣的材料供應商組合所通過的測試結果給予合格等級。
材料特性	材料特性對製前設計來說，主要在Tg 點、延展性、鹵素等，這些特性會影響壓合程式的選用，也是主要客戶規格會去定義的，因為這些特性的要求往往與電路板功能面上是必須達到的規格。
阻抗要求及公差	阻抗要求包括 1. 阻抗型態 2. 線寬／線厚 3. 阻抗值 4. 阻抗公差。

ITEMS	重點說明
板厚及指定厚度規格	板厚是電路板最基本的規格項目，包括板厚公差，因為板厚規格，直接影響組裝性。對於指定厚度規格，有些是因為特性阻抗的要求，有些則在對於絕緣能力的要求。
設計條件限制	設計條件限制所考慮的是設計準則，主要與廠內的製程能力或是設備限制有關。例如，填孔的問題、方式，就會決定疊構壓合的做法。
銅層厚度	銅層厚度直接影響到材料(PP)的選用，PP的含膠量足不足夠填膠。
特殊規格	有些特殊規格必須匹配特殊的材料，例如Anti-CAF(Conductive Anodic Filament--導電性陽極細絲)，或是雷射鑽孔應用於基板鑽孔上必須採用反轉銅箔等。

10.3.3 著手設計

所有資料檢核齊全後，開始分工設計：

10.3.3.1 流程的決定 (Process Flow Design)

由資料審查的分析，以及檢視客戶產品需求規格後，設計工程師就要依據廠內製程現況、能力與外部資源，決定最適切的流程步驟。

整體先期的設計對後續電路板生產會產生決定性的影響，尤其是採用鍍通孔法或增層法製造，對製程規劃而言是截然不同的。若選擇繞線密度較低的一般多層板設計，因為技術較為成熟，一般可以得到較好的效率及良率。但若朝向高繞線密度的高密度增層板設計，則因為困難度增大，雖然可以提高產品連結密度，但對製造設備、檢查設備、製造環境、製造技術、技術相容性等課題都是挑戰。加上成本的增加，良率的可能降低等因素，如何選用有待設計者確切的評估。

高密度增層法的技術、製程區分十分多樣化，由所使用的材料種類、成孔法等可分為多類技術與作法。板廠應先選擇最適合自己工廠體質的製程與材料，其後再進入整體的製程規劃。基本上對樹脂材料的選用，可分為有銅箔與沒有銅箔兩類製程，無銅箔製程選用者必須有強而有力的化學銅製程能力，有銅箔者多數必須注重雷射成孔的製程能力。到目前為止最普遍被使用的樹脂材料形式仍為附樹脂銅箔或銅箔+Prepreg，以雷射成孔並進行全板及線路電鍍。這種方式的線路密著性好，對一般的電路板細線路需求也能適度滿足。但由於細線的需求越來越殷切，無銅箔製程之SAP或改良型mSAP未來應用比例將大幅提高。

選擇成孔及金屬化製程，再整合前後的相關製程就可以進行高密度增層板的生產了。

多層埋/盲孔制程

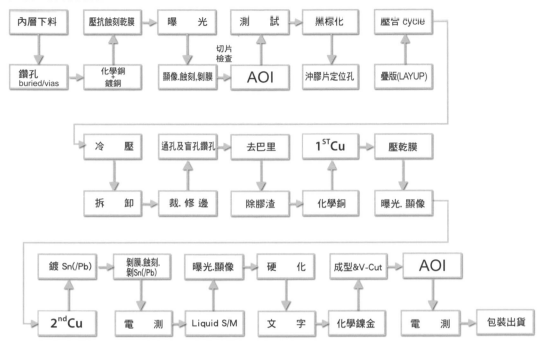

圖 10.5 多層 HDI 板製程 (例)

雙面金手指(負片製程)

圖 10.6 雙面有金手指之負片流程示意圖

10.3.3.2 CAD/CAM 編輯作業

　　客戶提供的Gerber 檔案,以廠內使用的CAM 編輯軟體輸入。需要非常小心地確認D-Code(形狀定義)、Size 尺寸、格式(3.3/2.4)、單位(Inch/mm)、前補零或是後補零等等,Gerber 輸入錯誤,通常不易被發現,有時到客戶組裝上件才知道。因此,有些板廠廠內會要求有一定經驗的CAM 工程師來負責此項工作,或是要求要用兩種CAM 編輯軟體分別輸入,以達到Double Check 的目的。

10.3.3.3 定義層屬性 (內層、外層、鑽孔、防焊、文字…)

Gerber 輸入完成後，可以讀取檢視每一層的圖形資料，依照客戶所提供的圖示說明，定義每一層的屬性。內層(L2、L3…)、外層(Component Side/Solder Side)、鑽孔層(PTH、NPTH、Laser…) 、防焊(Component Side Mask/Solder Side Mask)、文字(Component Side Silk Screen/Solder Side Silk Screen)等，並依據電路板各層次的順序排序。

10.3.4 編輯設計要點

包括：

10.3.4.1 線路

線路設計的精神在執行元件配置與連接，同時讓整體產品順利發揮功能。因此線路設計前，要先設定電氣特性目標如：線路電阻、絕緣電阻、特性阻抗、信號容許延遲、電磁幅射等，接著處理電源供應、接地、配線層、平行長度限制等。這些都決定後，才決定採用何種電路板結構及材料製作電路板。零件組裝有插孔式、表面黏著式及裸晶組裝，由此而選擇及決定所對應的電路板最終金屬處理及孔的結構。線路配置規則是設計電路板的主要項目，以下列舉一些線路層編輯需要注意的重點：

- 最小線寬 (正片)/ 最小隔離 (負片)
- 最小線距 / 最小通路寬度
- 最小孔環 (Annular Ring)/ 最小隔離 Pad 邊 (NPTH 孔)
- SMD Pad 長寬 / 最小 SMD Pad 寬度
- 尖角或細絲消除
- 導體距成型距離 (Rout、V-Cut、Punch、GF 斜邊)
- 線路補償

10.3.4.2 防焊 & 文字

以下為針對防焊&文字的層的編輯重點：

- 曝光擋點大於 Pad 最小距離
- SMD Pad 間下墨最小 Spacing(與油墨種類有關)
- 防焊單邊擋點檢查

- Via Hole 塞孔 / 不塞孔

- 擋點印刷 (露錫圈與孔內防止防焊)

- 塞孔作業

- 墓碑效應防止

- 文字最小線寬

- 文字距防焊最小 Spacing

- 文字可位移距離

- 可套除 / 不可套除限制

- 文字辨識程度

表10.6 是電路板製前設計時的一般性點檢表，含項目與圖示

項目	圖示	項目	圖示
漏鑽孔		多鑽孔	
重覆鑽孔		孔與孔最小間距	
孔與板邊最小間距		板邊與板邊最小距離	
線邊與板邊最小間離		最小墊環	

項目	圖示	項目	圖示
墊邊與墊邊最小間距		墊邊與線邊最小間距	
最小線寬		最小線距	
NPTH孔與線邊最小間距		線終端缺少pad	
層間pad對位		防焊與銲墊邊最小餘環(Clearance)	
防焊餘環邊至線邊最小間距		N孔的防焊餘環	
防焊至板邊最小clearance		最細防焊隔線(web)	
接地層銅緣和板邊最小間距		接地層最小墊環	
接地層最小Clearance		文字和NPTH孔最小間距	U38

項目	圖示	項目	圖示
文字和PAD孔最小間距	**U38**←	文字和防銲Clearance邊最孔最小間距	**U38**←
文字最小長寬及線寬	**U38**		

依據check list審查後，當可知道該製作料號可能的良率以及成本的預估。

10.3.4.3 排版設計

排版的尺寸選擇將影響該料號的獲利率。因為基板是主要原料成本（排版最佳化，可減少板材浪費）；而適當排版可提高生產力並降低不良率。

有些工廠認為固定某些工作尺寸可以符合最大生產力，但原物料成本增加很多。下列是一些考慮的方向：

一般製作成本，直、間接原物料約佔總成本30~60%，包含了基板、膠片、銅箔、防焊、乾膜、鑽針、重金屬（銅、錫、鎳、金等），化學耗品等。而這些原物料的耗用成本，直接和排版尺寸恰當與否有極大關係。大部份客戶端做線路Layout時，會做連片設計，以使組裝時有最高的生產力。因此，板廠之製前設計人員，應和客戶密切溝通，以使連片Layout(佈線)的尺寸能在排版成工作PANEL時可有最佳的利用率。表10.7簡要說明製前工程師在進行排版設計時，必須考慮的設計準則。

表10.7 排版準則

ITEMS	重點說明
材質	不同的材質，影響購進基板的尺寸及排版設計。
板厚	最小板厚是否符合製程設備輸送的規格，設備限制的最大板厚，大片厚板或是厚銅板的重量限制..等。
層數	因層數的多寡在板邊的工具孔設計會有不同，主要考量鉚合上PIN對位方式。

ITEMS	重點說明
疊合方式	疊合方式主要影響壓合次數,對於排版來說就是板邊工具孔的設計、撈邊量的計算。
最小/最大發料尺寸	取決於設備的限制,以及對於漲縮的管控能力。
留邊尺寸/留邊公差	考慮板邊的各種工具孔設計方式及數量。
撈邊尺寸	電鍍與壓合製程、殘膠及平整性的考量。
排版/Coupon 間距	出貨片與出貨片之間的間距或是Coupon 與Coupon 之間的間距或是出貨片與Coupon 的間距,預留給CNC 銑刀撈出出貨片的寬度。
排版片數	原則上排版片數越多越好,可以提高生產的效率。
基材利用率	基材利用率= 基板內出貨面積總和 / 基板面積,利用率越高,材料的損耗越少。
裁板利用率	裁板利用率= 基板內工作排版面積總和 / 基板面積,利用率越高,剩餘邊料越少。
排版(發料)利用率	排版利用率= 工作板內出貨面積總和 / 工作板面積,基本上留邊尺寸的大小,決定了排版利用率。
壓合利用率	壓合製程因為耗時較長,受限於機台空間的關係,所以必須同時考慮排版片數、基材利用率與壓合利用率之間的平衡。
電鍍掛架利用率	電鍍掛架利用率在垂直電鍍設備上,在排版設計的同時,可以同時納入參考。
設備限制	例如:電鍍槽深,以及高、低電流區的分布與均勻性。

PCB Layout工程師在設計時,為協助提醒或注意某些事項,會做一些輔助的記號做參考,所以必須在進入排版前,將之去除。下表10.8列舉數個項目,及其影響。

表10.8 必須去除之輔助記號

項目	影響
外層NPTH孔留PAD	D/F無法Tenting而成PTH孔
成型線	會殘留銅絲於板邊
鑽孔位置做圓PAD記號	1. 於內層,造成open　　2. 於外層,PTH→NPTH
文字層未和防焊層套用	文字沾PAD或孔內沾漆

進行working Panel的排版過程中，尚須考慮下列事項，以使製程順暢：

表10.9 排版注意事項

項目	目的
對位工具系統	設計於板邊，以進行鑽孔、曝光、成型等之對位。
下游裝配 Fiducial Mark	裝配時視覺感應定位記號，可以和客戶溝通以決定形狀與位置或客戶指定.
測試coupon	包含孔、線路，可在製程中供切片檢查。亦須考慮客戶收貨後的檢查如"阻抗"檢查的特殊coupon等。
內層導膠線路 Vent	壓合過程，讓膠流動均勻順暢
外層吸電流線路Thief	在高電流區加入無功能不規則鍍面，以使鍍層均勻。
料號辨識	成型外以文字標示相關客戶料號或製程。

10.3.4.4 鑽孔程式設計

一般鑽孔程式設計會在排版完成後，併同板邊各式工具孔一起考慮設計鑽針刀具的選擇、最佳途程設計、成孔徑容差考慮等，如：最小鑽針徑、最大鑽針徑、最小槽針徑、鍍銅要求厚度、表面處理方式補償量等，表10.10是鑽孔設計準則重點說明。

表10.10 鑽孔設計準則

ITEMS	重點說明
鑽孔屬性	鑽孔隨著電路板功能的設計會賦予不同的屬性，例如貫穿導通孔 (PTH)、貫穿非導通孔(NPTH)、導通孔(Via)、壓配孔(Press Fit) 等。依據不同的屬性，設計上給予不同的補償及不同的公差控制。
孔銅厚度規格	孔銅厚度規格會影響面銅厚度，面銅厚度會影響蝕刻條件。對鑽孔徑來說，主要的還是孔徑的補償條件。
表面處理方式	不同的表面處理會有不同的厚度，例如噴錫一般規格17.5um (~0.7 mil) 以上，浸金通常只有2~4u"的厚度，化鎳厚度 (100~120u")，所以對不同的表面處理設計上要有不同的孔徑補償。
電鍍板厚(縱橫比)	電鍍板厚與最小孔徑決定了縱橫比，縱橫比是電鍍能力的指標。
鑽孔公差	鑽孔公差越小對於鑽針品質的要求越嚴格，而且如果是不對稱公差，例如+0/-6 代表只允許小於成品孔徑規格不可大於，通常在設計上就必須調整中值。
鑽孔位置	鑽孔的位置距離線路或是距離於板邊都必須檢查，並且依不同的屬性確認製做的可行性與製做的方式。銅面上要做出NPTH 孔，通常只能用二次鑽孔的方式來實現。
槽孔設計方式	有些零件孔設計為槽孔，槽孔要以鑽孔鑽出或是由CNC以銑刀撈出槽孔，主要由槽孔孔徑(鑽頭最大250 mil) 或是鑽孔鑽法來決定。
客戶規範	客戶提供成品孔徑規格，電路板廠依廠內的製程條件補償後的鑽孔值，受限於鑽針的尺寸規格(正常鑽針尺寸為每0.05 mm 間隔)，通常會落在兩個鑽針尺寸的中間，客戶規範會影響選鑽方式。

10.3.4.5 底片製作

為了要製作電路板的內外層線路、增層法成孔、防焊圖形、文字圖形、選鍍製程等需要製作出個別的曝光底片，一般最常使用的材料是聚酯(Polyester) 銀鹽感光膜。雖然生產用的底片主分為棕片及黑片兩類，但為了尺寸穩定度及自動化等種種因素，黑片有較大的利基。製作時依CAD/CAM資料在底片上進行線路曝光，由於底片對尺寸變化要求嚴格，除使用尺寸穩定的薄膜外，並在恆溫恆濕、防塵的環境下進行作業。溫、濕條件雖因廠商而異，但大致都在20~24℃、50~60% RH左右。底片製作環境最好與加工環境相當，同時擁有多個操作環境的廠商也應進行統一條件的工作。對尺寸更為嚴苛的產品，可以使用玻璃底片，但這選擇必須曝光機具有安裝玻璃底片的機構與設計。

10.3.4.5.1 底片製作與管理

製作底片的方法有多種，而目前最常被使用的是雷射繪圖法。以往的做法是以第一次的繪成圖為基準圖，每次需要時就複印成為加工底片供現場使用。但在雷射繪圖機普及後，由於製程耗時短且可提供較精準的底片，因此直接使用的廠商大幅增加。

底片資料是將CAD所供應的數位資料經CAM轉換加工，並組合生產作業所須的各種輔助資料，例如：對位記號、測試片、導流溝、假點(Dummy Pad)等等。底片製作前要先在製作室內放置一定時間平衡溫濕度，經暗房內的描繪、顯像、定影、乾燥，完成底片製作。完成後經過檢查，送至曝光區供生產使用。

底片製作最怕塵埃及污染，因此暗房或檢查區都必須在無塵室內進行。無塵室的等級隨產品等級而不同，大致級數在1,000~10,000之間。愈精細的線路，須採用的級數愈嚴格。暗房內的操作自動化是值得努力的方向，降低人員搬運及運動，降低機械產生之落塵量，都有助於底片品質的提昇。

底片單邊會有藥膜面，經過曝光顯像、定影、乾燥後，為了保護藥膜會貼上薄的聚酯保護膜。但在細線路產品生產時，由於與光阻間有間隙存在不利於影像轉移，因此並不使用。

底片完成後要進行檢查、修整，檢查分為外觀檢查及尺寸檢查兩種。

外觀檢查針對短斷路、缺口、針孔、雜點等項目為主，尺寸則以線寬間距、銅墊大小、位置精度等為主。隨著細線技術的需求成長，目視檢查十分困難，即使用放大鏡都容易失誤。在作業性差又有遺漏風險下，自動外觀檢查機(AOI-Automatic Optical Inspector)就成為合適的偵測工具，當然機種必須是適合底片使用的。至於是否提供完整的輔助工具資料在底片上，各家廠商必須自行訂出檢查標準，否則仍不算檢查完整。

底片的管理除了製作外，對於運送及汰換也十分重要。理想的工廠配置是將底片製作與生產單位拉近，這樣不但便於運送管理，也不致產生環境變化過大的問題。但是由於現行工廠的大型化，這樣的理想並不容易實現，因此設置恰當的容器用於底片運送，儘可能縮短運送時間、降低污染機會是作業者必須注意的。由於線路密度愈來愈高，容差要求越來越嚴謹，因此底片尺寸控制，是目前很多PCB廠的一大課題。而由於玻璃底片的尺寸安定性較佳，因此在高階產品的使用比例已有提高趨勢。

一般在保存以及使用傳統底片應注意事項如下：

A. 環境的溫度與相對溫度的控制

B. 全新底片取出使用的前置適應時間

C. 取用、傳遞以及保存方式

D. 置放或操作區域的清潔度

10.3.4.5.2 底片的膠片材料

底片所使用的材料以玻璃底片及聚酯(PET)感光膠片最常見，從操作便利性及費用而言PET感光片較常被使用。PET感光片為一面塗布感光乳膠的聚酯膠片，尺寸安定性是重要的訴求。而PET基材尺寸安定性的提昇，會有助於達成整體安定性的目標。尺寸安定性的影響因素，主要為溫、濕度引起的漲縮、顯影的漲縮及儲存變化等。

基材越薄尺寸的穩定度愈差，而曝光後的顯影、定影使薄膜的吸濕無可避免。膠片底片的製作是以捲式作業，部分處理不佳的底片在捲曲方向會留下較大的應力，這也是尺寸變化的重要因素。因此如何掌控使用的底片材料，才是底片尺寸控制的關鍵。

10.3.4.5.3 無底片的直接描繪系統 (Direct Image System)

無底片影像轉移一直是業界的一種期待，就是在電路板表面覆蓋光阻後直接以繪圖的方式作出影像。這與底片繪圖系統採取大致雷同的方式，其他週邊系統則保持原狀。由於生產彈性及降低多數底片曝光系統的缺點，因此備受期待。

直接描繪系統由於沒有底片製作的問題，可以短時間內轉換料號，適合於小批量、短交期產品，目前單、雙面一次曝光的產品都有。由於要做掃描，縮短曝光時間一直是機械設備商努力的方向。由於設備價格昂貴，加上所使用的光阻特殊價格也高，對大量生產未必有利。這樣的系統要被市場接受，提高曝光速度、降低光阻單價是必要的條件。

由於線路密度愈來愈高，容差要求越來越嚴謹，因此底片尺寸控制，是目前很多PCB廠的一大課題。表10.11是傳統底片與玻璃底片的比較表。玻璃底片使用比例已有提高趨勢。而底片製造商亦積極研究替代材料，以使尺寸之安定性更好。例如乾式做法的鉍金屬底片。

表10.11 傳統底片與玻璃底片的比較表

	傳統工作底片	玻璃底片
尺寸安定性	最易受溫度和相對濕度影響	幾乎不受相對濕度影響，且溫度效應為傳統底片的一半
耐用性	基材易起縐紋且對位孔易受磨損	易破碎，但不易起縐紋
操作／儲存／運送	較輕且具柔軟性容易運送及儲存	較重，需小心防碎，要注意儲存運送空間，並注意其重量
使用於一般的曝光	適用於所有曝光設備	需調整設備或特殊設備
繪圖機	適於一般自動化處理機	碟式或特殊平板處理機
價格	便宜	貴

10.3.4.6 Tooling (AOI 與電測 Net list 檔)

AOI由CAD reference檔產生AOI系統可接受的資料、包含容差，而電測Net list檔則用來製作電測治具Fixture。

10.3.4.6.1 電測治具製作

電測又稱為短、斷路測試(Open/Short test)， 治具的製作還是要從客戶的原始Gerber來處理。

電性測試主要是測試基板線路的導通性(Continuity) 及絕緣性(Isolation)，導通性測試是指通過測量同一網路內結點間的電阻值是否小於導通閥值，從而判斷該線路是否有斷開現象，即通常所說的『開路』；絕緣測試是指通過測量不同網路的結點間的電阻值是否大於絕緣閥值，從而判斷絕緣網路是否 有『短路』現象。測試治具主要注意到1. 基板表面的 PAD 大小。2.PAD 的跨距（Pitch）。3. 導通孔徑大小。4.PAD 表面鍍層的壓痕限制。5. 測量阻值精度的要求。6. 測試的速度等因素。

接觸PCB 的方式，可分為三種方式，一、治具測試，探針按照線路板的測試點位置排列在測試治具上與PCB 相應的測試點相連；二、無治具的移動式探針測試-- 飛針測試，該種方式只有幾根探針，探針在線路板上快速移動與測試點接觸；三、JP 導電膠測試，利用導電膠的各向異性實現連接。

10.3.4.6.2 專用治具測試

使用繞線或電纜連線的方式製做的治具，通常稱為專用治具。利用專用治具測試，稱為專用測試。

優點：結構簡單，技術難度小，設備成本低。

缺點：密度高，點數較多時，成本最高，所以在高密度測試時，一般不推薦使用。

10.3.4.6.3 萬用治具測試

利用萬用治具測試與具有標準密度點矩陣的針床進行測試稱為萬用測試，其中測試治具上的探針一側與線路板的測試 Pad 相接觸另一側與針床接觸，針床上按照固定間距排列彈簧針點矩陣，彈簧針再與電子掃描系統相連接。標準網路依據測點密度又分為單密度（100 點/ 平方英寸）)，雙密度(200 點/ 平方英寸)，四密度（400 點/ 平方英寸）。因為現今電路板越來越細密化，目前已經往八倍密度的測試發展。

優點：治具成本低，測試針及附件可重複使用，適合大批量生產。

缺點：設備成本相對高，且通常對低阻（小於 10 歐姆）測試有限制。

10.3.4.6.4 飛針測試

飛針測試是測試探頭在線路板上快速逐點移動來完成測試，一般是先利用電容法測，當測得電容不在合格範圍內時再用電阻法進行準確確認。每個測試探頭由精密的傳動系統控制運動位置，位置精度可達到 0.01mm。

優點：可以測試密度較高 PAD 較小的線路板，飛針測試也無需測試夾具，又節省了夾具製作成本。

缺點：測試的速度與治具式測試相比較慢，且探針的壽命也不如人意，通常適合批量較小的生產。

飛針測試機按照裝板方式分立式和臥式，按照探針頭數量分有 2 頭、4 頭、8 頭、16 頭甚至 32 頭。

10.3.4.6.5 JP 治具（垂直導電橡膠）

　　JP 治具是日本JMT 株式會社的專利，JP 治具是由一種特殊的導電橡膠材料—壓力感應導電橡膠PCR（Pressure sensitive Conductive Rubber）及間距轉換板PTB (Pitch Translation Board) 製做而成，該材料的導電性能具有各向異性的特點，PCR 材料只有在 Z 軸向下受壓的方向形成電流導通，橫向絕緣。

　　優點：測試不需要夾具，只需轉換板作為介質，因質地較軟且與線路板以面相接觸，故不會對 PAD 表面造成損傷性壓痕。其垂直導電的單元非常小，可達到 0.07mm^2，所以也可以對密度非常高的線路板進行測試。

　　缺點：導電膠壽命短，要定期更新。否則會污染線路盤。

　　上述幾種接觸式電測方式屬二線式測試，是一般密度可採行的方法另外因應高密度以及需求更精準的阻抗測試要求，這幾年四線式測試需求有極大的成長。

10.4 流程設計 (Process Flow Design) 製程整合與製前工作智能化

　　產品的整體需求確認後，設計工程師就要決定最適切的製造流程步驟。

　　傳統多層板的製作流程可分作內層製作和外層製作兩個部分。

　　一個良好的製作流程規劃，時常會對產品的品質及良率產生重大的影響。而對於製作成本而言，流程的恰當性更可以節約成本加快製作的循環時間，因此對於要提昇競爭力的廠商而言至為重要。如何善用工廠內已有的技術優勢，規劃出適合自己的生產流程，這是技術競爭的一大利器。提昇整體的技術整合度，是多數電路板廠商在提昇層次進入高階市場的必要能力。

　　頗多公司對於製前設計的工作重視的程度不若製程，這個觀念值得重新思考。隨著電子產品的快速演變，電路板製作的技術難度不斷提高，製造商更須要和上游客戶做最密切的溝通。現在已不是單方面把工作做好就表示最終產品沒有問題，產品的使用環境，材料的物性、化性，線路Lay-out的電性，PCB的可靠度等，都會影響產品的功能發揮。所以不管軟體、硬體、功能設計都應有適度的著力，而觀念的推動就是這些事項成功的關鍵。

　　製前工程系統及CAM 自動化系統，可以朝向智能化整合，將資訊流與ERP(Enterprise Resource Planning)、MES(Manufacturing Execution System)/CIM(Computer-Integrated Manufacturing) 及PDM(Product Date Master)/ PLM(Product Life-cycle Management) 連結。

CHAPTER *11*

印刷電路板的製作流程

第十一章 硬質印刷電路板的製作流程

電路板的製作流程和積體電路(IC-Integrated Circuit)的製作相似，透過影像轉移(光刻)、蝕刻、薄膜堆疊、金屬化等製程，製作概念雷同，但材料有極大差異。後者是以矽質（或III-V族，如砷化鎵）作基層材料，前者則是以有機樹脂為主。還有一個極大差異是後者線路尺寸，目前最小單位已到奈米(Nanometer，nm)，但前者最小尺寸單位是微米(Micrometer，μm)，兩者差異有千倍~萬倍。

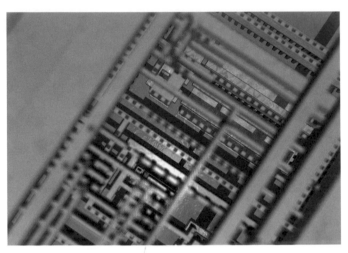

圖 11.1. 積體電路 4 層銅平面作電路連結實例

印刷電路板種類很多，在製造方法上依板子屬性的不同，需考慮透過甚麼製程技術提供導電路徑，讓組裝於板子的所有元件可以電氣連結。就其線路形成方式，可概分為減除法（Subtractive）及半加成法(Semi-additive)，前者以銅箔基板為基材經影像轉移製程在基材上形成一線路圖案的銅箔保護層後，板面露銅非線路部分以化學蝕刻除去，再剝除覆蓋在線路上的抗蝕刻阻劑，以形成電子線路；後者則採未壓覆銅箔的基板，以化學銅沈積的方法，在基板上進行銅沈積，在進行影像轉移+線路鍍銅後，將光阻劑剝除進行全面閃蝕以形成導體線路。由於在絕緣基材上沉積化學銅，其介面附著力不佳，所以另還有將上述兩種製造方法折衷改良的半加成法（Modified Semi-additive Process）。此種方法的基板也是採用銅箔基板，但其銅箔使用超薄銅，或者先經減銅製程，然後進行鑽孔及化學銅沉積進行孔壁導體化，接著做影像轉移製程，只露出線路和孔，再進行電鍍銅至要求厚度後，將抗電鍍阻劑剝除並進行快速蝕刻將底銅蝕除，完成線路導體製程。其做法的比較見圖11.2。

多層電路板製程的解說，是一個繁雜的工作。因製程多元化，本章基本上以高密度多層電路板為主軸，期望能傳達正確製程技術與觀念。

高密度增層電路板一般是以多層電路板為核心，緊接著在其上形成增層(Build-Up)電路層，所以其製程仍雷同沒有盲埋孔的一般多層電路板，不同的是面對結構和材料的差異，以下的章節會說明之。

11.1 多層（高密度）硬板的製造流程

承上一章的製前工程說明，生管人員拿到製前工程規劃的工作流程單(OP)後，即進行各製程進出站排程。目前都有電腦生產資訊軟體管控在製品(WIP)，預排基準是以各製程的產能，及在製料號和生產數量(或面積)來推演其進度，以下就高密度多層電路板的製造程序逐一說明，圖11.3一般多層板之製作流程及圖11.4之(1+4+1)HDI製作範例。

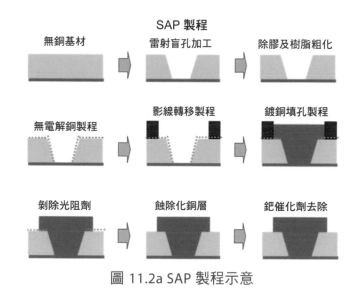

圖 11.2a SAP 製程示意

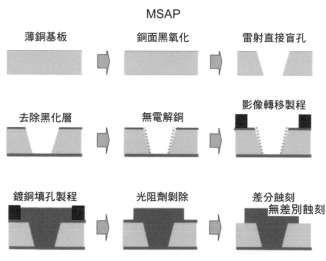

圖 11.2b MSAP 製程示意

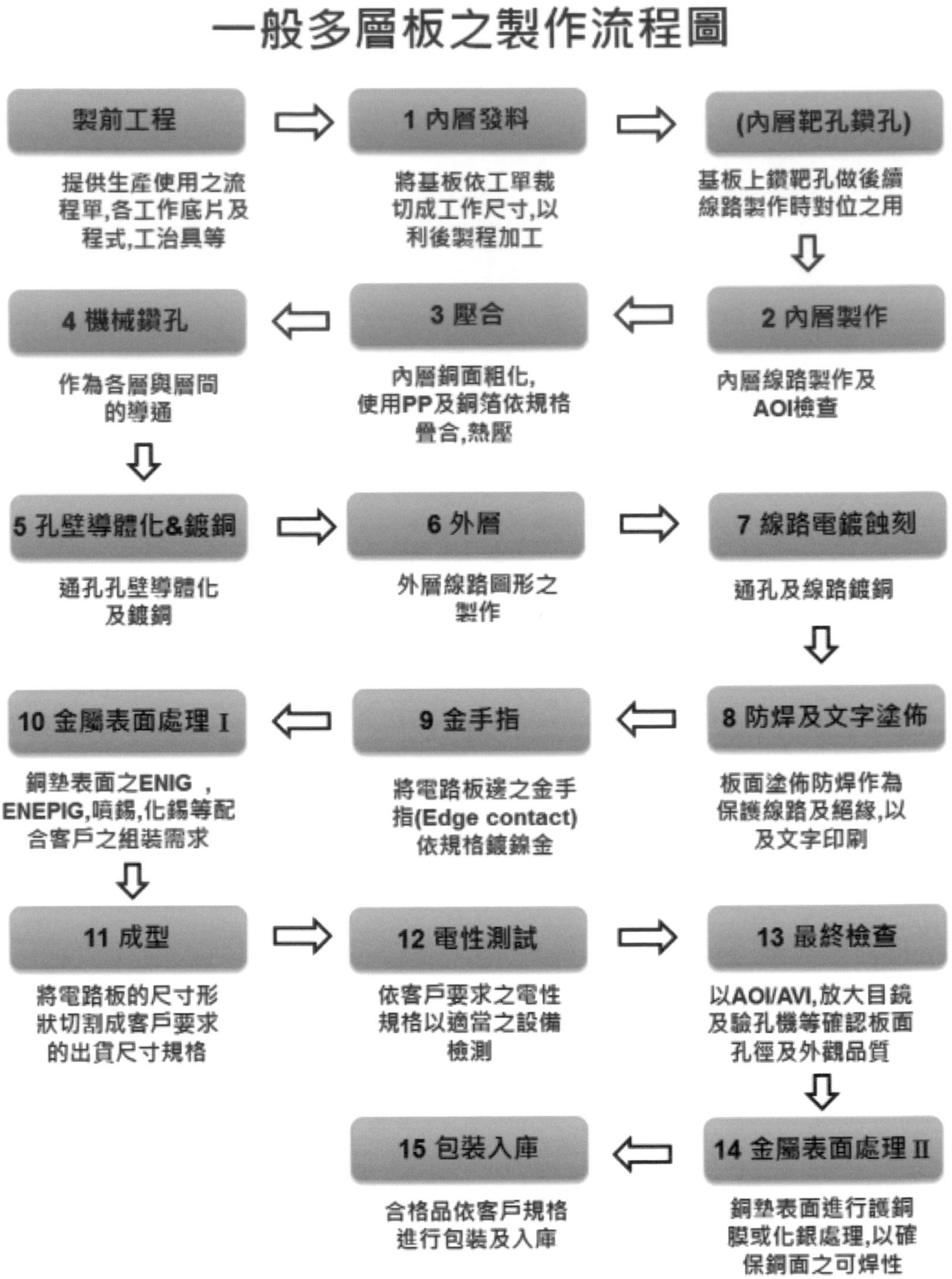

一般多層板之製作流程圖

製前工程	⇨	1 內層發料	⇨	(內層靶孔鑽孔)
提供生產使用之流程單,各工作底片及程式,工治具等		將基板依工單裁切成工作尺寸,以利後製程加工		基板上鑽靶孔做後續線路製作時對位之用

4 機械鑽孔	⇦	3 壓合	⇦	2 內層製作
作為各層與層間的導通		內層銅面粗化,使用PP及銅箔依規格疊合,熱壓		內層線路製作及AOI檢查

5 孔壁導體化&鍍銅	⇨	6 外層	⇨	7 線路電鍍蝕刻
通孔孔壁導體化及鍍銅		外層線路圖形之製作		通孔及線路鍍銅

10 金屬表面處理 I	⇦	9 金手指	⇦	8 防焊及文字塗佈
銅墊表面之ENIG,ENEPIG,噴錫,化錫等配合客戶之組裝需求		將電路板邊之金手指(Edge contact)依規格鍍鎳金		板面塗佈防焊作為保護線路及絕緣,以及文字印刷

11 成型	⇨	12 電性測試	⇨	13 最終檢查
將電路板的尺寸形狀切割成客戶要求的出貨尺寸規格		依客戶要求之電性規格以適當之設備檢測		以AOI/AVI,放大目鏡及驗孔機等確認板面孔徑及外觀品質

15 包裝入庫	⇦	14 金屬表面處理 II
合格品依客戶規格進行包裝及入庫		銅墊表面進行護銅膜或化銀處理,以確保銅面之可焊性

圖 11.3 標準多層板之製造流程

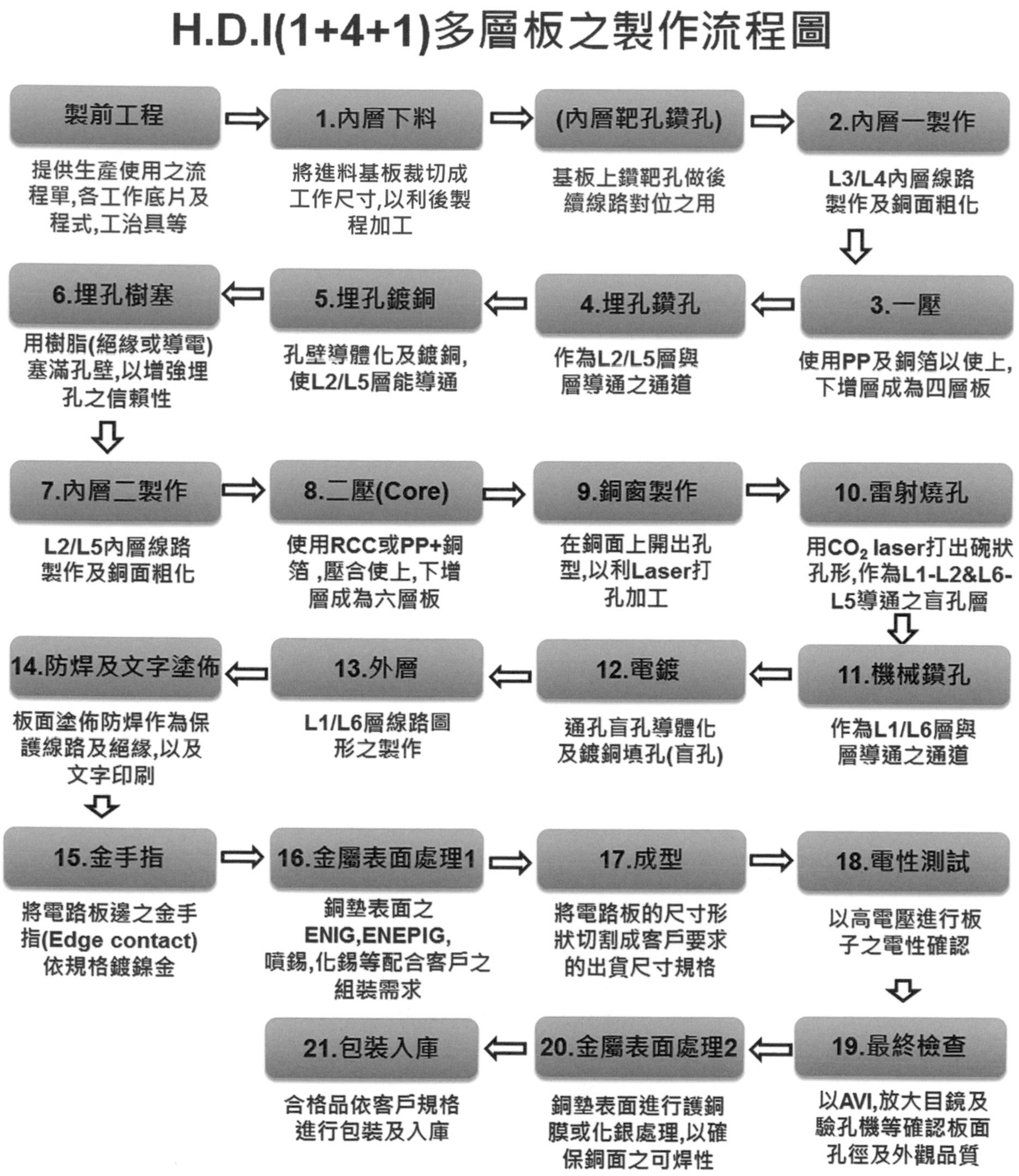

H.D.I(1+4+1)多層板之製作流程圖

製前工程 ⇒ **1.內層下料** ⇒ **(內層靶孔鑽孔)** ⇒ **2.內層一製作**

提供生產使用之流程單,各工作底片及程式,工治具等 / 將進料基板裁切成工作尺寸,以利後製程加工 / 基板上鑽靶孔做後續線路對位之用 / L3/L4內層線路製作及銅面粗化

⇓

6.埋孔樹塞 ⇐ **5.埋孔鍍銅** ⇐ **4.埋孔鑽孔** ⇐ **3.一壓**

用樹脂(絕緣或導電)塞滿孔壁,以增強埋孔之信賴性 / 孔壁導體化及鍍銅,使L2/L5層能導通 / 作為L2/L5層與層導通之通道 / 使用PP及銅箔以使上,下增層成為四層板

⇓

7.內層二製作 ⇒ **8.二壓(Core)** ⇒ **9.銅窗製作** ⇒ **10.雷射燒孔**

L2/L5內層線路製作及銅面粗化 / 使用RCC或PP+銅箔,壓合使上,下增層成為六層板 / 在銅面上開出孔型,以利Laser打孔加工 / 用CO_2 laser打出碗狀孔形,作為L1-L2&L6-L5導通之盲孔層

⇓

14.防焊及文字塗佈 ⇐ **13.外層** ⇐ **12.電鍍** ⇐ **11.機械鑽孔**

板面塗佈防焊作為保護線路及絕緣,以及文字印刷 / L1/L6層線路圖形之製作 / 通孔盲孔導體化及鍍銅填孔(盲孔) / 作為L1/L6層與層導通之通道

⇓

15.金手指 ⇒ **16.金屬表面處理1** ⇒ **17.成型** ⇒ **18.電性測試**

將電路板邊之金手指(Edge contact)依規格鍍鎳金 / 銅墊表面之ENIG,ENEPIG,噴錫,化錫等配合客戶之組裝需求 / 將電路板的尺寸形狀切割成客戶要求的出貨尺寸規格 / 以高電壓進行板子之電性確認

⇓

21.包裝入庫 ⇐ **20.金屬表面處理2** ⇐ **19.最終檢查**

合格品依客戶規格進行包裝及入庫 / 銅墊表面進行護銅膜或化銀處理,以確保銅面之可焊性 / 以AVI,放大目鏡及驗孔機等確認板面孔徑及外觀品質

圖 11.4 (1+4+1)HDI 多層板製程範例

1 內層發料 ▷ **基板裁切** ▷ **磨邊/圓角**

11.1.1 內層發料

- 目的：依據工單指令將基板供應商提供的大板(Sheet size)裁切為生產的工作尺寸 (Working panel)
- 原料使用：銅箔基板
- 設備使用：基板裁切機、磨邊/圓角機

1 內層發料 ▷ **基板裁切** ▷ **磨邊/圓角**

11.1.1.1 基材裁切

　　銅箔基板成品有幾種常用尺寸：36英吋 * 48英吋、40英吋*48英吋、42英吋* 48英吋，所以一般會以這幾種尺寸來設計最佳排版，例如：工作尺寸排為20英吋*24英吋、18英吋*24英吋、20英吋*16英吋..等，可以免掉邊料，減少成本。多數的板廠會採購全張尺寸(Sheet Size)板材，再依據接單的內容裁切至所要的工作尺寸。也有部分的基板廠商提供切割至工作尺寸的服務，當然價格上會另外調整。裁切多數以鑽石鋸床執行，也有以裁剪的方式，前者因板材磨耗需考慮尺寸的補償。圖11.5是自動裁切設備，圖11.6為進料基板尚未裁切，圖11.7是下料後的工作尺寸板料。

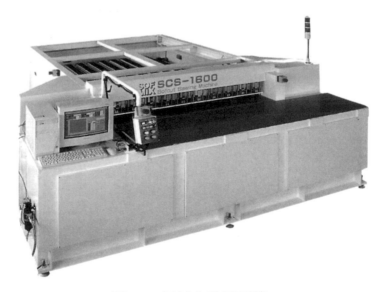

圖 11.5 板材自動切割機

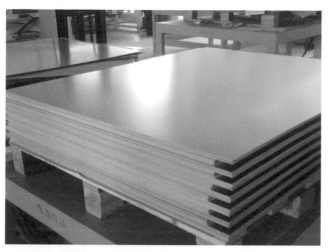

圖 11.6 等待裁切基板 (Sheet)

圖 11.7 切割為工作尺寸待製作之內層板料

1 內層發料 ▷ 基板裁切 ▷ **磨邊/圓角**

11.1.1.2 磨邊 / 圓角

　　銅箔基板裁切後，板邊有玻纖的凸出以及銅箔邊緣的毛頭(burr)，因此需要以磨邊機將板邊磨平，以圓角機將四個角落之裁切後直角做弧形圓角，其目的：

・作業人員的手不會刮傷

・板子間不會因疊放而磨傷刮損

・板邊鬆散玻纖粉屑不會影響後製程

如圖11.8所示

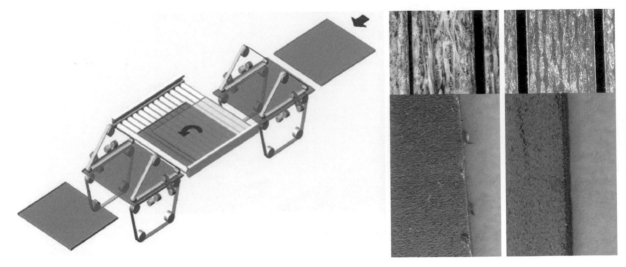

圖11.8 板邊研磨及研磨後照片

銅箔基板下料製程必須注意重點：

- 裁切方式會影響下料尺寸
- 磨邊與圓角之研磨要確實，提升後製程良率
- 板料放置之方向要一致，即經向對經向，緯向對緯向，避免後續壓合製程後的板彎翹
- 轉移下製程前需烘烤-尺寸安定性考慮

2內層製作 ▶ 銅面處理 ▶ 光阻貼附 ▶ 曝光 ▶ DES ▶ AOI ▶ 對位沖孔

11.1.2 內層製作 (Inner-layer)

- 製程目的：利用影像轉移方式在銅箔基板的銅面製作線路，非HDI設計稱為內層製作，若是HDI結構也稱為芯板(Core)製作，層次越高內層板厚度越薄，所以也稱Thin Core。
- 物料使用：微蝕液、光阻劑(乾膜dry film、濕墨liquid ink)、顯像液develop solution、酸性蝕刻液、剝膜(去墨)液
- 設備使用：銅表面處理機、壓膜機、濕墨塗佈設備(如網版印刷機或滾塗機)、曝光機、顯像蝕刻剝膜機DES Line、AOI、X-ray沖孔機

三層(含)以上的導體就稱為多層，多層板的製作扣除最外面(上、下)兩層，其他皆稱為內層，製作多層板必須從內層製作開始，再依疊構設計進行一次壓合或多次增層壓合。硬板一般的設計以板子(厚度方向)中心線為基準，上、下的結構應該對稱，所以通常層數是偶數的設計，如四、六、八、十層…以此類推。內層的製作是依據客戶提供之結構資料，以最優化的流程設計來進行各內層線路及埋孔製作(若有)。

內層線路影像轉移的製作，若有埋孔(Burried Hole)或者後續上Pin對位需求，則下料後須進行鑽孔作業，其後續製作如雙面板製程。

(有埋孔製程) 鑽孔---孔壁金屬化 --- 全板鍍銅 --- (導孔塞樹脂) --- 砂帶研磨 ---銅面前處理---壓膜(濕墨塗佈) ---曝光---顯像---蝕刻---剝膜

多層電路板內層的選擇依客戶疊構而不同，層次越高使用的基板越薄。越厚的銅箔基板因樹脂及玻纖的使用量較高，相對較貴，且也不利電子產品的輕薄化，因此通常是使用薄銅箔基板(Thin core 一般定義在0.05~0.5 mm)。內層銅箔基板一般為雙面或單面板，通常客戶會指定介電層厚度、銅箔厚度，若沒有則依成品厚度規格、最小介電層厚度以及有無阻抗需求等，由製前工程做最佳選擇。現在環保當道，所以也會規定是否符合無鉛無鹵(RoHs)，並指定Tg、Td溫度等。內層板的厚度常見的規格約為0.10 mm~1.2 mm左右，銅箔厚度則為18~70 μm。

2內層製作 ⟩ 銅面處理 ⟩ 光阻貼附 ⟩ 曝光 ⟩ DES ⟩ AOI ⟩ 對位沖孔

11.1.2.1 銅面前處理

-目的：加工銅面使成均勻、活性、粗糙、乾淨的表面

在電路板的製造過程，幾乎每一個主製程都需要做所謂的銅表面前處理，例如內層線路製作前、壓合前、電鍍前、防焊前、銅墊之金屬表面處理前，這是因為維持銅表面的清潔及適當的粗糙度，可以提高該製程的良率，或後製程及客戶端組裝的可靠度，後續的製程解說會陸續提到。

為了提高光阻劑與基材銅面的接著力，在塗佈光阻前必須進行銅表面處理來獲得適當的狀態。不同的前處理方式和銅面狀態，所得到的銅層表面結構亦不同，不同製程對前處理的要求亦不同。常用於影像轉移前處理可分為三類，使用的是水平傳動設備：

A：噴砂研磨法（Pumice Scrubbing）

B：濕式化學處理法（Chemical Pretreatment）

C：機械研磨法（Mechanical Scrubbing）

銅箔表面有一層抗氧化處理層，再加上運送裁切等過程可能沾上外來污染物，造成化學物、凸塊、氧化層、油脂、指紋等殘留，都需藉由此程序去除，得到一個乾淨且有適當粗糙度的的表面。

機械研磨法、噴砂法和化學法在表面處理結果的差異主要表現在：機械法、噴砂法主要改善銅層表面微觀結構，對表面化學組成改變較小，而化學微蝕方式對銅層表面結構以及化學組成均有影響，對於氧化物去除為最佳。隨著PCB製作水準不斷提高，L/S逐漸趨向3mil以下線路等級，故壓膜和防焊對前處理性能要求愈來愈高。三種方法各有優缺點，11.1為其比較表。

A. 噴砂研磨法：

噴砂研磨法有兩種，一種稱為噴射研磨法（Jet Scrubbing)，以高壓方式直接將火山岩粉末（滑石Pumice)噴向銅面，達到粗化銅面的目的。另外一種為低壓研磨法，先以低壓噴砂使流出銅面再以白色尼龍刷研磨，此兩種方法均以火山岩粉末為介質研磨銅面，達到一定的粗糙度、均勻度，並去除銅面上的雜質及氧化物。

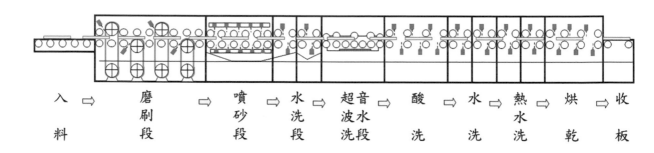

圖 11.9 噴砂研磨設備示意圖

B. 濕式化學處理法：

化學前處理法利用化學藥液如過硫酸鈉SPS（Sodium Persulfate)或硫酸/雙氧水與銅面作用，去除銅表面氧化物、雜質並可咬蝕微量金屬銅，使銅面結構發生變化以增加銅面均勻性、粗糙度並增加銅面活性，以利於下一製程作業。

C. 機械研磨法：

　　機械研磨法一般是指利用尼龍刷或不織布滾輪刷磨(Buff-Roll)，依靠壓力直接接觸銅面，並在傳動帶動下與銅面相互摩擦，藉以改變銅面結構，一般可按照製程需要將刷磨分為四類：重刷磨、中刷磨、輕刷磨、微刷磨，主要透過刷輪磨料、磨粒目數不同來區分，對於影像轉移所需銅面一般為中刷磨。對於粗細(mesh)、刷壓、刷幅控制、高壓水洗、超音波的利用….等等，需做工作前的詳細評估。

　　機械刷磨表面處理，一般會留下刷輪刮出的粗度及刷痕，其刷痕深度及密度依使用的刷輪種類及目數有所不同。另有砂帶研磨(Belt-Sander)，主要用於鑽孔後的去巴里(Deburr)及樹塞磨平製程。

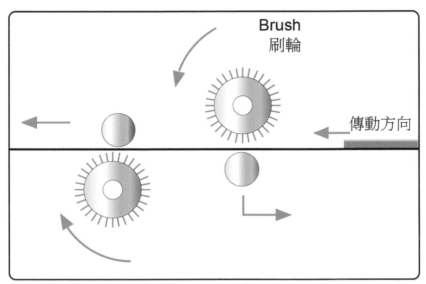

圖 11.10 機械研磨示意及使用之刷輪

圖11.10 機械研磨示意及使用之刷輪 (續)

表11.1 三種前處理優缺點比對

項目	噴砂研磨法	機械研磨法	濕式化學處理法
優點	1.可去除所有汙物，銅面新鮮。 2.能夠形成完全砂粒化的、粗糙的、均勻的、多峰的表面，沒有耕地式溝槽。 3.由於板面均勻無溝槽，降低了曝光時光的散射，從而改進了成像的解析度。 4.尺寸安定性好	1.設備簡單，容易操作 2.成本低廉 3.毛刷耐磨性好，使用壽命長	1.銅面均勻性較好 2.去油污性能好 3.去掉銅箔較少且基材本身不受機械力影響，對薄板處理品質較好
缺點	1.浮石粉對設備的機械部分容易損傷，設備保養維護困難，同時生產環境不易保持維護。 2.Pumice容易沾留板面	1.薄板細線路板不易進行 容易造成基板拉長，捲曲 2.容易造成定向劃痕，有耕地式溝槽，易造成D/F附著不易而滲鍍 3.有殘膠之潛在可能並且均勻性較差	1.對重氧化難以去除 2.去除銅面鉻鈍化膜效果較差 3.廢液需進行處理增加處理費用

　　使用刷磨方式會形成方向性紋路，刷磨面並不均勻，對薄板及細線路板子，機械研磨法相對是比較不利。機械研磨並不能保證微觀板面清潔淨度，而細線路對微小的污垢、油脂、氧化膜非常敏感。所以針對薄板細線路內層銅面的前處理基本程序為「脫脂 – 粗化 – 乾燥」。

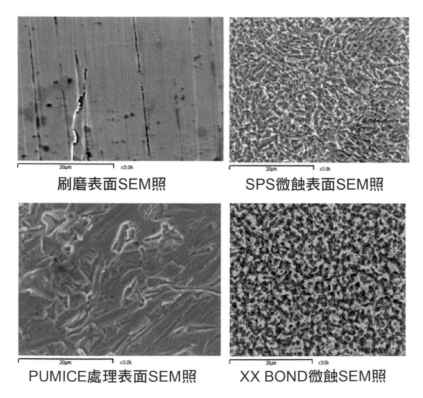

刷磨表面SEM照　　　　　　　SPS微蝕表面SEM照

PUMICE處理表面SEM照　　　XX BOND微蝕SEM照

圖 11.11 各種表面處理方式 SEM 照片比較

一般基材在交給電路板廠時，表面多數都會有一層防氧化物以防止銅面氧化。因此電路板在開始製作前，先將這些防氧化層去除再進行後續作業。

為了要去除氧化層獲致清潔的金屬面，常用的程序是酸洗及微蝕。常見的微蝕液以硫酸/雙氧水、過硫酸鈉溶液為主，進行微蝕(Micro-etch)，之後再以硫酸作清洗。為了獲得恰當的表面粗度，操作狀態條件的管理十分重要。如果是較厚的內層板，粗糙度可以刷磨來處理，但是如果是薄板，刷磨就不恰當，這時可能僅進行微蝕處理。若是粗度仍不足，就可考慮使用浮石(Pumice)噴砂處理來加強粗糙度。

如果採用刷磨作前處理，刷輪(Buff)的磨耗管理必須小心。為使刷輪磨耗均勻，放板設備多採取亂列的方式。刷輪的耗損管理一般利用刷痕試驗來決定整刷或換刷處理。測試的程序是在刷磨機刷輪的位置投入電路板並靜止不傳動，其後將刷輪驅動數秒，刷輪會在板面留下光亮的刷磨帶，若刷輪調整正常則亮帶應呈平整均勻的刷痕。若偏斜壓力不均或磨耗不當則會產生不良的刷痕，此時就必須保養刷磨機或更換刷輪。

刷痕試驗

目的：測試磨刷輪的平衡度及查看磨刷的品質

方法：

(1).打開傳動，將試驗板輸送到上刷輪下方時，停止傳動，打開磨刷開關，進行磨刷作業，時間約8-10sec

(2).量測刷痕不符合要求時，加壓或減壓調整

(3).刷幅寬度要求：15±5mm

(4).發現刷痕兩端大小不一，表輪軸高低不平；若不均勻，則需要整刷

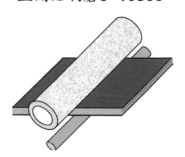
傳動至刷輪下時停止，
並開始刷磨**8~10sec**

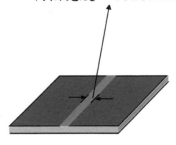
刷幅寬度：**15±5mm**

板面之刷痕情形

圖 11.12 銅面刷痕實驗示意圖

另一個檢測板面試有沒有汙染不潔的簡便方法是水破試驗：

水破測試(Water Break)：為測試板面潔淨度的一種方法，可根據水破時間的長短及水痕的位置判斷板面的清潔度與污染之位置，因為不潔的表面與水體之間的附著力，不足以抗衡水體本身的內聚力。

方法：將清潔後之基板浸泡至水槽中後拿起，將板面傾斜45度，同時計時，觀察板面水痕，計算水痕時間與位置。

若能維持30秒以上水膜不破，代表清潔度沒問題，否則應該就水破汙染位置重新處理。

為讓感光阻劑和銅面有適度的接著力，必須考慮粗糙度(roughness)，尤其是現在線路越密越細，更加重要。任一種銅面處裡都可以形成粗糙輪廓(Roughness profile)，須以粗糙度量測儀器或以切片放大量測。粗糙度的表示常用3種符號，其代表意義如下(圖示見圖11.13)：

- Ra-- 在取樣長度L內輪廓偏距絕對值的算術平均值。

- Rz-- 在取樣長度內5個最大的輪廓峰高的平均值與5個最大的輪廓谷深的平均值之和。

- Ry-- 在取樣長度L內輪廓峰頂線和輪廓穀底線之間的距離。

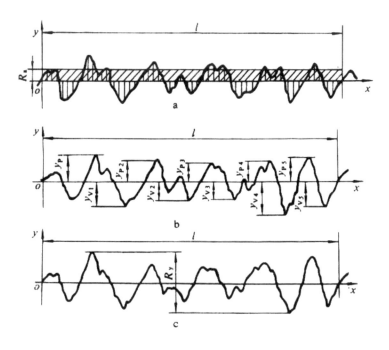

圖 11.13 Ra、Ry、Rz 圖示

各光阻劑廠商有其建議的粗糙度適當的值，一般的制定在：Ra=0.2~0.4μm，Rz=1.5~2.5μm，Rmax=2.5~3.5μm。

經脫脂、微蝕、刷磨等前處理的電路板，會進行除水乾燥後準備進入光阻塗佈製程。

2內層製作 　銅面處理 　**光阻貼附** 　曝光 　DES 　AOI 　對位沖孔

11.1.2.2 光阻劑塗佈 (Photo-Resist coating)

- 目的：內層塗佈之光阻劑的目的是作為抗蝕刻阻劑，依選擇的光阻劑種類，使用適當設備進行阻劑塗佈或貼附於銅面。若是乾膜，以壓膜機貼附；若是濕墨，則以滾塗機或絲網印刷機等塗佈。

A. 光阻的種類與選擇

電路板影像轉移製程使用的光阻是一種高分子化合物，經過紫外線(UV)的照射後能夠進行聚合反應形成一種穩定的物質，達到抗蝕刻(Etching resist)和抗電鍍(Plating resist)的功能。

光阻可區分為"感光分解"式的正型（Positive Working）光阻，與"感光聚合"式的負型（Negative Working）光阻兩大類。當板子銅面上的光阻劑（乾膜或濕墨），經底片貼合與曝光後，被UV光照射的阻劑區域，在後續顯像液中分解者，為感光區則不分解，稱之為正型；反之感光之區域不會分解，未感光區溶解者稱之為負型。電路板業幾乎全數採用較便宜的負型乾膜或濕墨光阻，半導體及LCD業則大半採用正型光阻，見圖11.14兩種光阻顯像示意圖。

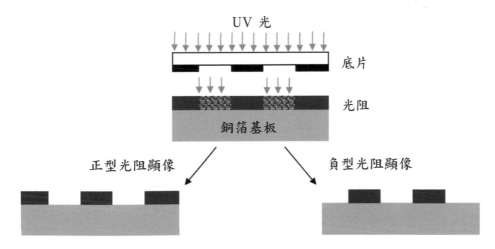

圖 11.14 兩種型態光阻之曝光顯像示意圖

以下就電路板製作使用的負型光阻解說其反應原理：

光阻成分

- Sensitizer 光敏劑-接受初始能量，啟動反應
- Photo-initiator 感光起始劑-接受320~380 nm 波長之紫外光，產生自由基，抓 Monomer，連鎖反應形成聚合物
- Monomer 單體-Crosslink
- Inhibitor 遮蔽劑-在未曝光時維持不反應
- Binder 塑化劑-增加強度

負型光阻（Negative Photo-Resist）

其感光聚合（Photo-polymerizing）的進行，首先由配方中的感光起始劑（Photo-initiator，簡稱為PI）所發動。當此物吸收到紫外光的能量後，本身立即分解成為"主要自由基"。隨後配方中的光敏劑（Sensitizer，簡稱為ITX）因吸收光能而裂解成為"轉能自由基"（ITX*-Energy Transfer），可將能量轉給啟始劑又再次形成 "主要自由基"，主要自由基即分別與單體（Monomer）與中體（Oligomer）進行交聯(Cross-linkage)反應，而成為聚合體（Polymer），其示意圖表達如下：

$$PI + hn \rightarrow PI^*$$
$$ITX_* + hn \rightarrow ITX^*$$
$$ITX + PI \rightarrow ITX + PI^*$$
$$Monomer(單體) \& Oligomer(中體) + PI^* \rightarrow Polymer + PI$$

圖 11.15 負型光阻交聯反應後形成聚體（聚合物）之示意圖

光阻的選擇

光阻的選擇需考慮的因素如表11.2所敘述，除了製程目的外，排板、製程能力、成本等也需一併納入。

製作內層線路的光阻主要有兩種形式，它們各為乾膜光阻、液態光阻。對它們的特性敘述如後：

(1) 乾膜光阻(Photo-sensitive Dry-Film)

感光性乾膜的構造，是由聚酯膜(PET Film)、聚乙烯膜(PE film)及光阻樹脂膜所組合而成的三明治結構，見圖11.16。

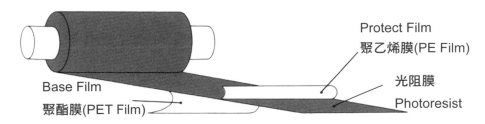

圖 11.16 乾膜組成

(2) 液態光阻(Liquid Photoresist)

液態光阻可以形成較薄的厚度，因此解像度表現較好。圖11.17是液態光阻所製作 40 μm線寬及18μm線寬/距 SEM圖。

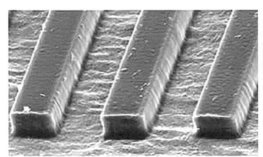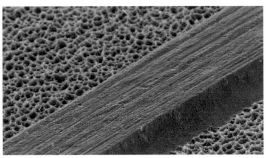

圖 11.17 左 40μm，右 18μm

表11.2 光阻劑材料的選擇考慮因素

	銅
	全加成化學鍍銅
電鍍	金
	鎳
	錫
	基板結構
排版設計	要求銅厚度
	孔數和孔的尺寸
	最小尺寸
	與現有曝光設備的共容性
	所需新設備投資
成本考量	生產力
	製程容忍度
	材料成本

B. 光阻塗佈

內層板銅面經過清潔粗化處理後就會進行光阻膜塗佈，採用何種光阻，是依據產品的需求及製程的搭配而定。以覆蓋良好、清潔均勻、易於操作、成本恰當為原則。乾膜屬於半硬化型光阻，使用貼附時必須加熱軟化才能提高其貼附性，但流動性不如液態光阻，所以覆蓋性略遜一籌。但乾膜的操作性及清潔度維持的表現比較好，因此雖然稍貴卻使用廣泛，況且乾膜藉性質改善及壓膜條件的調整，仍可表現良好。

圖11.18所示為乾膜覆蓋不佳的典型照片，目前有不同的乾膜壓合方法可以克服，例如水壓膜法就是利用改變乾膜特性並在壓膜時加水壓膜來改善貼合方法的一個範例。

圖 11.18 因銅面缺點乾膜覆蓋不良所產生的斷路問題

乾膜的塗佈是使用壓膜機(Laminator)雙面同時壓膜，在進入壓膜機之前，將聚乙烯膜剝下同時以熱滾輪加壓貼合。貼合的參數主要以面板溫度、熱滾輪溫度、壓膜速度、滾輪壓力等為要因，其後必須靜置使電路板回到室溫才進行曝光。壓膜機可分手動及自動兩種，有收集聚烯類隔層的捲輪、乾膜主輪、加熱輪、抽風設備等四主要部份，進行連續作業，其示意見圖11.19。

為應付不同的電路板結構及厚度，壓膜前的板面溫度控制是一重要參數，預溫、壓膜溫度、送板速度、熱滾輪壓力等都是重要條件，日常管理必須注意。

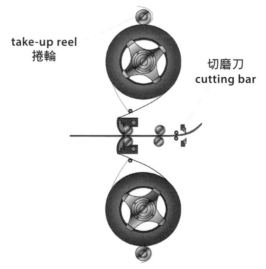

圖 11.19 壓膜機連續作業切面圖

液態光阻因為是液體形式，其塗佈較常見的方法有滾輪塗佈(Roller coating)、噴塗(Spray coating)、空網印刷(Screen printing)、浸泡(Dip coating)及簾幕式塗佈(Curtain coating)等，較具代表性的方式如圖11.20所示之滾輪塗佈。除滾輪塗佈及浸泡法可作雙面塗佈，也有設備商開發垂直雙面空網印刷，其他方法只能單面交替塗佈，而塗佈乾燥的過程中如何保持清潔是一個必須注意的問題。

圖 11.20 液態光阻滾輪塗佈機

空網印刷法

內層線路的製作，若是線路夠粗(一般整面線路寬度/間距在0.15mm/0.15mm以上)為節省成本有使用油墨網版印刷-烘烤-蝕刻(Print & Etch)即可完成。但現在高密度化線路設計越來越細，且有層間對準度問題，所以除了一些單面/雙面設計的消費性產品還有機會用到印刷法製作，其他密度稍微高一點，或精度要求較高的設計，幾乎都改成利用影像轉移的方式做出線路圖案，再用蝕刻作出線路。

絲網印刷法在以下製程還需用到

a. 單面板之線路、防焊 (大量產多使用自動印刷，以下同)

b. 單面板之碳墨或銀膠

c. 雙面板之線路、防焊

d. 濕膜(LPSM)印刷

e. 內層大銅面

f. 文字

g. 可剝膠(Peelable ink)

網版印刷中幾個重要基本原素：網材、網版、乳劑、曝光機、印刷機、刮刀、油墨、烤箱等，此法的影像轉移是將底片的影像轉移到塗佈感光乳劑的網板上，再以油墨印下烘烤硬化後，直接進行蝕刻、去墨，完成內層線路製作。圖11.21為網版印刷示意。

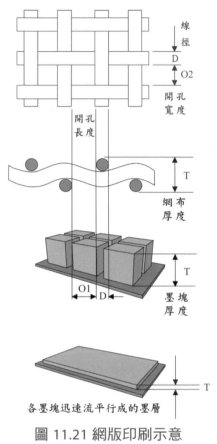

圖 11.21 網版印刷示意

C. 作業環境

光阻塗佈前後，板面若有塵埃附著，曝光過程干擾光阻準確的吸收UV光，就會造成線路圖形的缺陷，若板邊的粉塵或乾膜屑帶入曝光區，則產生短、斷路問題。因此操作的環境必須在10,000~1,000級的無塵室。

保有潔淨度，對人員進出、操作程序、材料出入、機械設計、迴風設計等等問題也必須加以管制或注意，原則上以保持塵埃量在設計的較低值為宜。至於少量沾黏的塵埃，可以用沾黏滾輪在曝光前適度去除，這樣才能保持電路板進入曝光前的清潔度。線路密度設計越來越高，無塵室控管更形重要。無塵室等級升級成本非常昂貴，所以有些板廠要控管更嚴苛的品質要求，會採局部較高等級無塵環境，例如在曝光機台上方、底片檢查及貼附保護膜的區域等、以確保線路品質。

D. 無塵室定義：

『將空氣中之塵埃、壓力、溫度、溼度、氣流分布之情形及速度，控制於一定範圍內之空間』。此處所指之塵埃為肉眼無法看見的灰塵及微粒子(μm)，且指一般空氣清淨機無法完全清除之灰塵。

無塵室分類：

無塵室一般分為電子、精密工業用Industrial Clean Room（＝ICR）；及需控制微生物濃度等製藥、食品產業用Biological(生物學的) Clean Room（＝BCR）。

無塵室潔淨度：

以往無塵室標準是依據FED-STD-209E(Airborne Particulate Cleanliness Classes in Cleanrooms and Clean Zones)所制定，不過該規範已於2001年取消，由ISO 14644系列取代，表11.3是ISO 14644-1無塵室標準。

表11.3 ISO 14644-1無塵室標準

Class	每立方米粒子數					
	≥0.1 μm	≥0.2 μm	≥0.3 μm	≥0.5 μm	≥1 μm	≥5 μm
ISO 1	10	2.37	1.02	0.35	0.083	0.0029
ISO 2	100	23.7	10.2	3.5	0.83	0.029
ISO 3	1,000	237	102	35	8.3	0.29
ISO 4	10,000	2,370	1,020	352	83	2.9
ISO 5	100,000	23,700	10,200	3,520	832	29
ISO 6	1.0×10^6	237,000	102,000	35,200	8,320	293
ISO 7	1.0×10^7	2.37×10^6	1,020,000	352,000	83,200	2,930
ISO 8	1.0×10^8	2.37×10^7	1.02×10^7	3,520,000	832,000	29,300
ISO 9	1.0×10^9	2.37×10^8	1.02×10^8	3.52×10^7	8,320,000	293,000

無塵室空調必須控制在20°C～24°C之間，相對溼度則在45%~55%。

進出無塵室之標準設施與穿著

進入無塵室的穿著必須有無塵防靜電之上衣、褲子、帽子、鞋子、手套及口罩，且需定期清潔及更換這些衣物。

進入無塵室之人、物須遵守必要的程序及正確之設施，如圖11.22所示的風淋室(Air Shower)吹除衣物表面的灰塵顆粒並消除靜電，以及圖11.23所示之物品傳遞箱。

圖 11.22 著標準無塵衣進入風淋室

圖 11.23 無塵室對內、外之物品傳遞箱

圖 11.24 黃光曝光房

無塵室管理

一般性的管理原則如下：

- 壓力—正壓：比室外大 2 ~ 3 mmHg
- 溫度： 22±2 ℃
- 濕度： 55±10%RH
- 有污染性、易掉屑物不可帶入

例如：

-- 乾膜紙箱不可帶入

-- 人員進出穿無塵衣

-- 地板清潔用吸塵器或黏塵滾輪清潔

- 無塵衣清洗：1次/周
- 無塵室髒源： 人、板子、乾膜屑
- 以記錄式溫濕度管理

　一般流程設計，為避免已處理之清潔銅面，進行光阻劑塗佈之前，有外在之顆粒物質再次沾上板面，因此通常前處理產線位於在一般工作區域，板子在前處理機後段吹乾烘乾完成後，直接輸送進入無塵室和光阻塗佈設備(乾膜壓膜機或濕墨塗布)連線作業。有些板廠之前還加進一段滾輪黏塵段，確保光阻下沒有外來物沾附，見圖11.25。

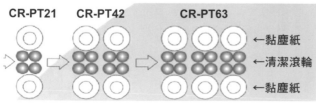

圖 11.25 清潔除塵機

影像轉移工具 - 底片之製作與檢查

舉凡影像轉移製程皆須由製前工程先完成工作底稿，供生產單位使用，如各層線路、防焊、文字、雷射銅窗、選鍍製程…等。目前其流程大致上可以分為設計、繪製及檢測三個階段：在第一階段中，經由客戶提供的產品設計圖檔，先進行生產排程，然後再由電腦輔助製造（CAM）部門設計、調整底片圖檔；接著在第二階段中，將第一階段所繪製的完稿底片圖檔傳入照相房的雷射繪圖機中，進行完稿底片繪製，同時檢測繪製的完稿底片，是否有發生尺寸漲縮的情況；最後第三階段，進行完稿底片的品質檢測。見圖11.26之工作流程圖示。

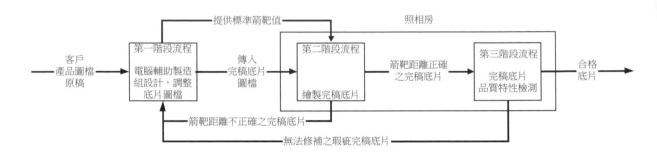

圖 11.26 完稿底片製作三階段流程圖

輸出底片

完稿底片圖檔完成後傳入雷射繪圖機後，雷射繪圖機便開始讀取卡匣中的底片，此時的底片需事先靜止於暗房中八個小時，其目的在於為了使底片適應照相房中的環境，以達到穩定狀態。之後雷射繪圖機便開始將圖檔以雷射光繪製在底片上，之後送至沖片機，開始進行顯像（Developing）、定影（Fixing）、水洗（Washing）、烘乾（Drying）四個步驟的沖片程序，一張完稿底片便製作完成(圖11.27及圖11.28)。

為了讓完稿底片和明室（照相房人員進行檢測工作之場所）內的周遭環境溫度約80％的平衡要求，以進行尺寸確認量測，必須將完稿底片靜置於明室中約一至二個小時後，隨即以三次元量床量測完稿底片上的箭靶距離，檢測完稿底片是否有發生漲縮的情況。若實際量測的箭靶值和第一階段所提供標準的箭靶值之漲縮誤差，超過允許的規格界限，則此張完稿底片作廢，再重新安排生產排程，返回第一階段流程修正；若是漲縮誤差介於允許的規格界限，則代表這張底片並沒有因為漲縮而成為不良品，此底片便可以進行第三個階段流程。完成之底片通常會以底片專用之自動光學檢驗設備掃瞄檢查，作最後之品質確認，如圖11.29。

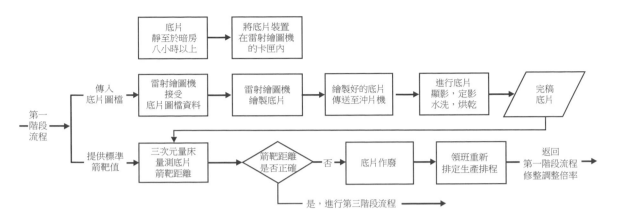

圖 11.27 繪製完稿底片之細部流程圖

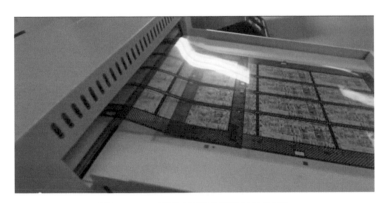

圖 11.28 雷射繪圖機輸出底片

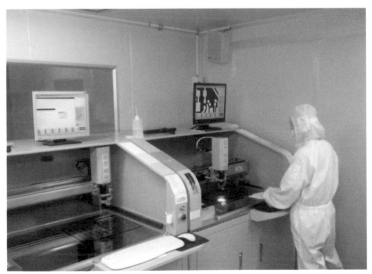

圖 11.29 底片 AOI 設備檢查

底片種類

業界常用之3種底片為：

- 鹵化銀 Silver film 也稱黑片 (見圖11.30)
- 偶氮棕片 Diazo film (同圖11.30)
- 玻璃底片 Glass tool (見圖11.31)

在PCB線路、防焊、文字製程中，最常用的底片工具是黑片與棕片，以下針對它們的特性做簡述：

黑片：

表面塗裝是鹵化銀（Silver Halide)感光膜，化學物質受UV光作用，經顯像與定影後，受光部分會留下成為不透光黑色區。未受UV曝光區，成為透明區，可用作線路、防焊、文字、母片。因為黑色區不透光，不利於手工對位作業，因此手工曝光比較喜歡用棕片。不過因為感光性較好，可以直接用繪圖機產生影像，因此被稱為一次片。製作棕片，必須先產生黑片作母片，當自動曝光機普及後，人工對位需求降低，業者開始大量使用尺寸較穩定的直接產出黑片。

棕片：

它正式的稱呼是偶氮棕片（Diazo Film)，是在PE膜上塗裝一層偶氮(雙氮）有機感光膜而成，受光反應與鹵化銀恰好相反。其製作方式是以黑片緊貼未曝光棕片，之後以UV光照射後用氨水顯像，此時受光區域會被洗除成透明區，未曝光區則保留為棕色遮光區，這個棕色區域可以讓可見光透過，但UV卻會被遮蔽阻擋。需要手動作業者，這種底片具有方便操作的優勢。

黑片與棕片兩者送進產線生產前，須以AOI底片檢查設備掃描後確認沒有瑕疵後，通常會在藥膜面貼附一層保護膜，以減少作業時的刮損。

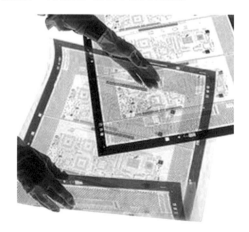

圖 11.30 鹵化銀底片與偶氮棕片

玻璃底片：

　　透過電腦輔助軟體將電路圖形產生出來後，以雷射或電子束曝光方式將此電路圖形轉移到玻璃基板的光阻上，此經過烤印後所產生出來之玻璃基板即稱為玻璃底片(半導體及LCD產業稱為『光罩』PhotoMask)。

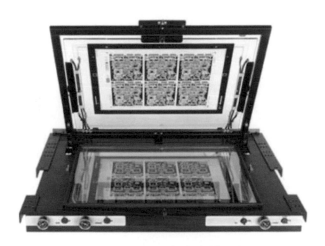

圖 11.31 玻璃底片

　　影像轉移中幾個製程參數是影響品質非常重要因數：曝光光源、光阻膜厚、底片厚度與尺寸穩定性、解析度、使用壽命、顯像條件等，底片的選擇更是決定製程能力的一大因素。圖11.32是三種底片的解析度的比較。

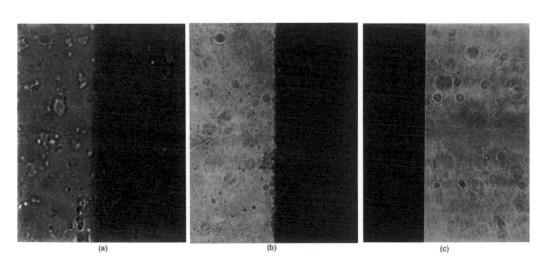

圖 11.32 三種底片線邊解析度比較 (a) 鹵化銀 Silver film (b) 偶氮棕片 Diazo film (c) 玻璃底片

以上是需要利用底片作為影像轉移工具系統的底片種類介紹，另外無需底片(光罩)的製程技術，目前也逐漸成熟，有機會大量應用於PCB製作細線路的需求上，其中又以LDI的發展最為迅速：

LDI 或稱 DI

LDI是Laser Direct Imaging (雷射直接成像)的縮寫，是利用新型技術直接將客戶所需之影像資料，透過雷射光的方式掃描到板面的光阻劑上，再進行顯像即可得到所需線路圖形，見圖11.33的示意圖。

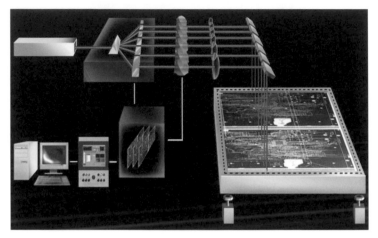

圖 11.33 LDI 運作機制示意圖

目前此技術以2個系統為主，一為Polygon Mirror System(圖11.34)，另一則為DMD (Digital Micro Mirror) System(圖11.35)。前者設備廠商以Orbotec為主，後者以Hitachi為主。

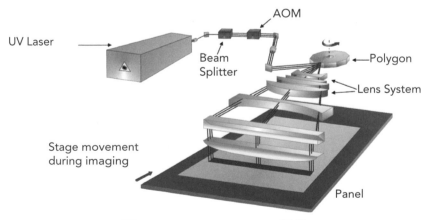

圖 11.34 Polygon Mirror 系統

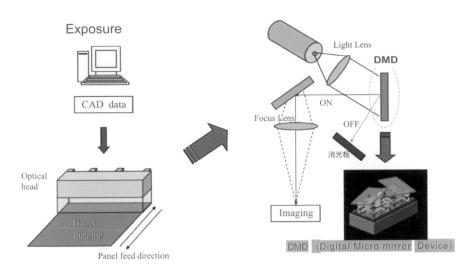

圖 11.35 DMD 系統

LDI有幾個優勢促成它未來有很大發展空間：

1. 省去曝光過程中所需底片，節省上下底片時間和成本，以及減少了因底片漲縮造成的偏差，其對位能力極佳，如圖11.36所示和一般曝光製程的對位精準度比較。

2. 圖像解析度高，精細導線可達20um以下，適合精細導線的製作，圖11.37是在光阻上完成線路圖案的解析度表現。

3. 提升了電路板生產的良率。

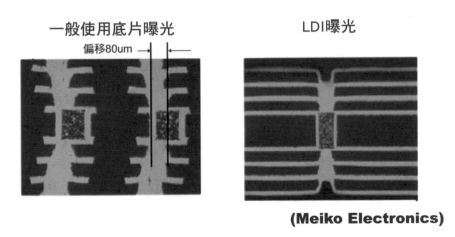

圖 11.36 一般曝光製程和 LDI 製程的對位精準度比較

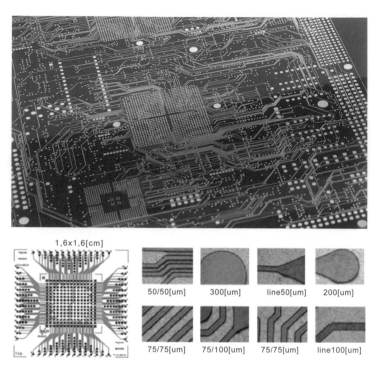

圖 11.37 LDI 製程顯像後線路之解析度

| 2內層製作 | 銅面處理 | 光阻貼附 | 曝光 | DES | AOI | 對位沖孔 |

11.1.2.3 曝光

目的：

利用紫外光(UV light)的照射，讓光阻劑內之單體產生聚合交聯反應，反應後形成不溶於弱鹼溶液的高分子結構，使之能夠抗酸性蝕刻液的腐蝕。

一般聚合反應要持續一段時間，因此曝光後不能立即撕去聚酯膜，約停留15分鐘左右，讓聚合反應繼續進行。

曝光光源選擇

光源的特性直接影響曝光品質和效率，光源所發射出的光譜應與感光材料吸收光譜相匹配，才能獲得較好的曝光效果。目前乾膜的吸收光波長為325~365nm，較短波長的光線，曝光後成像圖形的邊緣較整齊清晰。

就兩種阻劑所需的曝光能量分別為：

- 乾膜光阻：膜厚 1.0、1.3 mil，能量 45~60 mj/cm^2

- 濕墨光阻：膜厚 10~15 μm，能量 80~120 mj/cm^2

曝光光源形式分為非平行光(散射光)和平行光，事實上，完全的理想平行光曝光機並不存在，但我們經常會用曝光機光源的入射角 θc(Declination Angle)和散射角 θ α/2(Collimation Angle)來決定曝光機的性能。一般平行光曝光機的定義：θc≤ 5°、θ α/2 ≤ 3°。

曝光光源的選擇須配合不同的光阻，例如：乾膜有保護膜、底片有保護膜都會使曝光物厚度加厚，而其中若產生空氣間隙更會使影像失真。非平行光對細線較不利，細密線路應以平行光表現較佳。但對於液態光阻而言，液態光阻厚度較薄，底片又與光阻直接接觸，解析度相對較好，就可以考慮使用非平行光。因為非平行光設備設計較簡單，影像轉移解析性略差，這雖不利於細密線路，但對塵埃造成的問題卻較不敏銳，因此有利於良率，如圖11.38所示。

近來有不少非接觸式曝光做法提出，如Step and Repeat 以及Step and Scan(目前在IC載板的製造應用較多)，曝光的概念在這些方法上又有不同的解讀。目前當紅的LDI、DMD、DI等技術及設備更是突飛猛進達到細線量產的可能。圖11.39是平行光與非平行光之光源行進不同入射角的比較，圖11.40是散射光對曝光能量分布影響，圖11.41及圖11.42則是不同光源的曝光效果。

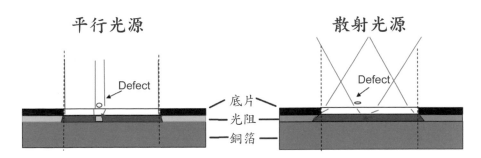

圖 11.38 平行光源對細小的塵埃有真實反映的效果

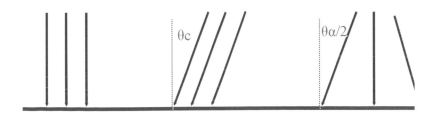

圖 11.39 平行光之光源行進不同入射角的比較

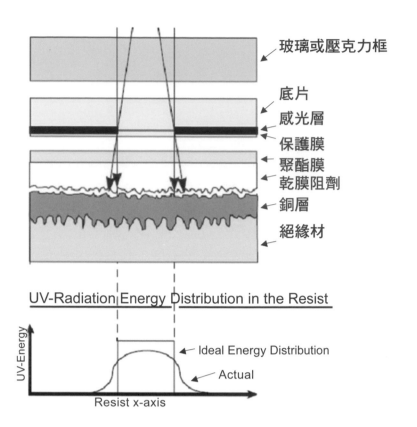

玻璃或壓克力框

底片

感光層

保護膜

聚酯膜

乾膜阻劑

銅層

絕緣材

UV-Radiation Energy Distribution in the Resist

UV-Energy

← Ideal Energy Distribution

← Actual

Resist x-axis

圖 11.40 散射光對曝光能量分布之影響

平行光源

點光源

散射光源

圖 11.41 三種光源曝光其散射角大小造成的不同結果

非平行光

平行光

圖 11.42 平行光與非平光經曝光顯像後的比較照片

　　光阻的聚合程度影響圖形轉移的準確性,而影響聚合度當然就是曝光能量是否達到需求之值。

曝光能量 Exposure Dose

　　曝光能量公式:E=It

　　式中:

　　E:總的曝光能量,mj/cm^2

　　I:燈光強度,mw/cm^2

　　t:曝光時間,second

　　從上述可知,總曝光能量E隨燈光強度I和時間t而變化。若t恆定,燈光強度I 發生變化,總曝光能量E也隨之改變。而燈光強度隨著電源壓力的波動及燈的老化而發生變化,於是曝光量發生改變,導致光阻在每次曝光時所接受的總曝光量並不一定相同,即聚合程度亦不相同。為使每次乾膜的聚合程度一致,必需採用具有曝光能量控制的曝光機,平時對於曝光機台也需定期利用UV能量計來檢測是否在光阻的作業範圍之內(一般可容許10%以內的差異) ,UV能量計如圖11.43。除此之外尚須依照各家不同光阻劑供應商提供的光階測試片(Step Tablet)建議格數,在開機作業時優先測試曝光條件,圖11.44是Stouffer 21光格測試片。

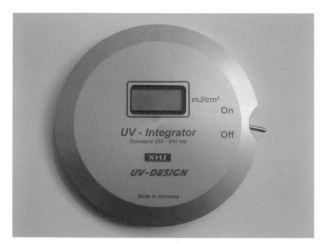

圖 11.43 UV 能量計

圖 11.44 Stouffer 21-step Gauge

平行光曝光製程

在製作細線路時,為了使底片的影像能真實轉移呈現,多數會使用平行光源。紫外光經由曝光機中的光學結構拋物鏡投射到電路板表面,可得平行光效果。非平行曝光機,其光學結構則多半是散光型反射燈罩。曝光燈管由於會隨使用時間而老化,因此曝光量的測定與校正,必須定時執行以保持曝光品質。使用平行光對微細塵埃的敏感度高,塵埃的影像幾乎都會忠實呈現在曝光的影像上,因此環境清潔度非常重要,較使用非平行光的環境嚴格,平行曝光機的光學結構如圖11.45所示。

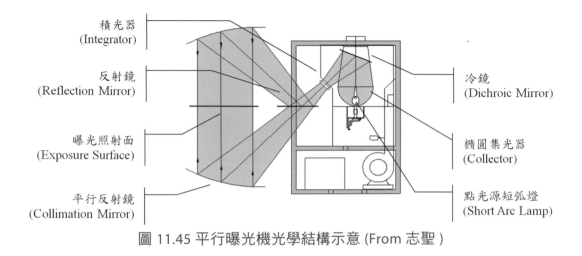

積光器
(Integrator)

反射鏡
(Reflection Mirror)

曝光照射面
(Exposure Surface)

平行反射鏡
(Collimation Mirror)

冷鏡
(Dichroic Mirror)

橢圓集光器
(Collector)

點光源短弧燈
(Short Arc Lamp)

圖 11.45 平行曝光機光學結構示意 (From 志聖)

過度曝光，其化學反應會在光阻內擴散，使解像度變差，曝光不足又會使強度不足而在顯像時剝落。因此前述的曝光能量測試工具需訂定適當測試頻率以維持品質穩定性，測試時依照光阻廠商所提供條件進行管控。

平日生產前應該作定時的曝光檢查，將格數底片置放在最大曝光範圍中的八個端點加上中心位置，上下共十八個曝光點。曝光顯像後觀察，其殘留格數的均勻度。另外在校正曝光機方面，同樣對十八點作照度測試，其能量差最小除以與最大以不低於85%為宜。這樣的曝光機水準，是一般常用的驗證標準，至於高階產品當然要更嚴謹的規格。

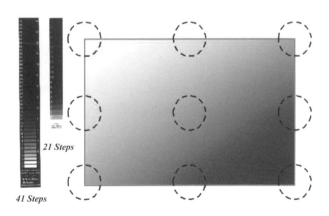

21 Steps

41 Steps

圖 11.46 機台曝光能量均勻性測試

曝光機與曝光方式

曝光機種類有手動與自動之分，端看板廠生產型態如何，料號少，單一料號數量需求大，當然以自動曝光機優先考慮。至於採用平行或一般曝光機，和線路的精細度有關聯。選擇採用何種曝光機，先整體考慮以下例舉之考量重點：

圖 11.47 手動曝光機

圖 11.48 志聖平行曝光機

選擇平行光曝光機之考量重點：

- 平行光曝光

- 薄板傳送

- 對位精度

- 吸真空

- 底片漲縮

- 無塵控制

選擇自動曝光機之考量重點(內、外層重點略有差異)：

- 曝光系統
- 製程板傳送系統
- 底片對位系統

曝光時待曝板、底片和曝光機檯面各層以緊密貼著不留空隙為原則，所以通常曝光機有吸真空輔助功能。但因光罩與待曝板之接觸方式有多種，所以其要求略有差異：

硬式接觸曝光 Hard Contact Exposure

底片與板面密貼且吸真空，吸真空時在表面產生彩色牛頓環，紋路愈密表示底片與板面密貼程度愈佳，散射光必須吸真空。

軟式接觸曝光 Soft Contact Exposure

底片與板面密貼但不吸真空或只輕微吸真空。

非接觸曝光 Off Contact Exposure

底片與板面間有距離不接觸，不能吸真空。

投影曝光 Projection Exposure

鏡組將線路影像聚焦在板面上，不能吸真空。

2內層製作 ▷ 銅面處理 ▷ 光阻貼附 ▷ 曝光 ▷ DES ▷ AOI ▷ 對位沖孔

11.1.2.4 顯像、蝕刻、去膜加工 Dveloping Etching Stripping

製程目的：

曝光後靜置10~15分鐘的內層板，經顯像、蝕刻、去膜(墨)，完成內層線路的製作。

11.1.2.4.1 顯像 Development

顯像製程的目的是將未曝光區域的光阻，經過顯像液的噴洗而溶解。早期光阻的成分為溶劑型(即須以含溶劑成分的顯像液才可作用)，由於健康與環保的因素，目前除特殊的應用，多數光阻都已採用鹼性水溶液的顯像液顯影。由於水溶性光阻多數具有鹽基，可溶於鹼性顯像液中，因此顯像液常採用碳酸鈉水溶液，濃度則為1.0~1.5 %，操作溫度則在約30+/-2℃左右。

顯像製程設備多數採用水平傳輸裝置，顯像液以噴嘴(nozzle)噴灑至光阻表面與光阻反應，利用化學的溶解力與機械的衝擊力將光阻移除。作業中顯像液的濃度、溫度、作用時間以及顯像槽中噴嘴型式、擺放位置、噴壓、板面溶液置換率等，都是對顯像品質造成影響的參數。後續的蝕刻及剝膜製程設備的裝置構造雷同，圖11.49所示為典型的水平濕製程噴灑機構作動照片。

圖 11.49 典型的蝕刻 / 顯像 / 去膜水平設備噴灑機構

顯像速度恰不恰當，有一個簡單方法測試，在作業初始做一檢測-找出顯像點(Break Point)，它是用來設定顯像機的操作速度及條件調整的依據，圖11.50為顯像點的測試示意圖，一般光阻供應商會建議其標準顯像點的範圍。

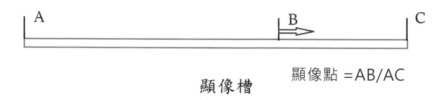

圖 11.50 典型顯像完成點測試

其方法是取正常壓膜后但未曝光的板子，撕掉Mylar後，放進啟動的顯像機，板子連續進入設備，使其填滿整個顯像段，然後停止噴灑，從顯像槽入口處到完全顯露出銅面的槽中位置的距離，和顯像槽長度的比率，稱之為顯像點。

由於電路板上板面在水平設備行進上噴嘴噴灑藥液時，板面上會有積水現象，稱為水池效應(Puddle effect)，見圖11.51將會影響藥液和光阻的反應速度，主要是所謂的擴散層(Diffusion layer)的影響。因此一般上方的噴壓要比下方略大，排除水滯的影響，以平衡上下板面的反應速度，使之達成一致。又由於整板的顯像均勻度未必完全一致，同時顯像時會有殘膜回沾的問題，因此顯像點的設定，乾膜約在50~70%，濕墨則在40~50%，設在何處和光阻的特性及機械設計有關，不同供應商有不同的數值，仍須依照現場實際作業的情況做調整。若是內層有埋孔製作需求，因板中有孔減少上面之水滯現象，所以其上下噴灑的製程參數就有不同的設定。

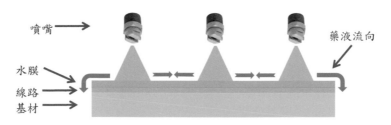

圖 11.51 水池效應示意圖

顯像噴嘴要左右擺動，使板面均勻接觸顯影液並增加置換率。一般內層曝光後的製程，顯像都會和蝕刻及去膜連線，稱為DES Line，必須考慮平衡其間的反應速度，來達成連線作業的最佳化連動，使製程順利運作。

11.1.2.4.2. 蝕刻 (Etching)

內層線路顯像後緊接著就是蝕刻程序，蝕刻的目的是將光阻未覆蓋的金屬區域蝕除。對印刷電路板製作而言，將銅蝕刻形成線路是電路板製作的重要程序。一般內層蝕刻都是和顯像、去膜製程連結在一起稱為DES (Developing/Etching/Stripping) 線。作業的方式也和顯像雷同是以上下噴灑方式進行，因此也有所謂的蝕刻完成點，找到蝕刻完成點的方法大致如顯像製程，但因為蝕銅液會不斷腐蝕線路側面(Side wall) ，而顯像側向反應較慢，所以蝕刻完成點要比顯像設定在更後面的區域，一般都會超過80% 蝕刻槽長度。但這是以厚度均勻的銅箔為依據，若有埋孔電鍍，則表面電鍍厚度及均勻性影響蝕刻完成點的測試，更顯其重要性，尤其是製作細線路時。

蝕刻是影響線路寬度穩定度最大的加工步驟，一般定義線路蝕刻的能力都以蝕刻因子(Etching Factor)為指標。蝕刻因子的定義如圖11.52所示。

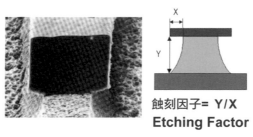

圖 11.52 蝕刻因子的定義

蝕刻速率即使對在同一平面上的線路也會有不同，這是因為線路寬度、間距寬度、線路疏密程度等都會影響蝕刻速率。因此正確的蝕刻因子定義是：當蝕刻恰好達到光阻與線路底部同寬時，也稱之為Just Etch。此時所得到的蝕刻因子才是真正定義的蝕刻因子，如果蝕刻使線路底部小於光阻寬度，則超過愈多蝕刻因子愈高，這樣的比較就沒有意義。

蝕刻製程同顯像製程也有一個管制項目可以達成較完美的線形—蝕破點Break point of Etching，從蝕刻槽上方俯視蝕刻的反應，銅被蝕除剛好露出底材的那個位置就是蝕破點。此蝕破點會隨著以下幾個因素而變動：1.銅箔製造商銅箔粗化的方式及深度、2.銅箔厚度 3.蝕刻液管控參數、4.設備的噴灑結構設計，這些變數會影響其蝕破點判斷。

蝕刻的控制參數很多，溫度、藥液濃度、銅濃度、黏度、酸度、噴壓、噴嘴分布、輸送速度、板面流動狀況、光阻厚度等都是。除了一些物料上的差異外，可以機械控制的參數應該儘量自動控制。

一般使用於蝕刻的噴嘴有錐型(Cone Type)與扇型(Fan Type)兩種，在使用與設計上各家設備商都有不同的考慮與理論依據。兩種噴嘴的噴灑狀態如圖11.53所示。在擺動設計方面則有擺動型、平行移動兩類設計，目的仍是噴灑蝕刻液到板面時均勻分佈，以及減少水池效應。

空心錐形　　　實心錐形　　　扇形

圖 11.53 兩種主要的噴嘴形式：錐型與扇型

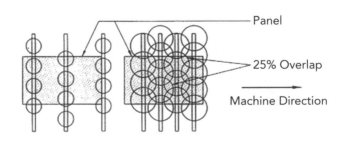

圖 11.54 適當的噴嘴選擇及位置排列可以發揮較大效益

蝕刻液也稱腐蝕劑(Etchant)，是以強氧化物及氧化酸組合而成的金屬腐蝕液，功能是將金屬銅氧化並快速溶解。較典型的蝕刻液有：氯化鐵、氯化銅(前兩者為酸性)、鹼性氨液蝕銅等。選擇的基本考慮點是以適合抗蝕(Etching Resist)層的特性，氯化鐵及氯化銅主要使用在有機高分子光阻劑方面的應用，鹼性液(Alkaline)則使用在以錫為抗蝕劑的應用。內層蝕刻製程目前以酸性氯化銅為主，因此時的抗蝕劑為乾膜或濕膜。

選擇蝕刻液系統時考慮的因子有蝕刻速度、蝕刻因子、自動添加控制、溶液壽命、換液維護保養、廢液處理、成本等多重方向。

蝕刻反應受到藥液置換率的影響很大，而酸含量的高低也直接影響蝕刻因子。在同一蝕刻設備操作下，一般而言酸度高，側蝕較嚴重，因此要提高蝕刻因子必須用較低酸的蝕刻液系統。

以下針對典型的幾種蝕刻液作業原理，作進一步說明。

A. 氯化鐵系統

是歷史最久的蝕刻系統，標準電極電位+0.474V，有很快的蝕刻速度，其化學反應機構如後：

$$FeCl_3 + Cu \rightarrow FeCl_2 + Cu_2Cl_2 \ldots\ldots\ldots\ldots\ldots(1)$$

$$2FeCl_3 + Cu_2Cl_2 \rightarrow 2FeCl_2 + 2CuCl_2 \ldots\ldots(2)$$

$$2FeCl_2 + 2HCl + (O) \rightarrow 2FeCl_3 + H_2O \ldots\ldots(3)$$

$$FeCl_3 + 3H_2O \rightarrow Fe(OH)_3 + 3HCl \ldots\ldots\ldots(4)$$

$$CuCl_2 + Cu \rightarrow Cu_2Cl_2 \ldots\ldots\ldots\ldots\ldots\ldots\ldots\ldots(5)$$

反應進行中銅含量及pH會變高，蝕刻速率因而會有改變。

$FeCl_3$濃度減少，容易產生$Fe(OH)_3$沈澱及Cu_2Cl_2，但添加HCl可以提昇$FeCl_3$含量(如反應式(3)所示)防止沈澱。由反應(1)(2)可知反應中$FeCl_2$會增加，但添加HCl及應用強氧化物或空氣中的氧可使它再回復為$FeCl_3$，(如反應式(3)所示)，這樣的做法可同時保持藥液一定的氧化力，而獲得不錯蝕刻因子的線路線形。

氯化鐵溶液系統因為有較強的氧化電位，蝕刻速率高促使蝕刻因子能保持較佳的水準。但目前又沒有好的回收循環系統，因此並非理想的選擇。尤其從反應機構可以看出，氧化物有氯化銅及氯化鐵兩種蝕刻液在中間作用，控制方面並不易穩定。

B. 氯化銅系統 (NaClO₃/HCl)

氯化銅系統的標準電極電位為+0.275V，比氯化鐵小，相對蝕刻速度較小。蝕刻化學反應機構如後：

蝕銅反應：銅可以三種氧化狀態存在，板面上的金屬銅Cu^0，蝕刻槽液中的藍色離子Cu^{2+}，以及較不常見的亞銅離子Cu^+。金屬銅Cu^0可在蝕刻槽液中被Cu^{2+}氧化而溶解，見下面反應式（1）

$$3Cu + 3CuCl_2 \rightarrow 6CuCl .... （1）$$

再生反應：金屬銅Cu^0被蝕刻槽液中的Cu^{2+}氧化而溶解，所生成的$2Cu^+$又被自動添加進蝕刻槽液中的氧化劑和HCl經過系列反應氧化成Cu^{2+}，而這些Cu^{2+}又繼續跟板面上的金屬銅Cu^0發生反應，因此使蝕刻液能將更多的金屬銅Cu^0咬蝕掉。這就是蝕刻液的循環再生反應，見下面反應式（2）

$$6CuCl + NaClO_3 + 6HCl \rightarrow 6CuCl_2 + 3H_2O + NaCl .... （2）$$

淨反應：

$$3Cu + NaClO_3 + 6HCl \rightarrow 3CuCl_2 + 3H_2O + NaCl .... （3）$$

$$Cu + CuCl_2 \rightarrow Cu_2Cl_2$$

$$Cu_2Cl_2 + HCl + H_2O \rightarrow 2CuCl_2 + H_2O$$

為防止銅面產生不溶性的Cu^+以維持蝕刻力，會構建添加HCl及H_2O_2的再生系統。由於$CuCl_2$會累積再加上添加的HCl及H_2O_2，因而有$CuCl_2$的溢流廢液，需有收集管線與儲槽設計。由於廢液銅含量極高，現在均由藥液廠商回收處裡。氯化銅蝕刻能力略弱，又屬高酸系統，因此蝕刻因子略差。但環保問題少，反應單純較易控制，在適當的控制下應仍可獲得不錯的效果。目前有低酸氯化銅蝕刻系統，其蝕刻能力仍可維持類似的速度，但因屬低酸系統，因此可以加高噴壓；低酸當量，又可以降低側蝕，是一個既具有氯化鐵優勢又較無環保顧慮的系統，以光學系統控制藥液的含銅及含酸量等，其可蝕刻的銅含量可高達250克每升。

氯化銅蝕刻的再生系統

比重計：是利用一個敏感的微動浮球，以牽動及傳達微小的比重變化而測定之。偵測槽液的比重主要是控制水的添加，用來稀釋槽液。

鹽酸濃度：是利用磁場與鹽酸比重之間成比例的原理，所設計的感測器。可測槽液中鹽酸的濃度，無電子雜訊的干擾，也不受濁度及浮渣影響。

ORP：偵測ORP（氧化還原電極電位），偵測系統由碳棒與銅棒組成，當銅棒在蝕刻液中反應、溶解時，依據藥液的濃度和蝕刻能力（蝕刻速度）會產生電荷量的變化。偵測器會檢測出所發生的電荷量（出力），並傳送到AQUA控制器。偵測 ORP主要是控制氧化劑（再生劑）的添加。

溫度計：是利用熱電感應式(Thermistor)偵測出液溫。AQUA所偵測的溫度是用來控制各藥液添加的，當偵測到的溫度低於其設定下限時，不會作任何添加。而槽液的真正溫度是由機台的另一組溫控器來控制升溫或冷卻。

C. 鹼性蝕刻系統

普遍用於負片製程外層線路的蝕刻製程的鹼性蝕刻系統，就是含氨的鹼性蝕刻液，它的蝕刻速率及銅溶解度都高，一般使用在以鍍錫金屬抗蝕阻劑的線路製作。

鹼性蝕刻溶液的主要組成成分如下：

NH_4OH、NH_4Cl、$Cu(NH_3)_4Cl_2$、$NaClO_2$，另外會添加一些緩衝劑，如：$(NH_4)HCO_3$、$(NH_4)_3PO_4$。

主要的反應式如下：

$$Cu + Cu(NH_3)_4Cl_2 \rightarrow 2Cu(NH_3)_2Cl \dots\dots\dots(1)$$

$$2Cu(NH_3)_2Cl + 2NH_4OH + O_2 + 2NH_4Cl \rightarrow 2Cu(NH_3)4Cl_2 + 2H_2O \dots(2)$$

(1)+(2)得淨反應如下：

$$Cu+ 2NH_4Cl + O_2 + 2NH_4Cl \rightarrow Cu(NH_3)_4Cl_2 + 2H_2O\dots\dots\dots(3)$$

充分的新鮮空氣可以讓噴灑藥液中的銅氧化，因此蝕銅機的空氣循環必須留意。藥液的管理是採取比重控制，以補充溶液排出高濃度廢液的方式進行，再生系統與氯化鐵系統類似。

蝕銅的反應機構

a. 在鹼性環境溶液中，銅離子非常容易形成氫氧化銅之沈澱，需加入足夠的氨

水使產生氨銅的錯離子團，則可抑制其沈澱的發生，同時使原有多量的銅及繼續溶解的銅在液中形成非常安定的錯氨銅離子，此種二價的氨銅錯離子又可當成氧化劑，使零價的金屬銅被氧化而溶解，不過氧化還原反應過程中會有一價亞銅離子出現，即

$$Cu^{\circ} + Cu(NH_3)_4 \longrightarrow 2Cu(NH_3)_2 \xrightarrow{2NH_3} 2Cu(NH_3)_4^{+2}$$

此一反應之中間態亞銅離子之溶解度很差，必須輔助以氨水、氨離子及空氣中大量的氧使其繼續氧化成為可溶的二價銅離子，而又再成為蝕銅的氧化劑週而復始的繼續蝕銅直到銅量太多而減慢為止。故一般蝕刻機之抽風除了排除氨臭外，更可供給新鮮的空氣以加速蝕銅。

b. 為使上述之蝕銅反應進行更為迅速，蝕液中多加有助劑，例如：

- 加速劑Accelerator

  可促使上述氧化反應更為快速，並防止亞銅錯離子的沈澱。

- 護岸劑 Banking agent

  減少側蝕

- 壓抑劑Suppressor

  抑制氨在高溫下的飛散，抑制銅的沈澱，加速蝕銅的氧化反應。

蝕銅設備

a. 為增加蝕刻速度，需提高溫度到48℃以上，因而會有大量的氨臭味彌漫，需做適當的抽風，但抽風量太強時會將有用的氨也大量的抽走，則是很不經濟的事，在抽風管路中可加適當節流閥以做管制。

b. 蝕刻品質往往因水池效應 (pudding) 而受限，這也是為何板子前端部份往往有over etch現象。

所以設備設計上就有如下考量：

- 板子較細線路面朝下，較粗線路面朝上。
- 噴嘴上，下噴液壓力調整以為補償，依實際作業結果來調整其差異。
- 先進的蝕刻機可控制當板子進入蝕刻段時，前面幾組噴嘴會停止噴灑幾秒的時間。
- 也有設計垂直蝕刻方式，來解決兩面不均問題，國內部分板廠有購置使用中，見圖11.55。
- 另外近幾年採用吸真空方式設計的蝕刻機也在推廣，這類蝕刻機早在10年以前就已上市。如圖11.56。

圖 11.55 垂直蝕刻線（科茂）

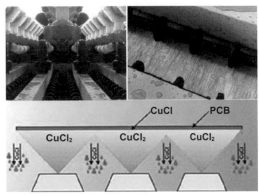

圖 11.56 Pill 的吸真空蝕刻系統示意，朝上表面之積水立即被管路吸走

自動添加控制 Auto dosing

A. 操作條件如下表

表11.4鹼性蝕刻操作條件

氨水蝕刻液	
銅含量	150~180g/l
溫度	50~55℃
蝕刻速度	1.2~2.0 mil／min
比重	Sp.gr.=1.170~1.227
pH	8.0~8.8

B. 自動補充添加

補充液為氨水，通常以極為靈敏的比重計，且感應當時溫度(因不同溫度下比重有差)，設定上下限，高於上限時開始添加氨水，直至低於下限才停止。此時偵測點位置以及氨水加入之管口位置就非常重要，以免因偵測點傳回訊號的誤判而加入過多氨水浪費成本(因會溢流掉)。

設備的日常保養

- 為不使蝕刻液有sludge產生(淺藍色一價銅污泥)，所以成份控制很重要，尤其是pH，太高或太低都有可能造成。

- 隨時保持噴嘴不過被堵塞。(過濾系統要保持良好狀態)

- 比重感應添加系統要定期校驗。

Undercut 與 Overhang

外層線路製作時，線路電鍍後之蝕刻製程有兩個重要的名詞

Overhang：線路兩側之不踏實部分；亦即線路兩側越過阻劑向外橫伸的"懸出"，加上因"側蝕"內縮的剩部份，二者之總和稱為 Overhang。

Undercut：側蝕，當板面導體在阻劑的掩護下進行噴蝕時，理論上蝕刻液會垂直向下或向上進行攻擊，但因藥水的作用並無方向性，故也會產生側蝕，造成蝕後導體線路在截面上，顯現出兩側的內陷，稱為Undercut.。見圖11.57

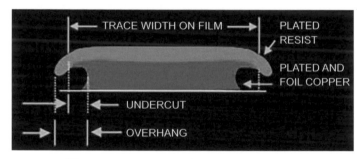

圖 11.57 Undercut 與 Overhang 圖示

3 種重要的蝕刻段效應說明：

- 水池效應(見圖11.58)

定義：

在蝕刻過程中，藥液因重力作用在板上面形成一層水膜，阻礙新鮮藥液與銅面接觸；板邊的藥液流速快，更新速度快，咬蝕量大；板中間的藥液流速慢，更新速度慢，咬蝕量小。

產生效果：水池效應造成上板面中間與板邊蝕刻量不同，而下板面則無此現象。

改善方法：

a. 較細線路和密集線路面朝下，較粗線路面和大銅面朝上；

b. 調節補償蝕刻，對板中間先單獨蝕刻。

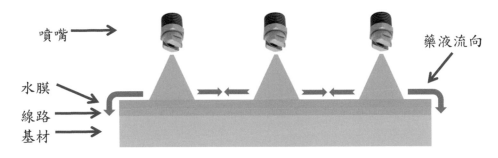

圖 11.58 水池效應

· 水溝效應(圖11.59)

定義：

　　藥液的附著性使藥液粘附在線路上以及線路之間的間隙；在密集區域，線路之間的藥液很難被噴下的藥液衝出，藥液更新速度慢，蝕刻量少；在空曠區域，線路周邊的藥液更新速度快，蝕刻量大；

產生效果：水溝效應導致密集區和空曠區蝕刻量不同。

改善方法：對空曠區線路單獨多加補償，保證密集區和空曠區蝕刻後線寬一致。

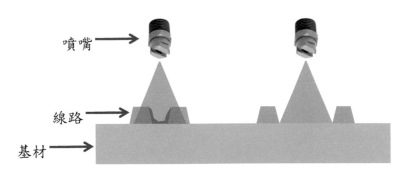

圖 11.59 水溝效應

· 過孔效應(圖11.60)

定義：

蝕刻時板上面的藥液通過孔流下去，導致孔周圍藥液更新速度加快，蝕刻量加大。

產生效果：正片流程的NPTH孔和負片流程的所有孔周圍蝕刻量偏大。

改善方法：對有過孔效應的孔周圍線路加大補償。

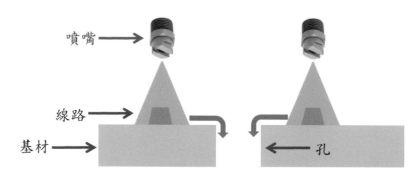

圖 11.60 過孔效應

除水平蝕刻機外，為解決水池效應造成的上下兩面線路的不均勻形成，於是有垂直式蝕刻機與真空蝕刻機的設計與應用。

另為解決線路layout角度造成的蝕刻問題(垂直與平行線路的蝕刻速度不一致)和水池效應，也有在蝕刻槽與槽中設計翻版機，使上下板面均勻蝕刻。

對於細線路的蝕刻，目前設備廠商也開發二流體藥水噴灑系統，讓讓蝕刻液作用時顆粒非常細緻，有極佳效果，見圖10.61。

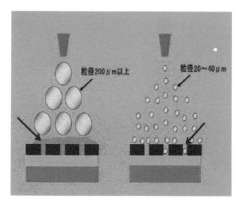

圖 10.61 二流體噴灑系統對細間距板子有極佳效果

11.1.2.4.3. 剝膜（去墨）製程

蝕刻完成後線路已呈現，光阻已功成身退，因此接著後續剝膜/去墨製程。和顯影、蝕刻同樣是藉剝膜液噴灑執行光阻劑的剝除，其設備也是延續的。剝膜液一般是直接以1~3%重量比氫氧化鈉(NaOH)水溶液進行剝膜作業。

注意事項如下：

A. 硬化後之乾膜在此溶液下部份溶解，部份剝成片狀，為維持藥液的效果及後水洗能徹底，可以藉由過濾系統延長其槽液壽命。

B. 有些設備設計了輕刷或超音波攪拌來確保膜被徹底剝除，尤其是在外層蝕刻後的剝膜，線路邊被二次銅微微卡住的乾膜必須被徹底剝下，以免影響線路品質。

C. 剝膜液為鹼性，因此水洗的徹底與否，非常重要，內層之剝膜後有加酸洗中和，也有防銅面氧化而做氧化處理者。

2 內層製作 ▷ 銅面處理 ▷ 光阻貼附 ▷ 曝光 ▷ DES ▷ AOI ▷ 對位沖孔

11.1.2.5. 內層 AOI- 外觀與電性檢查

製程目的

利用光學原理檢視內層線路的缺陷，如斷路、短路、缺口..等。

基本上每個製程完成後都會有適當的檢查程序，採用抽檢或100%檢驗方式，在內層線路完成後的檢查項目，主要是以線路的完整性為重點。因為內層的良品率會直接影響後續的多層板整體良率，若多層板的內層片數多，則各層若有不良品就直接壓合，整體的不良率將是各單一內層良率的總乘積。例如：一片八層板必須使用三張內層板，如果各單張的良品率都是95%，則直接壓合後尚未做外層線路，電路板的良率就已經降到85.73%。如果後續製程良率仍為95%，總良率就變成81.45%。

外觀檢驗

由此可知道如果內層板不檢查的嚴重後果。因此一般的內層檢查都採取100%檢查，而內層板的品質數據也單獨計算。內層線路完成經過檢測後的良率統計，我們稱為第一次良品率(First Pass Yield)，它的定義是未經過任何修補的良品的百分比。以往線寬距粗的設計以及不要求阻抗，斷路的不良還可以修補成良品，但現在的內層線路設計密度極高且有嚴苛的阻抗要求，因此大半客戶不容許補斷路。當然其他小缺點如短路，可允許刮修，但須通過最小的絕緣電阻測試要求(怕有肉眼看不到的為短路)。若勉強救回內層而繼續往下流程製作，到多層板壓合、外層線路完成，再檢測出不良，反而造成成本的大幅增加，得不償失。

典型的內層檢查項目如下：

- 內層線路方面：短斷路、線路缺口、線路剝離、曝偏、間距不足、線細、銅渣、異物污染等。
- 樹脂基材方面：基材破損、異物污染、氣泡等。
- 內層孔方面：鍍層不良、破孔(Void)、孔內粗糙等。

表面的項目，可以目視、放大鏡或光學檢查機檢查。對有深度問題的孔內狀況，可以選擇使用2.5D~3D顯微鏡檢查。

但隨著內層線路的細密複雜化，目視檢查已不符需求，採用自動光學檢查設備(AOI)已是普遍現象。在檢查環境方面，由於細線的誤判率會隨檢查環境中的塵埃而偏高，因此要有潔淨的環境來作檢查。

近年來為了應用螢光反射檢查，部分基材有添加少量的螢光劑，對自動光學外觀檢查機的檢查多所助益。

AOI 檢驗原理

一般業界所使用的自動光學檢驗有CCD及Laser兩種；前者主要是利用鹵素燈光線，針對板面未黑化的銅面，利用其反光效果，進行斷、短路或碟陷的判讀。應用於黑化前的內層或防焊前的外層。後者Laser AOI主要是針對板面的基材部份，利用對基材(成銅面)反射後產生的螢光(Fluorescence)在強弱上的不同，而加以判讀。早期的Laser AOI對 "雙功能" 所產生的螢光不很強，常需加入少許 "螢光劑" 以增強其效果，減少錯誤警訊。

當基板薄於6mil時，雷射光常會穿透板材到達板子另一端，對另一面的銅線路帶來誤判。"四功能" 基材，則本身帶有淡黃色，已具增強螢光的效果。Laser自動光學檢驗技術的發展較成熟，是近年來AOI燈源的主力。

現在更先進的雷射技術之AOI，利用雷射螢光，光面金屬反射光，以及穿入孔中雷射光之信號偵測，使得線路偵測的能力提高許多，其原理可由圖11.62、11.63、11.64及11.65簡單闡釋。

影響AOI檢驗準確率的因素有如下幾點：

- pixel 圖元大小
- 最小線寬、線隙的設定
- 反射光/散射光，laser強度的設定
- 灰度值的設定

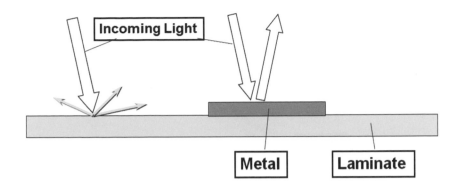

圖 11.62 AOI 雷射光線掃描板面線路之工作原理，基材表面分散光，而金屬表面則反射光

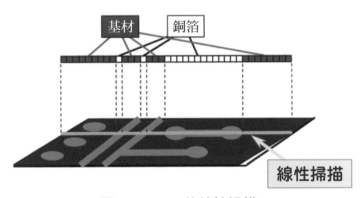

圖 11.63 AOI 的線性掃描

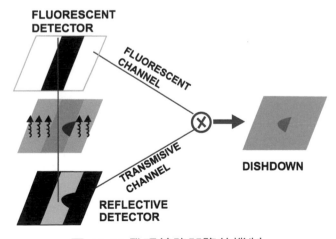

圖 11.64 發現線路凹陷的機制

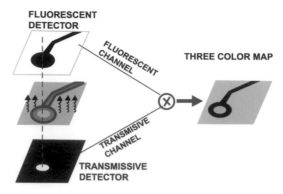

圖 11.65 偵測線路及孔環缺點機制

　　電路板的線路製作難免會有缺陷，尤其是在內層線路如果發生缺點就必須要篩選出來，否則會直接影響整體的良率。

　　自動光學線路檢查設備，利用光學感應比對的做法，將感應獲得的線路影像與原始資料進行比對，藉以篩選出有問題的線路。不同等級的線路，因為精密度不同而必須要選用解析度更高、運算力更強的檢查系統，圖11.66是AOI設備及檢修之工作站。

AOI設備　　　　　　　VRS檢修站

圖 11.66 是 AOI 設備及檢修之工作站

內層的電性測試

　　主要仍以短、斷路測試為主，不過現在大半已被AOI的檢測所取代。若有線路阻抗等相關規範，必須另行測試，否則並不會多作其他項目。

> **2內層製作** ＞ 銅面處理 ＞ 光阻貼附 ＞ 曝光 ＞ DES ＞ AOI ＞ **對位沖孔**

11.1.2.6 壓合對位孔製作

　　多層板製作在內層對位壓合時，主要對位定位方式有兩種：以預先作好的插梢孔插入插梢(Pin)來固定壓合，這樣的方法稱為插梢壓合(Pin Lamination)法。另一種則是內層板事先加工對位孔，再以鉚釘將所有內層板及膠片(Prepreg)固定壓合，作業上比插梢壓合操作簡單也利於量產，因此而被稱為量產式壓合(Mass Lamination)法。

較低層次的多層板壓合，普遍以後者之方式作業，因投入的設備成本較低，作業也較方便，但對位精準度就沒有前者好。圖11.67是自動CCD之內層鑽靶機，在板邊同心靶位上鑽出圓Pin孔，作為後製程壓合時的內層打鉚釘對位孔。

圖 11.67 自動 CCD 之內層後鑽靶機

　　後者專用 Pin Lam系統則是做高層次板(High Layer Count)必須之設備，因層數越高，各層間容許的偏移量就越小，所以需靠專用的插梢對位系統，如圖11.68之示意，圖11.69則是OPE設備照片。

　　不論多層電路板以何種壓合法生產，兩張以上內層板的電路板結構都必須作出對位孔。而壓板後則必須以X-ray讀出內層的基準記號，加工出鑽孔所使用的對位基準孔。鑽孔對位基準靶在內層作業時就已製作在內層板上，藉由光學讀取及公差平均的過程鑽出適當的工具孔。由於壓板後電路板會收縮，因此一般的內層設計都會先做補償，以防止位置偏移，故工作底片在製作電路板前會預先將內層線路予以等比例調節。至於基準孔的大小，各公司應以自己的工具系統來處理，一般都以鑽孔用插梢加大約1mil為原則。

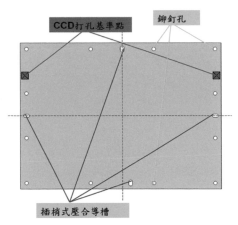

圖 11.68 插梢對位系統示意圖

Optiline PE - ATP5000

圖 11.69 OPE 內層靶位沖孔系統

3 壓合 　備料 　內層銅面粗化 　疊板 　壓合 　壓板後處理 　打靶

11.1.3 壓合

製程目的：

將銅箔(Copper Foil)，膠片(Prepreg)與粗化處理(Copper surface roughness)後的內層線路板，依結構規格對位疊板，進行壓合而成多層板。

多層電路板必須做層間的接著壓合，多層板空板完成之後交給客戶進行元件組裝，完成的電子產品會在各種環境下運作，如高溫焊接、惡劣環境下作業(如高低溫度差、高濕度及衝、撞等外力)。多層板是異質間的結合，各內層之間的接著力是影響壓合成敗的重要關鍵。所以進行各層壓合前，內層線路銅表面必須作適當的粗化處理，增加其和樹脂間的接著能力。

多層板越高層數各層間的對準度要求會越嚴苛，疊板的目的就是把各導電層以最準確的對位方式依序堆疊，各內層間再以膠片(Prepreg)作為層間絕緣隔離，上下最外層則以銅箔一起組合疊合後，進行壓合。

高密度多層板因為有盲孔的需求，所以其層間堆疊製程差異性頗大，且因結構多變化，所以增層製程方式以及使用的絕緣材料，也有多重選擇，後續會有說明。

11.1.3.1 備料

目的：

除已完成之各內層線路板外，尚須依照生產流程單的疊構設定準備膠片(Prepreg)以及銅箔(Copper Foil)，若是HDI板結構產品，則還有一個選用材料-RCC(背膠銅箔Resin coated copper foil))，可能也需準備。

領料備料的過程需注意以下事項：

- 膠片的貯存條件以及取出之後的回溫動作：
  一般在溫度20℃左右、相對濕度50%以下，膠片可保存3個月，若在5℃則可保存6個月，超過時間就需作各項測試，確保其堪用，否則就須作廢。
- 包裝：
  最好保持原包裝方式存放，若因考量空間需將外箱拆除，仍需保持基材外覆保護膠膜完整，以避免水氣攻擊及碰傷。
- 裁切下料：
  基材自冷藏室移出后，最好放置一日使其溫度和作業環境一致，可避免溫度的差異使水氣凝結在基材表面，造成物性劣化，易產生爆板分層現象。
- 如何處理未用完基材：
  在疊合后若有少部份膠片未用完，需以PE袋包好，膠帶密封防止水氣進入，使基材物性劣化。

膠片吸濕會造成膠流量變大，流膠中含有大量白霧狀氣泡。最好以標籤記下再貯存日期、批號、數量、規格等資料，貼在未用完之基材上，並在2周內用完。

11.1.3.2 內層銅面粗化 (Roughness Treatment)

製程目的：

- 增加與樹脂接觸的表面積，加強二者之間的附著力(Adhesion).
- 增加銅面對流動樹脂之潤濕性，使樹脂能流入各死角，在硬化後有更強的抓地力。

內層銅面的粗化處理方式主要分為兩種：

11.1.3.2.1 黑／棕氧化

由於環氧樹脂與光面的銅表面結合力弱,最早使用強氧化性溶液在銅表面形成絨毛狀的黑色氧化銅層,這樣的製程稱為氧化或黑化、棕化處理。樹脂就是靠與絨毛間的錨接(Anchor)效果而結合。

A. 黑/棕化標準程序

a. 鹼洗－去除指紋、油脂,同時去除前製程可能殘餘的乾膜或油墨阻劑。

b. 酸浸－調整板面pH

c. 微蝕－主要目的是蝕出銅箔之柱狀結晶組織(grain structure)來增加表面積,增加氧化後對膠片的抓地力。通常此一微蝕深度以50-70μin為宜。微蝕對棕化層的顏色均勻上非常重要。

d. 預浸中和－板子經徹底水洗後,在進入高溫強鹼之氧化處理前先做板面調整,使新鮮的銅面生成暗紅色的預處理表面,並能檢查到是否仍有殘膜未除盡的亮點存在。

e. 氧化處理－多為兩液型,其一為氧化劑常含以亞氯酸鈉為主,另一為氫氧化鈉及添加物,使用時按比例調配加水加溫即可。溫度的均勻性是影響顏色原因之一,加熱器不能用石英,因高溫強鹼會使矽化物溶解。操作時最好讓槽液能合理的流動及交換。

f. 還原－此步驟的應用影響後面壓合成敗甚鉅。目的在增加氧化層之抗酸性,並剪短絨毛高度至恰當水準以使樹脂易於填充,並能減少粉紅圈(pink ring)的發生。

g. 抗氧化－此步驟能讓板子的信賴度更好,但視產品層次,不一定都有此步驟。

h. 後清洗及乾燥－要將完成處理的板子立即浸入熱水清洗,以防止殘留藥液在空氣中乾涸,留在板面上而不易洗掉,經熱水徹底洗淨後,才真正完成。

製程反應式如下:

1. $2Cu+2ClO_2 \rightarrow Cu_2O+ClO_3+Cl$

2. $Cu_2O+2ClO_2 \rightarrow CuO+ClO_3+Cl$

3. $Cu_2O+H_2O \rightarrow Cu(OH)_2+Cu$

$$Cu(OH)_2 \xrightarrow[80^{\circ}C以上]{\triangle} Cu^O+H_2O$$

此三式是金屬銅與亞氯酸鈉所釋放出的初生態氧，先生成中間體氧化亞銅：$2Cu+[O]$ $\rightarrow Cu_2O$，再繼續反應成為氧化銅 Cu^{+2}，若反應能徹底到達二價銅的境界，則呈現黑巧克力色之"棕氧化"層。若氧化膜中尚有部份一價亞銅時，則呈現無光澤墨黑色的"黑氧化"層。

B. 棕化與黑化的比較

a. 黑化層因藥液中存有高鹼度而雜有 Cu_2O，此物容易形成長針狀或羽毛狀結晶。長針狀結晶在高溫下容易折斷而大大影響銅與樹脂間的附著力，並隨流膠而使斷裂的黑點流散在板中形成電性問題，而且也容易出現水份而形成高熱後局部的分層爆板。棕化層則呈碎石狀瘤狀結晶貼銅面，其結構緊密無疏孔，與膠片間附著力遠超過黑化層，不受高溫高壓的影響。

b. 黑化層較厚，經PTH後常會發生粉紅圈(Pink ring)，這是因 PTH中的微蝕或活化或速化液攻入黑化層而將之還原露出原銅色之故。棕化層則因厚度較薄，較不會生成粉紅圈。內層基板銅箔毛面經鋅化處理與底材抓的很牢，但光面的黑化層卻容易受酸液之攻擊而現出原本的銅色，見圖11.70。

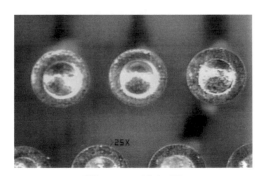

圖 11.70 粉紅圈

c. 黑化因結晶較長厚度較厚，故其覆蓋性比棕化要好，一般銅面的瑕疵較容易蓋過去而能得到色澤均勻的外表。棕化則常因銅面前處理不夠完美而出現斑駁不齊的外觀，常不為品管人員所認同。不過處理時間長或溫度高一些會比較均勻。此種外觀之不均勻，並不會影響其剝離強度(Peel Strength)，一般商品常加有厚度抑制劑(Self-Limiting)及防止紅圈之保護劑(Sealer)，使能耐酸，棕化之性能會更形突出。

C. 設備

氧化處理並非製程中最大的瓶頸，大部分仍用傳統的浸槽式獨臂或龍門吊車的輸送。所建立的槽液無需太大量，以便於更換或補充，建槽材料以CPVC或PP都可以。

傳統的處理裝置是以框架承載的方式，以吊車逐槽移動進行化學處理，新的黑化替代製程則開始使用水平傳動設備。框架的設計應以不遮蔽反應及留下痕跡為設計原則，水平傳動設備設計重點則以電路板傳送平順，不產生刮痕及水紋為原則。見圖 10.71

　　水平連續自動輸送的處理方式，對於薄板很適合，可解決板架不易設計及板彎翹的情形，水平方式可分為噴液法(Spray)及溢流法(Flood)－前者的設備昂貴，溫度控制不易，又因大量與空氣混合造成更容易沉澱的現象，為縮短板子在噴室停留的時間，氧化液中多加有加速劑(Accelerator)使得槽液不夠穩定，溢流法使用者較多。

圖 11.71 左：黑 / 棕化垂直設備 右： 黑 / 棕化板架

D. 品質監測項目

・ 氧化結晶重量(Weight gain)
・ 蝕刻銅量(Etch amount)
・ 剝離強度(Peel strength)
・ 露銅
・ 顏色不均

E. 檢測方法及管制範圍

a. 氧化結晶重量(O/W)之測定〔管制範圍：0.3 ± 0.07（mg/cm^2）〕

(1) 取一試片9cm×10cm 1oz規格厚度之銅片，隨流程做氧化處理。

(2) 將氧化處理後之試片置於130℃之烤箱中烘烤10min.去除水分，置於密閉容器冷卻至室溫，稱重得重量－w1(g)。

(3) 試片置於20%H$_2$SO$_4$中約10min去除氧化表層，重覆上一步驟，稱重得重量－w2(g)

(4) 計算公式： O/W ＝（W1-W2／9×10×2）×1000

b. 剝離強度(Peel Strength)之測定（管制範圍：4~8 lb/in）

(1) 取一試片1oz規格厚度之銅箔基板，做氧化處理後，疊板(lay up)做壓合加工。

(2) 取一1cm寬之試片，做剝離拉力測試，得出剝離強度(依使用設備計算)。

c. 蝕刻銅量(Etch Amount) 之測定（管制範圍：70±30 μ in）

(1) 取一試片9cm×10cm 1oz規格厚度之銅片，置於130℃之烤箱中烘烤10min去除水份，置於密閉容器中冷卻至室溫，稱重量得－w1(g)。

(2) 將試片置於微蝕槽中約2分18秒(依各廠實際作業時間)，做水洗處理後，重覆上一個步驟，稱得重量－w2(g)。

(3) 計算公式：

$$E/A = W1 － W2 \times 244.1$$

$$\frac{1}{8.96/cm^3 \times 10cm \times 9cm \times 2} \times \frac{1}{2.54\ cm/in} \times 10\ 6 = 244.1$$

d.氧化後抽檢板子目視以無亮點(露銅)及顏色不均為判斷標準。

11.1.3.2.2 有機棕化

這一個近年為改善黑/棕化之強鹼製程帶來的後續品質問題而開發出來的酸性微蝕技術，具有獨特的有機金屬轉化製程。其有機金屬轉化層具有良好的粗化表面，使其與環氧樹脂間具有良好的附著力。有機棕化製程是在低溫操作，利用三個步驟，使其銅面生成一均勻棕色的有機金屬層。

在棕化槽內，由於H_2O_2的微蝕作用，使基體銅表面形成一種碎石狀微觀結構，同時立即沉積上一層薄薄的有機金屬膜，由於有機金屬膜與基體銅表面的化學鍵結合，形成棕色的毛絨狀結構，使它與樹脂的接著能力大大提高。

$$Cu + H_2SO_4+H_2O_2 \rightarrow CuSO_4+2H_2O$$

$$Cu + nA \rightarrow Cu(A)n \rightarrow Brown\ Coating$$

內層銅表面在H_2O_2和H_2SO_4作用下，進行微蝕，使銅表面得到平穩的微觀凹凸不平的表面形狀，增大銅與樹脂接觸的表面積的同時，棕化液中的有機添加劑與銅表面反應生成一層有機金屬轉化膜，這層膜能有效地嵌入銅表面，在銅表面與樹脂之間形成一層網格狀轉化層，增強內層銅與樹脂結合力，提高層壓板的抗熱衝擊、抗分層能力。圖11.71是有機棕化和黑/棕氧化的比較，圖11.73為有機棕化之反應示意圖。

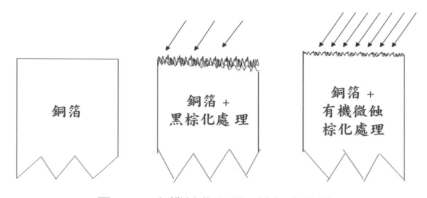

圖 11.72 有機棕化和黑 / 棕氧化比較

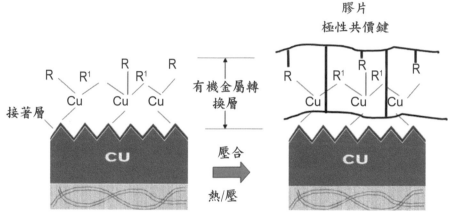

圖 11.73 有機棕化之反應示意

　　內層線路表面粗化完成之後，進疊合室之前必須去除基材中的濕氣，除了因濕氣在壓合的高溫作業下，造成潛在品質不良影響外，基材的尺寸穩定性也不好，所以必須進行此步驟。

3 壓合　備料　內層銅面粗化　**疊板**　壓合　壓板後處理　打靶

11.1.3.3 疊板 Lay-up

　　製程目的：將基材(已完成表面粗化處理之內層板)、膠片(半固化片)及銅箔按產品規格依序對位疊合，作為進入壓板設備前之準備。

使用原物料：已粗化之內層板、膠片、銅箔、鉚釘、牛皮紙、緩衝壓材、鏡面鋼板、蓋板、壓合載盤等。

使用設備：鉚釘機、高層數板專用插梢載盤、膠片熱熔機、除靜電設備等。

本製程動作看似單純，但有很多細節須注意。內層板層間絕緣厚度、堆疊結構、銅箔厚度要求等，皆依製前工程的指令，逐一將內層板、膠片、銅箔等堆疊在壓合載盤上。

11.1.3.3.1 層間對位方式

內層板間位置的對位固定方式主要有兩種，一為Mass Lamination法，另一是插梢(Pin Lamination)法。

Mass Lamination 法

這是針對四層板大量生產的製程方式，四層板只有一張內層(2/3層)，排板時，直接將內層板上下放置兩組膠片(PP)，膠片之外加兩層銅箔即可，其後就進行壓板作業。壓板後，再以X-Ray鑽出定位孔，以它定位製作後續之鑽孔及外層線路。第二層及第三層線路製作時即作出對位靶圖形(一般以十字同心圓圖形)，作為X-Ray設備鑽出定位孔的依據。見圖11.73示意。

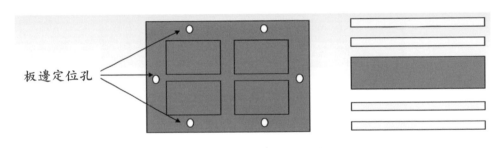

板邊定位孔

圖 11.74 層板疊板示意

六層及六層以上板有兩張以上內層基板，因此有兩張以上的內層間需要對位，較四層板複雜。首先，如四層板一樣，應先保證同一基材的兩層線路(即2/3層及4/5層)要準確對位，且此兩內層之定位孔距一致。疊板前，先將兩張內層板用鉚釘(Rivet，見圖11.75) (或融合等)釘在一起，保證2、3、4、5層的層間對位對準度無誤。鉚合之前當然兩張內層間的膠片也須在相同位置做出定位孔，再一起和內層以鉚釘鉚合成冊，外面再加兩層銅箔，進行後續壓合。見圖11.76示意。

圖 11.75 鉚釘

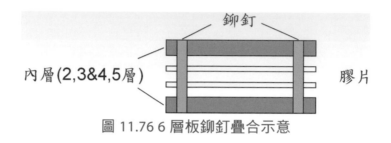

圖 11.76 6 層板鉚釘疊合示意

　　釘板有三種方式：手動打鉚釘、自動打鉚釘、打鉚釘+熔合(強化壓合過程不會飄移)，圖11.77是自動打鉚釘設備。

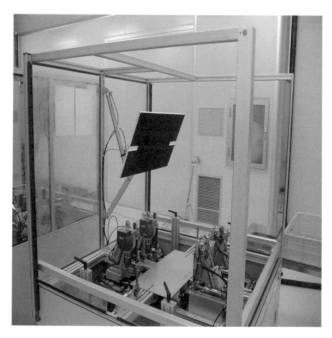

圖 11.77 自動打鉚釘機

此種生產方式，多在特別規劃的疊合室中先行作業，之後再在載盤上與膠片、銅箔、鏡面鋼板等壓合工具及材料疊合，重複堆疊多組至適當片數時，加上蓋板及緩衝材送入壓板機壓合。典型的疊合操作室如圖11.78所示。

圖 11.78 壓合疊板室

一般壓合機結構：壓板機的兩個熱盤間置放電路板的空間，稱之為一個開口(Open)，疊板方式以鋼質載盤為底盤，放入數張牛皮紙(或緩衝材)，中間以一層鏡面鋼板一層板材的方式，約疊入十~十二層板材，上面再加一層鏡面鋼板及一張銅箔基板和牛皮紙，再蓋上鋼質蓋板，其結構如圖11.79，一台壓板機可有5~10個開口。當然堆疊的方式會隨電路板尺寸而有差異，特殊的產品也會有特殊的壓合方法及緩衝材被使用。

一般壓合機有效壓合面積可排列2~4片，不管排多少片，每一個開口中每個隔板間的這些多層板上下左右對準，而且各隔板間也絕對要上下對準，自然整個壓床之各開口間也要對準在中心位置，如此每一疊多層板所受壓力才會均勻。一般採用投影燈式輔助其上下左右的擺放是對稱一致，在疊板台正上方裝一投影機，先將載板放在定位並加上牛皮紙，將十字光影投射在載板上，再將各疊板之內容及隔板逐一疊齊，最後再壓上牛皮紙及蓋板即完成一個開口間的組合。

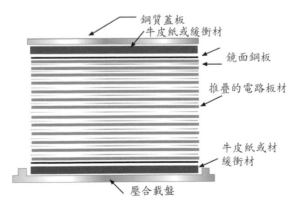

圖 11.79 典型的壓板堆疊結構

插梢法 (Pin Lamination)

　　此種定位方式是針對高層數的多層板進行層間的對位，有專用設備進行之。所有的內層板、不銹鋼分隔板、膠片、銅箔都會作出梢孔，堆疊時以特殊設計之梢孔及專用含梢載盤進行對位固定，見圖11.80及圖11.81。

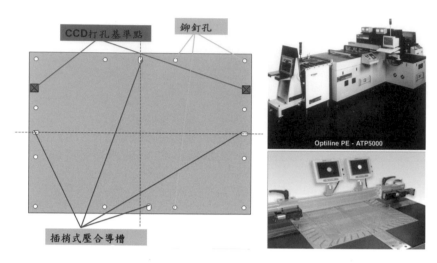

圖 11.80 高層數多層板之壓合內層對位系統及設備 a、b

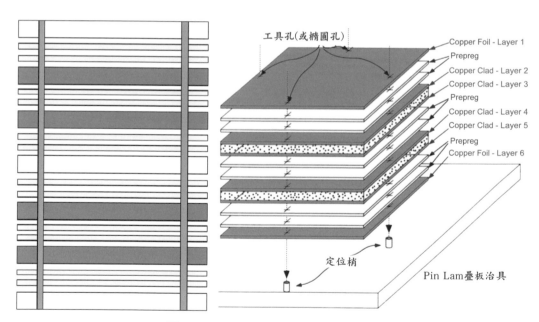

圖 11.81 Pin Lam 疊合示意圖 a、b

11.1.3.3.2 疊板結構各夾層之目的

a. 鋼質載盤(caul plate or carrier plate)、蓋板：

早期為節省成本多用鋁板，近年來因板子精密度的提升已漸改成硬化之鋼板，主要目地為平穩的傳送待壓板冊進出壓合機，並可協助均勻傳熱。

b. 鏡面鋼板(隔板，Separator plate)：

因鋼材鋼性高，可防止表層銅箔皺摺凹陷，且表面光滑，容易拆板，所以表面的清潔度也特別重要。鋼板使用後，如因刮傷表面，或流膠殘留於表面，就應加以研磨。較厚的鋼板，可以有效防止板冊的內層線路轉印。

c. 牛皮紙：

因紙質柔軟透氣的特性，可達到緩衝受壓均勻施壓的效果且可防止滑動，因熱傳係數低可延遲熱傳、均勻傳熱之目的。在高溫下操作，牛皮紙逐漸失去透氣的特性，通常使用2~3次後就應更換。

d. 銅箔基板：

位於夾層中牛皮紙與鏡面鋼板之間，可防止牛皮紙碳化後污染鏡面鋼板或黏在上面，及緩衝受壓均勻施壓。

e. 其他有離型紙 (Release sheet)及壓墊 (Press pad) Conformal press的運用，大半都用在軟板coverlay壓合上。

11.1.3.3.3 組合的原則

組合的方法依客戶之規格要求有多種選擇，考量對稱、銅厚、樹脂含量、流量等以最低成本達品質要求：

a. 其基本原則是兩銅箔或導體層間的絕緣介質層壓合後之厚度不得低於3.5 mil(已有更尖端板的要求更薄於此如2mil)，以防銅箔直接壓在玻璃布上形成介電常數太大之絕緣不良情形，而且附著力也不好。

b. 銅面接觸的膠片，其原始厚度至少要銅厚的兩倍以上才行。最外層與次外層至少要有5 mil以保證絕緣的良好。

c. 薄基板及膠片的經緯方向不可混錯，必須經對經，緯對緯，以免造成後來的板翹板扭無法補救的結果。膠片的張數一定要上下對稱，以平衡所產生的應力。少用已經硬化C-Stage的材料來墊補厚度，此點尤其對厚多層板最為要緊，以防界面處受熱後分離。在不得不使用時要注意其水份的烘烤及表面的粗化以增加附著力。

d. 要求阻抗 (Impedance)控制的板子，應改用低稜線(Low Profile)的銅箔，使其毛面(Matte side)之峰谷間垂直相差在6微米以下，傳統銅箔之差距則達12微米。使用薄銅箔時與其接壞的膠片流量不可太大，以防無梢大面積壓板後可能常發生的皺折

(Wrinkle)。銅箔疊上後要用除塵布在光面上輕輕均勻的擦動，一則趕走空間氣減少皺折，二則消除銅面的雜質外物減少後來板面上的凹陷。但務必注意不可觸及毛面以免附著力不良。

e. 選擇好組合方式，6層板以上內層及膠片先以鉚釘固定以防壓合時shift，此處要考慮的是鉚釘的選擇(長度、深度、材質)，以及鉚釘機的操作(固定的緊密程度)等。

11.1.3.3.4 疊板環境及人員

疊板現場溫度要控制在20°±2℃，相對濕度應在50% ±5%，人員要穿著連身裝之抗靜電服裝、戴罩帽、手套、口罩(目的在防止皮膚接觸及濕氣)、布鞋，進入室內前要先經風淋室，入口處在地面上設一膠墊以黏鞋底污物。膠片自冷藏庫取出及剪裁完成，要在室內穩定至少24小時才能用做疊置。完成疊置的組合要在1小時以內完成上機壓合。壓合前先抽一段時間，以趕走水氣，膠片中濕氣太大時會造成Tg降低及不易硬化現象。

11.1.3.3.5 材料裁切準備

a. 膠片P/P(Prepreg)

P/P的選用要考慮下幾個事項，這些影響P/P選用的因素往往客戶端不會清楚了解，所以給定的疊構須特別留意以下幾項原則：

－絕緣層厚度
－內層銅厚
－樹脂含量
－內層各層殘留銅面積
－有無埋孔需填樹脂
－對稱性

表11.5是常使用之P/P及相關規格。

表11.5 常使用之P/P及相關規格

Glass Style	Resin Flow	Resin Content	Pressed Thickness	Volatile Content
PH78	32±5%	48±3%	0.00865"	<0.50%
7628	21±4%	42±3%	0.00745"	<0.75%
1506	28±5%	48±3%	0.00619"	<0.60%
2116	31±5%	52±3%	0.00459"	<0.75%
1080	40±5%	62±%	0.00277"	<1.00%
106	50+5%	72±3%	0.00210"	<0.75%

P/P主要的三種性質為膠流量(Resin Flow)、膠化時間(Gel time)及膠含量(Resin Content)其進料測試方式及其他特性介紹如下所述：

- 膠流量(Resin Flow)

指壓板後，流出板外的樹脂占原來膠片總重的百分比。RF%是反映樹脂流動性的指標，它也決定壓板後的介電層厚度。其測試方法又兩種：流量試驗法Flow test及比例流量Scaled flow test。

- 膠化時間 (Gel time or Tack Time)

膠片中的樹脂為半硬化的 B-Stage 材料，在受到高溫後即會軟化及流動，經過一段軟化而流動的時間後，又逐漸吸收能量而發生聚合反應使得黏度增大再真正的硬化成為C-Stage 材料。上述在壓力下可以流動的時間，或可以趕氣及填入線間距縫隙之工作時間，稱為膠化時間或可流膠時間。當此時段太長時會造成板中應有的膠流出太多，不但厚度變薄浪費成本，而且造成銅箔直接壓到玻纖，上使結構強度及抗化性不良。但此時間太短時，則在趕完板中藏氣之前黏度變大無法流動，而形成氣泡 (air bubble) 現象。

- 膠含量 (Resin Content)

是指膠片中，玻纖布以外，膠所占之重量比。

對高密度多層板而言，常使用附樹脂銅箔一層層往外加，作業類似四層板方式，壓板後則利用開銅窗或X光機讀取基準點的方式進行下一步加工。由於增層法允許公差很小，一般作業的片數都會適度的降低，尤其若所用附樹脂銅箔，並沒有強化纖維，層數多所發生的內外板升溫速率差異大，也容易造成樹脂層厚度不均。

在堆疊材料時不論片數多寡，同批壓合的內層板尺寸必須相同，否則會有失壓、樹脂流動不均、滑板等問題產生。有效規劃堆疊作業，定出標準堆疊規範，有助於整體效率提昇。

b. P/P裁切與保存

膠片處理、切割、堆疊都容易有樹脂粉脫落，作業環境並不理想，因此切割處理及堆疊應該分開作業，以免粉末飛散至銅面。至於堆疊後，作業者都會以沾黏布將表面清理乾淨，以免產生凹陷或污染缺點，造成後續製程的品質問題。

玻璃纖維布是有方向性,機械方向就是經向,另一方向叫緯向,多層板疊板的第一守則就是P/P在疊板時,必須經向對經向,緯向對緯向,如此可將壓合後的板子彎翹降到最低,可要求廠商於不同Prepreg膠卷側邊上不同顏色做為辨識。圖11.82 P/P裁切機設備及運作情形,圖11.83則是P/P辨識示意圖。

圖 11.82 P/P 裁切機設備及運作情形

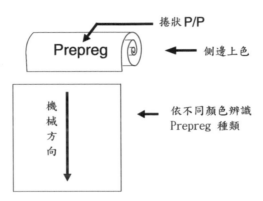

圖 11.83 P/P 辨識方法

　　c. 附樹脂銅箔(RCC-Resin Coated Copper)

　　附樹脂銅箔由於樹脂塗附在銅箔上,乾燥的樹脂必須有一定的柔軟度,否則容易產生銅箔皺折或破裂。至於流動性的控制,由於沒有玻纖布的存在,因此多數都設計成較低的流動性,以降低樹脂過度流動所造成的問題。由於基本的樹脂特性與膠片大致類似,因此保管條件也類似。

　　d. 銅箔

　　表11.6是常使用的內層銅箔規格,一般硬板都採用ED銅箔,板廠買進銅箔是以整捲進貨,再以銅箔切割機裁切。若使用的薄銅箔,要特別注意過程產生皺褶的可能,圖11.84是自動銅箔裁切機。細節部分請參閱本書第九章。

表11.6 常用銅箔厚度及其重要規格

Type	厚度(mil)	重量(oz)	抗張力 (Lb/in²)		伸率(%)	
		Class 1	Normal	H.T.E.	Normal	H.T.E.
1/3 OZ/ft²	0.47±0.1	±5%	>15	>5	>4.5	>4.5
1/2 OZ/ft²	0.7+0.15	±5%	>15	>15	>4.5	>4.5
1 OZ/ft²	1.4±0.2	±5%	>30	>20	>6.0	>10
2 OZ/ft²	2.8±0.3	±5%	>30	>20	>10	>10

圖 11.84 自動銅箔裁切機（活全）

3 壓合 ▷ 備料 ▷ 內層銅面粗化 ▷ 疊板 ▷ 壓合 ▷ 壓板後處理 ▷ 打靶

11.1.3.4 壓合製程

製程目的：在高溫高壓條件下，以膠片當絕緣層同時將內層與內層、以及內層與銅箔黏著在一起，以製成多層電路板。

使用原物料：同疊合。

使用設備：壓合機組(熱壓、冷壓)、自動迴流系統(automatic circulation)、鏡面鋼板研磨機、自動下料拆卸系統。

11.1.3.4.1 壓合機種類

壓合機依其作動原理的差異，大致可分為三大類：

A. 艙壓式壓合機(Autoclave)：壓合機構造為密閉艙體，外艙加壓、內袋抽真空受熱壓合成型，各層板材所承受之熱力與壓力，來自四面八方加壓加溫之惰性氣體，其基本構造如下圖11.85。

優點：

－因壓力熱力來自於四面八方，故其成品板厚均勻、流膠小。

－可使用於高樓層廠房。

缺點：設備構造複雜，成本高，且產量小。

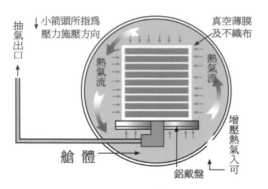

圖 11.85 艙壓式壓合機 (Autoclave)

B. 液壓式壓合機（Hydraulic）：液壓式壓合機構造目前多為吸真空式，其各層開口之板材夾於上下兩熱壓盤間，壓力由下往上壓，熱力藉由上下熱壓盤加熱傳至板材，其基本構造如圖11.86及圖11.87。

優點：

－設備構造簡單，成本低，且產量大。

－吸真空設備，有利排氣及流膠。

缺點：板邊流膠量較大，板厚較不均勻。

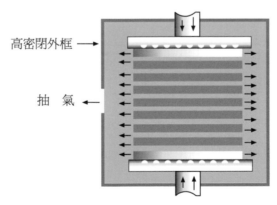

圖 11.86 熱壓機真空抽氣機

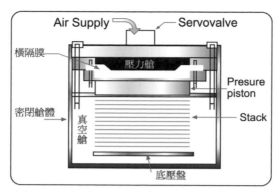

圖 11.87：熱壓機真空艙體及施壓結構

C. ADARA SYSTEM Cedal 壓合機

　　Cedal為一節能創新壓合機，其作動原理為在一密閉真空艙體中，利用連續卷狀銅箔疊板，在兩端通電流，因其電阻使銅箔產生高溫，加熱Prepreg，用熱傳係數低之材質做壓盤，藉由上方加壓，達到壓合效果。因其利用夾層中之銅箔加熱，所以受熱均勻、內外層溫差小，受壓均勻，比傳統式壓合機省能源，故其操作成本較低廉，其構造如下圖11.87。

優點：

a. 利用上下夾層之銅箔通電加熱，省能源，操作成本低。內外層溫差小、受熱均勻，產品品質佳。

b. 可加裝真空設備，有利排氣及流膠。

c. Cycle time短，約40min。

d. 作業空間減小很多。

e. 可使用於高板層。

缺點：設備構造複雜，成本高，且單機產量小疊板耗時。

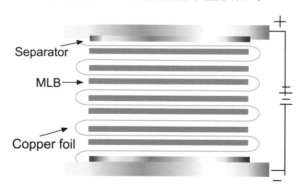

圖 11.88 Cedal 壓合機

11.1.3.4.2 壓合機熱源方式

A. 電熱式：於壓合機各開口中之壓盤內，安置電加熱器，直接加熱。

優點：設備構造簡單，成本低，保養簡易。

缺點：

a. 電力消耗大。

b. 加熱器易產生局部高溫，使溫度分佈不均。

B. 加熱軟水使其產生高溫高壓之蒸汽，直接通入熱壓盤。

優點：因水蒸汽之熱傳係數大，熱媒為水較便宜。

缺點：

a. 蒸氣鍋爐必需專人操作，設備構造複雜且易銹蝕，保養麻煩。

b. 高溫高壓操作，危險性高。

C. 藉由耐熱性油類當熱媒，以強制對流方式輸送，將熱量以間接方式傳至熱壓盤。

優點：昇溫速率及溫度分佈皆不錯，操作危險性較蒸汽式操作低。

缺點：設備構造複雜，價格不便宜，保養也不易。

D. 通電流式：利用連續卷狀銅箔疊板，在兩端通電流因其電阻使銅箔產生高溫加熱 Prepreg，用熱傳係數低之材質做壓盤，減少熱流失。

優點：

a. 昇溫速率快(35℃/min.)、內外層溫差小，及溫度分佈均勻。

b.省能源，操作成本低廉。

缺點：

a.構造複雜，設備成本高。

b.產量少。

　　由於熱壓板早已普遍採用真空壓合的方式，因此空洞(Void)多數都只發生在銅厚高而膠片薄的結構，一般性的結構很少見到這類問題。傳統的油壓式熱壓機系統，在熱盤間置放堆疊好的電路板，再進行升溫、加壓、聚合的過程。目前多數的量產廠都已採用自動上下料裝置，除針對壓出產品平坦性的訴求外，各家廠商也對後處理的自動化都有著墨。

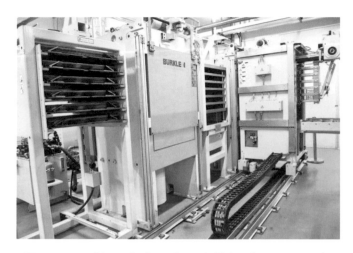

圖 11.89 2 熱 1 冷液壓式壓合機組（Hydraulic）

11.1.3.4.3 壓合參數介紹

多層板壓合參數的控制主要是指溫度、時間、壓力之間的有效匹配。以下從這三個方面做簡單的敘述。

A.溫度

溫度大致可分為三個階段，升溫段、恒溫段、降溫段。各階段的作用如下：

a. 升溫段：以最適當的升溫速率控制流膠。

b. 恒溫段：提供樹脂硬化所需的能量及時間。

c. 降溫段：逐步冷卻以降低內應力（Internal stress），減少板彎（Warp Twist）。

在壓板過程中有幾個溫度參數比較重要，即樹脂的熔融溫度、樹脂的固化溫度、熱盤設定溫度及升溫的速率變化。

熔融溫度是指溫度升高到樹脂開始熔化，由於溫度的進一步升高，樹脂熔化並開始流動。此時樹脂是易流體，具有可流動性，因此才能夠保證樹脂的填膠、濕潤。隨著溫度的逐步升高，樹脂的流動性經歷了一個由小變大、再到小，最終當溫度在固化溫度之上時，樹脂的流動度為零。

為了使樹脂能較好的填膠、濕潤，控制好升溫速率就很重要，升溫速率就是指板料溫度升溫與時間的比值。升溫速率的快慢關係到樹脂在熱壓過程中的粘度的變化。升溫速度快，板面受熱的均勻性差，樹脂的熔融粘度低，易出現介質層厚度不均勻、白邊、白角等問題。

升溫速率一般控制為2~4℃/min，這與PP的型號，疊層結構等密切相關。對7628的PP升溫速率可以快一點，即為2~4℃/min；對1080、2116之PP升溫速率控制在1.5~2℃/min，疊層PP數量多，升溫速率不能太快，否則容易造成滑板。

熱盤溫度主要取決於鋼板、鋼盤、牛皮紙等的傳熱情況，一般為180℃到200℃。

B.壓力

多層板層壓壓力的大小是以樹脂能否填充層間線間空區，排盡層間氣體和揮發物為基本原則。由於熱壓機現多為抽真空壓機，大半採用二段加壓或多段加壓。對高、精、細多層板通常會用多段加壓。壓力大小一般根據PP供應商提供的壓力參數確定。

以下就多段加壓方式，其階段劃分及各段的作用敘述如下：

a. 初壓（吻壓 Kiss Pressure）：使每層（BOOK）緊密接合傳熱，驅趕揮發物及殘餘氣體。

b. 第二段壓：使熔融的流動的樹脂順利填充並驅趕膠內氣泡，同時防止一次壓力過高導致的褶皺及應力。

c. 第三段壓：產生聚合反應，使材料硬化而達到C-stage。

d. 第四段壓：降溫段仍保持適當的壓力，減少因冷卻伴隨而來的內應力。

C. 時間

時間參數主要是層壓加壓時機的控制、升溫時機的控制、凝膠時間考量等方面。對二段層壓和多段層壓，控制好主壓的時機，確定好初壓到主壓的轉換時刻是控制好層壓品質好壞的關鍵。若施加主壓時間過早，會導致擠出樹脂流膠太多，造成層壓板缺膠、板薄，甚至滑板等不良現象。若施加主壓時間過遲，則會造成層壓黏接介面不牢（剝離強度不夠）、空洞、或有氣泡缺陷。

壓力及轉壓時間的設置主要是促進樹脂流動，將板中的揮發性物質、水氣趕出板外，並且使銅箔與樹脂在高壓下有很好的結合。轉壓時間需參考樹脂在熱壓中的熔融黏度，理想的轉壓點在黏度最低點，但其測量較麻煩，因此主要以溫度作為參考。具體的轉壓溫度點應根據實際情況的變化來選擇。

壓合溫度、壓力曲線範例

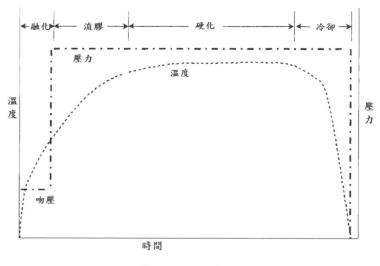

圖 11.90 二段壓

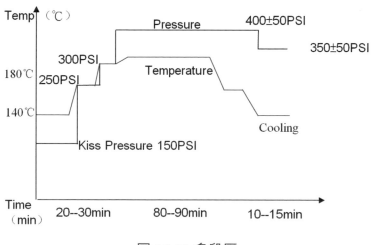

圖 11.91 多段壓

　　在範例中(見圖11.90~11.91)最初只會使用小壓力來貼近電路板，這樣的壓合狀態就是吻壓(Kiss Pressure)，當PP溫度及狀態達成某種程度時，就會開始升溫加熱進行第二、三、四階段的壓合，部分廠會採用第二段全壓直接完成樹脂硬化，這被稱為一段壓的壓法，但是多數廠家會選擇兩段溫兩段壓的方式進行壓合。多段方式壓合，在樹脂硬化的後期略為降壓降溫，減少壓合板的內應力。

11.1.3.4.4 樹脂膠化與硬化的過程

以熱力傳輸的觀念而言，愈靠近疊層中心的電路板升溫會愈慢，因此升溫曲線的斜率相對也會愈低。以時間與黏度關係而言，升溫速率快代表單體會快速產生，因此可達到的最低黏度也會比較低，但相對的黏度回升時間也短。相反的如果升溫速率低，單體產生也慢，因此可達到的最低黏度也比不上高的升溫速率，而且黏度提升到無法流動的狀態時間也長。

一般從樹脂可流動的時間開始計算，經過低黏度的過程重新回到不可流動的時間，這個時間長度就是所謂的膠化時間，也叫凝膠時間（Gel Time），也就是樹脂可以填充電路板空區的時間。一般油壓式的壓合設備因為整疊的電路板會從兩面獲得熱源，因此溫度變化呈對稱現象。以一個開口的1層和10層為例，第1層和第10層的電路板大致上呈相同的溫度變化，其它的依次類推。

由這樣的狀態可以想到，油壓式的熱壓機設計各單層板的升溫速率並不相同，但是壓力卻是由上下兩側所提供的，所以流膠狀態在這樣的設備中是無法一致的。但是在真空艙式的壓機中因為壓力來自於各個的方向，因此均勻度表現會較好一些。基本上如果將堆疊的層數減少，理論上樹脂流動均勻性會改善，相對的板厚的控制就可能較好，但是會影響到產能。

對於材料的特性而言，在熱壓時就已經決定了，冷壓不致對樹脂材料的特性有太大的影響。一般希望改善電路板的平整性，可以在樹脂硬化不流動後降低一點壓力，同時降溫時減緩溫度變化的速率，有助於平整度改善。但是這些工作最好都在樹脂還高於Tg溫度時，也就是第一次聚合時就能進行控制，否則應力積蓄並冷卻到Tg溫度以下再改變就有困難了。樹脂硬化後降溫至Tg點以下之後，轉入冷壓將電路板冷卻至常溫，可以提高壓機的運轉效率。

3 壓合　　備料　內層銅面粗化　疊板　壓合　**壓板後處理**　**打靶**

11.1.3.5 壓板後處理（載盤卸載及後續基準孔、外形處理）

壓合完畢的電路板經載盤拉出後，必須將周邊樹脂流出含氣泡、厚度不規則區做修整。為正確控制外形與內層的相對位置，不論是何種疊合方式的電路板都會藉X光讀取內層靶位，以進行基準孔鑽孔作業，見圖11.92。

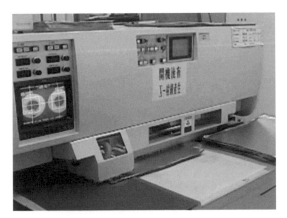

圖 11.92 X-ray 對位鑽靶機

完成基準孔後再以CNC成型機切邊，並修整研磨板邊及倒角。目前市面上有全自動化的基準孔辨識、打孔、自動修邊倒角的設備，節省人工且效率良好。

圖 11.93 壓合後切邊 CNC 成型機

11.1.3.5.1 壓板後處理完之表面檢查

壓板完成的板子在送往下製程前，應進行外觀及尺寸檢查。檢查項目一般包含外觀上的凹陷、刮痕、織紋、異物等，以及相關尺寸、板厚、板彎板翹等。如果是傳統多層板，基本上一般多層電路板不會回頭再做壓合，但如果是高密度增層板則經過鑽孔、電鍍、線路形成的過程，會重新回到壓板建立下一層介電層及銅箔。

11.1.4 鑽孔

製程目的：鑽孔的目的在電路板上加工各式不同設計的孔，以滿足不同用途與需求。現有電路板中，孔的種類及其用途如下敘述：

- 導通孔：也稱PTH(Plated Through Hole)，穿透整個電路板的最上層到最下層，且孔壁經導體化(Metalization)的孔，目地在垂直電性連接不同層間的導體。可分為兩種1.零件孔：雙面板(含)以上的電鍍通孔，主要用於置放及焊接有腳的零件。2.導孔(Via Hole)：也是貫穿孔，但僅作為層間的電氣連通。若via hole設計於多層板的內層，就形成埋孔(Buried Hole)。

- 非導通孔：即Non-PTH孔，以機械鑽孔或沖孔來成孔，但不做孔壁導體化。這種孔若是單面板之成孔，有可能是零件孔。雙面板則一般作為工具孔(如固定孔之用)另有一種雙面銀膠灌孔，也會先製作非導通孔，再以銀膠塞孔。

- 盲孔：Blind Hole，也稱Micro-via微孔，是高密度多層板之重要層間導通結構。成孔方式有多種，定深機鑽、雷射燒孔(Laser via)、感光方式(Photo via)或電漿技術(Plasma via)，目前的主流技術是雷射燒孔。在孔壁金屬化後，以鍍銅填孔製程取代Cap plating製程。

- 螺絲孔(喇叭孔) Countersink or Counterbore：電路板利用螺絲鎖緊固定在機器中，這種非導通孔(NPTH)，其孔口須做可容納螺帽的"擴孔"，使整個螺絲能埋入板內，以減少在外表凸出所造成的妨礙，如圖11.94所示。

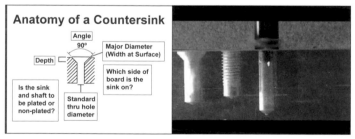

圖 11.94 螺絲孔（喇叭孔）Countersink or Counterbore

本節主要介紹目前導通孔的主要製作技術—機械鑽孔，以及微孔製作主流—雷射燒孔這兩個成孔方式及製造流程。

11.1.4.1 機械鑽孔備料

使用原物料：壓合後待鑽板、墊板、蓋板、鑽針、電木板。

使用設備：鑽孔機、集塵設備、空壓機、上、下Pin機、套環機、鑽針研磨機、驗孔機、X-ray對位設備。

電路板鑽孔的目的，是為電氣導通和作為固定組裝而作。目前一般的多層電路板，是以機械鑽孔機以鑽頭鑽孔，近年來很普及的高密度增層板則因直徑微小，採用雷射或感光成孔。電路板的線路連結隨設計而變化，孔位置當然也不一致。孔加工位置必須根據設計資料進行加工，由於數位化加工機制的建立，目前的鑽孔加工機都依數值資料(NC Data-Numerical Control Data)作鑽孔。又由於電腦輔助生產技術的普及化，因此電腦連線式的生產方法也被導入而被稱為(CNC-Computer Numerical Control)生產系統。

印刷電路板生產流程非常長，且產品型態複雜，鑽孔製程並非僅僅在電路板鑽出孔型即可，尚須顧慮孔位精度及孔壁品質。在3C產業急速發展的當下，電路板內孔數依產品型態的差異，從數百到數萬孔均有可能。其中只要一個孔發生異常，就會影響整個產品的訊號導通，使產品信賴度大為降低甚至功能喪失。正因這種產品特性，不允許任何一個孔發生不良，製程能力相對要求更高。

在印刷電路板生產的瓶頸流程中，鑽孔加工是最重要的流程之一。鑽孔製程生產方式雖然單純，為設備Z軸座標上下往復循環，生產台面做X、Y座標移動，利用鑽針配合程式在電路板上定位鑽孔，但其三個品質指標：孔位精度、孔壁品質與斷針率，以及關乎成本與生產交期的生產效率，均需要一一檢視各鑽孔製程因子，這些工作皆需耗費許多時間和成本。因此，鑽孔製程各階段的參數條件設定、製程能力的掌控以及品質管控手法，再再都需要業者的專業投入。

由於導孔的需求已小到0.1mm的孔徑，但同一片板子又有其他大孔徑的需求，而大小孔的鑽孔條件截然不同，又必須考量成本及效率，所以鑽孔製程排程的設計就很重要。圖11.95是一般機械鑽孔的標準流程及其注意事項。

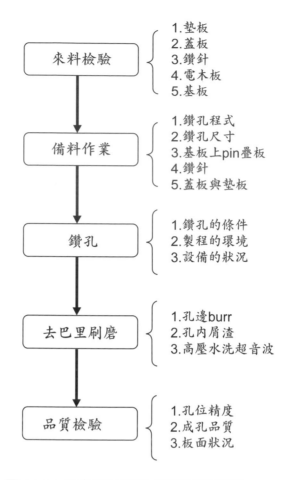

圖 11.95 標準機械鑽孔流程及其細節

11.1.4.1.1 蓋板 Entry Board（進料板）

A. 蓋板的功用：

- 定位
- 散熱
- 減少毛頭
- 鑽頭的清掃
- 防止壓力腳直接壓傷銅面

B. 蓋板的材質：

- 複合材料 — 是用木漿纖維或紙材，配合酚醛樹脂當成黏著劑熱壓而成的。其材質與單面板之基材相似，此種材料最便宜。

- 鋁箔壓合材料 — 是用薄的鋁箔壓合在上下兩層，中間填去脂及去化學品的純木屑，鋁箔的用途是做良好的鑽孔定位。
- 鋁合金覆膜材料 — 5~30mil，外面塗覆水溶性樹脂潤滑層，其用途是減少鑽針和孔間的摩擦，降低溫度減少殘膠，其價格最貴。

　　上述材料依各廠之產品層次、環境及管理、成本考量做最適當的選擇。其品質標準必須：表面平滑，板子平整，沒有雜質、油脂，散熱要好。

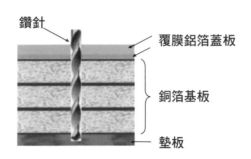

圖 11.96 鑽孔疊構：鑽小孔之覆膜鋁箔蓋板

11.1.4.1.2 墊板 Back-up board

A. 墊板的功用：

- 保護鑽機之檯面。
- 防止出口性毛頭(Exit Burr)。
- 降低鑽針溫度。
- 清潔鑽針溝槽中之膠渣。

B. 墊板的材質：

- 複合材料 — 其製造法與紙質基板類似，但以木屑為基礎，再混合含酸或鹽類的黏著劑，高溫高壓下壓合硬化成為一體而硬度很高的板子。
- 酚醛樹脂板（phenolic）— 價格比上述的合板要貴一些，也就是一般單面板的基材。
- 鋁箔壓合板 — 與蓋板同。
- VBU墊板是指Vented Back Up墊板，上下兩面鋁箔，中層為折曲同質的純鋁箔，空氣可以自由流通其間，一如石棉浪板一樣。

　　墊板的選擇一樣依各廠條件來評估，其重點在：不含有機油脂，屑夠軟不傷孔壁，表面夠硬，板厚均勻，平整等。

11.1.4.1.3 鑽針 Drill Bit

A.鑽針種類

鑽針一般分為Normal Drill及Inverse Drill (ID)二種。Normal Drill 指的是鑽徑小於或等於柄徑的鑽針，而Inverse Drill 指的是鑽徑大於柄徑的鑽針。目前業界較常見的柄徑規格有二種：2.0 mm 及 3.175 mm，因此 2.0 mm 柄徑的 ID係指鑽徑大於 2.0 mm 以上的鑽針，而3.175 mm 柄徑的 ID係指鑽徑大於 3.175 mm 以上的鑽針。

Normal Drill可分為ST及UC二種 types，而ID 一般而言為 ST type，鮮少有看見 UC 的設計。關於 ST 及 UC 鑽針的特性如下：

• UC (Under Cut) Type

UC型鑽針的特點在於，在鑽身處研磨一段略小於鑽徑的UC徑，在鑽孔的過程中，可以減少鑽針和孔壁的接觸面積，降低鑽孔熱量，改善孔壁品質。UC鑽針一般用於硬板，軟板不建議使用UC 型鑽針。

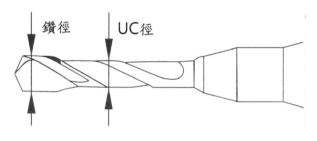

11.97 UC 型鑽針示意圖

• ST (STraight) Type

ST型鑽針不像UC型鑽針有一段明顯的段差。在鑽孔的過程中，鑽徑會逐漸磨耗而變小。為了避免磨耗後的鑽徑小於尾徑，形成正錐而造成斷針，因此在鑽針製作過程中，一般皆會採用鑽徑大於尾徑的倒錐設計 (Diameter Back Taper)。和UC型鑽針相比，ST型鑽針的孔位精度較佳，但因和孔壁接觸面積較大，在鑽孔過程中會產生較大的熱量，較不利於孔壁的品質。

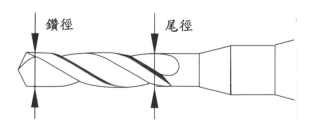

圖 11.98 ST 型鑽針示意圖

ST型為一般最常用的鑽頭，適用於含有紙材的線路板、環氧紙（Epoxy Paper）、苯酚（Phenol）環氧玻璃（Glass Epoxy）及多層線路板等。

UC型鑽針特別適合多層板的鑽孔加工。

ID型鑽針多數使用在直徑3.2mm以上的鑽孔工作。165°的大鑽尖角是它的特色。

圖 11.99 ID 型鑽針示意圖

圖11.100~11.102是鑽針及鑽尖各幾何部位的圖示說明。

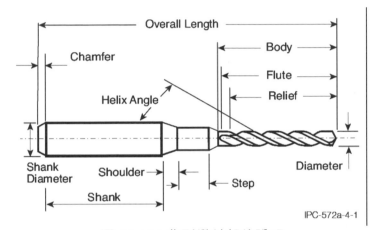

圖 11.100 典型鑽針部位說明

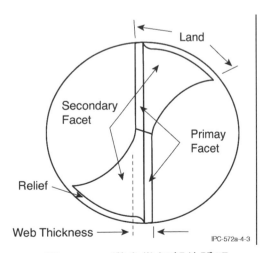

圖 11.101 鑽尖幾何部位說明

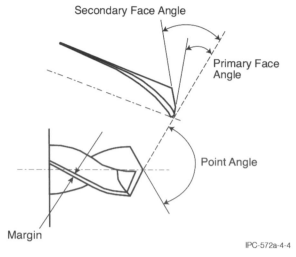

圖 11.102 鑽尖角

B.鑽針各部位介紹

鑽針之外形結構可分成三部份，即鑽尖 (drill point)、退屑槽（或退刃槽 Flute）、及握柄 (handle，shank)：

a. 鑽尖部份 (Drill Point)

 · 鑽尖角 (Point Angle)

 · 第一鑽尖面 (Primary Facet)及角

 · 第二鑽尖面 (Secondary Facet)及角

 · 橫刃 (Chisel edge)

 · 刃筋 (Margin)

鑽尖是由兩個窄長的第一鑽尖面以及兩個呈三角形鉤狀的第二鑽尖面所構成，此四面會合於鑽尖點，在中央會合處形成兩條短刃稱為橫刃 (Chisel edge)，是最先碰觸板材之處，此橫刃在壓力及旋轉下即先行定位而鑽入stack中。

第一尖面的兩外側各有一突出之方形帶片稱為刃筋 (Margin)，此刃筋一直隨著鑽體部份盤旋而上，為鑽針與孔壁的接觸部份。而刃筋與刃唇交接處之直角刃角 (Corner) 對孔壁的品質非常重要，鑽尖部份介於第一尖面與第二尖面之間有長刃，兩長刃與兩橫刃在中間部份相會而形成突出之點是為尖點，此兩長刃所形成的夾角稱鑽尖角 (Point angle)，其大小依所鑽材質有不同設計。

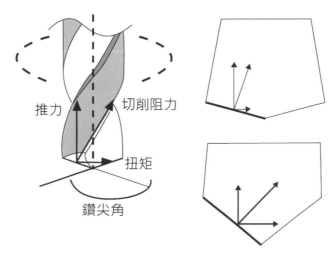

圖 11.103 鑽尖作動示意圖

b. 退屑槽 (Flute)

鑽針的結構是由實體與退屑的空槽二者所組成。實體之最外緣上是刃筋，使鑽針實體部份與孔壁之間保持一小間隙以減少發熱。其盤旋退屑槽(Flute)側斷面上與水平所成的旋角稱為螺旋角(Helix or Flute Angle)，此螺旋角度小時，螺紋較稀少，路程近退屑快，但因廢屑退出以及鑽針之進入所受阻力較大，容易升溫造成尖部積屑積熱，形成樹脂之軟化而在孔壁上形成膠渣(smear)。此螺旋角大時鑽針的進入及退屑所受之磨擦阻力較小而不易發熱，但退料太慢。

c. 握柄 (Shank)

被Spindle 夾具夾住的部份，為節省成本有使用不銹鋼材質者。

鑽針整體外形有4種形狀

· 鑽部與握柄一樣粗細的 Straight Shank
· 鑽部比主幹粗的稱為 Common Shank
· 鑽部大於握柄的大孔鑽針
· 粗細漸近式鑽小孔鑽針

C.鑽針材質

一般鑽針使用的材質為碳化鎢 (Tungsten Carbide)，是由粉末冶金所製成。將碳化鎢粉末，及黏著用的金屬粉 (如鈷..等)，進行均勻的混合，再加以擠壓燒結 (燒結溫度約1200°C ~ 1600°C) 後達到要求的物理特性。

由於電路板設計越趨精密，孔數多，孔徑小，所以機鑽製程成本在電路板的成本結構裡佔比很高。為了降低成本就須延長鑽孔次數及多次研磨再使用，所以會朝：1.材料的研究替代(如類鑽石材質，壽命很長但單價高) 2.表面鍍膜增長壽命：例如以特殊靶材，利用物理氣相沉積（Physical Vapor Deposition）一層很薄(幾個微米)的膜材，改變其物理性質(如摩擦係數、硬度..等)，以增加鑽孔的壽命。

| 4 鑽孔 | 備料 | 疊板上 PIN | 鑽孔 | Deburr | 驗孔 |

11.1.4.2 疊板上 PIN

鑽孔作業時，除非常高層次板，孔位精準度要求很嚴，或鑽極小孔徑，用單一片鑽之外，通常都會一次多片鑽，意即每個stack兩片或以上。至於幾片一鑽，則視：

- 板子要求精度
- 最小孔徑
- 總厚度
- 銅厚
- 所鑽總銅層數
- 板材種類

來加以考量。

因為多片一鑽，所以鑽之前先以pin將每片板子固定住，此動作由上pin機(pinning machine)執行之。雙面板很簡單，大半用靠邊方式，上下各打一梢孔打孔，接著上pin連續動作一次完成。多層板比較複雜，另須多層板專用上PIN機作業。圖11.104上Pin機。

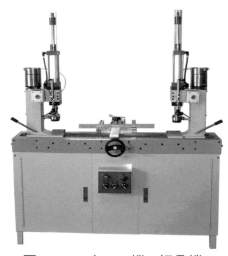

圖 11.104 上 Pin 機（板疊機）

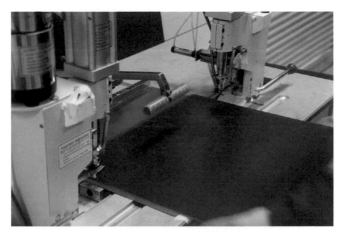

圖 11.105 上 Pin 作業

4 鑽孔 　備料　疊板上 PIN　鑽孔　Deburr　驗孔

11.1.4.3 鑽孔

鑽孔機的品質、製程能力及操控性是此製程的關鍵因素,現有CAD/CAM工作站都可直接轉換鑽孔機接受之鑽孔程式語言,只要設定一些參數如各孔號代表之孔徑等即可。大部分工廠鑽孔機數量動輒幾十臺至幾百台,因此多有連網作業由工作站直接指示,若加上自動Loading/Unloading則人員可減至最少。

11.1.4.3.1 鑽孔房環境設計

鑽孔是一需要極高精準度的製程,鑽孔機的鑽軸轉速快者達20~30萬轉/分鐘,其設備置放地方對於震動等的敏感度極高,所以一般都放置於一樓,且地基有一定要求,周遭須避免有產生震動等干擾的設施。溫溼度的管控也是重點,包括基板、機台構造等材質種類多,須在一定溫濕控制下生產,避免不同材料膨脹係數不一帶來的困擾。鑽孔流程中,除了設備本身需要潔淨的表面(如鑽軸、定位尺等),板疊過程也需要乾淨的環境,尤其越是小孔徑的需求,越需要乾淨的環境。以下是幾個考量重點:

- 溫濕度控制
- 乾淨的環境
- 地板承受之重量
- 絕緣接地的考量
- 外界震動干擾
- 穩壓與不斷電系統考量

11.1.4.3.2 鑽孔機

鑽孔機主要構成有： CNC(computer numberic control，數值控制機)系統，檯面可動機構(X-Y table)，空氣軸承主軸(air bearing spindle)..等機構。機台結構必須要考慮穩定性及剛性，才能讓精度有穩定表現。鑽孔機作業時的分解示意，參考圖11.106 。

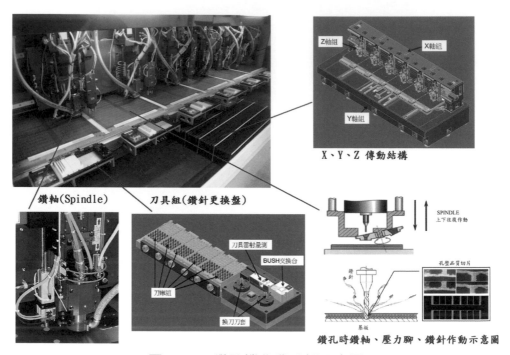

圖 11.106 鑽孔機作業分解示意圖

鑽孔機的型式及配備功能種類非常多，須具備快、穩、準等三大要件：

A.快速---快速的加工效率。

B.穩定---穩定的設備效能與加工品質。

C.精準---準確的定位精度。

快、穩、準是好鑽孔機重要發展特性，而決定性的關鍵在於鑽孔機機構的設計與安裝能力。下列鑽孔機的幾個重要考慮參數：

・鑽軸(Spindle)數：和產量有直接關係

・有效鑽板尺寸：和最大工作尺寸能力有關

・每分鐘轉數：關係最小可鑽孔徑，見圖11.107 孔徑與轉速關係

・鑽孔機檯面材質：選擇振動小、強度高、表面平整的材質

- 軸承(Spindle)
- 鑽針盤(Drilling Bit Tray)：自動更換鑽針數量
- 壓力腳構造
- X、Y及Z軸移動及尺寸：精準度，X、Y獨立移動
- 集塵系統：搭配壓力腳，排屑良好，且冷卻鑽頭功能
- Step Drill的能力
- 斷針偵測
- RUN OUT

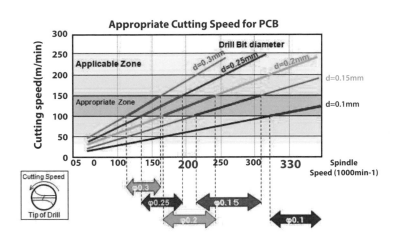

圖 11.107 孔徑與轉速關係

11.1.4.3.3 鑽針管理

鑽針是電路板鑽孔的耗材，再好的鑽孔機沒有搭配好的鑽針及妥善的管理，也無法鑽出對又品質好的孔型及孔壁狀況。新鑽針由於鑽孔過程的摩擦損耗，一定的擊數(Hits)後必須換新針再繼續。一般孔徑尺寸的鑽針是可以研磨(Re-sharp)後再使用，因此新舊鑽針現場管理就非常重要。板廠都會有一個鑽針管理室統籌管理鑽孔單位所需要的新舊鑽針、鑽針品質、以及研磨管控等等工作。以下簡要敘述工作內容：

A.進料檢驗：新鑽針及研磨後鑽針的抽驗檢查

IPC的規範：IPC-DR-572A是鑽孔製程的指引規範，針對鑽孔的製程參數說明及其影響、物料說明、術語解釋…等，想更進一步深入了解鑽孔製程，是一個可供參考的文件。

檢驗鑽針注意事項：

- 檢驗者必須接受適當訓練以瞭解對新鑽針與研磨(Re-sharp)後鑽針之檢驗方式及比率。
- 檢驗鑽針儀器之立體顯微鏡倍數及光源亮度必須足夠，使檢驗者可以清楚看到鑽針各幾何結構。

表11.6 鑽尖常見缺點表 (部分缺點請參考圖11.108)

項目	解說
1. Chips 缺口	發生在鑽尖各面及各刃緣上。當鑽針刺入板材時，有缺口的鑽針會使得板材切削不良，尤其是對玻璃纖維無法順利切斷，常造成拉扯撕裂。
2. Gap 分離	指兩個第一面分離，會造成鑽針搖擺。
3. Overlap 重疊	指兩個第一面重疊，會使鑽針出現兩個鑽尖。
4. Flare 大頭	鑽針第一面之切邊與中心軸線之夾角太大，超過規定的上限，導致刀刃刀口變大，鑽針壽命減短。
5. Taper 小頭	鑽針第一面之切邊與中心軸線之夾角太小，超過規定的下限，導致刀刃刀口變小，鑽針壽命減短。
6. Hook 凹刃	鑽尖面的第一面的切削前緣刃唇線不直，變成凹入狀使外緣的刃角變大。
7. Layback 凸刃	第一面的切削前緣刀唇線不直，變成凸出狀使外緣的刃角不足，使其切削角變小，是一項大缺點。
8. Offset 1 大小面	鑽尖的第一面大小不一。
9. Offset 2 長短邊	鑽尖的第一面長短不一。
11. Off center 離心	如果兩個第一面的長度及寬度不同時，便會造成離心，當鑽尖點不在正中時，會引起小鑽針在板材中偏歪，容易在背面造成孔環破出。
11. Rounded corner 圓角	刃角應呈銳利直角，是最後修整孔壁者，一但直角消失，則孔壁會有不平整的拉扯，甚至有破洞分佈。
12. Negative 負片	鑽尖的第一面外緣變窄。

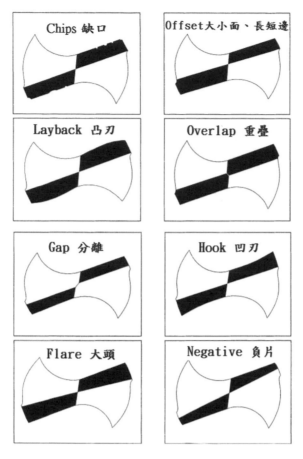

圖 11.108 部分鑽尖缺點圖示

B.領用、傳送與儲存注意事項：

- 鑽針領取必須謹慎小必以防止脆性高的碳化鎢鑽針可能受損。

- 量取鑽針直徑時必須謹慎小心，避免易脆的切削邊緣受損，最好使用光學無機械接觸式量測儀。

- 上套環(Ring)也應謹慎小心，以避免鑽頭崩裂缺角，並應禁止使用無足夠緊持力之套環。自動上環機可設定環與鑽尖距離，是很好的選擇。

- 在鑽孔室中，鑽針必須採防止受損的方式來包裝與運送，千萬不可將鑽針一把抓。

- 操作員應接受鑽針幾何圖形與缺點認知訓練。

- 鑽針需以最不可能受損的方式儲存，對新鑽針、待磨品及磨成品必須加以標籤或塗顏色，並分開存放。

C.研磨

如前述，新鑽針依不同材質層數(見表11.7)等的作業條件下，鑽完一定數量後須研磨，將殘膠及可能的刀刃缺損消除後再繼續使用。此時須注意研磨後的鑽針直徑會縮小，所以須注意孔徑的補償值。新針或研磨後的針都須以20~40倍放大鏡做表11.7內缺點的進料檢查。

表11.7 新鑽針疊數對應擊數參考

板類	疊落層數Stack Height	應重磨之擊數
單面板	3 High	3000 Hits
雙面板	3 High	2000-2500 Hits
一般多層板	2~3 High	1500 Hits

其他研磨注意事項

· 必須選用適當的鑽石砂輪粗細度以研磨出優良品質的鑽尖面，對大鑽針與小鑽針必須選用不同的鑽石砂輪粗細度。

· 研磨機應週期性測量其馬達與spindle是否有過分震動，並量取spindle之Run-out值。

· 研磨後之鑽針必須做100%檢查，當然研磨人員也必須訓練其對鑽尖幾何圖形之判斷與機器之設定。

· 因為基板上的樹脂在鑽孔時會殘留在鑽針刃溝內，因此部份需在鑽針研磨後再行清洗，以除去殘膠，減少磨擦發熱；不管清潔採用何種方式進行，最重要的是不可損及鑽針。

圖 11.109 研磨機手動作業中

D.套環(Drill bit rings)

套環(或稱鑽針環)的使用，是因鑽針會隨供應商之不同、批次之不同、研磨次數之不同等等而有尺寸差異，為了保證電路板在作業中確實被鑽透，因此透過套環的手段來控制鑽針前端切削段的長度，這個程序是利用鑽針套環機來完成。

設定鑽尖到套環的一定距離，因此可以控制鑽孔的深度；套環看似小東西不太重要，但它的品質重要性和鑽針一樣，會影響到鑽孔的效能。Ring套在鑽針上太鬆或太緊，導致鑽深不足、環破裂；或者在內側有凸出物時，將會造成鑽軸夾頭夾持不當，在換針時產生問題。

另一個用途是用不同色環來區分不同的鑽徑。鑽孔加工，使用的鑽徑種類繁多，且每一鄰近鑽徑差僅0.05mm，用肉眼不易分別。為避免取用錯誤，增加成本，對於套環顏色管理是必要的。通常套環顏色使用有十來種(白、棕、暗紅、黃、粉紅、橘、紫、灰、淺綠、深綠、藍..)，每一種顏色代表一種鑽徑規格，相同顏色一輪回相差0.5mm。雖然各廠商對顏色排列不盡相同，但其目的是一樣的。現在也有廠商開發更多種顏色的套環，以備客戶的選擇。圖11.110和圖11.111是各色的套環和上環機。

圖 11.110 各色套環及手動套環機

圖 11.111 上環機

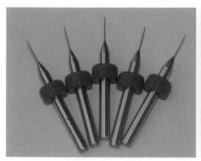

圖 11.112 已上套環的鑽針

E.備針

現在的PCB孔細孔多情形下，考慮換針的效率，針盤可備針數量也必須納入評估，見圖11.113。

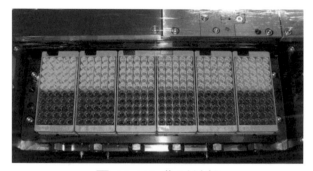

圖 11.113 典型針盤

F.架板作業

將修整檢查完成的壓合電路板，依允許堆疊的片數堆疊(stack)，雙面板沒有板和板的對位問題，一般以上下兩孔套Pin上機鑽孔。因先上套pin疊板置放持取要特別注意刮損問題，板疊需隔開放置，如圖11.114所示。

圖 11.114 堆疊好待鑽板已是當板架隔離置放防刮損

多層板鑽孔作業是以靶孔作為定位及疊板的PIN孔，它的作業方式有如下兩種：

Template (模板)作業法

鑽孔機台上使用電木板做為架PIN用基底材，電木板先鑽靶位孔，套PIN於上，作業人員再將待鑽的板子套疊於 Template 板的PIN 上，並用膠帶貼穩板疊，見圖11.115。

圖 11.115 架上鑽孔機檯面正再鑽孔的疊板，以膠帶黏貼四周以確保疊板不滑動

Two Pin作業法

將X-RAY 鑽靶機鑽完靶後之多層板，架PIN套疊一起，並使用貼膠帶機貼牢後上鑽孔機作業。

圖 11.116 Two Pin 上 PIN 機

圖 11.117 疊板自動貼膠機

在上方覆蓋蓋板(Entry Board)，下面則放置下墊板(Back-Up Board)，其後以插梢將整疊電路板壓入鑽孔機的檯面固定孔即可開始鑽孔。

11.1.4.3.4 鑽孔作業

備好材料以及鑽針後，作業員在電腦螢幕上叫取待鑽板的鑽孔程式，即可開始啟動鑽孔作業。

A. CNC 控制

現有CAD/ CAM工作站都可直接轉換鑽孔機接受之語言，只要設定一些參數如各孔號代表之孔徑等即可，大部分工廠鑽孔機數量動輒幾十臺，因此多有連網作業由工作站直接指示工作。若加上自動Loading/Unloading機構，則人員可減至最少。近來在談所謂工業4.0，全廠的全自動化生產包括資訊的彙整、利用、分析、判斷、決策等，現階段要做到還有一些差距，但如鑽孔製程要做到3.0則容易多了。各公司的鑽孔機可能是多廠牌、不同軸數、不同轉速等，透過智慧資料中心，把不同的生產機種(板料、層數、鑽徑、厚度..等差異)以最佳化的決策派發到最恰當的鑽孔機生產。早些年由於生產料號單純數量又多，所以自動上下料的機構有廠商使用，可發揮極大效益，但因現在的板子結構一上鑽孔可能耗時幾個小時，所以可能以手動上下料反較實際。

B. 作業條件

a. 表面切削速度S.F.M以及R.P.M鑽針旋轉速度

鑽孔屬於切削的行為，一般而言，有二個運算公式在鑽孔上廣泛地被運用到：

1). R.P.M =S.F.M*12/π*D

2). I.P.M=R.P.M*Chip load

上述二個公式的單位及代表意義：

- R.P.M=鑽針旋轉速度，轉/分，即每分鐘有幾轉(Revolution Per Minute)。
- S.F.M=表面切削速度，呎/分，即每分鐘鑽針上的刀口在板子表面上切削距離或長度(Surface Feet Per Minute)。
- D：鑽頭直徑(Diameter)。
- I.P.M=進刀速，吋/分，每分鐘進刀深度有多少吋(Inch Per Minute)
- Chip load：進刀量，mil/轉，每轉一周進刀深度有多少mil。

下面簡單介紹R.P.M= S.F.M*12/π*D 公式之來源：

圖11.118 A,B與C,D為刃唇(cutting lip)，A及D為刃角，當A點旋轉一周時A及D為刃角其所切削的直線距離應為圓周的周長，即$2\pi r=\pi D$。所以，在板子上的表面切削距離$=2\pi r=\pi D$。

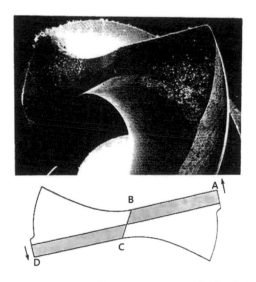

圖 11.118 上圖是鑽針已使用過 1000 孔尚未重磨及清潔，
下圖是鑽尖部分之刃唇示意

S.F.M之單位為呎/分，1呎=12吋，因此S. F. M= R.P.M*(2πr)/12=R.P.M* π *D/12SFM 或 RPM越高，代表在孔內摩擦產生的熱會越大。一些較硬較耐磨的板材如較高Tg點的 multifunctional FR-4，polyimide或cyanate ester等，也會產生較高的摩擦熱，因此較易發生 孔壁的缺點，以及鑽針較易磨耗。一旦有這些問題產生時，應適時調整轉速或切削速度。

圖11.118上圖之鑽針已使用過1000孔尚未重磨及清潔，故清晰看見其膠渣沾黏，下圖 為鑽尖部分之平面示意圖，棕色的部份為第一面(Primary face)，其前緣AB及CD為刃唇； A及D為刃角，孔壁的品質好壞影響最大。

b. Chip load以及IPM

在鑽孔作業中，轉速與進刀速的搭配對孔壁品質有決定的因素，甚至影響到鑽針的使 用壽命與鑽軸spindle的使用壽命，因此如何找出轉速與進刀速的最佳搭配條件，是鑽出好 品質的要件。

一般而言，從孔壁的切片情況，可約略看出轉速與進刀速搭配的好與壞，若二者搭配 不好，孔壁就會產生粗糙(roughness)，膠渣(smear)、毛頭(burr)、釘頭(nailhead) 或對 準度問題。

1). 可從R.P.M及Chip load之條件概略判斷鑽孔時溫度的升降情況，一般言之，當 R.P.M增加時，所增加的動能會使鑽孔中與孔壁所摩擦產生的熱也隨之增加。又當 Chip load減低時也因鑽頭停留在孔壁中的時間增長，使得磨擦增多，造成積熱也 增多(積熱是膠渣形成的主要因素)。

2). 可從鑽針的磨耗情況來判斷所使用的 R.P.M及Chip load是否恰當：

· 若鑽尖WEB之實體部份有過份磨耗時，就表示所採用的Chip load太高了。
· 若由鑽針檢驗儀器發現鑽針刃唇 (cutting lip)過份磨耗，則表示所採用的R.P.M太 高。

設定排屑量高或低，隨下列條件有所不同：

· 孔徑大小
· 基板材料
· 層數

C.鑽孔的品質

- 鑽完孔後，會檢查以下幾個品質重點
- 少鑽 (以驗孔機檢查)
- 漏鑽 (以驗孔機檢查)
- 偏位 (以孔位 AOI check)
- 孔壁粗糙(切片檢查)
- 釘頭 (切片檢查)
- 巴里(burr 肉眼或驗孔機檢查)

一般在鑽孔結束後會在板邊做coupon設計(見圖11.119)，用意如下：

- 檢查各孔徑是否正確
- 檢查有否斷針漏孔
- 可設定每1000、2000、3000 hits 鑽一孔來檢查孔壁品質

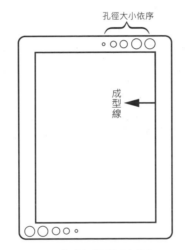

圖 11.119 板邊鑽孔檢測 coupon

　　常見的鑽孔問題有：斷針、孔偏、孔內粗糙、毛邊等等。斷針則鑽孔動作就會停滯，同時會造成板子的重大缺點。雖然新型的設備都已裝設偵測裝置，但如何避免斷針仍是各廠家努力的方向，尤其是孔徑愈來愈小的今日。斷針的原因常來自於材料太硬、鑽針強度不夠、排屑不良、轉數過高、進刀過快、鑽軸振動、鑽針彎曲等，必須針對實際現象才容易提出適當對策。斷針除了會傷害孔的品質，還會停滯生產。鑽軸或配件的振動、板子不規則、壓力腳運作不正常等，都可能會是肇因。當鑽針直徑小又鑽厚板時，由於鑽針的切入或彎曲孔位會產生較大偏差，多段加工或使用恰好長度的鑽針等都可以提高精度。

　　至於鑽孔位置精度，對近來的高密度板更是一大考驗。由於板面的空間有限，大家所能鑽出的細孔能力又都不相上下，因此誰能作出更小的孔環(Annular Ring)就成為技術關鍵，也因此鑽孔精度要求會愈加嚴格。

鑽針損傷會使鑽孔發熱量變大，這成為樹脂膠渣及內層銅環的釘頭現象(Nail Head)的肇因，因此適度的更換新鑽針可以維持鑽孔的品質，圖11.120是鑽針磨耗過度造成的釘頭問題。一般釘頭和孔內粗糙會伴隨發生，圖11.121是一個典型釘頭加粗糙的例子。

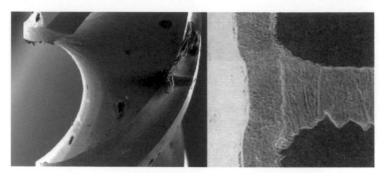

圖 11.120 鑽針磨耗過度造成的鑽孔問題

圖 11.121 典型釘頭加孔壁粗糙例子

　　另一項孔品質指標是孔內膠渣，鑽孔時切削和摩擦所發生的熱十分驚人，在短時間內會在內層產生高溫。當孔內溫度超過玻璃轉化點時膠渣會大量產生，越高溫時量也隨之增加。其結果是造成孔內層銅環殘膠嚴重，如圖11.122所示。

圖 11.122 孔壁嚴重膠渣

碳化鎢刀具(鑽針及銑刀)的使用已數十年歷史，但電路板材料的變化以及孔徑越來越細的現實狀況，在刀具上的耗用成本提高，產速無法有效提升，因此近年各板廠尋求在刀具上塗層加工，以增加壽命、降低成本，目前有不錯成效。在不同軟、硬及金屬板等的材質，以PVD 物理氣相沉積(Physical Vapor Deposition)塗佈僅約1~2 μm的特殊配方塗層，在不影響產線生產條件下延長新刀壽命，又可繼續研磨，如圖11.123所示，在刀具刃面僅1 μm的塗層厚度。

電路板的鑽孔成本在整體製作上有時占比非常高，孔數多加上孔徑小，有時甚且超過10%。所以各公司也多在這方面做研究，各鑽針供應商也面臨板廠的要求，而紛紛研究解決方案。

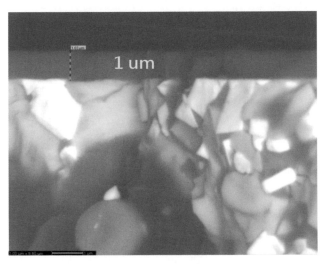

圖 11.123 鑽針刀具以 PVD 濺鍍 1 μm 的特殊塗層增加壽命 (Source：瑞利泰德)

4 鑽孔 ⟩ 備料 ⟩ 疊板上 PIN ⟩ 鑽孔 ⟩ **Deburr** ⟩ 驗孔

11.1.4.4 去毛邊 (去巴里)Deburr

鑽完孔後若是鑽孔條件不適當，孔邊緣有1.未切斷銅絲；2.未切斷玻纖的殘留，稱為burr，如圖11.124所示。因其要斷不斷，而且粗糙，若不將之去除，可能造成通孔不良及孔小，因此鑽孔後會有deburr製程。也有將Deburr是放在Desmear之後才作業。一般deburr是用機器刷磨，且會加入超音波及高壓沖洗的應用，見圖11.125。

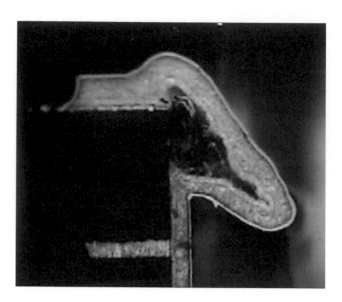

圖 11.124 毛頭 burr

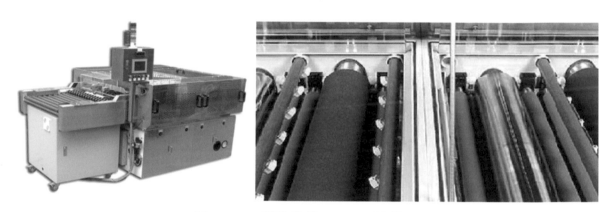

圖 11.125 鑽孔後的 Deburr 設備

　　通孔電鍍的孔壁狀況好壞，對電鍍的信賴度有很深遠的影響，板面的狀況也直接影響電鍍銅和底銅間的鍵結力，因此做好電鍍的前處理至為重要。孔壁膠渣的去除、銅箔表面的處理、板邊的修整、異物的清除等等，都是良好電鍍前應做好的基本動作。

4 鑽孔 〉 備料 〉 疊板上 PIN 〉 鑽孔 〉 Deburr 〉 驗孔

11.1.4.5 驗孔

　　除了11.1.4.3說明的鑽孔品質要求以目檢切片等檢查外，在去毛邊刷磨後也會以專用設備檢查孔數、孔徑以及偏位等。

孔位精度

孔位精度的檢查可透過孔位AOI 及X-RAY視覺檢查機等兩大主流方式確認，HOLE AOI 量測所展現的主要是綜合製程能力指數(Cpk)，及監測鑽孔機每一軸精度的結果，可協助使用者發現鑽孔製程可見的以及潛在的缺陷，作為提昇鑽孔製程能力的參考。目前因製程品質意識的普遍提升，HOLE AOI量測儀已由品檢儀器蛻變為生產設備，大部分鑽孔專業廠房皆會配備相關的HOLE AOI 設備。HOLE AOI 設備需具備如下的能力：

- 要有完整的SPC分析系統，以掌握鑽孔品質。
- 定位點可由軟體自動擷取。
- 光源的亮度可自動平衡。
- 不要有量測孔數的限制。

圖 11.126 自動孔數、孔徑讀取機

板面上需要目視檢查出作業中所造成的刮痕及其他損傷。孔內的狀態雖不易由肉眼觀察，但目前已有3D顯微鏡可以做孔內的360度觀察。

圖 11.127 孔位 AOI

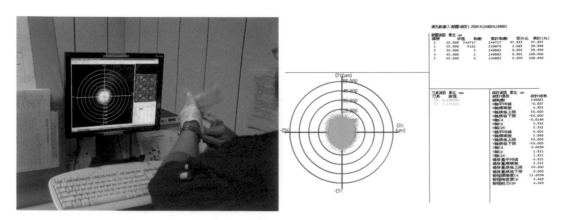

圖 11.128 孔位 AOI 檢測偏位情形立即輸出雷達圖

層間對位

除了鑽孔本身的鑽偏原因外，其實多層板各層間在線路製作、壓合以及靶位鑽孔等步驟，都會有層間鑽孔對準度問題的貢獻，因此各製程環節都需注意。圖11.129顯示以X-ray在鑽完孔後的對準度檢查，可以層別法篩檢找出偏位原因。

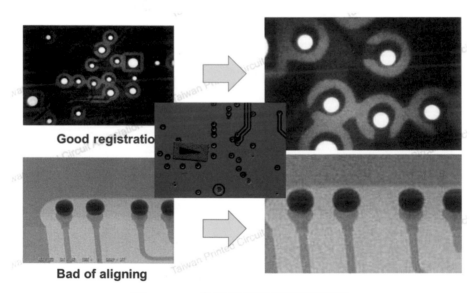

圖 11.129 多層板鑽孔層間對準度

高密度多層板微孔成孔製作

製程目的

早期多層電路板之層間互連與零件腳插裝，皆依靠鍍通孔去執行，當時組裝的密度不高、佈線不多，所以問題少。然而因電子產品功能提升與零件增加，早先的通孔插裝也改為表面黏裝（SMT）以節省板面。1980年後SMT開始進入量產，使得電路板在小孔細線上成為重要的課題。目前電路板線路布局朝多層化、高密度化急速發展，其中各種作用的孔的尺寸也進一步向小徑化發展。高密度多層電路板除行動電話以外，不僅使用在筆記型電腦、數位相機、Vedio Camera等製品，也使用在CPU、Memory等高密度「半導體封裝」產品。多層電路板的Via Hole以往直徑為300μm，為了提高高密度多層電路板密度，現在則出現80μm、或者有50μm以下小孔徑之要求。以往電路板的鑽孔方式，都是由多軸機械鑽孔設備，以微形鑽針鑽孔加工。但隨著朝向小徑化發展，在鑽針的購入價格越來越高的同時，鑽孔加工中鑽針的消耗（磨損及折損），消耗工具費用大幅增加。為因應此變化，電路板業界積極於1990年起推出"非機械鑽孔"式的盲孔、埋孔、甚至通孔，與板外逐次增加層面的增層法之"Build Up Process"，在微薄化技術方面再次出現革命性的進步。

微孔（Microvia）的製程技術主要有兩大方法，分別為感光成孔法和雷射成孔法。還有其他技術各有擅場，但比例皆不高，圖11.130中解說了微孔製作可採行的製作方式。

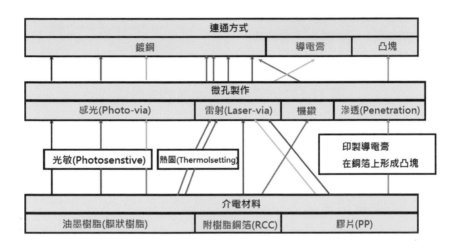

圖 11.130 增層微孔製作方法和介電材料及連通技術的關聯

雷射成孔因成本較低，在電路板市場中佔有很大的優勢。且雷射成孔法在層連接製程中，加工程式比感光成孔法少。另外，從構裝基板設計的角度來看，在提高絕緣可靠性及材料選擇方面，雷射成孔法對構成絕緣層的樹脂材料選擇彈性較高。為使電路板能朝薄和小的方向發展，雷射鑽孔技術在高密度多層板配合增層法技術中，也就顯得更加重要。

這類結構的電路板，有過多個不同的名稱來稱呼這樣的電路板。例如SBU（Sequence Build Up Process）-"序列式增層法"；MVP（Micro Via Process）-"微孔製程"；MLB（Multilayer Board）-"增層式多層板"。美國IPC為避免混淆，提出統一稱法-HDI（High Density Interconnection Technology）-"高密度連結技術"或"高密度互連技術"。在規範IPC 2226中定義了HDI板的微孔種類，見圖11.131及表11.8之說明。

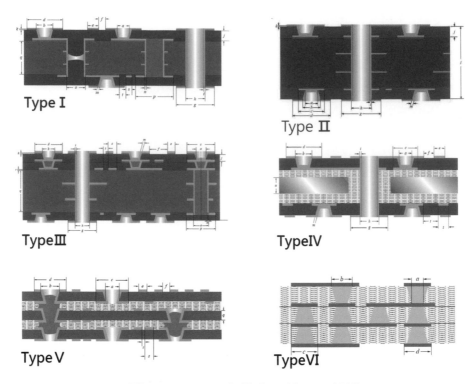

圖 11.131 IPC 定義之 6 種 HDI 結構

表11.8 IPC定義之6種HDI結構說明

種類	說明
Type I Constructions – 1[C]0 or 1[C]1	Defines a single microvia layer on either one or both sides of core.
Type II Constructions – 1[C]0 or 1[C]1	Defines a single microvia layer on either one or both sides with plated through buried vias of core.
Type III Constructions 2 ≥ (C) ≥0	Defines at least two layers of microvia layers on either one or both sides of core.
Type IV Constructions ≥ 1 (P) ≥0	Defines to have at least one microvia layer on either one or both sides of core.
Type V Constructions (Coreless) – Using Layer Pairs	Uses thin "cores" which uses both plated microvias and conductive paste interconnections.
Type VI Constructions	A construction where connections are buildup without normal plating.

隨高密度增層法的普及，雷射鑽孔機迅速地滲入電路板市場，成為製造的主力產品。雷射是藉著物質的能階間電位能的差距固定，藉由激發源的能量激發誘導出單色同步共振的雷射光，圖11.132說明將在基態的原子激發形成光子，再透過雷射共振器裝置形成雷射光束(見圖11.133)。因為雷射光的特性是可以聚集高能量密度，將雷射光聚焦成為小光點，因此適合於高精度的加工。雷射裝置的設計可以用脈衝式的雷射輸出，獲得高輸出功率的雷射加工頭。用透鏡及鏡片組加上光學機構，雷射加工機可以把雷射光集中照射在工件上，使局部材料急速加熱、熔融、蒸發燃燒或分解。因為塑膠材料的燃燒分解能量不高，就可以進行微孔加工的工作。

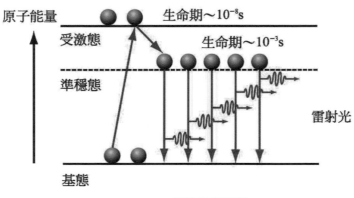

圖 11.132 雷射原理

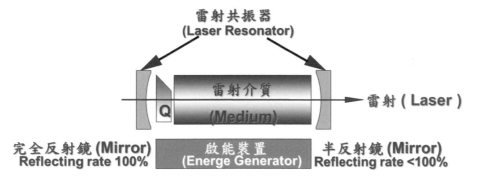

圖 11.133 雷射源產生機制

　　雷射光源基本上十分多元，目前用於工業的雷射主分為UV雷射和IR雷射，UV雷射的代表類型有準分子雷射(Excimer)、Nd：YAG雷射，而IR雷射則以二氧化碳(CO_2)雷射為代表。至於雷射加工的方式，有直接用光束擊發加工銅皮及樹脂材料、加工樹脂材料、透過銅窗(Conformal Mask，在盲孔位置以影像轉移及化學蝕刻方式將銅蝕除，露出底部基材)加工樹脂材料三類，可製作的孔徑隨作法及機械的光學系統而不同。目前常見的雷射加工孔徑，在電路板方面以90~150μm為主，IC載板則以60~90μm較常見。

雷射鑽孔相較機械鑽孔有以下的優勢：

- 雷射鑽孔是無接觸加工，對板材無直接衝擊，不存在機械應力造成的變形。
- 雷射鑽孔不使用機械鑽孔中的刀具，無切削力等作用於板材，減少耗料成本。
- 生產效率高，加工品質穩定。
- 雷射鑽孔中雷射光束能量密度高，加工速度快，並且是局部加工，對非雷射照射部位沒有或影響極小。因此，熱影響區域小，板材熱變形小，對於後續加工品質影響也最小。
- 雷射光束易於導向、聚焦、極易與數控系統配合來對複雜工作進行加工，因此它是一種極為靈活的加工方法。

在雷射鑽孔中，雷射是激發的一種強力光束，其中紅外光或可見光擁有熱能，紫外光則具有化學能。射到工作物表面時會發生反射（Reflection）、吸收（Absorption）及穿透（Transmission）等三種現象，其中只有被吸收者才會發生作用。而其對板材所產生的作用又分為光熱與光化兩種不同的反應：

Ⅰ.紅外線雷射成孔原理 (熱加工)

將材料表面物質加熱汽化（蒸發），以除去材料

1. CO_2雷射（波長11.6μm）

2. Nd：YAG雷射（波長1.064μm）

光熱燒蝕Photo-thermal Ablation

利用紅外線的熱能，當溫度升高或能量增加到一定程度後，如有機物的熔點、燃點或沸點時，則有機物分子的相互作用力或束縛能將大為減小到使有機物分子相互脫離成自由態或游離態，由於雷射的不斷提供能量，而使有機分子逸出或者與空氣中的氧氣燃燒而成為二氧化碳或水氣體而散離去，由於雷射是以一定直徑的紅外光束來加工的，因而形成微小孔，見圖11.134。

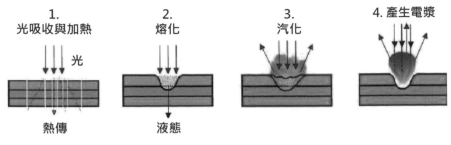

圖 11.134 光熱燒蝕形成微孔示意

II. 紫外線雷射成孔原理 (冷加工)

直接將材料之分子鍵打斷，使分子脫離本體

1. UV-YAG雷射：係將Nd：YAG雷射經非線性倍頻晶體轉換為波長532、355、266、213nm的紫外線雷射。

2. 準分子雷射(Excimer laser)

光化裂蝕Photo-chemical Ablation

固態Nd：YAG紫外雷射器發射的是高能量的紫外光光束，利用其光學能(高能量光子)，破壞了有機物的分子鍵(如共價鍵)，金屬晶體(如金屬鍵)等，形成懸浮顆粒或原子團、分子團或原子、分子而逸散離出，最後形成盲孔，見圖11.135。

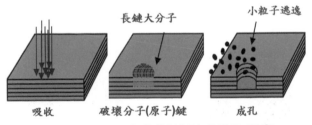

圖 11.135 光化裂蝕形成微孔示意

　　雷射加工的孔幾乎都是盲孔(Blind Via)，加工出來的孔形，最好具有適當斜度。斜度大電鍍液進入容易，電鍍製程相對較容易執行，若介電層厚度本身就不高，則孔徑相對不成問題。

　　電路板表層有純樹脂層、含玻纖布樹脂、表面有薄銅層三種狀態。銅、樹脂、玻纖三種材質在不同光波下有不同吸收率，見圖11.136，因此會產生加工速率的差異。由於不同材料對各種雷射的吸收均不相同，導致Laser加工混合材料時的困難。雷射鑽孔都是使用非連續的脈衝作業模式，有薄銅在加工上較難控制，但由於不需在銅箔上製作出銅窗(Conformal Mask)，因此頗多選擇用此種生產方式。針對含玻璃纖維的基材，在廠商的開發下有LDP(Laser-Drillable PP，見圖11.137)-可雷鑽的玻纖布的家族產品，以1060、

1080、2116為主，主要的改變是將玻纖束(Fiber bundle)扁平化，強化雷射鑽孔的能力，減小孔壁玻纖的突出，見圖11.138。不過最容易加工的，仍以樹脂層直接雷射鑽孔。

由於二氧化碳雷射鑽孔機上市較早，且因功率高加工快改良也快，至目前為止仍然是雷射鑽孔加工的主流。至於UV雷射鑽孔機方面則以Nd：YAG雷射較受注目，因為屬於固態雷射沒有氣體供應的問題，但是由於光束小功率低，相對加工較大的盲孔無法和二氧化碳雷射競爭。因為Nd：YAG雷射在小孔上有較佳的表現，因此其設備發展方向朝製作更小的盲孔，以及直接燒穿薄銅箔的方向發展。

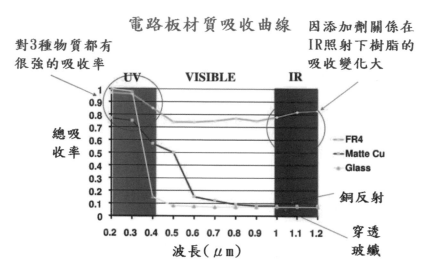

圖 11.136 電路板材質光波吸收率曲線圖

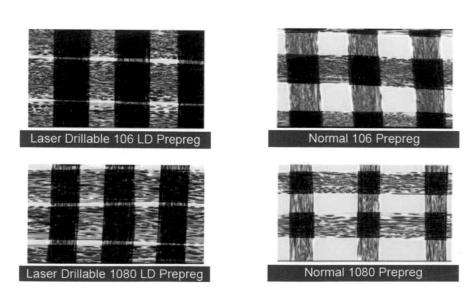

圖 11.137 一般及可雷鑽 PP 對照圖

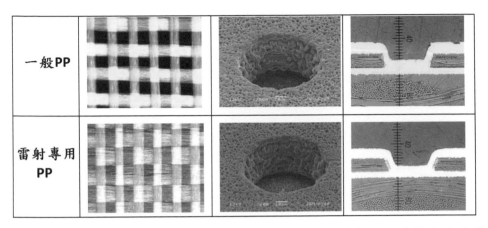

圖 11.138 一般及可雷鑽 PP 所製作的盲孔 SEM 照片可看出孔壁玻纖突出之差異

雷射鑽盲孔時僅能一片一片處理，不能如鑽通孔般堆疊加工。因此雷射加工設備都設有投、收板裝置，同時電路板面也會作出對位標的，當固態攝影機讀取位置後經過補償計算，就開始作雷射加工的工作。在鑽孔後，由於仍會有殘膠留在孔底，同時會有少量的熔融物沾在板邊，因此必須和傳統板一樣進行除膠渣清孔的工作。

製程方法

二氧化碳雷射

目前多數的製造者使用二氧化碳雷射，約佔80%左右，加工的孔徑尺寸以100~60μm最常見。部份特殊設計或用途的基板，也有設計孔徑大到250μm的案例，但是屬於少數。由於光源的直徑較大，同時景深較淺，因此對於非常小的孔加工較為不利，但是對於一般的盲孔加工而言，基本上佔有加工速度快、成本低的優勢。以下是二氧化碳雷射幾種不同的製程方法介紹：

（1）開銅窗法Conformal Mask

是在內層Core板上先壓RCC，然後開銅窗，再以雷射光燒除窗內的基材即可完成微盲孔，此時雷射光束直徑大於該銅窗。其作法是先以FR-4的內層為核心板，在其兩面做出線路與底墊（Target Pad），並經黑化，然後再各壓貼一張"附樹脂銅箔"（RCC）。此種RCC（Resin Coated Copper Foil）中之銅箔為0.5 oz，膠層厚約80~100μm（3~4mil）。可全做成B-stage，也可做成B-stage與C-stage兩層，見圖11.139。後者於壓合時其底墊上（Target Pad）的介質層厚度較易控制，但成本卻較貴。之後利用CO_2雷射光，依蝕銅底片的座標程式去燒蝕掉窗內的樹脂，如此可挖空到底墊而成微盲孔。此法為"日立製作所"的專利。圖11.140是此法示意圖，圖11.141則是製作的盲孔實物照片。此加工法的優缺點說明如下：

優點：

- 盲孔孔徑尺寸是由開出的銅窗大小決定，孔型真圓度較佳。
- 基板若在前製程段有漲縮問題，在一定範圍內可用雷射加工補償，克服製程上的變異。
- 後製程電鍍後，對接點結合力較Large Window加工方式強。

缺點：

盲孔會有一定比例的 over hang 或 undercut，對後製程電鍍會有一定程度的不良影響。

加工完成後，除了需要使用顯微鏡做初步的確認外，還需要以切片方式輔助確認盲孔品質，首件確認品質時間較長。

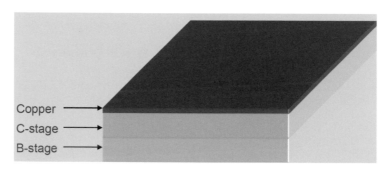

圖 11.139 三層式 RCC

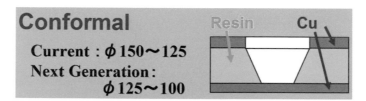

圖 11.140 開銅窗示意圖

圖 11.141 開銅窗製作的盲孔孔型

（2）開大銅窗法Large Conformal mask

上述之成孔孔徑與銅窗口徑相同，故一旦視窗位置有所偏差時，將造成盲孔位置偏移而對底墊失準（Miss-registration）的問題。此銅窗位置的偏差可能來自板材漲縮與影像轉移之底片問題，大面積排版不太容易徹底解決。所謂"開大銅窗法"是將口徑擴大到比底墊還大約2mil左右。一般若孔徑為6mil時，底墊應在10mil左右，其大窗口可開到12mil。然後將內層板底墊的座標資料交由雷射鑽機，即可燒出位置精確對準底墊的微盲孔。也就是在大窗口備有餘地下，讓孔位獲得較多的彈性空間。因此雷射光束可另按內層底墊的程式去成孔，而不必採用已偏位的孔。利用此法加工的雷射光束直徑小於該銅窗。圖11.142及圖11.143是開大銅窗法示意圖及成孔照片。

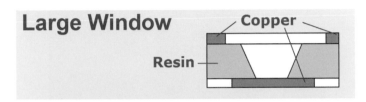

圖 11.142 大銅窗法示意圖

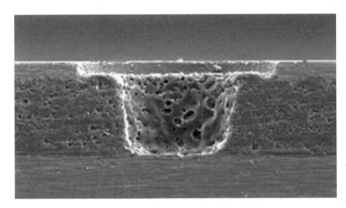

圖 11.143 大銅窗法成孔照片

（3）樹脂表面直接成孔法Resin Direct

本法又可細分為幾種不同的方式，現簡述如下：

按前述RCC+Core的做法進行，但卻不開銅窗而將全部銅箔蝕光。之後用CO_2雷射在裸露的樹脂表面直接燒孔，再做 PTH與鍍銅。由於樹脂上已有和銅箔粗面壓合時形成的表面粗糙，故其後續加成於其上的銅層的抗撕強度（Peel Strength），應該比感光成孔（Photo Via）板類以高錳酸鉀對樹脂的粗化要好得很多。但仍不如真正銅箔來得更為可靠。此方法的優點雖可避開影像轉移的成本與工程問題，但卻必須在高錳酸鉀"除膠渣"製程上解決更多的難題，最大的危機仍是在銲墊附著可靠度的不足。見圖11.144及圖11.145。

Resin Direct

Current : φ 80

Next Generation:
φ 75～65

圖 11.144 樹脂表面直接成孔法示意

圖 11.145 樹脂表面直接成孔照片

其他幾種不同做法，皆可全部蝕銅得到坑面後再直接燒孔：

- 採用FR-4膠片與銅箔代替RCC的類似做法；
- 感光樹脂塗佈後壓著犧牲性銅箔的做法；
- 乾膜介質層與犧牲性銅箔的壓貼法；
- 其他濕膜樹脂塗佈與犧牲性銅箔法等；

（4）超薄銅薄直接燒穿法 Copper Direct

內層核心板兩面壓貼附樹脂銅箔後，可採"半蝕法"（Half Etching）將其原來0.5 oz（17μm）的銅箔咬薄到只剩5μm左右，然後再去做黑氧化層與直接成孔。

因在黑色表面強烈吸光與超薄銅層、以及提高CO_2雷射的光束能量下，將可如YAG雷射般直接穿銅與基材而成孔，不過要做到良好的"半蝕"並不容易。有銅箔業者提供特殊的"背銅式超薄銅皮"（如日本三井之可撕性UTC），其做法是將UTC稜面壓著在核心板外的兩面膠層上，再撕掉厚的支持用的 "背銅層"，即可得到具有超薄銅皮（UTC）的HDI半成品。之後在做了黑化的銅面上完成雷射盲孔，去掉黑化層後進行PTH化銅與電鍍銅。此法不但可直接完成微孔，而且在細線製作方面，也因基銅之超薄而大幅提升其良率，當然這種背銅式可撕性的UTC，其價格一定不會便宜。見圖11.146，圖11.147則是幾種直接穿銅的不同表面銅箔粗化方式的SEM照片。

圖 11.146 超薄銅薄直接燒穿法

圖 11.147 幾種直接穿銅的不同表面銅箔粗化方式的 SEM 照片

使用此製程的優點：

・ 較以Large Window加工方式或Conformal mask加工方式，在前製程的處理上可以減少製程數量並有效降低成本。

・ 因減少曝光顯像段製程可以提升基板整體製作精度。

・ 材料表面經黑（棕）化，有助於雷射熱吸收的特性。

缺點則是：

・ 材料表面經黑（棕）化後，雷射加工對位靶點無法於材料表面製作，需另外鑽孔。

・ 材料表面刮傷，對雷射加工也會有一定程度的影響。

UV／Nd：YAG雷射：

另外一類的雷射槍系統是紫外光雷射，較普及的機種是"雅各雷射"（YAG雷射）。係由"鈮（Neodymium）"與"釔鋁柘榴石"（Yttrium Aluminum Garnet）兩種固媒體所共同激發出現的雷射光。此紫外光之能量很強，可直接穿過銅導體層而燒成盲孔，或可調整能量燒穿兩層銅箔而成較深的盲孔。但由於尖峰能量很強，常會造成板材的灼傷或燒焦，對整體孔的品質頗有影響。

它主要的特性就是能量密度高，因此對物質的加工行為是分解蒸發的模式進行。因為帶的熱較少，同時材料的光吸收率較高，不容易產生殘渣、孔底留膠等問題。又因為銅的能量吸收率也不低，因此對銅的加工也可以直接進行，並不受是否有強化吸收層處理的影響。因為如此，對於多層板的通孔加工也有其可行性，圖11.148就是多層板雷射加工通孔的切片照。

圖 11.148 多層板雷射加工通孔照片

因為紫外光雷射一般的光束直徑較小，同時整體的雷射槍功率不容易作大型設計，因此在加工時較適合用於超小孔徑的加工，如75μm以下的微盲孔。有號稱這類的加工機經過光學設計可以加工到大約10μm或更小孔徑的產品。

不過，這類的機械因為功率及光束尺寸的劣勢，加工的速度及對較大孔的加工能力方面都略遜於二氧化碳雷射，尤其在加工超過直徑100μm以上的孔徑時，必須使用螺旋切削式（Spiral）的加工法。

這樣的加工方式在速度方面非常的慢，使用者不太容易接受。紫外光雷射一般可以在一槍加工下打掉大約1~2μm的材料，因此依據材料厚度的不同，其加工效率也會有很大的差別。目前這類的機種大多數用於高密度構裝載板製造及細線修補方面，對於一般的基板而言使用者仍較少。YAG 雷射不但可燒製盲孔，每次使用較多脈衝（Pulse）下，還可製做出高縱橫比的微小通孔。

1 先蝕銅再成孔（Laser Drilling With Imaged Holes）

先選擇性的蝕掉表面銅箔，再採下列幾種方式進行雷射成孔：

A.雷射直接穿孔（Direct via formation）

係針對電路板除銅後的各單一孔位進行多次脈衝，可直接單點穿透三種不同板材的孔徑，取決於光束直徑的大小。並還可用 355nm 的Nd：YAG 雷射削掉（Skived）板材與下層銅箔而形成更深的盲孔。

B.雷射螺切（Laser Spiraling）

將雷射光束針對三種板材採立體螺旋式燒入，也可燒出薄板的小孔，凡孔徑在3mil 以上者皆可製作，見圖11.149。

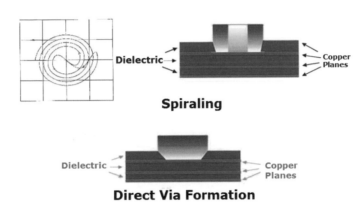

圖 11.149 螺旋式（Spiral）的加工法（上）及直接穿孔法（下）示意

C .開銅窗不燒銅之雷射鑽孔（Conformal Mask Self-Limited Drilling）

先以化學蝕刻法除去孔位表面銅，再以峰值功率不傷銅的光束去燒掉樹脂與玻纖，即得到有銅底的盲孔。

2 雷射直接成孔（Laser Direct Structuring）

利用355nm 三次倍頻之高能雷射光，直接燒透表面銅箔與介質基材而成盲孔，此法可精確控制成孔的深度。因無需事先選擇性蝕銅，對於70μm以下的微孔成形將更為有利，並可縮短流程降低成本。不過本法在直接燒銅時可能會引發熔銅的飛濺（Splash），而可能造成孔壁的污染。故在後續化學銅與電鍍銅之前，還必須先行清除乾淨。

--雷射環鋸（Laser Trepanning）

利用雷射光束按預定成孔的圓周進行逐步連續環鋸，此法也可直接穿過三種板材，成孔之孔徑在 2~6mil 之間，見圖11.150。

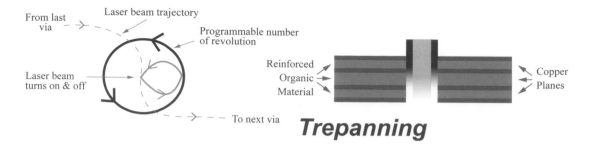

圖 11.150 雷射環鋸（Laser Trepaning）加工法示意

兼具UV/IR之變頭機種

先用YAG雷射頭燒掉全數孔位的銅箔，再用CO_2雷射頭燒掉基材而成孔。見圖11.151及圖11.152。

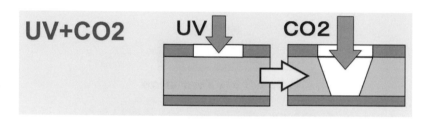

圖 11.151 UV+CO_2 雷射製作示意

圖 11.152 UV+CO_2 雷射製作出之盲孔

Ⅲ 使用感光成孔法作孔

利用感光介電材料進行高密度增層板製作，在塗裝感光性樹脂經半烤後，以底片進行曝光，再顯影產生微孔，此即為感光成孔法。除了製作孔的方式與雷射不同外，基本上其他的製程與無銅皮製程相當。此種製程最早是IBM YASU 的表面疊層外加線路技術(SLC-Surface Laminar Circuit)，其流程如圖11.153所示，其重點是在雙或多層Core上，塗佈或貼附以環氧樹脂為主的感光型介質Photo Dielectric (Liquid or Film)，厚度在1.5~2.0mil左右，作為增層的基材。經曝光顯影後，做成約5mil的Photo Via，並經適度粗化以增加和銅間的附著力。接下來做絕緣層表面及盲孔金屬化製程後，再製作外層線路製程，後續同一般多層板的製作。

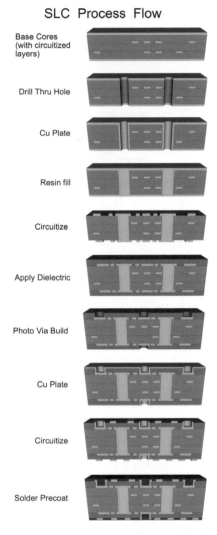

圖 11.153 IBM YASU 的表面疊層外加線路技術圖示

Ⅳ 其他的微孔做法

　　HDI的概念重點是層間導通的微孔作法，早期因只有機械鑽孔，所以能改變或選擇的製程有限，但有許多公司發展獨特的製造方式及專利至今仍有其應用之處一雖然佔有率極低，但很多共同的成孔方式仍是以雷射技術為主。下面簡單介紹幾種技術，或可給本書讀者爾後改良製程的某些發想來源。

1. Dyconex的DYCOstrate Plasma電漿製程技術,見圖11.154

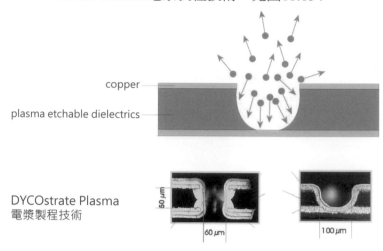

copper

plasma etchable dielectrics

DYCOstrate Plasma
電漿製程技術

圖 11.154 DYCOstrate Plasma 電漿製程技術

2. 松下電子部品株式會社的ALIVH(Any Layer Interstitial Via Hole全層內部導通孔),
見圖11.155

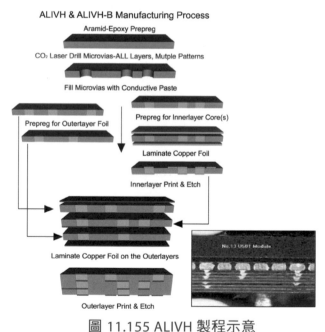

圖 11.155 ALIVH 製程示意

3. 東芝的B^{2}IT（Buried Bump Interconnection Technology預埋凸塊互連技術），見圖
11.156

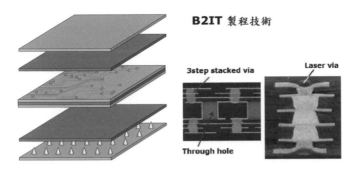

圖 11.156 B2IT 結構示意圖

4. Ibiden的FVSS（Free Via Stacked Up Structure，任意疊孔互連技術），見圖11.157

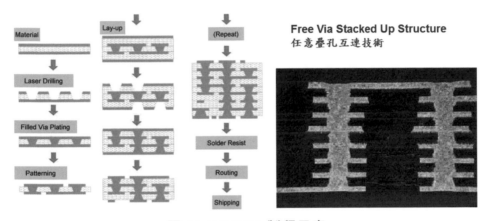

圖 11.157 FVSS 製程示意

5.North Print的NMBI（Neo-Manhattan Bump Interconnection新型立柱凸塊互連技術），
見圖11.158

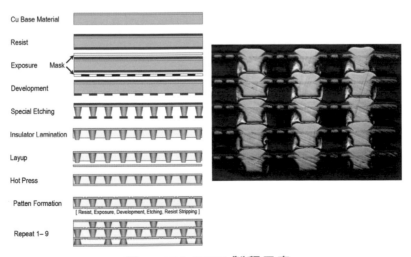

圖 11.158 NMBI 製程示意

11.1.5 孔壁導體化與電鍍製程

製程目的

雙面板(含)以上完成鑽孔後即進行鍍通孔(PTH-Plated Through Hole)步驟，其目的是使孔壁表面非導體部份的樹脂及玻纖進行金屬化，以進行後續之電鍍銅製程，以達到符合電性需求以及銲接可靠度之孔壁銅層厚度。

傳統PTH的製程是將催化劑(一般是鈀)沉積於孔壁，再讓銅離子還原為銅原子沉積於催化劑表面，孔壁導通之後再以電鍍方式將銅沉積至要求厚度，此種製程已有幾十年歷史，至今仍為主流技術。

1986年，美國有一家化學公司Hunt 宣佈PTH不再需要傳統的貴金屬及無電銅的金屬化製程，改用碳為基底的沉積成為通電的媒介，商名為 "Black hole"。之後陸續有其他不同base產品上市，如導電高分子同樣為碳基底的石墨(Graphite)Shadow製程，非PTH使用者佔有一定比例。這些產品被稱之為直接電鍍(Direct Plating)，有別於無電銅的鈀及銅基底，主因在環保考量以及流程的簡單化。

次流程摘要說明

1. 除膠渣(Desmear)→PTH→一次銅(或稱全板電鍍Panel plating)
2. 除膠渣(Desmear)→直接電鍍→一次銅(或稱全板電鍍Panel plating) or 線路電鍍(Pattern Plating)

11.1.5.1 除膠渣及樹脂粗化處理

製程目的：

在進行孔壁導體化製程前要，將孔內因鑽孔造成的膠渣屑清除，以達良好的通孔或盲孔和各層線路間的的電氣連通。

一般的流程是以刷磨震盪的方式將孔邊的毛頭去除。這個動作被稱為Deburr製程；孔內的清潔則是採用高壓沖洗或(加上)超音波浸泡水洗，去毛邊與孔壁清理是以水平設備連貫進行。

機鑽摩擦溫度超過Tg甚多，樹脂因而軟化溶塗佈滿孔壁形成膠渣，進而將妨礙電性互連之品質，圖11.159為機鑽形成膠渣過程，條件不當嚴重者還會造成孔壁粗糙及釘頭現象。盲孔製造的幾種方式(見圖11.160)，也會在盲孔壁與底墊(Target Pad)上形成膠渣或炭渣。

電路板連通製程，是以電鍍銅技術，除了無銅箔的外層線路製作方法，仍以孔內的析出為主要考量。但鑽孔後的孔壁是絕緣，因此必須藉化學銅(Electro-less Copper Plating)或其他的導通製程來作導通處理，之後再用較有效率的電鍍(Electro Copper Plating)來完成增厚的動作。

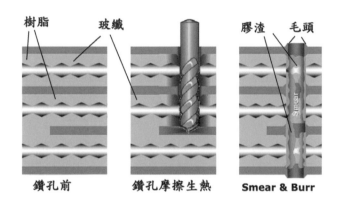

圖 11.159 機鑽形成的膠渣和毛頭

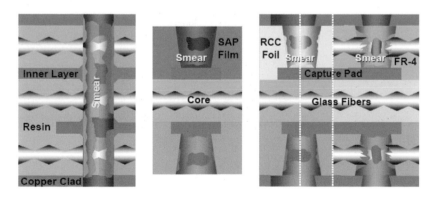

圖 11.160 不同電路板類在除膠渣前的孔內膠渣狀態

多層板因有內層的設計，鑽孔時會穿過內層銅線路，孔壁的內層銅環處有高溫熔融的膠渣(Smear)沾黏，在進行化銅或直接電鍍之前必須將之去除乾淨，確保導通電性，並防止孔銅拉離；另一方面能使孔壁粗化，以利於後製程導體層有更好的附著表面，這個製程即為除膠渣Desmear。

在處理孔壁的導體化時，同時也會對電路板表面的線路、銅墊等增加厚度，對於細線的製作，製程方式的選擇，以及電鍍厚度均勻性要求相對較嚴苛。由於線路密度的提高、層數的增加，電鍍技術所負擔的角色愈發重要。

外層表面銅電鍍及線路的製作，有全板電鍍法(Panel Plating)和線路電鍍法(Pattern Plating)兩種主要作法。

在線路電鍍法的後段，會進行抗蝕金屬的純錫電鍍。為製作細線以及減少銅的耗用，目前有廠商開發全加成製程(Full Additive)，孔銅及線路完全依賴化學銅製作，此法目前的困難在於樹脂表面和化學銅間的附著力不理想。

電路板鑽孔加工時，由於鑽針摩擦所產生的熱使孔內壁形成樹脂膠渣(Smear)。雖然膠渣可藉修正操作條件可獲得適度改善，但仍難免有一定的殘留量。因此多層板在機械鑽孔後電鍍前， 一定要進行去膠渣的製程。後續的鍍銅必須要有恰當的接著力，如果樹脂表面很光滑，有後續導體沉積接著力問題，無法達可靠度要求。因此除膠渣的過程，兼具了粗化樹脂表面的功能，被稱為微粗度(Micro Rough)。圖11.161及圖11.162是未處理膠渣及除膠後的孔內切面狀態。若是二氧化碳雷射加工盲孔，孔的底部也會有少量的殘膠，因此除膠渣製程也必須加以清除。

除膠渣前　　　　　　　　除膠渣後

圖 11.161 除膠渣製程後樹脂有蜂窩狀的粗化表面

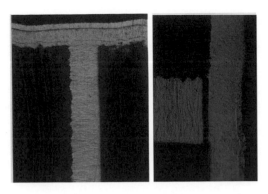

圖 11.162 未除膠渣（左）及除膠後（右）的孔切片圖

　　至於用無銅箔製程製作的HDI多層板，在電鍍前也必須在樹脂表面做適當的粗化處裡，以得到適當的電鍍銅的附著力。所用的藥液及操作條件，必需依據使用的樹脂特性而定，不同系統的樹脂粗化的難易差距很大。圖11.163所示，為粗化不同的樹脂所呈現的表面狀態及附著力。

樹脂表面粗化處理前

樹脂表面粗化處理後

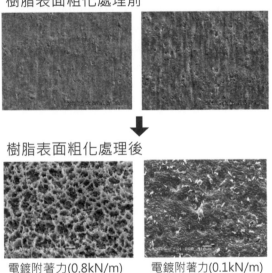

電鍍附著力(0.8kN/m)　　　　電鍍附著力(0.1kN/m)

圖 11.163 粗化不同的樹脂所呈現的樹脂表面及其附著力

　　板材樹脂Tg不同者，其除膠渣後樹脂表面形貌(Morphology)差別也很大。Tg在150℃以下者，Weight Loss較大，比較容易出現蜂窩狀。高Tg樹脂耐化性甚強，且較脆不易咬出蜂窩狀，但並不表示附著力一定就很差，此與化銅層本身的內應力也有關聯，圖11.164是不同Tg和分子交聯的均勻性，影響除膠渣後的表面粗糙度示意。

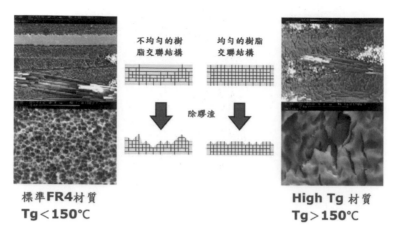

圖 11.164 不同 Tg 和分子交聯的均勻性影響除膠渣後的表面粗糙度示意

除膠渣Desmear方法

曾經被使用於除膠渣的製程方法有多種，主要有：硫酸法(Sulferic Acid)、電漿法(Plasma)、鉻酸法(Cromic Acid)、高錳酸鉀法(Permanganate)。

a. 硫酸法必須保持高濃度，但硫酸本身為脫水劑很難保持高濃度，且咬蝕出的孔壁表面光滑無微孔，並不適用。

b. 電漿法效率慢且為批次生產，處理後大多仍必須配合其他濕製程處理，因此大半用於高單價產品上，如Rigid-flex PCB及Teflon base PCB等特殊板，或者要求Etch back規格時會使用，否則一般PCB不會採用。

c. 鉻酸法咬蝕速度快，但微孔的產生並不理想，且廢水不易處理又有致癌的潛在風險，故已無人使用。

d. 高溫鹼性高錳酸鉀法因配合溶劑製程，可以產生微孔。同時由於還原電極的使用，使槽液安定性獲得較佳控制，因此目前是最多使用者。以下即以最普遍使用的高錳酸鉀法講述之。

11.1.5.1.1 高錳酸鉀法 (KMnO4 Process)：

主要的製作流程如下：

A. 膨鬆劑(Sweller)：

功能：藉由溶劑分子擴散進入樹脂分子間，擴大或膨鬆樹脂分子碳—碳鍵結，使KMnO4更易滲入咬蝕，並形成 Micro-rough。

除膠渣處理的流程配置，部分廠商與化學銅連線，部分則獨立自成一線，而將化學銅與全板電鍍連線，這些設備都已自動化。目前市面上的除膠渣系統雖然有多種的配方販售，但基本上是以半溶劑型膨鬆劑先將膠渣及表面樹脂膨潤，膨鬆劑浸透進入樹脂層後會將鍵結較弱的部分破壞，這樣可以幫助除膠渣時選擇性的挖出細微粗度。

不過要特別注意者，當前製程鑽孔之偏轉太大，或此處之膨鬆劑滲入過多，或玻纖布耦合處理不良時，將造成膨鬆劑滲入板材。在下游組裝焊接遇高熱時，所滲入的溶劑將會迅速膨脹，造成所謂Pocket Void口袋空洞，如圖11.165所示。

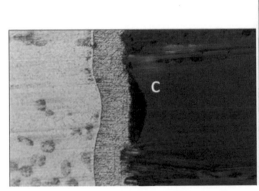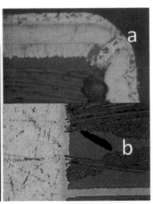

圖 11.165 在膨鬆藥液中樹脂會膨脹，如果銅結合力強，
而 Resin 釋出 Stress 方向呈 Z 軸方向；當 Curing 不良而 Stress 過大時，
則易形成圖左 a 之斷裂；如果孔銅結合力弱，則易形成 b 之 Resin recession；
結合力好而內部樹脂不夠強韌則出現 c 之 Pocket void。

B. 除膠劑(KMnO4)

膨鬆過程初期溶出較弱的鍵結，使其鍵結間有了明顯的差異。若浸泡時間過長，強的鍵結也漸次降低，終致整塊成為低鍵結能的表面。如果達到如此狀態，將無法形成不同強度鍵結面。若浸泡過短，則無法形成低鍵結及鍵結差異，如此將使KMnO4咬蝕難以形成蜂窩面，會影響後續導體化的效果。經過膨鬆的孔，再經過高錳酸鹽咬蝕，然後經過中和劑將多餘的高錳酸鹽中和，經過充分的水洗乾燥，就完成了除膠渣的製程。

除膠渣基本上是依賴化學氧化反應，將樹脂的結合破壞生成鹼性可溶小分子。經過樹脂的分解與溶解，內層銅才會暴露出來。但是對於溶出量的控制必須留意，過低的溶出可能造成殘膠，過度的溶出則可能造成玻纖突出和電鍍困擾。高錳酸鉀因為容易自行分解而產生MnO2等沈澱，因此必須有抑制MnO2生成的機制來維持樹脂蝕刻的速度。高錳酸鹽的主要咬蝕反應如下：

$$4MnO_4^- + C + 4OH^- \rightarrow MnO_4^{2-} + CO_2 + 2H_2O \ \ (此為主反應式)$$

$$2MnO_4^- + 2OH^- \rightarrow 2MnO_4^{2-} + 1/2\ O_2 + H_2O \ \ (此為高pH值時自發性分解)$$

$$MnO_4^- + H_2O \rightarrow MnO_2 + 2OH^- + 1/2\ O_2 \ \ (自然反應會造成Mn+4沉澱)$$

　　早期採氧化添加劑的方式來維持氧化力,目前多設有氧化電極設備,利用電極還原再生,在高錳酸鉀的循環迴路中提供高氧化力的環境,讓錳離子一直保持在最高的Mn+7氧化狀態,這樣就能使藥水的氧化力持續維持。過程中其化學成份狀況皆自動分析處裡,但Mn+7為紫色, Mn+6為綠色,Mn+4為黑色,可由直接觀察其色度來判斷大略狀態。若有不正常發生,則可能是電極效率出了問題須注意。圖11.166為阿托科技的再生機Oxamat的再生反應機制。

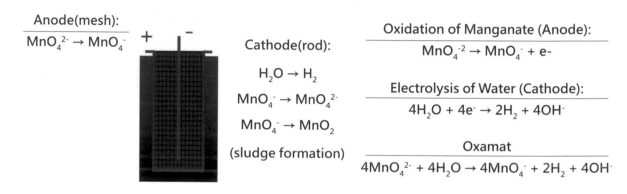

圖 11.166 阿托科技的再生機 Oxamat 的再生反應機制

　　除膠渣的處理效果,主要的影響因子有:介電材料的種類、硬化程度、聚合度、膨鬆劑種類、膨鬆劑及高錳酸鉀液的濃度、溫度、處理時間等。由於自動化及特殊板的作業需求,水平除膠渣設備的比例也逐步攀升。至於無銅箔增層法製程,由於處理面積大量的增加,加上介電材料的設計加入了不少的填充料以增加表面粗度,因此溶解度及溶出量都產生了很大的變化,處理的條件不同。

C. 中和劑(Neutralizer)

　　中和劑(Neutralizer)主要的功能在於清除殘餘的高錳酸鹽,典型的中和劑如NaHSO3就是可用的藥劑之一,其原理皆類似Mn+7 or Mn+6 or Mn+4加入中和劑後會產生可溶的Mn+2。圖11.167是整個Desmear過程的反應圖示。

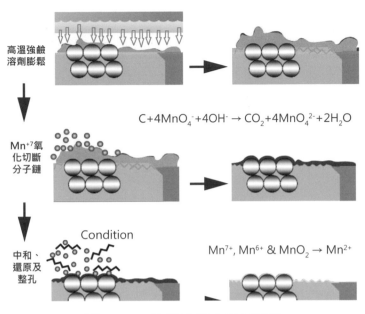

高溫強鹼
溶劑膨鬆

$$C + 4MnO_4^- + 4OH^- \rightarrow CO_2 + 4MnO_4^{2-} + 2H_2O$$

Mn^{+7}氧
化切斷
分子鏈

Condition

$$Mn^{7+}, Mn^{6+} \,\&\, MnO_2 \rightarrow Mn^{2+}$$

中和、
還原及
整孔

圖 11.167 除膠渣反應過程圖示

11.1.5.1.2 雷鑽盲孔除膠渣

圖11.168是一般RCC雷射直接成孔LDD(Laser Direct Drill)後之銅箔板面與盲孔外觀，經Desmear後之孔壁也呈現蜂窩狀。

半加成製程(SAP)使用之增層板材ABF膠片，經高錳酸鉀除膠渣後，其樹脂也成蜂窩狀，利於後續無電銅的附著力，如圖11.169。

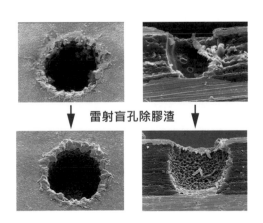

雷射盲孔除膠渣

圖 11.168 一般 RCC 雷射直接成孔除膠渣前後 SEM 照

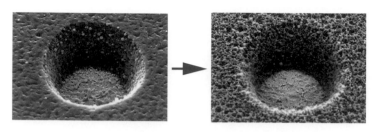

圖 11.169 ABF 膠片除膠渣後的蜂窩狀

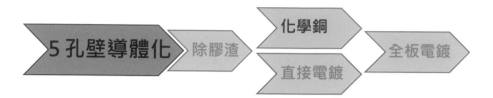

11.1.5.2A 化學銅 (Electroless copper) 製程

製程目的：

多層電路板以不同形式的孔做層間連結，和線路一樣以銅為主要導體，依賴電鍍製程完成需求厚度。但因孔壁乃絕緣，因此經除膠製程後採所謂化學銅(無電銅)沉積一層薄銅，形成孔壁導電性質後，利於後續的電鍍增銅製程。

多數的電路板產品對線路銅厚有最低的要求，但是實際的應用上，線路愈來愈細層數也增多的情況下，為製作細線蝕刻容易，銅箔及基材都會越來越薄。但是尚須考慮通孔銅厚度，而孔銅厚度直接影響到電路板的信賴度，因此整體厚度的搭配會以線路製作、電鍍能力、及信賴度需求三者來決定。

為進行多層電路板的垂直連結，必須使絕緣的介電層孔壁形成電氣導通。為了達到目的，多年來都採行化學銅製程來處理通孔導通。

化學銅製程以催化劑區分有兩種系列：酸性鈀與鹼性鈀，本節主要說明酸性鈀系統。

11.1.5.2A.1 化學銅製程流程說明（以酸性鈀為例）

除膠渣製程後，化學銅附著在孔壁（通孔或盲孔）絕緣材料表面的原理，見圖11.170之流程圖及其各別製程之詳細說明。

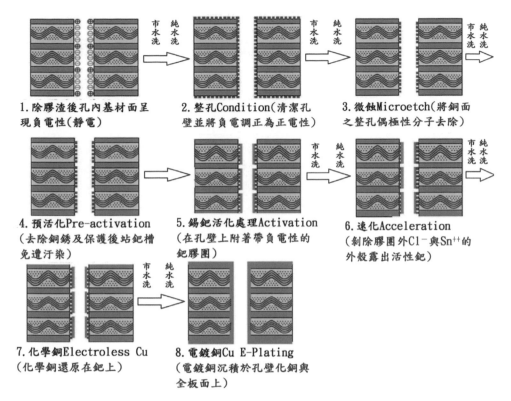

圖 11.170 酸性鈀系列化學銅製程圖示

A. 整孔(Conditioning)

De-smear後孔內呈現雙極性(Bipolar)現象,其中Cu呈現高電位正電,玻纖及樹脂呈負電。化學銅處理先從潤濕(Wetting)活化樹脂面開始,由於電路板的製作孔徑愈來愈小,且縱橫比(Aspect Ratio)變得更高,孔內氣泡不易排出,藥液很難潤濕孔壁。又由於高密度增層板的盲孔是單邊孔,要排出孔內氣泡更難。為了除泡,處理設備會對電路板施加機械振盪或藥液噴灑,進行脫泡作業。孔內濕潤了,後續的化學處理才有機會進行。

為了達到樹脂玻纖表面的清潔活化,並能使觸媒吸附良好而必須作改變表面電性的動作,這被稱為整孔(Conditioning)。整孔是指脫脂、去除異物、促進鈀吸附等作業,這些都會以界面活性劑來控制孔壁及樹脂表面的帶電性。整孔劑一般都具有雙向性,也就是親水性和疏水性,在活化(Activating or Catalyze)作用中幫助鈀金屬吸附。

一般而言粒子間作用力大小,如表11.9所示。整孔劑若帶至活化槽,會使Pd+離子團降低。若吸附過多膠體,則有是否可充分洗去的顧慮。因此如何選用及控制整孔劑,對化學銅的品質有十分重大的影響。

表11.9 粒子間作用力大小

	凡德瓦爾力	氫鍵	離子鍵	共價鍵
Force	1	10	100~300	300
Ads. Thickness	<10Å	30~50Å	50~200Å	Undefined

　　觸媒鈀因與錫形成膠體，而鈀膠體本身又帶負電，因此會與整孔過帶正電的孔壁相互吸引形成活化面。市售品有多種，主要分為離子型及高分子型兩大類，各有不同的化學特性，一般使用於孔內處理者與處理表面樹脂者不同。

　　整孔處理是全面的，但若是銅箔上有整孔劑吸附，會造成觸媒吸附，使之後的化學銅結合鬆散。所以之後的微蝕、酸洗，要將電路板面銅略微溶解，以除去整孔劑吸附使銅箔表面淨化。多數的微蝕是採用過硫酸鹽或硫酸雙氧水系統，一般的蝕刻量約為$1\mu m$。溶液管理及操作條件，依所要蝕刻的量及處理板量控制。

B. 微蝕(Micro-etch)

　　可將所有銅面上已附著的整孔皮膜全數剝除掉，讓高價的鈀膠團與化銅層只吸附在絕緣材料上，不至浪費在銅面上。如此還可減少各銅面免於夾雜化學銅層而容易浮離的麻煩。

C. 預活化 Pre-Activation

　　此槽之配方與後站的活化槽相同，只是不加高價的鈀而已。目的是預先將板面所有水份與雜質全數去除，以減輕高價鈀槽遭到水解與污染的煩惱。通過此站的板子，直接進入下一站的活化鈀槽。

D. 活化處理 Activation

　　此槽中帶負電的錫鈀膠體即可被孔壁絕緣材料的正電所吸附，原本樹脂區的負電性較強而玻纖負電性較弱，經整孔變為正電後，就變成樹脂正得較少，但玻纖卻正得較多了，故知負電的酸性鈀附著在玻纖上較多，而附著在樹脂上卻較少了。此種現象在高縱橫比的深通孔中特別明顯。圖11.171是錫鈀膠團結構。

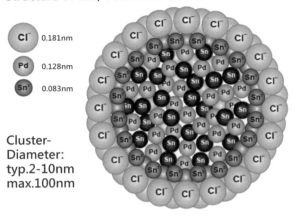

圖 11.171 錫鈀膠團結構

E. 速化 Acceleration

本酸性槽液中含氟化物,可剝除錫鈀膠團外圍的氯離子皮殼與錫殼以及各種保護膠體,露出已同時還原的黑色鈀金屬觸媒皮膜,讓後續站化學銅皮膜得以迅速附著沉積。速化槽液還可將附著不牢的錫鈀膠團也一併剝掉,以免帶往下游形成外來式的銅瘤。也可避免讓過多的觸媒進入化學銅槽而造成槽液的不穩定。

速化基本的反應如下:

Pd^{+2}/Sn^{+2} (HF) $\rightarrow Pd^{+2}$(ad) + Sn^{+2}(aq)

Pd^{+2}(ad) (HCHO) $\rightarrow$ Pd(s)

一般而言Sn與Pd特性不同,Pd為貴金屬而Sn則不然,因此其主反應式如下:

$Sn^{+2} \rightarrow Sn^{+4} + 6F^- \rightarrow SnF_6^{-2}$ or $Sn^{+2} + 4F^- \rightarrow SnF_4^{-2}$

而Pd則有兩種情形:

pH>=4　　$Pd^{+2} + 2(OH)^- \rightarrow Pd (OII)^2$

pH <4　　$Pd^{+2} + 6F^- \rightarrow PdF_6^{-4}$

為改善鈀的表面活性化及化學銅的析出,可在速化劑中添加硫酸聯氨(Hydrazine)還原劑約0.5g/l,測試的結果據說還不錯。

Pd吸附本身就不易均勻，故速化所能發揮的效果就極受限制。除去不足時會產生P.I.(Poor Interconnection)，而處理時間過長時則可能因為過度去除產生孔洞，這也是何以Back-Light觀察時會有缺點的原因。

活化後水洗不足或浸泡太久會形成$Sn^{+2} \rightarrow Sn(OH)_2$或$Sn(OH)_4$，這些物質容易形成膠體膜。而Sn+4過高也會形成Sn(OH)4，尤其在Pd吸附過多時容易呈PTH粗糙的現象，液中懸浮粒子多也一樣。

F. 化學銅

典型的化學銅槽組成如下：

銅鹽($CuSO_4$)

還原劑(HCHO)

pH調整劑(NaOH、KOH等)

螯合劑(Chelator - EDTA、酒石酸鹽等)

安定劑(Stabilizer)

化學銅沉積反應可分為二個步驟：

1). Pd表面之起始反應，見圖11.172：

銅直接覆蓋於Pd的表面，第一層銅直接與鈀結合。此反應發生於最初的5-20秒內，於此階段Pd表面完全為銅原子覆蓋，起始反應將影響化學銅之覆蓋能力

$Pd + 2\ e\text{-} + Cu^{2+} \rightarrow Pd\text{-}Cu$

$Pd\text{-}Cu + 2\ e\text{-} + Cu^{2+} \rightarrow Pd\text{-}Cu + Cu$

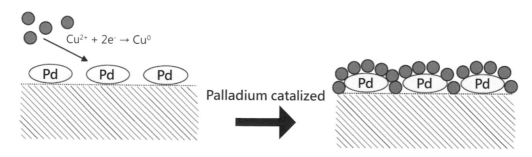

圖 11.172 Pd 表面之起始反應

2). 自我催化反應 ：見如圖11.173

- 後續的銅沉積於新鮮的銅面上(剛被還原的銅)。
- 後續銅的沉積為自我催化反應。
- 自我催化反應之速率將影響化銅之沉積速率。

Cu(virgin) + 2 e- + Cu^{2+}→ Cu + Cu(virgin)

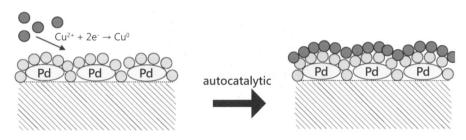

圖 11.173 銅自我催化沉積反應

利用孔內沉積的Pd催化無電解銅與HCHO作用，電路板浸漬在化學銅槽中，就會全面地析出銅進行通孔化。常見的化學銅液，是以吸附在孔壁上的鈀為核心，藉甲醛使銅還原析出。Pd在化學銅槽的功能有二：

作為Catalyst吸附 OH- 之主體，加速HCHO的反應

作為Conductor，以利e-轉移至Cu^{+2}上形成Cu沉積

在銅的區域由於整孔劑多數已被微蝕去除，因此大幅降低該處的析出量。在製程設計時，必須考慮採用的作業方式及處理量。如果片數較少則應使用活性較強的配方，若片數較多則應採用較低活性的組合，這主要是考慮藥液的穩定性及電路板的品質。一般的製程設計選用藥液組成時，會設定槽液負荷量(Bath Loading)，以每公升藥液可以處理的面積為單位。

由於繼續析出的金屬銅有自我觸媒性，所以反應會繼續進行。無鈀的銅面，則幾乎不會有析出的作用發生。為了使化學銅可以安定地進行反應，要盡量控制副反應的發生，它會加速甲醛的消耗。這可以透過pH及溫度調整，或添加安定劑來抑制。

傳統金屬化之化學銅的厚度僅約20~30 μ in，無法單獨存在於製程中，必須再做一次全板面的電鍍銅始能進行線路影像轉移。若能把化銅厚度提高到100 μ in左右，則可以直接做影像轉移工作而無需全板電鍍。因而簡化製程減少問題，被北美的製造商大量使用。但由於鍍液管理困難，分析添加之設備需要較高層次之技術，成本居高不下等因素，此製程並不多見於一般產品。

對小孔徑的銅析出本來困難度就較高，尤其化學銅會產生氫氣阻礙析出。因此產生的氫氣應該想辦法盡快去除，添加界面活性劑如：多醇類的產品，可以降低表面張力加速氣體排除。當多層電路板的通孔為小直徑、高縱橫比或盲孔時，僅靠活性劑的幫忙有時仍嫌不足。此時強力的攪拌、噴流等方式，就可能是必要的選擇，水平化的設備在這方面有不錯的表現，只可惜設備滾輪過多容易產生副作用。

圖 11.174 垂直式化學銅槽吊車掛籃現場照片

為使化學銅生產線產能提高，多數的廠商是使用垂直吊車掛籃(Basket)的生產。當然目前也有不少業者為連線自動化，採用水平傳動設備。不論使用何者，都必須充分有效的解決孔內藥液置換率、氣體排除等問題，至於成品品質、藥液管理及機器維護的簡便性也是重點。

化學銅必須進入粗化樹脂的底部，才能建立附著力及剝離強度。為此有業者在鍍液中添加約1 ppm硫氰酸鉀，據稱可以抑制反應提高密著性。

品質要求

化學銅製程完成，為了解銅沉積覆蓋孔壁狀態，有一種評估方式叫做背光測試Backlight test)，見圖11.175，以透光比做為好壞的評定，圖11.176是實務板切片的背光顯示情形。

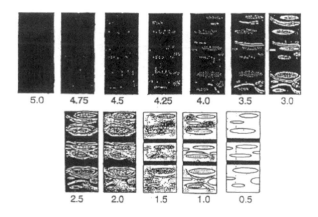

圖 11.175 化銅覆蓋孔壁透光圖示評比

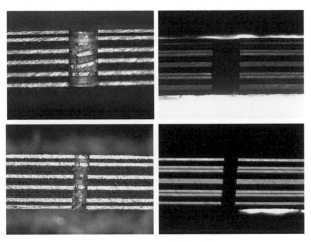

圖 11.176 實務板切片的背光狀態

11.1.5.2B 直接電鍍 (Direct Plating) 製程

由於化學銅採用甲醛還原劑對環保而言較不利，因此替代性的通孔化製程因應而生，因為不使用化學銅析出的程序，因此有直接電鍍的稱呼。較常見的方法有以下幾種：

使用鈀金屬方法(例如：Crimson Process(屬於硫鈀系統))

- 使用碳、石墨的方法(例如：Shadow(屬於石墨系統)、Black hole(屬於碳粉系統))

- 使用導電高分子的方法(DMS-E)

鈀系統種類很多，在建立良好的硫化鈀膜後，通孔已可導通並進行電鍍製程，目前有部分的廠商使用此類技術。石墨及碳系列是在樹脂玻纖面上建立石墨或碳粉的膠體，因為導電膜具有安定廉價的好處，因此頗受好評，而石墨因為有較佳的導電性因此表現上似乎更佳。導電高分子，也採取類似的方式進行高分子析出。除鈀系統外，這些的製程都會在所有的表面吸附導電物，因此都必須在吸附後以微蝕溶解銅箔同時去除銅金屬區的析出物。蝕刻量的多少，直接影響電鍍的信賴度，因此各製程的理想蝕刻量必須恰當控制。

目前產業採用直接電鍍製程，以石墨及碳粉系列較多，應用於軟板者居多數。

圖11.177 是商品名Shadow 石墨成分的製程圖，11.178則是其在通孔及盲孔的實做切片。

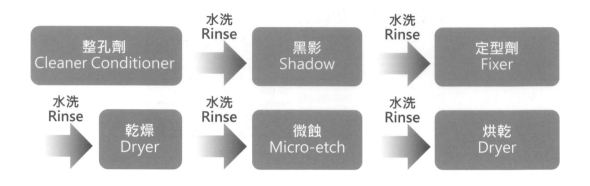

圖 11.177 Shadow 製程

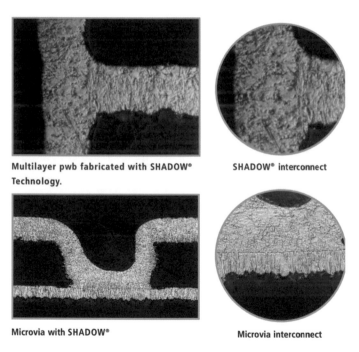

圖 11.178 Shadow 製程在通孔及盲孔的實做切片

直接電鍍的方法由於電阻過大，並不適合無銅箔製程，主要應用仍以傳統電路板或有銅箔的高密度增層板使用。此類製程所使用的製程設備，多為水平傳動設備，又由於價格低、維護簡單、容易自動化等優勢，在不少的應用領域成長快速。

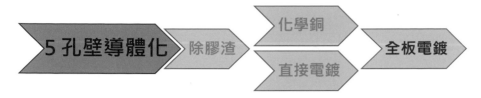

11.1.5.3 全板電鍍銅

僅用化學銅不能建立足夠的孔銅厚度，為了獲得足夠的孔銅，全板電鍍法會在化學銅後進行全板電鍍以加厚孔銅。至於線路電鍍法及半加成法(SAP-Semi Additive Process)則以光阻形成線形後，再進行線路電鍍銅的製程。鍍銅的可靠度，則決定於銅鍍層的物性及密著性。目前溶解性陽極之鍍液是以硫酸銅為主，典型鍍液組成如見表11.10。

表11.10 典型硫酸銅鍍液的組成

化 學 品	Sample A	Sample B
硫酸銅	60~70 g/l	80~120 g/l
硫酸	160~230 g/l	180~250 g/l
氯離子	40~60 ppm	40~80 ppm
光澤劑	10 cc/l	15 cc/l

各種基本成分的功用

硫酸銅：須採用化學純度級(CP Grade)以上者，含五個結晶水($CuSO_4 \cdot 5H_2O$)的藍色細粒狀結晶與純水進行配槽，所得二價藍色的銅離子即為直接供應鍍層的原料。當銅離子濃度較高時，將可使用較大的電流密度，在鍍速上加快頗多。

硫酸：提供槽液之導電用途，並可防止銅離子高濃度時所造成銅鹽結晶之缺失。一般而言，當"酸銅比"較低時，會使得鍍液的微分布力(Microthrowing Power)良好，對待鍍面上的刮痕與凹陷等缺失，具有優先進入快速填平的特殊效果，是目前各種金屬電鍍制程中成績之最佳者。當酸銅比提高到10/1或以上時，則有助於PCB的孔銅增厚。尤其是高縱橫比的深孔。相對的此種做法對於表面缺陷的填平方面，其效果則不如前者。

氯離子：常見酸性鍍銅、酸性鍍鎳皆須加入氯離子，原始目的是為了在電流密度增高中，協助陽極保持其可溶解的活性。也就是說當陽極反應進行過激，而發生過多氧氣或氧化態，此時氯離子將可以其強烈的負電性與還原性，協助陽極溶解，減少不良效應的發生。

最近許多對PCB鍍銅的研究，發現氯離子還可協助有機助劑(尤其是載運劑)發揮其各種功能。且氯離子濃度對於鍍銅層的展性(Ductility)與抗拉強度(Tensile Strength)也有明顯的影響力。

11.1.5.3.1 電鍍的原理

電鍍，是指以電化學方法輔以電能將金屬析出，在材料表面形成金屬膜的一種技術。

圖11.179所示，為電鍍槽的基本架構。在電鍍液中插入電極，電流流動時會往陰極(Cathode)析出金屬，而陽極(Anode)的金屬則會溶入鍍液。目前電路板用的鍍銅液以硫酸銅為主成分。

硫酸銅槽的電鍍液會有以下的電化學反應：

硫酸銅解離　　$CuSO_4 \rightarrow Cu^{+2} + SO_4^{-2}$

陰極銅析出　　$Cu^{+2} + 2e^- \rightarrow Cu^0$

陽極銅解離　　$Cu \rightarrow Cu^{+2} + 2e^-$

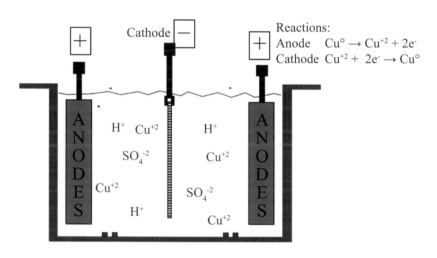

Reactions:
Anode　$Cu^\circ \rightarrow Cu^{+2} + 2e^-$
Cathode　$Cu^{+2} + 2e^- \rightarrow Cu^\circ$

圖 11.179 電鍍槽的基本架構

依據法拉第定律，每96500庫侖電量可以析出一克當量的金屬，因此理論上一莫爾的銅離子需要96500x2庫侖的電量才能析出63.5克的銅。而96500庫侖相當於大約26.8安培-小時，也就是說供電26.8安培小時可以鍍出63.5克的銅。若將析出的銅重量除以比重就可以得到析出的體積，將析出的體積除以表面積就可以獲得平均的析出厚度值。

銅金屬析出的機構，如圖11.180所示。銅的水合離子在電鍍液環境被電力驅動推向擴散層(Diffusion Layer)，擴散層水合離子通過電雙層開始脫水，接著金屬離子由陰極取得電子、放電並以金屬原子狀態吸附在被鍍物上，進而移位並結晶。過程之各程序都需要電能提供動力，而這些都要由電極間的電位差來驅動，距離愈長則所需的電壓愈高。

電鍍銅層的必要特性，應有良好的抗拉力、伸長率、均勻的厚度、細緻的結晶等等，而可允許的析出速率希望愈大愈好。鍍浴的控管必須簡易，而對線路電鍍的評估方面，光阻在藥液中的滲出量也是評估項目之一。

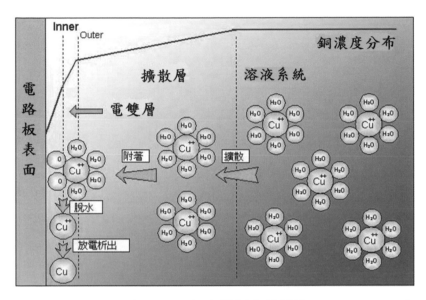

圖 11.180 銅金屬析出的機構

全板電鍍銅的製程流程如圖11.181所示。經過化學銅處理的電路板，或是外層光阻處理完的電路板，會送進電鍍製程進行電鍍。一般第一道的處理會是脫脂，要將銅面的有機物去除。之後就開始去除表面的氧化物，以硫酸進行酸洗，再經水洗後開始進行電鍍。達到指定的鍍層厚度，移出鍍槽經水洗及防銹處理，再進行水洗及乾燥。

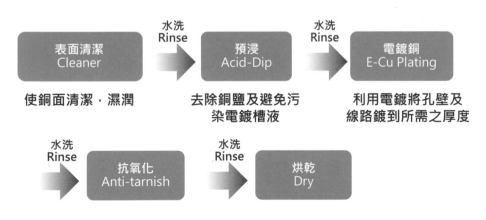

圖 11.181 全板電鍍銅製程圖示

11.1.5.3.2 鍍液管理

　　槽液中的主成分每週可執行2-3次之化學分析，並採取必要的添補作業以維持Cu^{2+}、SO_4^{2-}、與Cl^-應有的管制範圍。常見的管理檢測工具有CVS(Cyclic Voltammetric Stripping)循環式電量去除法、哈氏槽(Halling Cell)、賀氏槽(Hull Cell)等。

有機添加劑成分

　　光澤劑(Brightener)；會在氯離子協助下加速鍍銅的效應，故又稱為加速劑(Accelerator)。且因此劑還將進入鍍銅層中參與結構，會影響或干預到銅原子沉積的自然結晶方式，促使變成更為細膩的組織，故又稱為細晶劑(Grain Refiner)。由於可使鍍層外表變得平滑光亮，因此也叫做光澤劑。

　　載運劑(Carrier)；協助光澤劑往鍍面的各處分佈，故稱為載運劑。此劑在槽中液反應中會呈現"增極化"或增加"過電位"的作用，對鍍銅沉積會產生抑制的效果，故又稱為壓抑劑(Suppressor)。但此劑也還另具有降低槽液表面張力的本事，或增加其濕潤的效果，於是又常稱為潤濕劑(Wetting Agent or Wetter)。

　　整平劑(Leveller)；此劑與Cu^{2+}一樣帶有很強的正電性(比Carrier更強)，很容易被吸著在被鍍件表面電流密度較高處(即負電級性較強處)，使得銅原子在高電流處不易沉積。但卻又不致影響低電流區的鍍銅，使得原本起伏不平的表面變得更為平坦，因而稱為Leveller。

　　圖11.182是光澤劑(Brightener)/ 整平劑(Leveller)對於不平整的待鍍銅面，有整平的效果。

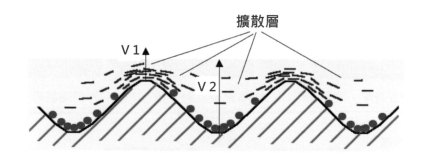

● = Brightener = 加速沉積速率

╲ = Leveller = 抑制沉積速率

圖 11.182 是光澤劑 (Brightener) / 整平劑 (Leveller) 的反應機制圖示

當光澤劑／整平劑濃度不均衡時，容易造成孔銅電鍍的一些問題，例如狗骨頭、孔壁銅不平整現象，見圖11.183。

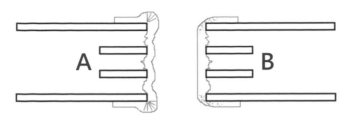

圖 11.183 A 為狗骨頭 (Dog boning) 現象，孔角較厚且呈柱狀結晶，
此現象往往是光澤劑 / or 整平劑濃度太高造成

有幾個常見評估整體鍍銅系統能力的指標，以下簡單敘述：

Throwing Power分佈力

低電流密度與高電流密度下之厚度比值來作評量標準，在電路板製程中以孔銅與面銅之鍍層厚度比值來表達。

Aspect Ratio縱橫比

縱橫比或外觀尺寸比，為孔深與孔徑之比值，在通孔製程中此值大於4時，其T/P值會急劇下降；在盲孔製程中此值大於0.6時，其T/P值會急劇下降。

11.1.5.3.3 電鍍銅的設備

電鍍銅的設備除少數的手動外，主要以垂直吊車式及水平垂直傳動式兩種大類來描述。

垂直吊車式的設備仍然是目前最普遍的設備，電路板被固定在電鍍掛架(Rack)上，藉吊車移動到各個指定的處理槽及鍍槽進行電鍍處理。典型的垂直吊車式電鍍設備，如圖11.184所示。電鍍則以固定在槽內固定座為陰極，在兩側放置陽極各接上所屬的電源。框架一運送到鍍槽上後，整流器就會接通電鍍電流進行電鍍直到指定的厚度。設備的大小是依據產能需求而設計，一般為了電路板兩面的鍍層都能個別控制均勻，因此配電時採取單面分離控制的電源設計，避免採用共用的方式。

圖 11.184 垂直掛吊龍門式自動電鍍設備

陽極的長度及配置必須依據電鍍範圍而決定，一般稱電鍍範圍為電鍍窗(Plating Window)，如圖11.185陽極配置一般在兩側及底部都會小於電鍍窗兩吋的距離。至於陽極籃的上方浮出水面的部分，因為必須填滿銅球而無法內縮，因此多數會進行遮板(shielding)的設計，以幫助電鍍電流的重新分配改善電鍍均勻度。圖11.186圖示理想的陰陽極距離以及陰陽極高度可以在電路板表面形成均勻鍍層厚度。另圖示3種陰、陽極深度不匹配下，板面鍍層不均勻的情形。

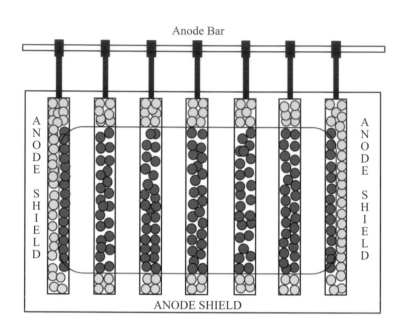

圖 11.185 陽極的電鍍 window

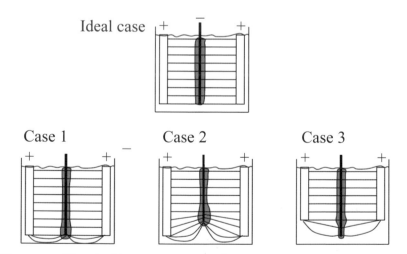

圖 11.186 陰、陽級距離以及陰、陽級深度影響鍍層厚度均勻性

一般的垂直設備採取空氣攪拌，藉管路孔密度的調節使氣泡均勻地產生在板面兩側(見圖11.187的1圖)。供氣系統必須有輔助清淨設施，否則會帶入污物污染槽液。

1. 垂直電鍍槽

2. 導電座

3. 銅陽極配置

4. 垂直搖擺機構

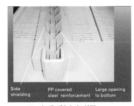
5. 浮動遮版

6. 深槽電鍍板架設計

圖 11.187 鍍銅設備幾個基本元素

對小孔徑電鍍須要加強攪拌，同時進行較大行程的往復搖擺(見圖11.187的4圖)，這樣可以增加液體的交換率強化電鍍的功能。某些特殊的設計，甚至藉噴嘴進行強制對流來強化電鍍的效果。

至於水平或垂直傳動式的設備，主要的差異是其運動的機構採用連續串動的設計，導電的方式則以可在運動中仍能保持導電的摩擦電鍍法。因為屬於連續作業，一片一片的送入電路板，因此不必作深槽的設計，所以藥液較少自動化較高，利於一般的生產操作，但設備成本相對較貴。圖11.188所示，為典型的水平及垂直型的傳動設備，圖11.189則為水平式電鍍設備。

圖 11.188 垂直型的連續傳動電鍍設備

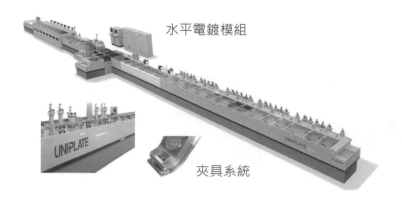

水平電鍍模組

夾具系統

圖 11.189 水平電鍍設備

鍍銅陽極一般是由溶解性含磷銅塊裝入鈦籃所構成，通電後銅離子自然溶出，必須定期依耗用量補充銅球，陽極配置會影響到陰極鍍層分布。而目前也開始有不溶性陽極的設計出現，其銅離子的來源主要是靠銅鹽補充。典型的溶解型陽極，如圖11.190所示。

陽極袋包覆可溶性陽極

陽極膜隔離可溶性陽極

圖 11.190 溶解型陽極

不溶性陽極又稱為尺寸穩定陽極(Dimensionally Stable Anode DSA)，具有幾何尺寸不隨時間變化、電極反應活性高、無污染、送電均勻、使用壽命長、現場零維護等種種優點，如圖11.191。

不溶性陽極的工作原理與一般溶解性銅陽極相比有本質的不同，陽極反應從原來的銅球溶解反應(如反應式(1))

$Cu \rightarrow Cu^{2+} + 2e^-$　　$E0cu /cu^{2+}=0.34V$ .... （1）

轉變為水的分解反應，同時在陽極會釋放出電解產生的氧氣(如反應式(2))

$$2H_2O \rightarrow O_2\uparrow + 4H^+ + 4e^- \quad E0H_2O/O_2=1.23V \ldots\ldots (2)$$

溶液中的金屬鹽(Cu^{2+})，主要是由外加的CuO或$CuCO_3$等銅鹽來進行補充。

圖 11.191 典型的不溶性陽極

電鍍的電流密度影響析出速率，電流分布則影響鍍層均勻性。由於電流於尖端聚電的特性，電流會集中在板邊或獨立線路區，因此會有遮板的設計及限定操作電流的規定。藉電鍍液的配方、操作條件、添加劑等的搭配及電流密度的調節，僅能使鍍層均勻度改善，但無法期待完全均勻。

11.1.5.3.4 檢查

電鍍後作基本的外觀檢查，內容包括了鍍層色澤、污染異物、凹陷或刮傷、短斷路或缺口等等，線上的孔內觀測則可使用光學目鏡觀察。某種特殊的光學目境，可以呈現九個影像八個面的孔內狀態，這種被業界稱為九孔鏡的工具，是線上檢查不錯的工具，見圖11.192。

圖 11.192 九孔鏡

可在板邊製作測試片(Coupon)以追蹤製程的品質，經過同樣的製程所產出的試片，事後可以作為評價製程狀態的依據。它可以呈現鍍層特性、導通狀態、剝離強度、電鍍效率、化學銅穩定度等等。廠家可依據自己的需要，實施定期與不定期的監測作業。

11.1.5.4 填孔電鍍 (Via Fill Plating)

製程目的：

將原本HDI盲孔成孔後的導體化製程和樹塞填孔磨平，在新發展的填孔電鍍(Via Fill Plating)製程中，以鍍銅填孔取代樹脂塞孔，以達表面平整的目的。

對高密度增層電路板而言，常被要求盲孔加工能與焊接點直接結合。但是如果盲孔的填充狀況仍保留相當大的空隙，則組裝焊接時容易產生氣泡，甚至產生斷裂缺點，如圖11.193所示。

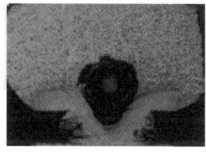

圖 11.193 左二圖均為不同孔徑的 BGA 銅墊內一階盲孔，
於組裝焊接時錫膏未填滿或被助焊劑所吹脹的空洞，成為銲點強度上的隱憂。
右圖則是鍍銅填平的微盲孔有良好銲點之切片情形。

以往為避免盲孔上銲點氣泡造成接點強度受損，因此通常被要求以絕緣樹脂或導電樹脂塞孔後再磨平，以及做CAP plating。但該作法成本高且費時。效果也因製程的管控不易時有凹陷(Dimple)，問題無法徹底解決。

圖 11.194 2~3 層盲孔樹塞後，再做 1~2 層的疊孔的切片

為了確保焊接的確實性，因此盲孔被要求能以鍍銅充填。這樣不但可以有利焊接，還可以進行堆疊孔的結構設計。圖11.195 可以看出填孔電鍍的流程縮短的效益。

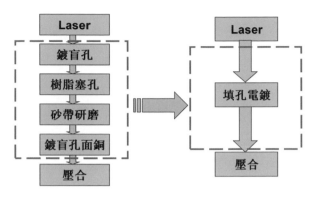

圖 11.195 左為傳統盲孔樹塞流程，右為填孔電鍍製程

鍍銅填孔製程反應機構

- 光澤劑、平整劑和濕潤劑均勻分布於銅表面，濕潤劑的濃度高，而光澤劑，平整劑濃度低。由於盲孔底部的電解液交換速率低，平整劑會被耗竭，板面上的平整劑則被累積。平整劑是一種電鍍抑制劑，特別是在高電流密度區。相較於高平整劑區域-如板面，電鍍行為會在低平整劑濃度的區域-盲孔底部進行得較快。盲孔的低電鍍液交換速率會導致其銅離子耗竭，不利填孔進行，因此鍍液中的銅濃度必須大幅提高。

- 平整劑在表面累積（抑制鍍銅）卻在盲孔底部耗竭（有利鍍銅）隨著盲孔逐漸被填平藥液交換逐漸一致，盲孔底部的電鍍優先度逐漸消失。見圖11.196圖示。

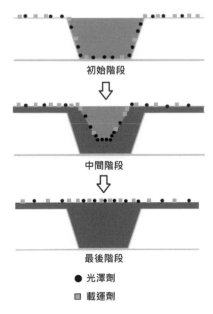

圖 11.196 鍍銅填孔製程反應機構

電鍍填孔的優點

- 有利於設計疊孔（Stack Via）和墊上孔（Via-on-Pad），提高了線路密度。

- 改善電氣性能，有助於高頻設計，提高連接可靠性，提高運行頻率和避免電磁干擾。

- 塞孔和電氣互連一步完成，避免了採用樹脂、導電膠填孔造成的缺陷，同時也避免了其他材料填孔造成的CTE不一致現象。

- 盲孔內用電鍍銅填滿，避免了表面凹陷，有利於更精細線路的設計和製作。

- 電鍍填孔後孔內為銅柱，導電性能比導電樹脂/膠更好，可提高元件散熱性能。

脈衝電鍍(PRP- Pulse Reverse Plating)

根據一些測試結果顯示可以提高貫孔能力。脈衝電鍍是一種交流電式的電鍍法，電鍍電流以一定的周期做正負的轉換來進行電鍍，當電流反向時鍍層會轉而溶解使銅面平整化。但是脈衝電鍍的添加劑又是另一個不確定因素，由於些微的變化都有可能影響電鍍的效果，但是脈衝電鍍的添加劑消耗量卻比一般直流電鍍的添加劑大，因此如何穩定電鍍效果就成為另一個問題。使用脈衝電鍍作填孔方法，已有報告發表。由於反向電解時電流會集中在凸出部分，間接的阻礙了鍍層的封口成長，因而可以將孔內逐步充填不致包藏氣泡。藉由鍍液的組成、電鍍條件、電流切換頻率控制，可以有效地進行充填。

除了前述添加劑、整流器提供電流方式外，孔徑。孔型也會影響填孔的品質，圖11.197顯示孔型的影響情形。

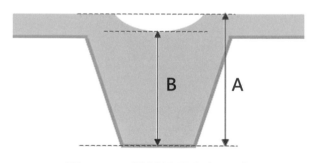

圖 11.197 電鍍填孔評價示意

電鍍填孔評價

見圖11.198，以填孔力(Filling power)來表示，填孔力=B/A*100%，凹陷即為A-B(Dimple)。

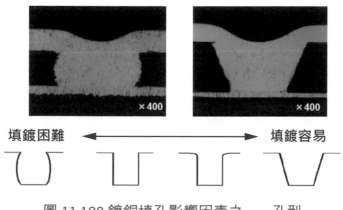

填鍍困難 ← → 填鍍容易

圖 11.198 鍍銅填孔影響因素之——孔型

6 外層線路 ＞ 銅面處理 ＞ 光阻貼附 ＞ 曝光 ＞ 顯像

11.1.6 外層線路製程

製程目的：

在多層電路板的外面上下兩層銅面，以影像轉移方式製作出外層線路圖案，作為承載元件、傳輸訊號、電流之用。

外層線路的製法有多種，基本上分為全板(Panel)電鍍法及線路(Pattern)電鍍法兩種製程。全板電鍍法製程與內層製程相當類似，在通孔電鍍時將孔銅厚度一次到位鍍到要求厚度，再經影像轉移蝕刻而完成外層線路。至於高密度增層板是屬於序列式的製作法，每增加一層都算是外層線路製作。此節敘述內容是以線路(Pattern)電鍍法來完成外層線路的製作。圖11.199所示的3種圖示流程，即為這兩種方法的應用。

外層線路影像轉移的製作流程基本上與內層相同，但底片的使用卻與是否要電鍍有關，若為不電鍍直接蝕刻者，則底片必需是作成能使光阻留下線路區的做法，這是因為光阻有正負型之分。至於要電鍍的製程，則線路區必須顯像去除，作為線路電鍍的基地。

線路電鍍的做法則是在化學銅導通孔後，進行影像轉移的工作，在電路板面作出光阻，形成線路區域露出的線形，之後進行線路電鍍及抗蝕金屬電鍍。完成電鍍後，將抗電鍍用的光阻剝去並進行線路蝕刻，之後將蝕阻金屬剝除完成線路製作，這樣就是線路電鍍製作的方法。某些細線路的產品使用無銅箔的作法來製作線路，基本上會先粗化樹脂表面再做上化學銅，之後也遵循線路電鍍的製程規則製作。圖11.120是線路電鍍做的外層線路製作流程圖示。

減除法與線路電鍍法

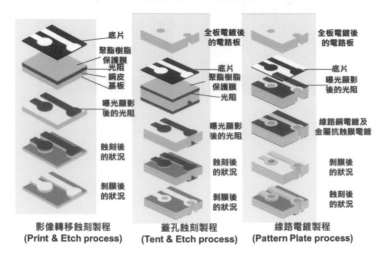

圖 11.199 左圖示內層線路製作之減除法，
中圖是製作外層線路正片作法，右圖為線路電鍍之負片作法

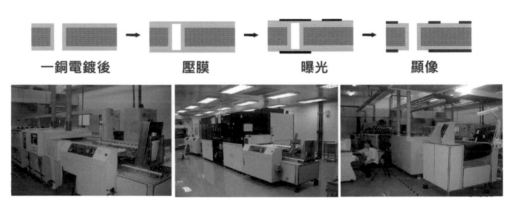

圖 11.200 線路電鍍做法的外層線路影像轉移製作流程

6 外層線路 〉銅面處理 〉光阻貼附 〉曝光 〉顯像

11.1.6.1 外層線路影像轉移製程的前處理

電路板製作有許多的前處理作業，主要的目的都是為了要適應下一個步驟的處理所作的準備。對全板電鍍的電路板而言，其線路製程前處理大致上與內層線路製作相當，只是多數的電路板在到達外層線路製程時多已有相當的厚度，因此刷磨粗化多數都可執行。由於全板電鍍後，電路板未必會即刻執行線路影像轉移，因此電鍍的最後程序會作防氧化處理，因此確認電路板面的清潔去除防氧化層也是工作之一。雖然某些廠商僅經刷磨就將電路板送往壓膜製程，但機械終究會產生機械應力，因此對較精細的電路板而言，使用化學處理或許是較佳的選擇。化學處理所使用的藥液中，過硫酸鈉、硫酸雙氧水等都是典型用於進行微蝕及酸洗的藥品，目的在於清潔及粗化。

一般前處理所用的設備是水平傳輸設備，前處理完成的電路板會先在緩衝的區域靜置到水氣確實排除時，才進行壓膜製程。這是因為外層製程處理的電路板通孔非常的多，孔內水氣不易排除乾淨。一旦進入壓膜製程，工作已進入無塵室，所有作業板面都應保持最佳的潔淨狀態。

6 外層線路　銅面處理　光阻貼附　曝光　顯像

11.1.6.2 光阻貼附

線路電鍍作法的影像轉移使用光阻，多數使用為乾膜阻劑，其厚度一般在1.5mil，較用於內層者稍厚，因它必須高過線路電鍍銅厚，否則易夾膜而形成線路不良。

良好的光阻是形成良好線路的基礎，空氣中的塵埃會造成電路板短斷路的問題，因此無塵室的操作環境是必要的設施。即使有無塵室的設施，仍會面對來自電路板、人員作動、機械作動等所引起的塵埃干擾，因此潔淨的環境要依賴潔淨的設備、物料的處理、人員的管制等等強化，才能將塵埃降至最低。

一般用的感光性乾膜有三層式的構造，直接在無塵室內的壓合機上壓合，先將覆蓋聚乙烯膜去除，用熱滾輪貼合乾膜，因此潔淨度是最容易控制的。為使壓合排出空氣並均勻進行，電路板的溫度、壓合速度、滾輪壓力、滾輪溫度、滾輪硬度等條件都應搭配。

更多有關光阻詳細資料請看11.1.2.2節。

6 外層線路　銅面處理　光阻貼附　曝光　顯像

11.1.6.3 曝光

完成光阻塗佈的電路板，以UV曝光機曝光，完成線路的影像轉移。線路影像的形成，目前多數仍以電路板與底片密接進行整體曝光為主。

常見的手動曝光機是以雙面同時進行曝光，設備裝有兩套曝光框，設定條件後就進行批次曝光。對位系統多數以人工、基準梢或輔助人工對位系統進行。自動曝光機則以固態攝影機，讀取底片及電路板的基準位置，自動進行套位的度作，經過系統比對偏差量進入允許範圍後曝光，操作方式以一次一面進行曝光。自動曝光機一般有較多的參數設定，但設定完成後就可以自動操作了。

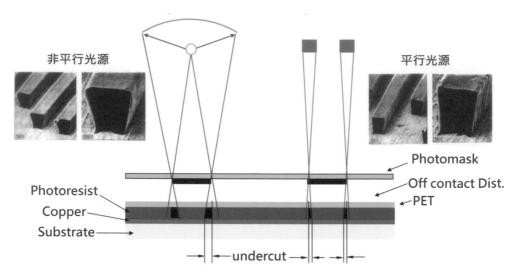

圖 11.201 平型及非平行光源光線投射時 Undercut 的比較

曝光機的光源分為點光源及平行光源兩類，要製作微細圖案時用平行光源有較佳的效果，見圖11.201平行非平行曝光機曝光效果比較(其參考11.1.2.3節)。曝光能量及時間的設定，要採用曝光量測定式的定期校正管理，其操作及保養觀念與內層曝光機類似，不同的是外層線路板厚較厚，因此必須注意輔助排氣的設施。圖11.202所示，為一般外層曝光時排氣條配置應注意的事項。排氣條厚度大致和電路板相同，就不會使真空作業影響底片的貼附性。

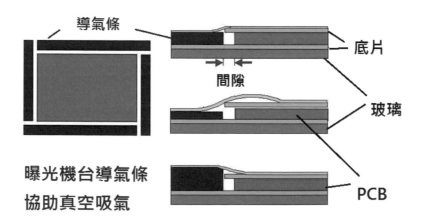

圖 11.202 一般外層曝光時導氣條配置

11.1.6.4 顯像

曝光所產生成的影像必須經過顯像才能將影像呈現出來，負型光阻為見光聚合的光阻，而正型光阻則是見光分解的光阻。顯像是去除光阻較弱的區域，因此負型光阻的見光區與正型光阻的非見光區都會在顯像後留下來。

由於環保的考量有機溶劑顯像已不多見，現在多數仍在使用的像影系統是以碳酸鹽水溶液為主尤其是碳酸鈉系統。雖然鹼性顯像光阻的耐鹼性弱，但是因為電鍍銅的鍍液為硫酸銅鍍液，因此並沒有使用上的問題。

圖 11.203 顯像完成待線路電鍍板

顯像設備是水平傳動式裝置，以噴灑進行顯像工作，作業的方式和內層線路的做法相當。顯像時間、顯像液濃度、操作溫度、噴壓等，都須依據光阻的特性作調整。之後進行適當的水洗及烘乾，就可以進行接下來的線路電鍍工作，當然如果是用全板電鍍製程做法，則會在顯像後直接進行蝕刻線路、去膜、水洗、烘乾的做法，和內層線路製作相同。圖11.203為顯像後待線路電鍍的板子。

7 線路電鍍 / 蝕刻 鍍銅 鍍錫 剝膜 蝕刻 剝錫

11.1.7 線路電鍍 / 蝕刻

製程目的

- 鍍銅：增加孔銅及線路銅層的厚度。
- 鍍錫：鍍錫作為抗蝕刻阻劑，保護所需線路及孔銅。

- 剝膜：將遮蔽之乾膜去除，露出銅面待蝕刻。
- 蝕刻：將未有錫保護之銅面以鹼性蝕刻方式將銅移除。
- 剝錫：將原先保護線路及孔銅上之錫去除，完成線路製作。

若採行全板電鍍製程，基本上與內層線路的製作無異，也是以酸性氯化銅蝕刻為主，只是要蝕除的銅厚度較厚，全板電鍍銅均勻性，將影響細線效果。

採線路電鍍製程，則電路板經過線路電鍍後，將電鍍光阻剝除並以純錫做為蝕刻阻劑進行蝕刻。由於錫是金屬，因此蝕刻液必須選擇性鹼性蝕刻液。雖然外層線路蝕刻的狀態與內層線路的做法略有不同，但操作及控制的做法雷同。圖11.204是採線路電鍍製程加工成線的示意圖。

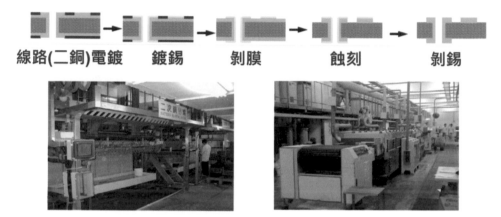

線路(二銅)電鍍　鍍錫　剝膜　蝕刻　剝錫

圖 11.204 線路電鍍製程加工成線示意圖

7 線路電鍍 / 蝕刻　鍍銅　鍍錫　剝膜　蝕刻　剝錫

11.1.7.1 線路鍍銅 / 鍍錫（二次銅製程）

鍍銅線流程

上板酸性清潔(含微蝕) → 水洗 → 鍍銅 → 水洗 → 酸浸 → 鍍錫 → 水洗 → 下板

A. 鍍銅：

鍍銅藥液成分和全板電鍍銅藥液雷同採用硫酸銅，可參考11.1.5.3節。因兩面線路鋪銅率不同，所以一定要個別控制電流密度。

以下針對幾個操作條件對酸性鍍銅效果的影響說明：

· 溫度

— 溫度升高，電極反應速度加快，允許電流密度提高，鍍層沉積速度加快，但會加速添加劑分解，增快添加劑消耗速度，鍍層結晶粗糙，亮度降低。

— 溫度降低，允許電流密度降低。高電流區容易燒焦。防止鍍液升溫過高方法：鍍液負荷不大於0.2A/L，選擇導電性能優良的掛具，減少電能損耗。配合冷水機，控制鍍液溫度。

· 電流密度

— 提高電流密度，可以提高鍍層沉積速率，但應注意其鍍層厚度分布變差。

· 攪拌

— 陰極移動：陰極移動是通過陰極桿的往複運動來帶動工件的移動。移動方向與陽極成一定角度，以利藥液穿孔及在表面的流動。

— 空氣攪拌：無油壓縮空氣打氣，注意打氣管距槽底距離，氣孔直徑，以及氣孔中心線與垂直方向的角度設計。

· 過濾

— 流量3－5次循環/小時

圖 11.205 線路電鍍生產線

B. 鍍錫： 一般是硫酸亞錫液，鍍錫厚度約200~300μ inch

圖 11.206 為鍍錫後待剝膜蝕刻板

7 線路電鍍 / 蝕刻 　鍍銅 〉 鍍錫 〉 剝膜 〉 蝕刻 〉 剝錫

11.1.7.2 剝膜 / 蝕刻 / 剝錫

以專用外層線路加工線作業如圖11.207及11.208

A. 剝膜：以1.5~3% NaOH剝除乾膜，須注意線路電鍍銅厚度和乾膜厚度的搭配，不可有電鍍夾膜造成薄膜不易，影響成線狀態

B. 蝕刻：氨水系列鹼性蝕刻液，詳見11.1.2.4.2

C. 剝錫：以硝酸系列剝除

線路電鍍完成後，蝕刻後線路已然成形，純錫蝕阻已完成任務必須去除。剝除的方式是以高壓噴灑藥液的方式進行。

蝕阻剝除後要進行充分的水洗、熱水洗、乾燥，由於電路板在此會作較多的檢查工作，因此收集、存放、分隔的各種器材及用品都應保持乾燥、潔淨以免造成檢驗的困擾及品質的問題。

外層剝墨蝕刻剝錫線(外層SES)

圖 11.207 外層剝膜 / 蝕刻 / 剝錫生產線

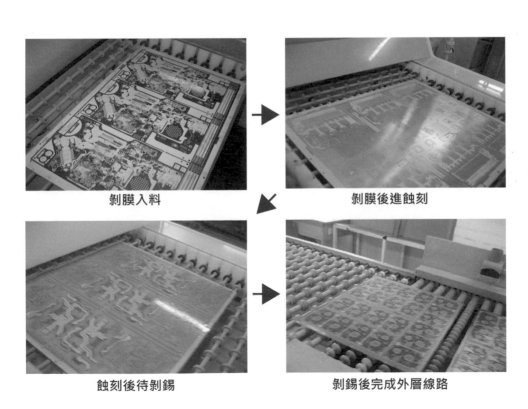

剝膜入料

剝膜後進蝕刻

蝕刻後待剝錫

剝錫後完成外層線路

圖 11.208 外層線路加工

外層線路檢查

外層線路製作完畢的電路板，須全數檢查。由於電路板製作到此已用掉了不少的物料與人力，其價值已相當的高，必須再一次進行品質確認並作適度的修補重工，以進行接下來的防焊漆塗佈製程。

此處的檢查仍以外觀檢查為主，採目視檢查及自動檢查系統進行檢查。有些板廠會執行100%的電測，端看產品價值及廠內品質控管情形。

主要的外觀檢查的項目如後：

1) 線路方面： 短斷路、線細、刮撞傷、曝偏、間距不足、殘銅、污染、孔內缺點、線路缺口等等。

2) 基材方面：基材破損、異物混入、污染、織紋顯露、粉紅圈等等。

8 防焊及文字塗佈　〉銅面處理 〉防焊漆塗佈 〉曝光 〉文字印刷 〉後烤 〉

11.1.8 防焊漆 (止焊漆)/ 文字的塗佈

製程目的：

防焊：留出板上待焊的通孔及銅墊，將其他線路及銅面都覆蓋住，防止焊接時造成接短路，並節省銲錫之用量 。

護板：防止濕氣及各種電解質的侵害，使線路氧化而危害電氣性質，並防止外來的機械傷害，以維持板面良好的絕緣。

絕緣：由於板子愈來愈薄，線寬距愈來愈細，故導體間的絕緣問題日形突顯，也增加防焊漆絕緣性質的重要性。

製作防焊漆主要的目的是為了將組裝區與非組裝區區隔，同時達到阻絕銲料保護銅面的目的。防焊漆有熱硬化型及感光型，熱硬化型可用於精度要求較寬的電路板製作，但較精細的線路製作則應使用感光型。圖11.209所示為熱硬化型與感光型的差異比較。熱硬化型防焊漆會以網版印刷進行塗佈，再進行熱烘烤聚合硬化完成製程。感光型樹脂則會採取各種不同的塗佈法全面塗佈，經過去除溶劑半硬化過程，進行曝光顯像的作業。顯像過後的電路板，再經過後烘烤作業即完成製程作業。

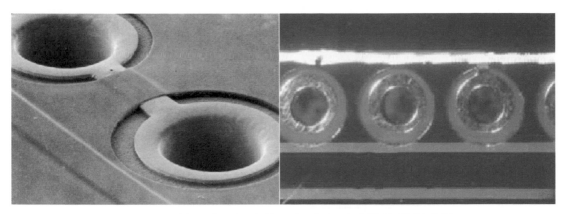

圖 11.209 熱硬化型（右圖）與感光型防焊漆差異比較

線路　　　　　　防焊

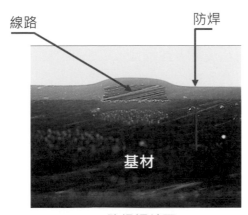

基材

防焊切片圖

圖 11.210 防焊切片圖

防焊是為區分組裝區與非組裝區而設，隨著QFP、BGA等較高密度的元件大量使用，焊接用的銅墊間距愈來愈小，防焊的解析度自然要求愈來愈高，窄幅高強度的產品成為必須的設計。

防焊具有阻絕銲錫的功能，對於接腳零件、BGA錫球等焊接時，組裝廠多希望塗佈高度高於銅墊的高度。但高度過高銲錫不易流入，容易造成氣袋(Air Bag)現象的焊接不良。對無接腳元件，塗佈厚度以低於銅墊為佳。

A. 防焊的材料種類及其特性

防焊漆有乾膜及液態油墨兩類，多數都以負型光阻方式製作，乾膜防焊則必定為感光性型式，以影像轉移的方式成像而形成圖案。液態油墨類有熱硬化、UV硬化及感光型三種，熱硬化、UV硬化型油墨會以網印法直接印出組裝區與非組裝區。液態油墨防焊漆則是在整片板面上以網版、簾幕塗佈、噴塗法等等進行塗佈。乾膜形式的材料為了填充線路的凹凸，必須使用真空壓膜機。

防焊採用的顯像液有有機溶劑型及水溶液型兩類，由於環保因素目前多數都已採用水溶液型。由於材料供應商眾多，產品特性及用途也並不相同，因此廠商必須依據需求選擇適用產品。至於高密度增層板，其防焊漆除了特殊用途需求，一般的防焊漆需求並沒有太大的差異。

乾膜型防焊漆 (Dry Film Solder Mask)

乾膜防焊漆樹脂係經過調整聚合度、感光單體並加入硬化啟始劑、安定劑等複合而成的樹脂，經與聚乙烯膜及聚酯膜夾合作成三明治的型式，如圖11.211所示。印刷電路板用防焊漆所需的物性，如：耐熱性、耐焊錫性、耐候性、絕緣性、耐化學性、硬度等，至於作業性則有壓膜流變性、顯影性、解析度等多樣特性，這些都必須能滿足使用者需求。

圖 11.211 乾膜型防焊

乾膜型防焊膜的貼附是使用真空壓膜機來作業完成，由於電路板在塗佈防焊時表面已形成線路，為了要做出表面平坦又能完整填充後厚度足夠的保護層，樹脂層的厚度必須足夠才能達成。由於乾膜的流動性較差，為了能夠提高貼附性，也有採用事先填充液態樹脂再進行乾膜壓合者。圖11.212顯示以乾膜型防焊製作的蓋孔及顯像後和線路附著情形。

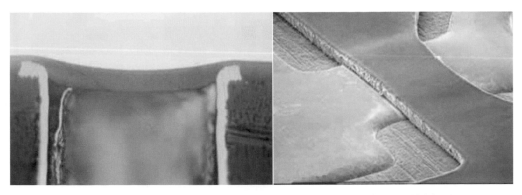

圖 11.212 乾膜型防焊製作的蓋孔及顯像後和線路附著情形

液態油墨防焊漆

1). 感光性防焊漆

這是目前使用最多的防焊漆型式，為丙烯基、環氧樹脂系統產品，由樹脂單體、感光啟始劑、安定劑、硬化劑、骨膠、無機填充料等多種材料所構成。為了油墨的作業性及塗佈性，油墨商會調節油墨的黏度及流變性等。在物性方面與乾膜防焊漆相同，在作業性方面則有：成膜性、印刷性、塗佈性、顯像性、解析度等。

防焊油墨需將電路板表面的凹凸填滿，若有電鍍通孔則須完全顯像清除或完全填充，半填充狀態容易發生殘錫、殘酸、污染等問題。這些問題不但會在組裝時產生跳錫短路的疑慮，若水洗不全留下殘酸可能使孔銅發生腐蝕而有斷路的危險。除非需要測試或直接在上方焊接零件，否則塗佈防焊漆時應儘量填滿。

表11.11 典型液態感光防焊油墨組成及功能

項次	成分名稱	成分說明	功能
1	合成樹脂	壓克力樹指 環氧樹指	使油墨硬化
2	光起始劑	感光劑	啟動UV硬化動作
3	色料	綠粉..等	顏色
4	介面活性劑	消泡劑..等	消泡平坦.等
5	填充劑	填充粉、搖變粉..等	尺寸安定性、印刷性..等
6	溶劑	酯類…等	流動性、乾燥性..等

2). 熱硬化、UV硬化型防焊

　　這類樹脂油墨主要以環氧樹脂為主體，有熱硬化及UV硬化型。以網版印刷形成圖案，印刷後以熱烘烤或UV光進行硬化。UV硬化型油墨由於操作快速，對線路較粗連續生產的電路板較適用。

8 防焊及文字塗佈　銅面處理 〉防焊漆塗佈 〉曝光 〉文字印刷 〉後烤

11.1.8.1 銅面處理

　　防焊塗佈在銅面上須有適當的粗度才有結合力，因此充分地進行脫脂、刷磨、酸洗是必要的工作。與內外層線路製作相同，使用刷磨機將金屬面粗化並獲得新鮮的銅面，其後經過酸洗、水洗將板面處理潔淨。一般而言純機械處理的銅面均勻度並不理想，尤其是線路產生後若再用刷磨的方式粗化，容易傷及線路，因此化學處理就成為較佳的選擇。一些特別的產品用途，銅表面處理需極為小心，例如打線的銅墊或金手指區等，其表面的粗度要求嚴苛，否則影響客戶端產品效能。一般銅面處裡的狀態，如前面所述，以下列方法檢測：

- 破水測試
- 刷幅測試
- 磨刷均勻度測試
- 表面粗糙度量測

8 防焊及文字塗佈　銅面處理 〉防焊漆塗佈 〉曝光 〉文字印刷 〉後烤

11.1.8.2 防焊漆的塗佈製程

　　為了加強防焊漆與線路的密著性，塗佈製程的前處理十分重要。防焊漆雖有乾膜型及液態油墨兩類，但基本上前處理採用類似的粗化方式，不論使用刷磨或化學微蝕的程序，控制表面粗度及清潔度是最主要的訴求。液態油墨的塗佈方法有多種，經塗佈後再作UV曝光、顯像，組裝區呈現待焊銅面後，即完成了防焊漆的圖案製作。之後經由烘烤聚合硬化，或再經UV強化硬度，整個製作程序就算完成。

A.塗佈方法

液態防焊漆的塗佈一般採下面幾種方式：

- 浸塗型(Dip Coating)
- 印刷型(Screen Printing)
- 滾塗型(Roller Coating)

- 簾塗型(Curtain Coating)
- 靜電噴塗型(Electrostatic Spraying)

　　乾膜防焊貼附因流動性差，為了要充填到線路的死角必須採用真空壓膜法。作業者將完全潔淨的電路板，經預熱通過壓膜機在雙面上形成防焊漆膜。若為滾輪式的壓膜機，其所設定的溫度、真空度、板速、滾輪壓力等，都因會膜厚、板厚、板尺寸等變動而必須局部調整。若為平台式的真空壓膜機，則參數又不相同。圖11.213所示為平台式及滾輪式的真空壓膜機範例，其作業會在無塵室中進行。

滾輪式　　　　　　　　　　　　　平台式

圖 11.213 平台式及滾輪式的真空壓膜機

　　乾膜的保護膜容易產生靜電，因而招來塵埃的黏附。一般會用黏性滾輪清潔或用離子風除塵，壓膜後至曝光之間，為了樹脂降溫穩定並獲致良好的接著力，靜置(Hold Time)是必要的程序，但不要過久，這些程序與線路製作要求雷同。

絲網印刷(Screen Printer)　　簾幕式塗裝(Curtain coat)

噴塗 (Spray coating)　　　滾筒塗裝(Roller coat)

圖 11.214 各種防焊漆塗佈的設備

a. 印刷型(Screen Printing)

- 擋墨點印刷：網板上僅做孔及孔環的擋點阻墨，防止油墨流入孔內此法須注意擋點積墨問題。

- 空網印：不做擋墨點直接空網印但板子或印刷機臺面可小幅移動。使不因積墨流入孔內。

圖 11.215 防焊網版印刷機

　　網印法簡單而經濟，但要做出均勻適當的厚度，可能需要兩次以上的印刷。多數的插件通孔電路板由於擔心油墨進入通孔不易處理，因此會進行擋墨印刷以防止油墨進入孔內，若使用空網印刷則製版就較簡單。

b. 簾塗型(Curtain Coating)

　　1978 Ciba-Geigy首先介紹此製程商品名為Probimer52，MASS GmbH則首度展示Curtain Coating設備，作業圖示見圖11.216。

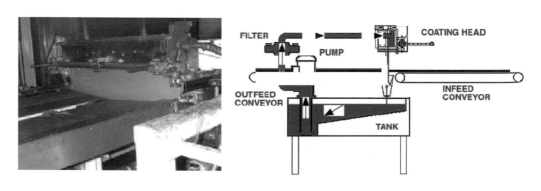

圖 11.216 簾塗型 (Curtain Coating) 塗佈設備

c. 噴塗Spray coating

可分三種

- 靜電 spray
- 無 air spray
- 有 air spray

　　其設備有水平與垂直方式，此法的好處是對板面不平整十時其cover性非常好。噴塗法是以無空氣施加靜電方式進行油墨霧化，但由於材料利用率不高因此使用者並不多見。簾幕式塗佈法雖然可以快速均勻地塗佈，但因油墨必須採低黏度操作，因此物理性質較不容易作到高品質，目前大量生產的廠商有不少使用此類設備。

圖 11.217 靜電噴塗設備

　　液態油墨防焊漆，最佳方式是一次完成雙面塗佈。因為單面塗佈後必須先行預烘，之後再進行第二面的油墨塗佈。這樣不但耗工耗時，而且兩次烘烤容易造成烘烤不足或烘烤過度所造成的製程問題。又由於操作時間長作業動作多，清潔度的問題也值得關注，因此雙面一次塗裝是業界的理想。

　　目前雙面塗裝的方式，有滾輪式塗佈機及雙面印刷機兩種方式。滾輪塗佈機目前因為會將油墨壓入通孔，當預烘時又會垂流而必需分多次塗裝，因此並不理想。至於雙面印刷則有自動化設備販售，均有廠商使用中。

B.預烤

　　預烤之目的在揮發趕走油墨中的溶劑，使不粘手、不會有壓痕，同時也因加熱使油墨之氣泡跑掉並變平整。預烤箱須注意通風及過濾系統，以防異物反沾。溫度與時間的設定，必須有警報器，時間一到必須馬上拿出，否則後烤時間過長會因烘烤過度造成顯影不潔。

圖 11.218 防焊立式烤箱

圖 11.219 防焊隧道式預烤箱

　　粗化、充分水洗後應將電路板迅速乾燥，否則容易產生水紋的問題。乾燥後電路板送入無塵室進行壓膜或送至印刷房進行印刷等塗佈工作。

8 防焊及文字塗佈　　銅面處理　防焊漆塗佈　曝光　文字印刷　後烤

11.1.8.3 曝光／顯像

　　經過防焊漆膜塗佈過的電路板，與底片對位套接後以UV曝光機曝光，除曝光能量略高外，其曝光及顯像作業與線路製作類似。一般防焊曝光底片以棕片為主，可辨識對位準度。乾燥好的板子以UV光照射，再次將未完全反應的光化學物質反應完成，其後以熱烘烤的方式進行硬化聚合的動作，經此過程防焊漆的特性即可呈現。

曝光

　　A. 曝光機的選擇：IR光源，7~10KW之能量，須有冷卻系統維持檯面溫度25~30°C。

　　B. 能量管理：以Step tablet結果設定能量。

C. 抽真空至牛頓環不會移動。

D. 手動曝光機一般以pin對位，自動曝光機則以CCD對位，以現在高密度的板子設計，若沒有自動對位勢必無法達品質要求。

顯像

A. 顯像條件

藥液　　1~2% Na_2CO_3

溫度　　30±2℃

噴壓　　2.5~3Kg/cm^2

顯像時間因和厚度有關，通常在50~60sec，Break-point約在50~70%

圖 11.220 防焊曝光後顯像作業

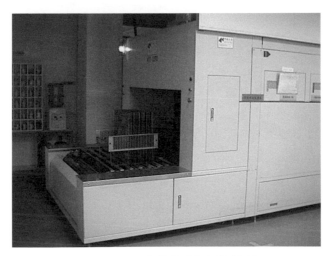

圖 11.221 防焊隧道式後烤箱

11.1.8.4 後烤／文字印刷

通常在顯像後墨硬度不足，會先進行UV硬化，增加其硬度以免做檢修時刮傷，後烤的目的主要讓油墨之環氧樹脂徹底硬化。

文字印刷條件一般為150℃，30min。也有採UV文字油墨，以UV機硬化即可。

由於零件越來越細，標示的文字也越來越小，傳統網印若無法達文字的線細要求，現在有噴印文字的選擇，可印3mil以下的文字線，也可克服高低差文字糊掉的問題，見圖11.222。

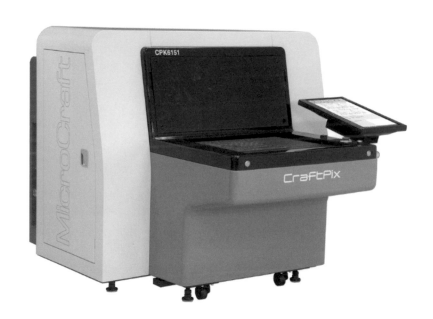

圖 11.222 文字噴印機 (CraftPix)

目前業界有的將文字印刷放在噴錫後，也有放在噴錫前，不管何種程序要注意以下幾點：

A. 文字不可沾Pad。

B. 文字油墨的選擇要和S/M油墨Compatible。

C. 文字要清析可辨識。

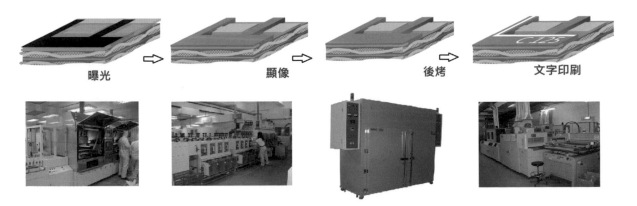

圖 11.223 防焊曝光顯像印字流程示意

11.1.8.5 品質要求

根據IPC SM 840C對Solder Musk要求分了三個等級：

Class 1：用在消費性電子產品上如電視、玩具，單面板之直接蝕刻而無需電鍍之板類，只要有漆覆蓋即可。

Class 2：為一般工業電子線路板用，如電腦、通訊設備、商用機器及儀器類，厚度要0.5mil以上。

Class 3：為高可靠性長時間連續操作之設備，或軍用及太空電子設備之用途，其厚度至少要 1 mil 以上。實務上，表11.12 所列測試項目可供參考

表11.12一般綠漆油墨測試性質項目

測試項目	測試方法
Adhesion (黏著力)	Crosshatch & Tape Test (剝離試驗)
Abrasion (磨擦抗力)	Pencil Method (鉛筆刮削試驗)
Resistance To Solder (抗錫能力)	Rosin Flux 260° 10sec 5 Cycle (抗錫測試)
Resistance To Acid (抗酸能力)	10% HCl OR H2S04 R.T. 30 min Dip (耐酸測試)
Resistance To Alkaline (抗鹼能力)	5% W/W RT 30 min Dip (耐鹼測試)
Resistance To Solvent (抗溶劑力)	Methylene Chloride R.T. 30 min Dip (氯乙烯測)
Resistance To Flux (抗助焊劑力)	Water Soluble Flux Dip (水溶性助焊劑測試)
Resistance To Gold Plating (抗鍍金能力)	Electro Gold Plate (電解金測試)
Resistance To Immersion Ni/Gold	Immersion Ni/Gold (浸鎳金測試)

11.1.9 金手指 (Edge contact) 電鍍

製程目的：

在一些隨插即用的卡板，如記憶體條，手機電池接觸點，顯卡⋯等有板邊插拔線路設計者，為強化插取時使用次數及導電性，在接點上鍍硬鎳、金，如圖11.224。

圖 11.224 有金手指設計之電路板

此製程又稱之為TAB plating，金手指電鍍製程可以採用兩種方式，一是利用金手指專用電鍍設備，板內先貼藍膠，再把金手指部位割出，露出金手指之線路後進入專用設備，依需求之鍍層厚度以刷鍍方式鍍鎳再鍍金。之後把板內之藍色保護膠撕掉，即告完成。以此方式鍍金的板子一般有較大尺寸，金手指部位朝外排版，因此適合此種設備，見圖11.225。

另一種是單片板子不大，就採用較大槽體的鍍鎳金設備，單片之金手指需拉導線至板邊，同樣須貼保護膠，露出金手指部位藉由板邊及導線鍍鎳金。

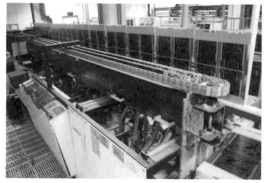 

圖 11.225 金手指電鍍線

作業及注意事項

A. 貼膠、割膠的目的，是讓板子僅露出欲鍍金手指之部份線路，其它則以膠帶貼住防鍍。此步驟是最耗人力的，不熟練的作業員還可能割傷板材。現有自動貼割膠機上市，但仍不成熟。須注意殘膠的問題。

B. 鍍鎳在此是作為金層與銅層之間的屏障，防止銅migration。為提高生產速率及節省金用量，現在幾乎都用輸送帶式直立進行之自動鍍鎳金設備，鎳液則是鎳含量甚高而鍍層應力極低的氨基磺酸鎳(Nickel Sulfamate Ni(NH$_2$SO$_3$)$_2$)。

C.鍍金無固定的基本配方，除金鹽(Potassium Gold Cyanide 金氰化鉀，簡稱 PGC)以外， 其餘各種成份都是專密的，目前不管酸性、中性甚至鹼性鍍金所用的純金都是來自純度很高的金鹽，為純白色的結晶，不含結晶水，依結晶條件不同有大結晶及細小的結晶，前者在高濃度的 PGC 水溶液中緩慢而穩定自然形成的，後者是快速冷卻並攪拌而得到的結晶，市場上多為後者。

D. 酸性鍍金 (pH 3.5~5.0) 是使用非溶解性陽極，最廣用的是鈦網上附著有白金，或鉭網 (Tantalum) 上附著白金層，後者較貴壽命也較長。

E. 自動前進溝槽式的自動鍍金是把陽極放在構槽的兩旁，由輸送帶推動板子行進於槽中央，其電流的接通是由黃銅電刷 (在槽上方輸送帶兩側) 接觸板子上方突出槽外的線路所導入，只要板子進鍍槽就立即接通電流，各鍍槽與水洗槽間皆有緩衝室，並用橡膠軟墊隔絕以降低drag in/out，減少鈍化的發生，降低脫皮的可能。

F. 酸金的陰極效率並不好，即使全新鍍液也只有 30-40% 而已，且因逐漸老化及污染而降低到15% 左右，故酸金鍍液的攪拌是非常重要。

G. 在鍍金的過程中陰極上因效率降低而發生較多的氫氣使液中的氫離子減少，因而pH值有漸漸上升的情形，此種現象在鈷系或鎳系或二者並用之酸金製程中都會發生。當pH值漸升高時鍍層中的鈷或鎳量會降低，會影響鍍層的硬度甚至疏孔度，故須每日測其pH值。通常液中都有大量的緩衝導電鹽類，故pH值不會發生較大的變化，除非常異常的情形發生。

H. 金屬污染：

· 鉛：對鈷系酸金而言，鉛是造成鍍層疏孔 (pore)最直接的原因，超出10ppm即有不良影，不過在電路板產線無鉛製程要求後鉛的污染應已降到最低。

· 銅：是另一項容易帶入金槽的污染，到達100ppm時會造成鍍層應力破製，不過液中的銅會漸被鍍在金層中，只要消除了帶入來源銅的污染不會造成太大的害處。

· 鐵：鐵污染達50ppm時也會造成疏孔，也需要加以處理。

金手指電鍍製程之品質重點

- 厚度
- 硬度
- 疏孔度 (porosity)
- 附著力 (Adhesion)
- 外觀：針點、凹陷、刮傷、燒焦等

10 金屬表面處理 I ENIG ENEPIG 化錫 噴錫

11.1.10 金屬表面處理 (Metal Finish) I

製程目的

由於銅面在一般環境中，很容易氧化，導致無法上錫(銲錫性不良)，或者其他焊接元件連接，因此會在要吃錫的銅墊上進行保護。保護的方式有噴錫(HASL)，化鎳浸金(ENIG)，化銀(Immersion Silver)，化錫(Immersion Tin)，有機保銲劑(OSP)等等，方法各有優缺點，統稱為金屬表面處理(Metal Finish)。

11.1.10.1 化鎳浸金 (ENIG，Electroless Ni Immersion Gold)，

ENIG 的反應機構見圖11.226

製造流程

- 清洗：清除銅表面的有機或無機殘留物。
- 微蝕(Microetch)：粗化銅面，其粗糙度對於銲接強度以及打線需求的拉力有絕對的影響。
- 催化劑：這一步的作用是在銅表面沉積一層催化劑薄膜，從而降低銅的活性能量，這樣Ni就比較容易沉積在銅表面。鈀、釘都是可以使用的催化劑。
- 化學鍍鎳：根據實際的具體用途，鎳可能用作銲接表面，也可能作為接觸表面，必須確保鎳有足夠的厚度，以達到保護銅及隔離金銅防止Migration發生的功能。
- 浸金：在這個過程中，目的是沉積一層薄而連續的金屬保護層，主要金厚度不能太厚，否則銲點將變得很脆，嚴重影響銲點可靠性。與鍍鎳一樣，浸金的工作溫度很高，時間也很長。在浸洗過程中，將發生置換反應─在鎳的表面，金置換鎳，不過當置換到一定程度時，置換反應會自動停止。金層耐磨擦、耐高溫，不易氧化，所以可以防止鎳氧化或鈍化。

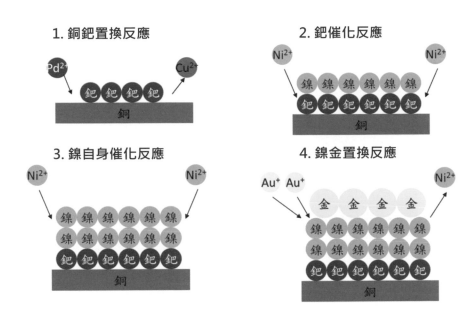

圖 11.226 ENIG 的反應機構示意

一般要求Ni 的沉積厚度為120〜240μin（約3〜6μm），外層Au 的沉積厚度比較薄，一般為2〜4μinch（0.05〜0.1μm）。Ni 在銲錫和銅之間形成阻隔層，焊接時，外面的Au會迅速熔解在銲錫裏，銲錫與Ni形成Ni/Sn介金屬化合物。外面鍍金是為了防止在存儲期間Ni 氧化或者鈍化，所以金鍍層要足夠密，厚度不能太薄。

11.1.10.2 化鎳鈀浸金 (ENEPIG，Electroless Ni Electroless Pd Immersion Gold)

化鎳鈀浸金的原理

ENEPIG與ENIG相比，在鎳和金之間多了一層鈀。Ni的沉積厚度為120〜240μin（約3〜6μm），鈀的厚度為4〜20μin（約0.1〜0.5μm），金的厚度為1〜4μin（約0.025〜0.1μm）。鈀可以防止出現置換反應導致的腐蝕現象，為浸金作好充分準備。金則緊密的覆蓋在鈀上面，提供良好的接觸面。

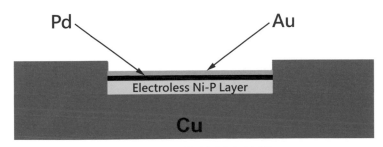

圖 11.227 化鎳鈀金結構

製造流程：

脫脂 → 水洗 → 微蝕 → 水洗 → 酸洗 → 水洗 → 預浸 → 活化 →水洗 → 化學鎳 → 水洗 → 化學鈀 → 水洗 → 浸鍍金 → 水洗

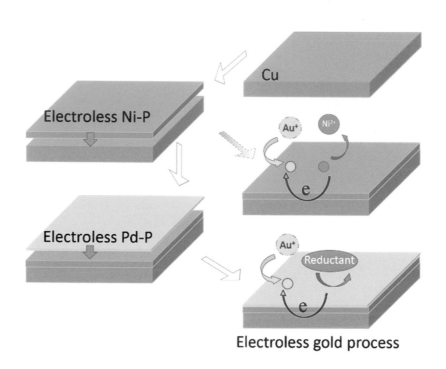

圖 11.228 ENIG 與 ENEPIG 比較圖

ENEPIG最重要的優點是同時間有優良的錫銲可靠性及打線接合可靠性，優點細列舉如下：

- 防止 "黑鎳問題" 的發生–沒有置換金攻擊鎳的表面，形成晶粒邊界腐蝕現象。
- 化學鍍鈀會作為阻擋層，不會有銅遷移至金層的問題出現而引起銲錫性不良情形。
- 化學鍍鈀層會完全熔解在銲料之中，在合金介面上不會有富磷層的出現。同時當化學鍍鈀熔解後會露出一層新的化學鍍鎳層用來生成良好的鎳錫合金。
- 能抵擋多次無鉛回流銲。
- 有優良的打金線結合性。
- 大體上說，總體的生產成本比打金線用途的電鍍鎳金及化學鍍鎳化學鍍金為低。

11.1.10.3 化錫 Immersion Tin

採用浸錫的原因，其一是浸錫表面很平，共面性很好；其二是浸錫無鉛。但是在浸錫過程中容易產生 Cu/Sn 介金屬化合物，Cu/Sn 介金屬化合物可焊性很差。如果採用浸錫工藝，必須克服兩障礙：顆粒大小和 Cu/Sn 介金屬化合物的產生。浸錫顆粒必須足夠小，而且要無疏孔。錫的沉積厚度不得低於40 μ in（1.0 μ m）是比較合理的，這樣才能提供一個純錫表面，以滿足可焊性要求。

化錫原理

$$2\ Cu + Sn^{2+} \rightarrow\ 2\ Cu^+ + Sn$$

圖 11.229 化錫板

浸錫的最大弱點是壽命短，尤其是存放於高溫高濕的環境下時，Cu/Sn 介金屬化合物會不斷增長，直到失去可銲性。見圖11.230

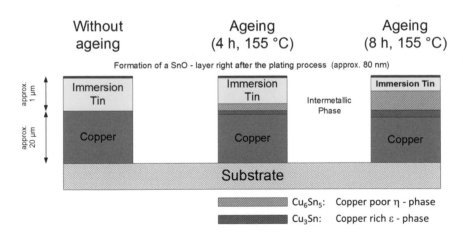

圖 11.230 高溫下化錫 IMC 的變化情形

製造流程：

酸性清潔 → 水洗 → 微蝕 → 水洗 → 預浸→ 水洗 → 化錫 → 水洗 → 後浸 → 水洗

11.1.10.4 噴錫 (Hot Air Solder Leveling)

製造流程：

脫脂 → 微蝕 → 酸洗 → 乾燥 → 助熔劑塗佈 → HASL → 冷卻 → 清洗 → 乾燥。

噴錫是以浸泡的方式讓銅表面沾覆銲錫。而這些銲錫又恰與未來焊接所用的錫組成相當，有利於元件的組裝。之後在以高壓熱風刮除表面的多餘錫量，並吹出通孔內的殘錫，以達成保護銅面、孔內壁的目的。

在插孔元件占主導地位的場合，波銲是最好的焊接方法。採用噴錫（熱風整平HASL， Hot-air solder leveling）表面處理技術足以滿足波銲的品質要求。組裝技術發展到SMT 以後，PCB 銲墊在組裝過程中使用不鏽鋼板印錫膏和回流銲。隨著SMT 器件的不斷縮小，焊墊和網板開孔也隨之變小，HASL 技術的缺點逐漸暴露出來。HASL 技術處理過的銲墊不夠平整，共面性不能滿足細間距銲墊的技術要求，再加上無鉛製程的需求，其操作溫度高了許多，成本也增加，因此噴錫方法逐漸式微。雖噴錫設備有垂直及水平方式，水平噴錫機可稍改善錫面不平整問題，但仍無達細間距之共面需求。圖11.231是垂直噴錫設備，圖11.232是噴錫板面錫厚不均情形。

圖 11.231 垂直噴錫設備

圖 11.232 噴錫板面錫厚度不均情形

11成型	NC 成型	沖型	V-cut	沖型

11.1.11 成型加工

製程目的：

電路板線路加工完成後，必須將客戶需求成品的外形切出，並對未來組裝所需要的各種安裝需求也在最後的程序中加工完成，這就是"成形加工"或"外型加工"。若此板子是連片(Shipping Panel)出貨，往往須再進行一道程序，也就是所謂的V-cut，讓客戶在Assembly前或後，可輕易的將Panel折斷成Pieces。若是郵票孔(Break away holes)設計，則在鑽孔製程就須鑽出，客戶端可以工具或直接透過此郵票折斷之。若是有金手指之設計，為使容易插入插槽的槽溝，須有切斜邊(Beveling)的步驟。圖11.233~239是各種成型圖示介紹。

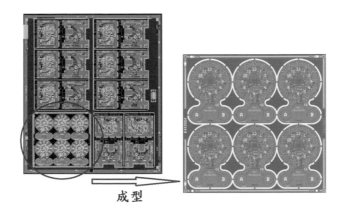

圖 11.233 從工作板件以 NC 成型為出貨連片板

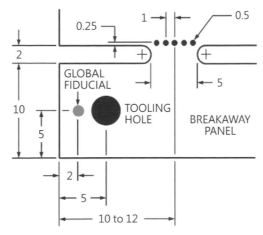

圖 11.234 郵票孔 (Break away holes) 設計

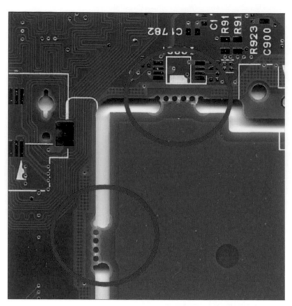

圖 11.235 有郵票孔設計之實物板

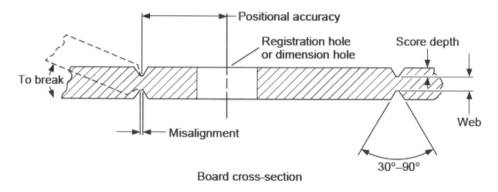

圖 11.236 V-CUT 要求之規格圖示

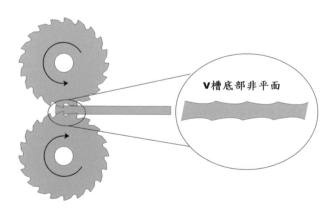

圖 11.237 V-CUT 因刀型關係其槽底非直線共面

圖 11.238 V-CUT 設備

圖 11.239 金手指斜邊圖示

製造流程

外型成型 (Punching or Routing) → 倒角/斜邊 (Beveling) →V-cut →清洗

外型成型的方式大致有以下幾種演變:

A. Template 模板

　　最早期以手焊零件,板子的尺寸只要在客戶組裝之產品可容納得下的範圍即可,對尺寸的容差要求較不嚴苛,甚至板內孔至成型邊尺寸亦不在意,因此很多用裁剪的方式,單片出貨。

再往後演變，尺寸要求較嚴苛，在打樣時將板子套在事先按客戶要求尺寸做好的模板 (Template)上，再以手動銑床，沿Template外型旋切而得。若是大量生產，則須委外製作模具(Die)以沖床沖型之。這些都是早期單面或簡單雙面板通常使用的成型方式。

B. 沖型 Punch

以模具，利用沖剪原理，直接將板子沖剪成客戶要的外型。由於有初期模具製造成本，以及無法做大幅度修改，因此沖型的方式適合單一料號，或有共同外型尺寸料號之大量生產，因以剪力成型所以板邊較為粗糙，產速較快，量大時分攤其單板生產成本較低，流程如下：

模具設計 → 模具發包製作 → 試模 → First Article 量測尺寸 → 量產。

a. 模具製作前的設計非常重要，它要考慮的因素很多，例舉如下：

· 電路板的板材為何，(例如FR4，CEM，FR1)等
· 是否有內沖孔
· Guide hole (Aligned hole) 的選擇
· Aligned Pin的直徑選擇
· 沖床噸數的選擇
· 沖床種類的選擇
· 模具種類的選擇
· 尺寸容差的要求

b. 模具材質以及耐用程度

目前國內製作模具的廠商水準不錯，但是材料的選用及熱處理加工，以及可沖次數，尺寸容差等，和日本比較，尚遜一籌，當然價格上的差異，也是相當的大。

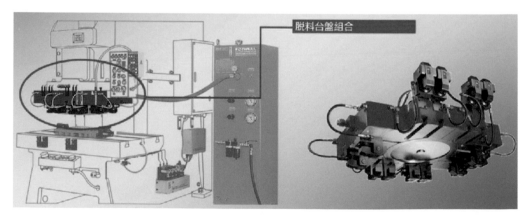

圖 11.240 沖床結構圖

圖 11.241 沖外型鋼製模具

C. 切外型 Routing

在CNC成型機上利用銑刀以旋轉切削的方式,將Working Panel板邊及其中不需要的板材削除,並做出客戶所需的外型(Shipping Panel)。

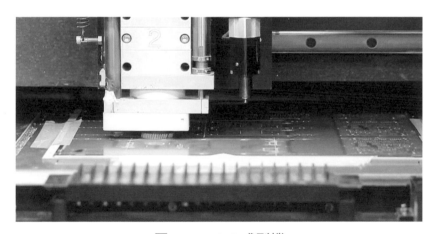

圖 11.242 NC 成型機

a. 除了切外型外,它也有幾個應用:

· 板內的挖空 (Blank)
· 開槽slots
· 板邊有部份電鍍要求-見圖11.243
· 板邊半孔需求(castellated holes)- 見圖11.244

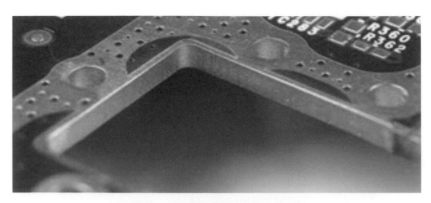

圖 11.243 板邊有電鍍要求

圖 11.244 板邊半孔需求 (castellated holes)

b. 作業流程：

CNC Routing程式製作→試切→尺寸檢查(First Article)→生產→清潔水洗→吹乾→烘乾

c. 成型程式製作

　　成型加工時需將PCB所要切割的外形及其內之槽、孔等尺寸轉換成為CNC程式，才能用成型機來批量加工。這程式的轉換一般都由PCB設計時所產生之底片圖檔Gerber File內抓取所需之資料，再用專業的CAM來將其轉成成型程式。

　　目前很多CAD/CAM軟體可以直接產生CNC Routing路徑程式的功能，但有些注意事項如下：

- 銑刀(Routing Bit)直徑大小的選擇，須研究清楚尺寸圖的規格，包括SLOT的寬度，圓弧直徑的要求(尤其在轉角)。另外須考慮板厚及STACK的厚度，一般標準是使用1/8 in直徑的Routing Bits。

- 程式路徑是以銑刀中心點為準，因此須將銑刀半徑offset考慮進去。
- 考慮多片排版出貨，客戶折斷容易，在程式設計時，有如圖11.245不同的處理方式。
- 若有板邊部份必須電鍍的規格要求，則可在PTH前先行做出槽溝，見圖11.246。
- 銑刀在作業時，會有偏斜(deflect)產生，因此這個補償值也應算入。

圖 11.245 折斷邊的成型設計方式

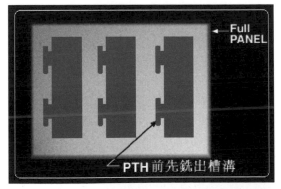

圖 11.246 板邊有電鍍要求，可先做槽溝再 PTH

d. 銑刀的動作原理

一般銑刀的轉速設定在6,000~36,000轉/分鐘。由上向下看其動作,應該是順時鐘轉的動作,除在板子側面產生切削的作用外,還出現一種將板子向下壓迫的力量。若設計成反時針的轉向,則會發生向上拉起的力量,將不利於切外形的整個製程。

銑刀的構造

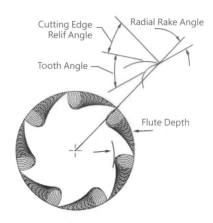

圖 11.247 銑刀的橫切面以及各重點構造的介紹

Relief Angle浮離角:減少與基材的摩擦而減少發熱。

Rake Angle(摳角):讓chip(廢屑)切斷摳起,其角度愈大時,使用的力量較小,反之則較大。

Tooth Angle(Wedge Angle)楔尖角:這是routing bit齒的楔形形狀,其設計上要考慮銳利及堅固耐用。

e. 偏斜 (deflect)

在切外型的過程中,會有偏斜的情形,若是偏斜過多將影響精準程度,因此必須減少偏斜值。在程式完成初次試切時,必須量出偏斜的大小,再做補償,待合乎尺寸規格後,再大量生產。 銑刀進行的路徑遵守一個原則:切板外緣時,順時針方向,切板內孔或小片間之槽溝時,以逆時針方向進行,見圖11.248 的說明。

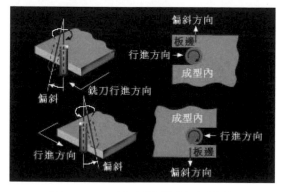

圖 11.248 銑刀進行的路徑原

f. 輔助工具

NC ROUTING設備評估好壞，輔助工具部份的重要所佔比例非常高。輔助工具的定義是如何讓板子正確的定位，有效率的上、下板子，以及輔助其排屑渣的功能，圖11.249、11.250是一輔助工具系統圖說明。當板子在成型機上加工時，必須予以固定，銑刀加工時電路板才不會移動。最普通的板子加工固定方式為插銷方式固定，先於成型機床台上加裝電木板，然後在電木板上鑽固定孔，再放入插銷，這些插銷則與板上之內pin孔相對應而予以套入，各個排板都要有2~4支內pin，當各排板切下時才不會移動，這固定的方法可見11.250圖。

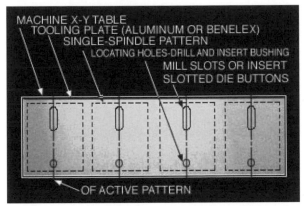

圖 11.249 成型機輔助工具系統俯視圖說明

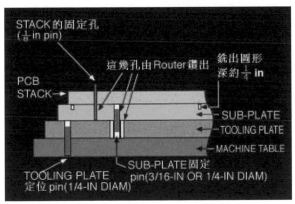

圖 11.250 成型機輔助工具系統橫切面說明

機械檯面(Machine Plate)必須讓工作面板對位PIN固定於其上，尺寸通常為1/4 in左右。

工作面板(Tooling Plate)通常比機械檯面稍小，其用途為bushings並且在每支SPINDLE的中心線下有槽構(Slot)。

Sub-plates：材質為Benelax或亞麻布及酚醛樹脂做成，其表面須將待切板子的形狀事先切出，如此可以在正式切板時，板屑(chips)可以由此排掉，同時其上也必須做出板子固定的PIN孔，其孔徑一般為1/8 in。每次生產一個料號時，先將holding-pins緊密的固定於pin孔(pin孔最好選擇於成型內)，然後再將每片板套上(每piece 2到3個pin孔)，每STACK1~3片，視要求的尺寸容差。PIN孔的位置，應該在做成型程式時，一起計算進去，以減少誤差。

圖 11.251 NC 成型工作檯面

g. Pinless成型

有時電路板之各排版不允許有內pin時，就必須用特殊壓力腳與特殊加工程式來達到不用內pin的加工，又不會有板子移動的問題。

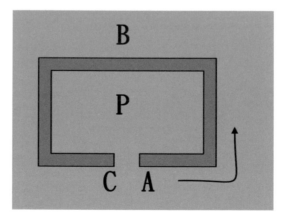

圖 11.252 Pinless 成型方法圖示

當成型刀由A經B切到C時，加大壓力腳之氣缸壓力，將壓力腳外環向下將P之排板壓住，使其不動，而主軸則帶著成型刀繼續將剩餘之由C到A之板料切掉，而完成成型過程。一般而言，如果排板太小塊，做Pinless切削時不易將其牢固壓住，因此有時會失敗(尺寸不準)。

11.1.11.1 V-cut（Scoring，V-Grooving）

V-cut，一種須要直，長、快速的切型方法，且須是已做出方型外型（以routing或punching）才可進行此作業。見圖11.253，時常在單piece有複雜外型時用之。

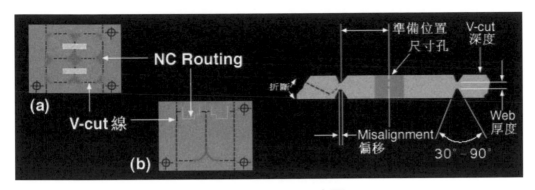

圖 11.253 V-Cut 示意圖

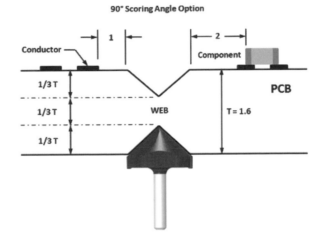

圖 11.254 一般規則 V-CUT 所留 WEB 在 1/3 板厚

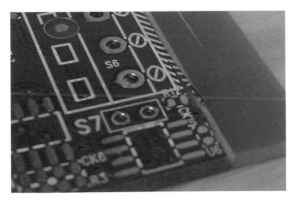

圖 11.255 V-CUT 切斜情形

A. 相關規格及注意事項

V-cut 角度，一般限定在30°~90°間，以避免切到板內線路或太接近之。

V-cut 設備本身的機械公差，尺寸不準度約在±0.003in，深度不準度約在±0.006in。

不同材質與板厚，有不同的規格要求。

至於多厚或多薄的板子可以進行此製程，除了和設備能力有關外，太薄的板子，走此流程並無意義。

V-cut深度控制非常重要，所以板子的平坦度及機台的平行度是做好深度控制的重點，有專用IPQC量測深度之量規可供管控使用。

B. 設備種類

手動：一般以板邊做基準，由皮帶輸送，切刀可以做X軸尺寸調整與上、下深度的調整。

自動CNC：此種設備可以板邊或定位孔固定，經CNC程式控制所要V-cut板子的座標，並可做跳刀(Jump scoring)處理，深度亦可自動調整，同一片板子可處理不同深度。其產出速度非常快

11.1.11.4 金手指斜邊 (Beveling)

電路板有板邊金手指(Edge connectors)設計，表示為Card類板子，它在裝配時，必須插入插槽，為使插入順利，須做斜邊。其設備有手動、半自動、自動三種。幾個重點規格須注意，見圖11.256，一般客戶DRAWING上會標清楚：

A. θ°角一般為30°、45°、60°。

B. Web寬度一般視板厚而定，若以板厚0.060in，則web約在0.020in。

C. H、D可由公式推算，或客戶會在Drawing中寫清楚。

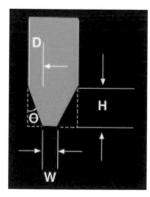

圖 11.256 金手指設計示意

圖 11.257 金手指斜邊設備

清洗

經過機械成型加工後，板面、孔內及V-cut、slot槽內會許多板屑，一定要將之清除乾淨。一般清洗設備的流程如下：

loading →高壓沖洗→ 輕刷→ 水洗→ 吹乾→ 烘乾→ 冷卻→ unloading

注意事項

- 此道水洗步驟若是出貨前最後一次清洗，須將離子殘留考慮進去。

- 因已V-cut，須注意輕刷條件及輸送。

- 小板輸送結構設計須特別注意。

12 電性測試　專用型　泛用型　飛針

11.1.12 電測

製程目的

在PCB的製造過程中，有三個階段，必須做測試：由於AOI的普及使用，內、外層線路蝕刻後大半以AOI取代電測

- 內層蝕刻後
- 外層線路蝕刻後
- 成品

隨著線路密度及層次的演進，從簡單的測試治具，到今日的泛用治具測試及導電材料輔助測試，為的就是及早發現線路功能缺陷的板子，除了可重工，並可分析探討，做為製程管理改善：

1) 避免不必要的成本支出

在電子產品的生產過程中，對於因失敗而造成成本的損失估計，各階段都不同。愈早發現挽救的成本愈低。圖11.258是一普遍被接受的預估，PCB在不同階段被發現不良時的補救成本，稱之為 "The Rule of 10's"。

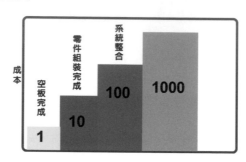

圖 11.258 The Rule of 10's- 各階段失敗成本評估

舉一簡單的例子，電路板空板製作完成，斷路在測試時因故未測出，則板子出貨至客戶處組裝，所有零件都已裝上，也過爐錫及IR迴焊，卻在測試時發現不良。一般客戶會讓空板製造公司賠償所有零件損壞費用、重工費及檢測費等，它可能是空板的數十倍以上。若是汽車、航太、醫療等產品有牽涉生命財產安全者、索賠者可能是天文數字。

但若於空板測試就發現，則做個補線(若客戶允許)即可，或頂多報廢板子。設若更不幸裝配後的測試未發現，而讓整部電腦、話機、汽車都組裝成品再做測試才發現，損失更慘重，有可能連客戶都會失去。

2) 客戶的要求

百分之百的電性測試，幾乎已是所有客戶都會要求的進貨規格。但是PCB製造商與客戶必須就測試條件與測試方法達成一致的規格。下列這幾點是兩方面須清楚寫下的：

· 測試資料來源與格式
· 測試條件如阻抗、電壓、電流、絕緣及連通性等
· 治具製作方式與選點
· 測試章
· 修補規格

3) 製程監控

在PCB的製造過程中，通常會有2~3次的100%測試，再將不良板做重工，因此，測試站是一個最佳的搜集製程問題點的資料再作分析的地方。經由統計斷、短路及其他絕緣問題的百分比，重工後再分析發生的原因，整理這些數據，再利用品管手法來找出問題的根源而據以解決。

通常由這些數據的分析，可以歸納下面幾個種類，而有不同的解決方式：

A. 可歸納成某特定製程的問題，譬如連底材料都凹陷的斷路，可能是壓板環境不潔(含鋼板上的殘膠)造成；局部小面積範圍的細線或斷路比例高，則有可能是乾膜曝光抬面吸真空局部不良的問題。諸如此類，由品管或製程工程師做經驗上的判斷，就可解決某些製程操作上的問題。

B. 可歸納成某些特別料號的問題，這些問題往往是因客戶的規格和廠內製程能力上的某些衝突，或者是資料上的某些不合理的地方，因而會特別突出這個料號製造上的不良。通常這些問題的呈現，須經歷一段的時間及一些數量以上，經由測試顯現出它的問題，再針對此獨立料號加以改進，甚至更改不同的製程。

C. 不特定屬於作業疏忽或製程能力造成的不良，這些問題就比較困難去做歸納分析。而必須從成本和獲利間差異來考量，因為有可能須添購設備或另做工治具來改善。

4) 品質管制

測試資料的分析，可做品管系統設計的參數或改變的依據，以不斷的提昇品質，提高製程能力，降低成本。

隨著線路密度的增加，電性測試的難度也隨之增加，相繼產生了新的測試技術以應對PCB行業的發展。導致測試難度增加的主要因素有：

· 基板表面的銅墊PAD大小
· PAD跨距（Pitch）
· 導線間距縮小使導通孔徑縮小
· PAD表面壓痕限制
· 測量阻值精度要求提高
· 測試速度要求提高

電測常見的不良

· 短路

定義：原設計上，兩條不通的導體，發生不應該的通電情形。見圖11.259與11.260。

圖 11.259 短路示意圖

圖 11.260 金手指間蝕刻不盡造成短路

· 斷路

定義：原設計，同一迴路的任何二點應該通電的，卻發生了斷電的情形。見圖11.261~263

圖 11.261 斷路示意圖

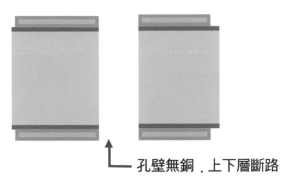

孔壁無銅．上下層斷路

圖 11.262 孔壁無銅斷

圖 11.263 細線斷路

- 漏電 (Leakage)

不同迴路的導體，在一高壓的通路測試下，發生某種程度的連通情形，屬於短路的一種。其發生原因，可能為離子污染及濕氣。

測試原理說明

目前常見於電路板電性測試，以電阻式為主，以下即針對此技術加以說明。

任何經由治具探針或探棒進行各種量測時，因為與待測物接觸的關係，接觸面的品質、面積、接觸力量均會直接影響測試，產生所謂的【接觸電阻】，進而影響到量測品質。

為有效解決因【接觸電阻】導致低阻值量測時，影響測量結果與品質，所以發展出四線式的測量模式，在進行測量測試作業時，得以有更高品質的選擇與保障。

- 二線式測試原理

二線式測試的工作原理，係在待測點的兩端，藉由治具探針將量測所需工作電壓，傳導至待測點上，形成迴路。系統即可依據迴路上的導通電流，計算出其阻值。優點是成本較為便宜，作業簡單方便；缺點則是量測結果無法排除【接觸電阻】帶來的量測誤差，見圖11.264圖示。

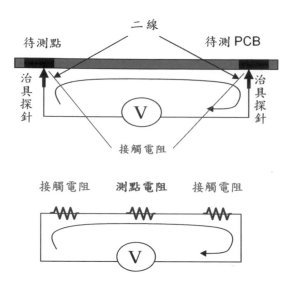

圖 11.264 二線式測試原理示意

· 四線式測試原理

　　四線式測試的工作原理，則是在待測點的兩端，再加上一組探針，形成第二個迴路，來量測兩測點間的電流值，原先的第一個迴路，則負責供應量測所需電流。如此一來，即可避免【接觸電阻】帶來的量測誤差，達到精確的測量結果。要進行此種模式的測試，當然除了測試機的選擇外，佈針方式與治具都須整體配合，才可達到四線式的測量模式，圖11.265是其原理圖示。

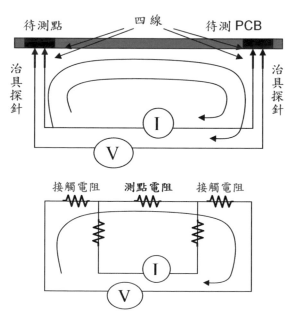

圖 11.265 四線式測試原理

四線式測試阻值計算：

T1　R1　　RĴ　T3
T2　R2　　R4　T4
R

R（T1—T2）＝R1＋R2

R（T1—T3）＝R1＋R＋R3

R（T3—T4）＝R3＋R4

R（T2—T4）＝R2＋R＋R4

∴ R=(R(T1-T3) + R(T2-T4)) - (R(T1-T2) + R(T3-T4)) / 2

四線式測試的限制條件

同一網路需可找到四個測點：

─最理想的狀況是同一端點可設兩根針

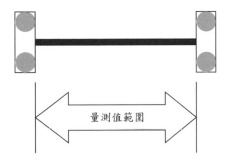

量測值範圍

圖 11.266 四線式 4 點測試的第一理想的狀況是同一端點可設兩根針

─第二種理想的狀況

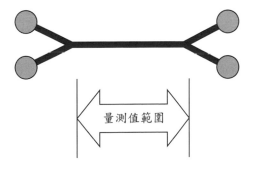

量測值範圍

圖 11.267 四線式 4 點測試的第二理想的狀況

一第三種理想的狀況

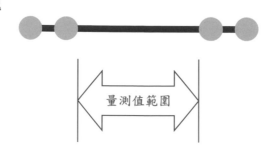

量測值範圍

圖 11.268 四線式 4 點測試的第三理想的狀況

若不屬上述三種理想狀況，則無法使用四線式測試。

電測種類與設備及其選擇

電測設備常見有三種：

1. 專用型(dedicated)
2. 汎用型(universal)
3. 飛針型(moving or flying probe)

決定何種型式，要考慮下列因素：

· 待測數量
· 不同料號數量
· 版別變更頻繁度
· 測試密度
· 成本考量

　　圖11.269是數量的多寡，測試種類及成本的關係；圖11.270則是製程技術需求與測試種類的關聯性。

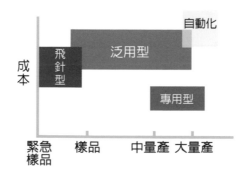

圖 11.269 測試設備成本與產量關聯性

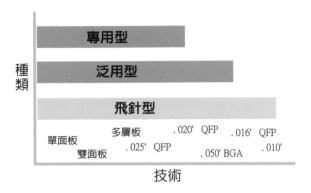

圖 11.270 製程技術需求與測試種類的關聯性

11.1.12.1 專用型 (dedicated) 測試

專用型的測試方式之所以名為專用型，是因其所使用的治具 (Fixture) 僅適用一種料號，不同料號的板子就不能測試，而且也不能回收使用。(測試針除外)

A. 適用於

a. 測試點數，單面10,240點，雙面各8,192點以內都可以測。

b. 測試密度，0.020" pitch以上都可測，雖然探針的製作愈來愈細，0.020" pitch以下也可測，但其成本極高，且測試穩定度較差，這些都會影響使用何種測試方式的決定。

B. 設備需求

其價位是最便宜的一種，隨測試點數的多寡價格有所不同，從台幣40到200萬不到。若再須求自動上、下板及分類良品，不良品的功能，則價格更高。圖11.271為此類測試設備。

圖 11.271 專用型 (dedicated) 測試設備

C. 治具製作

治具製作使用的資料，是由CAD或Gerber的Netlist所產生，所以選點、編號、壓克力測試針盤用的鑽孔帶(含SMT各銲墊自動打帶)，以及測試程式等都由電腦來加以處理。

治具製作程序如下：

選點→壓克力(電木板)鑽孔→壓針套→繞線→插針→套FR4基板

D. 測試

找出標準板→記憶資料→開始測試

E.找點、修補

找點方式有兩種：

a. 手製點位圖，用透明Mylar做出和板大小一樣的測試各點位置及編號，並按順序以線連接。

b. 利用標點機及工作站，在螢幕上，顯示問題之線，即可立即對照板子而找正確的位置，標示出正確位置後即進行確認修補，而後再進行重測，確認的過程中，通常會以三用電錶做工具來判斷。

F. 優缺點

優點：

- Running cost低
- 產速快

缺點：

- 治具貴
- set up慢
- 技術受限

11.1.12.2 汎用型 (Universal on Grid) 測試

A. Universal Grid觀念早於1970年代就被介紹，其基本理論是PCB線路Lay-out以Grid (格子) 來設計，Grid之間距為0.100"，見圖11.272或者以密度觀點來看，是100 points/in2，爾後沿用此一觀念，線路密度，就以Grid的距離稱之。其治具製作方式是取一G10的基材做Mask，鑽滿on grid的孔，只有在板子須測試的點才插針，其餘不插。因此其治具的製作簡易快速，其針且可重複使用。

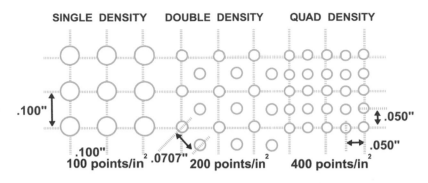

圖 11.272 三種佈線密度點間距離說明

B. On-grid test

若板子之lay-out，其孔或pad皆on-grid，不管是0.100"，或0.050"其測試就叫on-grid測試，問題不大。見圖11.273。

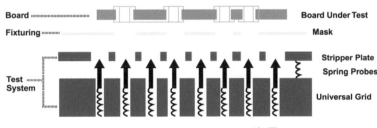

圖 11.273 On-grid test 治具

C. Off-grid test

現有高密度板其間距太密，已不是on-grid設計，屬Off-grid測試，見圖11.274其治具(fixture)就要特殊設計。

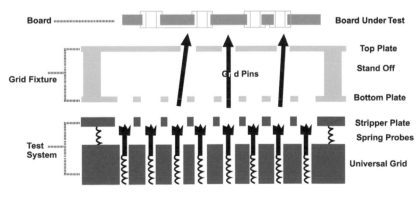

圖 11.274 Off-grid test 測試治具

先進的測試確認與修補都由技術人員在CAM Workstation執行。多層板各層次之線路以不同顏色重疊顯示在螢幕上，因此找點確認非常簡易。

D.優缺點

優點：

- 治具成本較低，針盤可重覆使用
- set-up 時間短，樣品、小量產皆適合
- 可測較高密度板

缺點：

- 設備成本較高

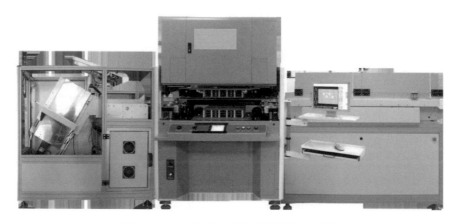

圖 11.275 是全自動泛用型測試機

11.1.12.3 飛針測試 (Moving probe)

A. 不須製作昂貴的治具，其理論很簡單僅須兩根探針做x、y、z的移動來逐一測試各線路的兩端點。

B. 有CCD配置，可矯正板彎翹的接觸不良。

C. 測速約10~40點/S不等。

D. 優缺點

優點：

- 極高密度板如MCM的測試皆無問題。
- 不須治具，所以最適合樣品及小量產。

缺點：

- 設備昂貴
- 產速較慢

圖 11.276 飛針測試機

11.1.12.4 其他測試方式

複合式治具

a. Dedicated 治具成本高，Universal機台設備貴，故業者研發出兩者能併用且節省成本之一種測試方法。

b. 利用Dedicated機台配合Universal治具，可以不用增購新機型，並降低治具成本。

c. Fixture 製作方式與Universal fixture 雷同。測試重點在於治具及程式上的設計。

圖 11.277 複合式電測治具

B. 導電布，導電膠

利用紡織技術的平紋織法來將銅合金線、PC纖維線及PET線作經緯的交織織製，可單向性導電。

C. 電容式測試

　　測試板下面有一個參考電極板，每個長度不同覆蓋面積不同的線路與參考電極之間會產生一個固定的電容量，當有斷路或短路發生時，該電容量將會有所變化，將測得的電容值與參考值對照來判斷是否合格。當斷路發生在距離網路端點很近的位置時，那麼線路多的一側電容變化將非常小，而線路短的一側產生的電容變化將非常大，所以即使很小的斷路也能被檢測出來。

D. 非接觸式，如E-Beam

13 最終檢查　　AOI/AVI外層線路檢查

11.1.13 最終品質檢查

製程目的：

　　經過冗長繁複的製作流程，產品出貨前必須完成最後的品質檢驗，檢驗內容可分以下幾個項目：

- ・電性測試
- ・尺寸
- ・外觀
- ・可靠度

　　電測已在第12節中說明，本節將針對後三項以表列項目說明之。尺寸量測及可靠度測試通常會由儀器做相關檢測，外觀檢驗則採人工輔以放大工具目視檢查，以及自動光學檢查(AOI/AVI)。自動光學檢查在內層線路完成後是必要替代人工的檢查設備，成品的檢查尚無法完全由AOI/AVI來執行，要是判別率仍無法有比較高的比例。

圖 11.278 成品檢驗需要很多人力做外觀目視

A. 尺寸的檢查項目(Dimension)，如表11.13

表11.13 尺寸的檢查項目

1. 外形尺寸	Outline Dimension
2. 各尺寸與板邊	Hole to Edge
3. 板厚	Board Thickness
4. 孔徑	Holes Diameter
5. 線寬	Line width/space
6. 孔環大小	Annular Ring
7. 板彎翹	Bow and Twist
8. 各鍍層厚度	Plating Thickness

B. 外觀檢查項目(Surface Inspection)

基材(Base Material)

見表11.14基材外觀檢查項目表

表11.14 基材外觀檢查項目

1. 白點	Measling
2. 白斑	Crazing
3. 局部分層或起泡	Blistering
4. 分層	Delamination
5. 織紋顯露	Weave Exposure
6. 玻璃維纖突出	Fiber Exposure
7. 白邊	Haloing

表面缺點檢查

表11.15 表面缺點檢查項目

1. 導體針孔	Pin hole
2. 孔破	Void
3. 孔塞	Hole Plug
4. 露銅	Copper Exposure
5. 異物	Foreign particle
6. S/M 沾PAD	S/M on Pad
7. 多孔/少孔	Extra/Missing Hole
8. 金手指缺點	Gold Finger Defect
9. 線邊粗糙	Roughness
11. S/M刮傷	S/M Scratch
11. S/M剝離	S/M Peeling
12. 文字缺點	Legend(Markings)

C. 可靠度(Reliability)

表11.16可靠度測試項目

1. 銲錫性	Solderability
2. 線路抗撕強度	Peel strength
3. 切片	Micro Section
4. S/M附著力	S/M Adhesion
5. Gold附著力	Gold Adhesion
6. 熱衝擊	Thermal Shock
7. 離子汙染度	Ionic Contamination
8. 濕氣與絕緣	Moisture and Insulation Resistance
9. 阻抗	Impedance

11.1.13.1 AOI 自動光學檢測儀

取代人工目檢，避免了人工目檢的偶然性、隨機性和重複性差的問題；特別是解決了人工目檢不能定量的分析。AOI的檢出率，誤判率，測試速度，程式製作時間是評估購買的重要指標，AOI自動光學檢查具有SPC的資料回饋統計功能，AOI檢測系統為制程的優化和改進提供依據。

14金屬表面處理Ⅱ OSP 化銀

11.1.14 金屬表面處理 Ⅱ

製程目的：

如前所提，銅面須適當保護，以提供客戶端組裝時的可靠度，但有兩種處理技術因其反應膜若在後段成型電測等製程可能的微小破壞，會影響其保護銅面機制，因此通常會在最後成品包裝前才進行作業—有機保焊膜以及化銀，其中尤以OSP膜非金屬無法導電，需穿透此膜層，因此造成其保護機制的失效。

11.1.14.1 有機保焊膜 (OSP，Organic solderability preservative)

製造流程：

銅面清潔脫脂 → 水洗 → 微蝕→ 水洗→ 預浸 → 有機保焊劑處理 → 水洗→ 烘乾

在防焊漆未覆蓋的銅面覆蓋耐熱性的有機保護膜，是另一種金屬表面處理的方式，也有稱此為預助焊劑，因為緊接著的製程是焊接元件。由於新鮮的銅面才有可銲錫性(Solderability)，如果能以有機析出層保有新鮮的銅面就可以保有後續的銲錫性。其實並非所有的有機保焊膜都有助焊性，除了少數的松香系列保護膜外，多數的保焊膜只有保護功能。因此在接下來的焊接時，保焊膜必須與助焊劑有相容性。一般而言如果使用有機保焊膜，其焊接所使用的助焊劑活性需要略強，較強的助焊劑可以使有機膜在熱環境下分解並使錫與銅底材直接連接。

現行組裝常有超過一次以上的重熔製程，因此有機膜必須通過一定的耐熱考驗才能勝任。

OSP 的保護銅面機制

目前廣泛使用的兩種OSP都屬於含氮有機化合物，即苯基連三唑（Benzotriazoles）和咪唑有機結晶鹼（Imidazoles）。它們都能夠很好的附著在裸銅表面，苯基連三唑會在銅表面形成一層分子薄膜，在組裝過程中，當達到一定的溫度時，這層薄膜將被熔掉，尤其是在迴流銲過程中，OSP比較容易揮發掉。咪唑有機結晶城在銅表面形成的保護薄膜比苯基連三唑厚，在組裝過程中可以承受較多的熱量週期的衝擊。

電路板銅墊表面用OSP處理以後，在銅的表面形成一層薄薄的有機化合物，從而保護銅面不會被氧化。Benzotriazoles 型OSP 的厚度一般為100A°，而Imidazoles 型OSP的厚度要厚一些，一般為400 A°。OSP 薄膜是透明的，肉眼不容易辨別其存在性，檢測困難。在組裝過程中（回流銲），OSP 很容易就熔進到了錫膏或者酸性的Flux 裏面，同時露出活性較強的銅表面，最終在元器件和錫墊之間形成Sn/Cu 介金屬化合物，因此，OSP 用來處理銲接表面具有非常優良的特性。OSP 不存在鉛污染問題，所以環保。

OSP 的局限性

由於OSP透明無色，所以檢查起來比較困難，很難辨別PCB是否塗佈OSP。

- OSP本身是絕緣的，它不導電。Benzotriazoles 類的OSP比較薄，可能不會影響到電氣測試，但對於Imidazoles類OSP，形成的保護膜比較厚，會影響電氣測試。OSP更無法用來作為處理電氣接觸表面，比如按鍵的鍵盤表面。
- OSP在焊接過程中，需要更加強勁的Flux，否則消除不了保護膜，從而導致焊接缺陷。
- 在存儲過程中，OSP 表面不能接觸到酸性物質，溫度不能太高，否則OSP 會揮發掉。
- 隨著技術的不斷創新，OSP 已經歷了幾代改良，從第一代的苯基連三唑(Benzotriazole)、第二代的烷基咪唑(Alkylimidazole)、第三代的苯基咪唑(Benzimidazole)、第四代的衍生性苯基咪唑(Substituted Benzimidazole)、到第五代的酚基咪唑化合物(Aryl Phenylimidazole)類，其耐熱性和存儲壽命、與Flux 的相容性已經大大提高。

圖 11.279 經 OSP 處理之板子

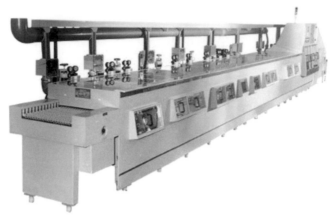

圖 11.280 OSP 設備

11.1.14.2 化銀 (浸銀 Immersion Silver)

薄（5～15 μ in，約0.1～0.4 μ m）而密的銀沉積提供一層有機保護層，銅表面在銀的密封下，大大延長了壽命。浸銀的表面很平，而且銲錫性很好。

製造流程：

銅面清潔→ 水洗→ 微蝕→ 水洗→ 水洗→ 預浸→ 浸銀→ 水洗→後浸→水洗→烘乾

圖 11.281 化銀設備

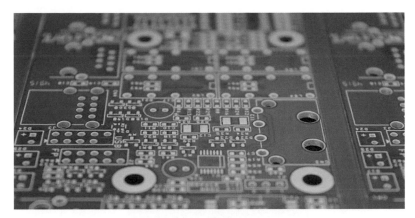

圖 11.282 化銀處理之板子

IPC 4553 是有關電路板浸銀的規範(Specification for Immersion Silver Plation of Printed Circuit Board)，規範中表3.1是化銀的需求規格，如下表11.16：

表11.16 IPC 4553A(2009)規格簡表

測試項目及規範	測試方法	結果要求
外觀	目視	顏色均勻，鍍層覆蓋所有線路
化銀厚度(薄銀)	在60mil*60mil的pad以X-ray測量	厚度 > 0.05μm(2μinch)
化銀厚度(厚銀)	在60mil*60mil的pad以X-ray測量	厚度 > 0.12μm(5μinch)
銲錫性	J-STD 003	符合第三類Category 3 durability coating 標準常用測試如下Test B 旋轉測試法；Test C 漂錫；Test D 波銲實驗；Test E 沾錫天平；Test F 錫膏回流焊
膠帶測試	IPC-TM-650 2.4.1	無鍍層或防焊漆剝離
離子汙染度	IPC-TM-650 2.3.25	< 1.56 μg/cm^2
表面絕緣電阻(SIR)	IPC-TM-650 2.6.3.5	> 1.0E+8 ohms

浸銀需注意事項

· 接觸浸銀板，必需戴無硫手套
· 浸銀板在檢查及搬運過程中必需用無硫紙與其它物體隔開
· 浸銀板在出沉銀線至包裝必需8小時內完成
· 包裝時浸銀板必須用無硫紙與包裝袋隔開

賈凡尼效應：

賈凡尼式腐蝕即是 "電解式腐蝕" 之同義字。賈凡尼為18世紀之義大利解剖學家，曾利用銅與鐵等不同金屬鉤去鉤住生物體(電解質)，而發現電池性的電流現象。賈凡尼現象即指兩種金屬由於存在電位差，通過介質產生了電流，繼而產生了電化學反應，致使電位高的陽極被氧化的現象。常見於電路板的以下製程：

- 微蝕
- 金手指/化金 + OSP
- 化學銀

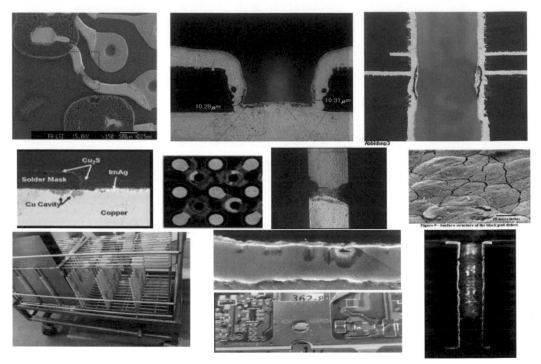

圖 11.283 顯示各種不同表面處理發生的賈凡尼效應

銲墊表面處理綜合探討

任何一種表面處理方式都須符合下的基本要求：

- 符合國際貿易要求：RoHS
- 銲錫性要求：耐熱、焊接溫度、潤濕、保存期。
- 保護性：防氧化能力。
- 可靠度：銲點的內應力、缺陷、壽命。
- 成本：材料，設備、人力、廢水處理、良品率。
- 適用範圍：和防焊油墨相容。
- 環保：易處理，無煙霧，無毒性。

表11.17及11.18詳列各種處理方式的適用性，以及特性、規格和存放限制。

表11.17 各不同表面處理技術的適用組裝形式

元件的連接	
1. 噴錫 (HASL)	1. 用於焊接
2. 浸金(Immersion Gold)	2. 用於焊接及打鋁線
3. 浸銀(Immersion Silver)	3. 用於焊接
4. 浸錫(Immersion Tin)	4. 用於焊接
5. 有機保護膜(OSP)	5. 用於焊接
6. 鍍鎳/金(Nickel/Gold Plating)	6. 用於打金線
7. 化鎳鈀浸金(ENEPIG)	7. 用於焊接及打金線
插接處理	
8. 端子用鍍鎳/硬質金(電鍍)	8. 用於金手指插槽連接

表11.18 各不同表面處理技術的比較及一般保存限制

處理方式	鍍層特性	製造成本	厚度（μm）	保存期
無鉛噴錫	鍍層不平坦，主要適用於大的銲墊、寬線距的板子，不適用於HDI板。製程現場還就較差。	中高	銲墊：2-5 孔壁：≤25	1年
OSP	鍍層均勻，表面平坦。外觀檢查困難，不適合多次reflow，防劃傷。製程簡單，成本低。焊接可靠度好。	最低	0.1-0.5	半年
化鎳浸金	鍍層均勻，表面平坦。銲錫性好，接觸性好，耐腐蝕性好，可協助散熱。製程若控制不當，會產生金脆，黑墊，元件銲點強度將不足。	高	Ni：3-5 Au：0.03-0.08	1年
化鎳化鈀浸金	鍍層均勻，表面平坦。銲錫性好，接觸性好，耐腐蝕性好，可協助散熱。製程若控制不當，會產生金脆，黑墊，元件銲點強度將不足。可以進行打金線製程	高	Ni：3-5 Pd：0.1～0.5 Au：0.03-0.08	1年
化學錫	鍍層均勻，表面平坦。錫鬚難管控，耐熱性差，易老化，變色。銲性良好。	低	0.8-1.2	半年
化學銀	鍍層均一，表面平坦。銲性好，可耐多次組裝作業。對環境貯存條件要求高，易變黃變色	中	0.1-0.5	半年
電鍍鎳金	鍍層較不均，接觸性好，耐磨性好，可焊接。浪費金，金面上印阻焊附著力難保證。	最高	Ni：3-5 Au：0.05	1年

15包裝入庫

11.1.15 包裝入庫

製程目的

電路板製造工程因有許多濕式製程，為防止到客戶端組裝高溫環境下，板材水氣造成的如爆板等可靠度問題，所以必須於包裝入庫前做除溼處理。若有板彎翹超出規格，尚須做壓板動作，可以減輕板彎翹比例，但若是板子設計或疊構的一些不適當，則效果不大。一般電路板前述處理完成必須做恰當的真空包裝，其注意事項如下，有些客戶會直接給予出貨包裝的規範。

- 必須真空包裝
- 每疊之板數依尺寸大小有限定
- 每疊PE膠膜被覆緊密度的規格以及留邊寬度的規定
- PE膠膜與氣泡布(Air Bubble Sheet)的規格要求
- 紙箱磅數規格以及其它
- 紙箱內側置板子前有否特別規定放緩衝物
- 封箱後耐摔規格
- 每箱重量限定

目前的真空密著包裝(Vacuum Skin Packaging)大同小異，主要的不同點僅是有效工作面積以及自動化程度。目前業界更進一步發展高效率真空乾燥系統，搭配氮氣（惰性氣體可阻隔空氣、延長乾燥效果），或真空鋁箔袋包裝，能夠儲放更久時間，減緩吸濕。

圖 11.284 為真空密著包裝機 (Vacuum Skin Packaging)

圖 11.285 工作現場真空包裝作業情形

其它注意事項：

- 裝箱：裝箱的方式，若客戶指定，則必須依客戶裝箱規範；若客戶未指定，亦須以保護板子運送過程不為外力損傷的原則，訂立廠內的裝箱規範，尤其是出口的產品的裝箱更是須特別注意。

- 箱外必須書寫的資訊，如"嘜頭"、料號(P/N)、版別、週期、數量、內含文件等資訊。以及Made in Taiwan(若是出口)字樣。

- 檢附相關之品質證明，如切片、銲錫性報告、測試記錄，以及各種客戶要求的一些可靠度測試報告，依客戶指定的方式，放置其中。

包裝不是門大學問，但仍需用心去做，當可省去很多不該發生的客訴或損失。

11.2 製程未來整合性技術需求

由於電路板的先進製造所需要的專業技術背景，已較以往更寬廣，也更深入，所以人才需求的多樣化將是產業一個鮮明的特色。表11.19是彙整以學校系所及對應學科的內容，嘗試讓學界清楚電路板產業是值得學子投入的一項雖然基礎但非常重要的工作。

表11.19 學校習得之理工學科在電路板製造的連結

製程項目	子製程	對應學校科系	學科範圍
材料	● 樹脂 ● 玻纖 ● Filler ● 銅	材料 化學化工 物理	有機化學 材料科學 材料熱力學 高分子物性與加工 高分子奈米技術

製程項目	子製程	對應學校科系	學科範圍
內層製作	影像轉移 DES (曝光顯像蝕刻) LDI	化學化工 機械 光電 電機	高分子 化工機械 光化學 光電工程：雷射技術
壓合	內層銅面粗化 壓合(對位層壓)	材料 化工 機械 電機	材料熱力學 高分子物性與加工 材料表面工程
鑽孔成型	● 機械鑽孔 ● 雷射盲孔 ● 成型	機械 材料 電機	材料力學 機械工程(機械加工) 光電工程：雷射技術
通孔電鍍	孔壁導體化 銅電鍍	化學化工 機械 電機	電化學 電鍍學 化學反應工程 化工機械
外層製作	影像轉移 銅電鍍 SES(剝膜蝕刻剝錫)	化學化工 光電 機械 電機	高分子 光電工程 化工機械 光電工程：雷射技術
防焊文字	影像轉移 顯像 噴印	材料 光電 電機	高分子 光電工程 機電工程
金屬表面處理	● OSP ● ENIG ● ENEPIG ● IT ● IS ● Gold/Nickel Plating	化學化工 機械 電機	電化學 電鍍學 化學反應工程 物理化學(介面化學) 化工機械 材料表面工程
電測檢測	電性測試	電子 材料 物理	訊號 材料
	成品AOI/AVI	光電	光電工程：圖像處理軟體
設備智動化	● 感溫 ● 感壓 ● 感光 ● 儀分 ● 資訊傳播 ● 智慧化分析	電子 機械 資工 材料	機電工程 機電控制 韌體 機械工程 材料
R&D	● SAP ● MSAP ● Full additive	材料 化學化工 光電	
失效分析	● 電性失效 ● 材料失效 ● 異質介面失效	電子 化學化工 材料 物理	分析化學 材料科學 訊號工程 電子學

高密度互連電路板應用與製作

第十二章 高密度互連電路板應用與製作

所謂的高密度互連電路板，就是High Density Interconnection (HDI)結構的多層電路板，更精確的解釋，對電子業來說就是自90年代以來一直追求的輕、薄、短、小、快而採取的高積集化的設計。電路板的因應就是細線路/微小孔/薄介電層的高密度電路板。由於業界在發展的過程中有許多不同的技術開發與產品稱謂，在IPC約在1998年統一名為High Density Interconnection(見IPC-2221及IPC 2226)。見圖12.1 通孔多層板、HDI多層板及Any-layer HDI多層結構圖示。

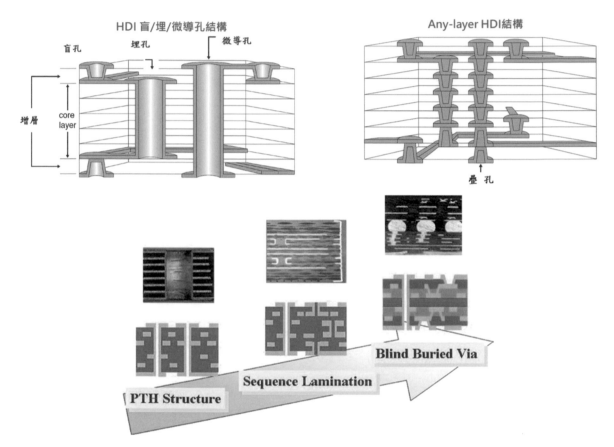

圖 12.1 通孔多層板、HDI 多層板及 Any-layer HDI 多層結構圖示。

HDI結構主要和一般多層板最大不同之處是：

▶ 多次壓合而逐次增層(Sequential Lamination)，不再是單次壓合。

▶ 每次增層後，其層間的互連改採局部導通的雷射盲孔(Laser Blind Via)，而不再是全通式的機械鑽孔，如此設計可增加線路密度，減少成本，且訊號完整性也更好。

12.1 高密度化需求的演進

20年來HDI結構設計之所以會被重視，其主因乃來自於半導體產業的變化，尤其是半導體封裝型式的變化，然而究其根本，人類社會的需求是這個改變的動力。個人化電子產品的推陳出新，產品不但要有可攜性，而且要符合一般人的消費能力，功能則必需滿足選用者的大部份需求。整體運用方面，聲光又必需多媒體化、高品質化，這些都是電子產品的推手，也一路推著電子業快速前行。這些因子促成電子產品數位化，半導體封裝自然走向多角化。

對電路板業來說，它所代表的意義就是密度的快速提升與空間的急速緊縮：

A. 電路板必須壓縮線路尺寸及孔徑大小，因為沒有空間。參考圖12.2、圖12.3.。

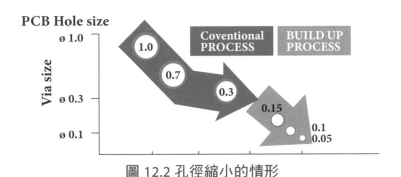

圖 12.2 孔徑縮小的情形

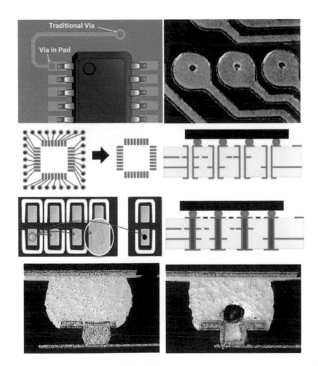

圖 12.3 由於空間縮小，所以有 via in pad(via on pad) 的設計

B. 必須縮小孔徑，並在同一平面位置設計多於一個的導通孔(盲埋孔)，因為可以爭取空間。參考圖12.4。

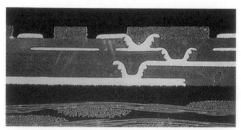

圖 12.4 在同一平面位置設計多於一個的導通孔（盲埋孔）

C. 必須縮小線路公差，因為電氣訊號愈來愈快無法承受以前的訊號寬容度。

D. 必須壓低介電層的厚度，因為介電層厚度會影響阻抗。線變細了，同樣的介電層厚度，阻抗也變化了，大多數設計為了高速化而將阻抗值設計變小。較小的阻抗要達成一樣的百分比公差，相對就較不容易。因此為保持阻抗，調整介電層至較低的厚度便有必要。

因此 HDI 帶給電路板業與設計者的並不止於提高密度而已，它是一個三度空間運用的結構，各種高整合性的電子產品都無法脫離它的範疇。

由於表面黏著技術發展至今約二十年左右，且真正較高密度的表面黏裝元件發展時間更短。因此這類高密度的概念雖然存在已久，就像覆晶技術(Flip Chip Technology)早就是封裝業的老骨董，這類技術也用在電路板製作方面的如：1982年的HP Finstrate 盲孔PCB，用於三十二位元單晶片電腦板，見圖12.5。Siemens 也有類似的製程，作出雷射微孔結構的十六層板。此類作法當時並非如晚近的規格需求如此嚴格，因此許多近來導入的技術也未見於當時。

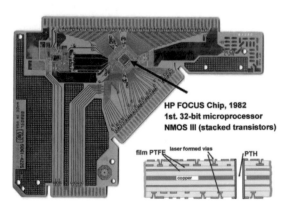

圖 12.5 第一個生產印刷電路板中的微孔是惠普的 FINSTRATE，於 1984 年投產。
Source：The HDI Handbook

由於十數年來電子業，尤其是個人電腦業的快速發展，電子構裝結構的接點數及密度也跟著同步提高。構裝元件的接點數增加，提高承接的載板密度自然成了當務之急，因此需求觸動發展。

1989年有Dyconex利用電漿成孔的方法製作微孔板，稱之為Dycostrate； HP 則運用此技術生產高密度結構的產品，稱之為 PERL (Plasma Etched Redistribution Layers)。

IBM 日本廠YASU於1990年利用感光材料形成微孔技術量產電路板，用於個人電腦Think-Pad主機板，此技術稱為SLC (Surface Laminar Circuit) ，見圖12.6。

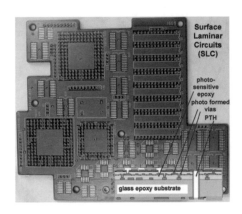

圖 12.6 IBM 日本廠 YASU 於 1990 年利用感光材料形成微孔技術之量產電路板
Source： The HDI Handbook

其後尚有許多不同的加入者，他們都以自己發展所用的製程或物料，或只是為好聽，有精神，或者有震憾性，而取各種不同的產品名或製程名稱。

例如：

- SBU (Sequence Build Up) 在發展初期被用來稱高密度電路板製程；
- Micro Via Process 的稱謂在日本廣泛使用；
- B2 IT是一種用凸塊技術製做電路板的方法，開發者是日本東芝。
- ALIVH是一種松下電氣發展出來的製程，初期用於通信產品的電路板製作方法。

不同的機械、材料、製程、應用不斷的出爐，不但將電路板產業推向一個急速變化的時空，也促使身在其中的人必須重新思考 "如何變-是產業不變的定理"，儘快找出自己的新定位。

西元2000年之後HDI技術逐漸成熟，體現在四個主要要素：HDI結構、介電材料、成孔方式和導體化方法。圖12.7顯示在過去的將近20幾年期間，各不同公司超過15種以上特殊製程方法(專利)，其在材料選擇、成孔方式和導體化技術的關聯性；圖12.8則是簡化後讓讀者更快了解，在HDI的製程選擇性是非常多，端看產品特性與可靠度要求，當然成本是一個至關重點。圖12.9說明不同增層材料和成孔技術之相容性，若搭配不佳，製程參數無法達最佳化，則產品的可靠度將出現極大問題。

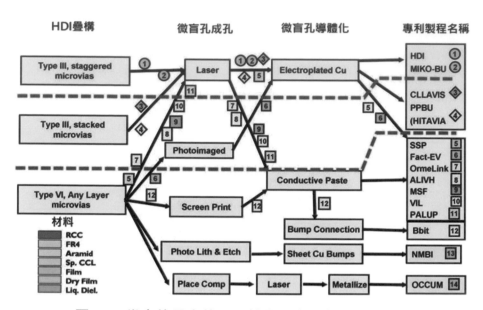

圖 12.7 當今使用中的 HDI 技術，由四個因素形成：
HDI 疊構、介電材料、微導孔的成孔方法和 Z 軸微導孔連接的導體化方法。
在近年，行業內已經使用了 15 個不同的高級 HDI 工藝。Source：The HDI Handbook

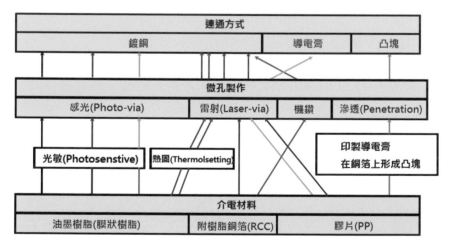

圖 12.8 HDI 製程選擇多，但需考慮相容性才不會出現潛在失效問題

適用 O 不適用 X	Standard Configuration Copper Foil	RCC Copper Foil RCC	Thermally Curable Resin Resin	Photoimageable Resin Resin
Laser via, CO_2	O	O	O	O
Laser Via, UV	O	O	O	O
Mechanical Drill Via	O	O	O	O
Photo Via	X	X	X	O
Plasma Via	X	O	O	O
Insulation Displacement	O	O	O	O
Chemical Etch	X	O	O	O
ToolFoil	X	X	O	O

圖 12.9 不同增層材料和成孔技術之相容性
Source： The HDI Handbook

12.2 HDI 製作流程

一般HDI結構的表示方法為：｛N+C+N｝，其中C代表內層Core(內層芯板)，是一般雙或多層板的結構，C為數字，代表層數，其製造同一般雙、多層流程，做到外層線路完成，可開始進行HDI板的增層壓合製程。N也是數字為芯板往外增層的層數，HDI的增層做法是每次增層壓合一層，因此｛N+C+N｝結構需要的總壓合次數為N+1。

目前比例最高的作法是以RCC或Prepreg作為增層材料，盲孔製作則以雷射(Laser-via)成孔為主要製程技術，再進行導體化和鍍銅填孔。每增層一層，則重複前面壓合、雷射盲孔及金屬化製程，圖12.10是｛1+4+1｝簡單結構的製作流程，圖12.11是｛2+2+2｝6層HDI及｛3+2+3｝流程示意。

如前所述HDI多層板依其結構設計及規格要求，會在介電材料的種類、成孔方式和導體化方法，有不一樣的製程技術，圖12.12~圖12.14說明其他不同製程的選擇。

為突破一般HDI高密度互連板的局限，需導入更高階的任意層互連技術(Any Layer HDI)，使任何一層均可任意導通連接至另一層形成內導通孔(IVH)的互連結構設計，以應用在更高階的HDI產品上，達到輕、薄、短、小的目的。此製程技術也已成熟量產見圖12.15結構圖示，及圖12.16製作流程示意。

H.D.I(1+4+1)多層板之製作流程圖

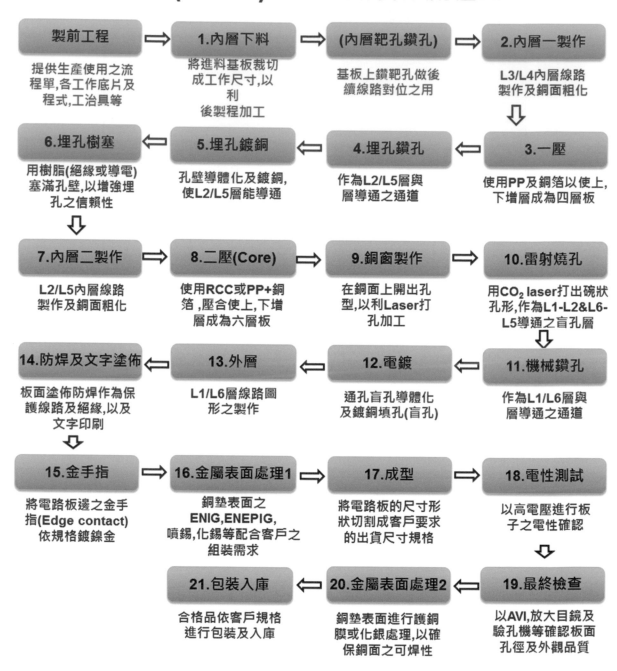

製前工程
提供生產使用之流程單,各工作底片及程式,工治具等

1.內層下料
將進料基板裁切成工作尺寸,以利後製程加工

(內層靶孔鑽孔)
基板上鑽靶孔做後續線路對位之用

2.內層一製作
L3/L4內層線路製作及銅面粗化

6.埋孔樹塞
用樹脂(絕緣或導電)塞滿孔壁,以增強埋孔之信賴性

5.埋孔鍍銅
孔壁導體化及鍍銅,使L2/L5層能導通

4.埋孔鑽孔
作為L2/L5層與層導通之通道

3.一壓
使用PP及銅箔以使上,下增層成為四層板

7.內層二製作
L2/L5內層線路製作及銅面粗化

8.二壓(Core)
使用RCC或PP+銅箔,壓合使上,下增層成為六層板

9.銅窗製作
在銅面上開出孔型,以利Laser打孔加工

10.雷射燒孔
用CO_2 laser打出碗狀孔形,作為L1-L2&L6-L5導通之盲孔層

14.防焊及文字塗佈
板面塗佈防焊作為保護線路及絕緣,以及文字印刷

13.外層
L1/L6層線路圖形之製作

12.電鍍
通孔盲孔導體化及鍍銅填孔(盲孔)

11.機械鑽孔
作為L1/L6層與層導通之通道

15.金手指
將電路板邊之金手指(Edge contact)依規格鍍鎳金

16.金屬表面處理1
銅墊表面之ENIG,ENEPIG,噴錫,化錫等配合客戶之組裝需求

17.成型
將電路板的尺寸形狀切割成客戶要求的出貨尺寸規格

18.電性測試
以高電壓進行板子之電性確認

21.包裝入庫
合格品依客戶規格進行包裝及入庫

20.金屬表面處理2
銅墊表面進行護銅膜或化銀處理,以確保銅面之可焊性

19.最終檢查
以AVI,放大目鏡及驗孔機等確認板面孔徑及外觀品質

圖 12.10 {1+4+1} 最簡單結構的 HDI 製作流程圖 +

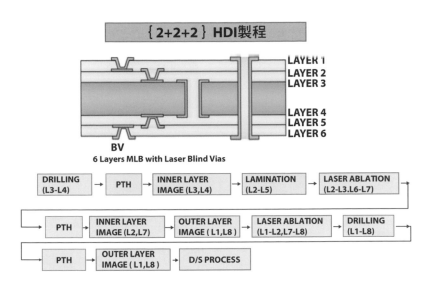

圖 12.11 圖上是 {2+2+2} 6 層含導通孔 / 盲孔 / 埋孔 HDI 結構，
示意圖下則是 {3+2+3} 流程示意

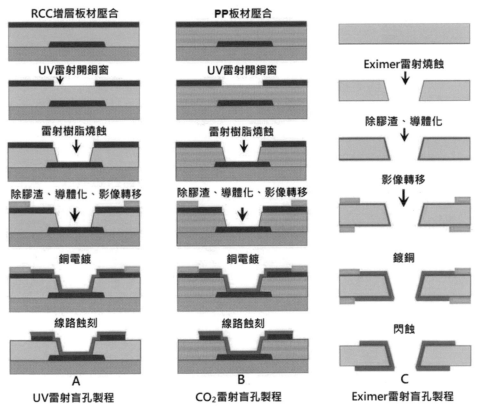

圖 12.12 3 種 HDI 盲孔成孔流程：
A. 以 RCC(Resin Coated Copper foil) 作為增層板材以 UV Laser 直接打銅窗之製程
B. 以 PP(Prepreg) 作為增層板材以 UV Laser 直接打銅窗之製程
C. 以 Eximer 準分子雷射在樹脂片上燒蝕盲孔

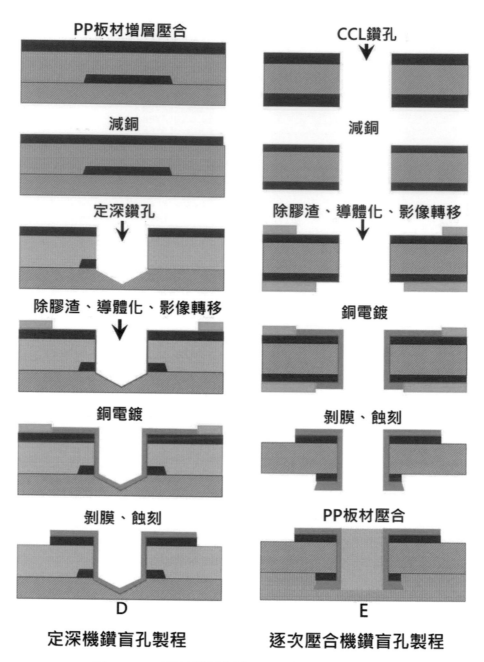

定深機鑽盲孔製程	逐次壓合機鑽盲孔製程
PP板材增層壓合	CCL鑽孔
減銅	減銅
定深鑽孔	除膠渣、導體化、影像轉移
除膠渣、導體化、影像轉移	銅電鍍
銅電鍍	剝膜、蝕刻
剝膜、蝕刻	PP板材壓合
D	E

圖 12.13 2 種以機鑽製作 HDI 盲孔成孔流程：
D. 以 PP 膠片作為增層材料，再以定深機鑽製作盲孔。
E. 雙面 CCL 機械鑽孔、導體化後及線路加工完成後，以 PP 逐次壓合形成盲孔。

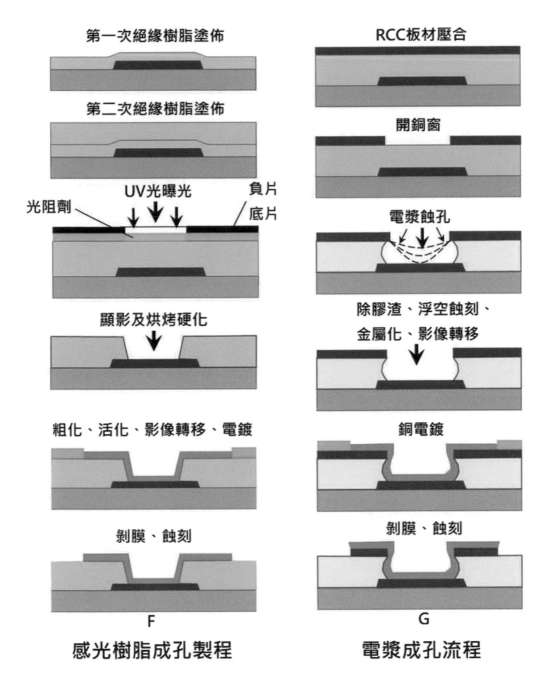

第一次絕緣樹脂塗佈

第二次絕緣樹脂塗佈

光阻劑　UV光曝光　負片 底片

顯影及烘烤硬化

粗化、活化、影像轉移、電鍍

剝膜、蝕刻

F

感光樹脂成孔製程

RCC板材壓合

開銅窗

電漿蝕孔

除膠渣、浮空蝕刻、
金屬化、影像轉移

銅電鍍

剝膜、蝕刻

G

電漿成孔流程

圖 12.14 F. 盲孔製程稱 Photo-via，塗佈感光型樹脂，經曝光、顯像、導體化，形成盲孔。
G. 盲孔製程稱 Plasma-via，其盲孔係以 Plasma(電漿) 設備將板材之絕緣材料蝕除，
在導體化、影像轉移後形成盲孔。

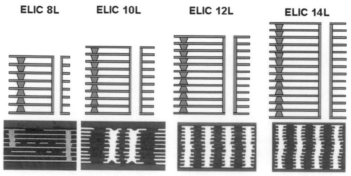

圖 12.15 Any Layer HDI 結構圖示

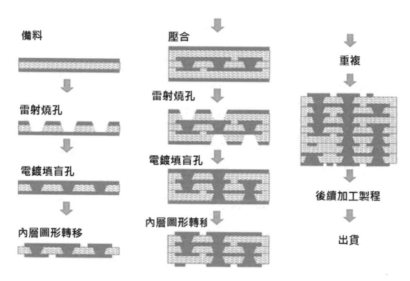

圖 12.16 Any Layer HDI 製作流程示意

12.3 類載板 (SLP，Substrate-Like PCB) 的發展與製作

　　2017 年的iPhone 8/X內主板採2片堆疊，且使用類載板的技術製作。甚麼是類載板？它介於一般HDI 電路板和IC載板之間的規格，這類板子並不是最新技術，主要驅動因素之一是更小的移動設備或可穿戴設備，它們需要在狹小的空間內集成許多功能。一般HDI電路板的製作技術有其極限，但如手機類產品的應用仍驅動電路板的設計往更高端精密的方向前進。而IC 載板的特徵尺寸和元件密度已遠遠超出一般HDI電路板，因此必須應用IC 載板的一些關聯製程技術或觀念來協助HDI多層板往更高密度的進階製造，因此有SLP這種產品設計製造出來。第一個使用類載板PCB的智慧型手機實例始於2017年的iPhone 8/X的問世，它採用的是IC載板使用的其中一種製程技術---mSAP。所以要探討類載板的製造，先要了解現有IC載板的製造方法及規格。圖12.17顯示了這三類板子的現階段產品技術規格。

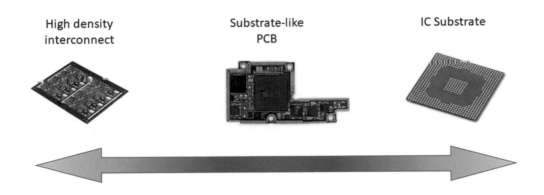

High density interconnect	Substrate-like PCB	IC Substrate
• 16+ layers • L/S = 40/40 microns • UV LDI	• 12+ layers • L/S = 25/25 microns • UV LDI, MSAP	• 10+ layers • L/S = 10/10 microns • SAP/MSAP

圖 12.17 一般 HDI 多層板類載板 IC 載板現階段的層數及線寬 / 距規格

12.3.1 IC 載板發展歷程

第五章有說明電子構裝中，元件封裝階段早期因為IC的I/O點少，元件的引腳數相對也少，是以導線架(Lead frame)為主要IC的內部連接載體，例如插腳型元件DIP、四周引腳型表面黏著元件QFP等。但隨著晶片I/O點數急速增加(動輒數千點)，且導線架型式的線寬無法有效降下，因此出現了面積陣列(Area array)的封裝方式。1980年代Motorola開發出以BT材質銅箔基板為主的BGA(Ball Grid Array)封裝方式，因而開啟了高密度封裝的元件需求，同時IC Substrate 這類產品因應而生，見圖12.18 IC載板發展歷程。IC載板的製作也是HDI的設計結構，採用BT材質的IC載板線寬距要求較一般電路板的線寬距要求細很多因此採用了mSAP(modified Semi-additive Process改良式半加成製程)的作法。

1990年代 Intel和Ajinomoto共同開發了以SAP(Semi-additive Process半加成製程)製程製作線路/盲孔的ABF增層材料，因為其材料特殊不需先壓銅箔，因此可製作更細的線路，以及更大尺寸的板子，正符合目前高效能/高速產品的元件設計封裝需求。圖12.19是以PP Type(BT)為Core板，增層材料為ABF的IC載板SAP製程示意。

由於電路板成線製程過往均是以減法方式(Subtractive method)，將既有銅箔腐蝕出線路，對於粗線寬/距產品沒有問題，但隨著線路寬度的縮小，IC載板已到10μm以下需求，因此ABF增層材料的SAP製程才會成為IC載板的主流；Core板BT材料也隨著專利到期，各材料廠商紛紛推出他們的產品，搶攻IC載板的市場。而一般電路板需求也隨著通訊產品高頻應用需求，其線寬/距的設計如圖12.17所示，正一步一步往30μm以下推進，電路板載板化、模組化的趨勢正在進行中。

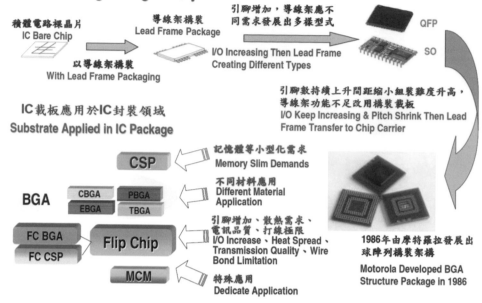

圖 12.8 IC 載板發展歷程 Source ：TPCA

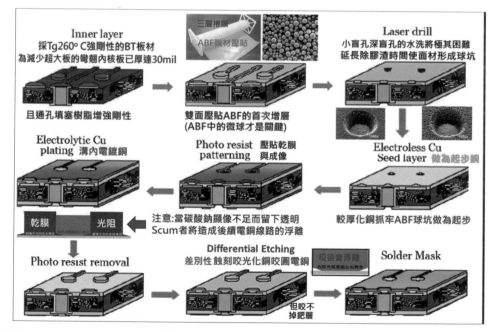

圖 12.19 PP Type(BT) 基材為 Core 板，增層材料為 ABF 的 IC 載板 SAP 製程
Source： TPCA 季刊白老師技術文章

12.3.2 SLP 和 mSAP

類載板SLP 的主要驅動力之一是可攜式設備，如智慧型手機、平板電腦、可穿戴設備等。電子設備在整體設備構造和內部 PCB 設計方面變得越來越複雜，尤其是在面積陣列的元件腳距已從0.4mm往0.3mm推進使得電路板的線寬/距設計進入30 μm/30 μm的境界。產品內部晶片組變得越來越小，越來越複雜，例如SiP(System in Package)這種異質整合的元件的普及設計所帶來的衝擊，推動SLP的需求。圖12.20是SLP和元件組合示意圖。

蘋果首先導入SLP的使用，線寬/間距為 25/25 μm 和 30/30 μm 。三星、小米等手機大廠也陸續跟進，因此對於電路板的技術是一個嶄新的做法。圖12.21 是iPhone SLP主板拆解及切片圖。

一般銅箔基板因銅箔的粗面經3道處理後，和環氧樹脂的附著極佳，若要以SAP製程在環氧樹脂表面沉積化學銅，其附著力偏低。因此採mSAP方法-依然從銅箔基板開始，但將銅箔減薄至3 μm以下，如此線路利用後續電鍍銅鍍厚，而以快蝕方式成線，保持線路的精細寬度，但不因側蝕而影響線路截面積的變化。圖12.22是mSAP流程示意，圖12.23則是SAP和mSAP兩者製程差異比較。

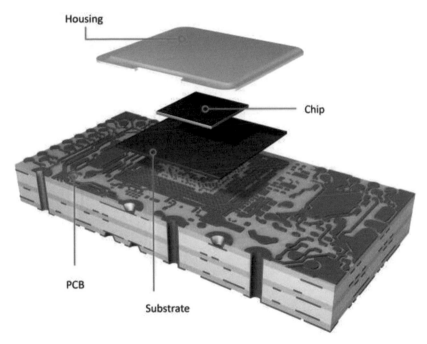

圖 12.20 SLP 和元件組合示意圖　　Source： AT&S

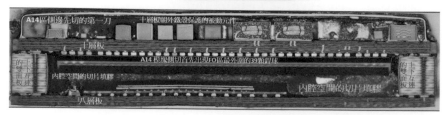

圖 12.21 iPhone SLP 主板拆解及切片圖

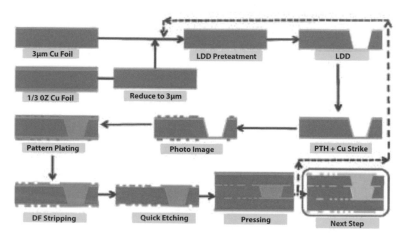

圖 12.22 mSAP 流程示意

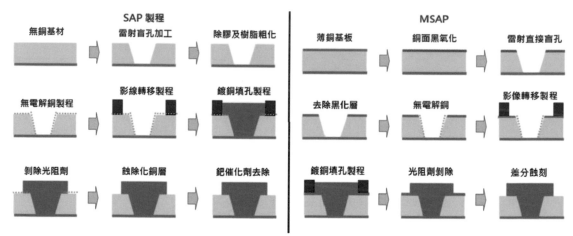

圖 12.23 SAP 和 mSAP 兩者製程差異比較

12.4 Ultra-HDI

自1998年IPC將微導孔(盲孔)的設計製作統一名稱為『HDI-High Density Interconnection』後，對HDI的設計規範是以IPC 2226為主，隨著半導體已到3奈米製程元，元件腳數密集度更高，且絕緣層厚度需求也降到50μm，早年對HDI的定義及設計已不符需求，因此有SLP的類型板子名稱的出現；最近IPC正研擬另一個名詞：Ultra-HDI超高密度互連，有別於舊有定義，見圖12.24所示。它的規格必須：

▶ 線寬/距厚度 ＜50μm

▶ 介質厚度 ＜50μm

▶ 微導孔直徑 ＜75μm

Ultra HDI 獲得了越來越多的關注。UHDI 的寬線距、介質厚度、微孔孔徑比目前常規HDI 又提升了一個等級。目前還沒有非常統一的標準來界定UHDI，但各個大廠都在部署相關的產能，其應用領域在5G電信技術、傳感器、生醫領域和高階智慧手機等，APPLE、Intel、Samsung 等品牌大廠也在大力推進。IPC已成立工作小組，再過一段時間，IPC應該就會有Ultra-HDI規範出現。有能力可以製作這種即將定義的UHDI板子，勢必要有如下的投資與管控準備：

▶ 最先進的 LDI 設備

▶ 極其乾淨的環境

▶ 更完善的測試

▶ 最先進的自動光學檢測設備

▶ 鍍銅的最新設備和化學品

▶ 採用mSAP 等新方法

▶ 新的、更清潔的和更均勻的材料

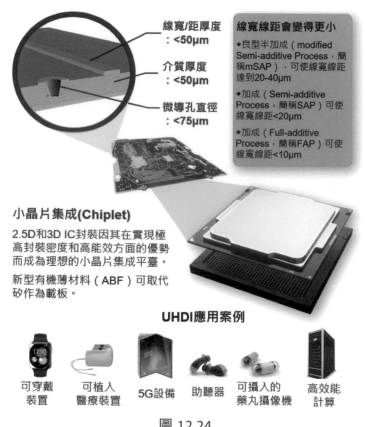

線寬/距厚度
：<50μm

介質厚度
：<50μm

微導孔直徑
：<75μm

線寬線距會變得更小

◆良型半加成（modified
Semi-additive Process，簡
稱mSAP），可使線寬線距
達到20-40μm

◆加成（Semi-additive
Process，簡稱SAP）可使
線寬線距<20μm

◆加成（Full-additive
Process，簡稱FAP）可使
線寬線距<10μm

小晶片集成(Chiplet)

2.5D和3D IC封裝因其在實現極
高封裝密度和高能效方面的優勢
而成為理想的小晶片集成平臺。

新型有機薄材料（ABF）可取代
矽作為載板。

UHDI應用案例

可穿戴 可植入 5G設備 助聽器 可攝入的 高效能
裝置 醫療裝置 藥丸攝像機 計算

圖 12.24

12.5 FAD（Full Additive Process) 全加成流程

多年前當3D列印機出現，有業者思考有沒有可能PCB以3D列印機製作，可以省掉至少80%的設備、藥水使用、節省材料的浪費、減少作業時間..等，時至今日是有簡單設計的PCB以3D列印機打樣，有其便利性，但真正商品化時仍無法取代現有的量產模式。3D列印的方式我們稱之為「**加成法**」，圖12.25就是以3D列印方式製造的PCB，其上組裝零件的案例。

但是和現有的製造模式：製作銅箔、壓合基板、再電鍍銅、利用藥水腐蝕銅、然後又對銅廢水做銅回收及廢水處理..等的作法，這一系列製作流程若改採如前所提全加成方式，應該是最節能減碳、生產效率最高、廢棄物最少的一種製作方式。

所謂Full Additive Process 是指在線路銅導體位置印製種子層(催化層)，後直接導體化完成線路導體，如圖12.26所示。工研院也在數年前成功技轉可製作5μm細線，Reel to Reel的加成技術到一家軟板廠，見圖12.27。

這種加成法概念是產業正在走的一條路，從減除法、改良式半加成法、半加成法等，一路上碰到很多材料、設備、特化品等的瓶頸，但也一關一關克服，期待未來全加成法也能是成熟的製程選項之一。

圖 12.25 3D 列印電路板其上可焊接元件

Source：https：//www.allaboutcircuits.com/news/novel-additive-pcb-manufacturing-process-offers-efficiency-environmental-benefits/

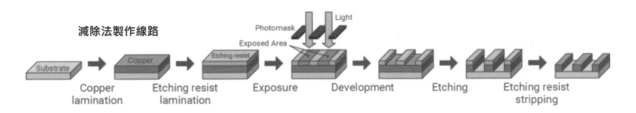

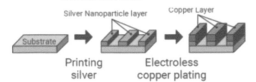

圖 12.26

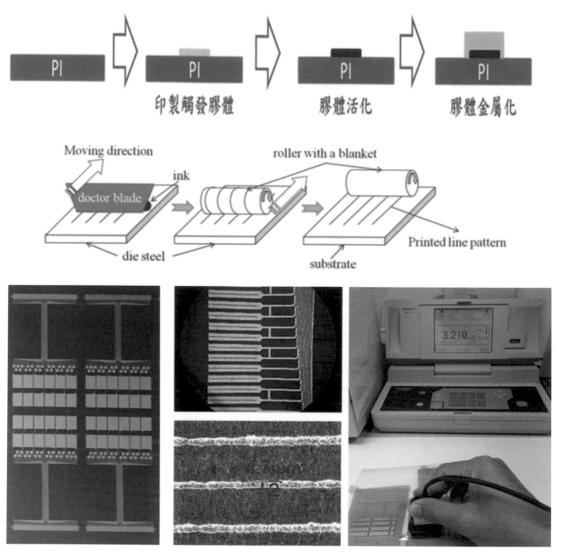

圖 12.27 可製作 5μm 細線的 Rell to Reel 加成技術

軟性及軟硬電路板的製造

第十三章 軟性及軟硬電路板的製造

　　軟板的製造技術有許多製程是和硬板相似，所以部分的設備可以用來製造軟板，但是軟板的材質、形狀、構造等與硬板迴然不同，製造流程長且需要許多工、治具的輔助，因此通常需要一些軟板的專用生產設備，即使是相同設備其作業條件也有所不同。例如覆蓋層(Coverlayer)的壓合、補強板(Stiffener)的貼合、障蔽層之用的銀膠印製等，必須有特殊的製程設計與設備需求。本章將介紹單面板、雙面板、多層板、軟硬複合板、蝕雕板(即飛腳板)等製程作業。

13.1 軟板製程需面對的問題

13.1.1 基材的選擇及管理

13.1.1.1. 銅箔厚度

　　軟板製程中，其銅箔厚度的選擇非常重要。在符合電路電性要求的條件下，應儘量選用較薄的銅箔，以1/2~1oz銅箔最適宜。若銅箔厚度太厚時，蝕刻後的線路加上覆蓋膜，其造成的高低不平的現象，且有可能在線邊留有氣泡未趕走而有分離的危險。另也影響其撓曲能力。

13.1.1.2 接著劑厚度 (Adhesive Thickness)

　　在能夠完全覆蓋線路的情況下，使用的膠量要愈少愈好，如此可避免氣泡殘留其中，不過有些特殊的情形必需使用較多的膠量，以作為防止空氣阻陷，如以下的情況：

- 在多層軟板之壓合時
- 當銅箔厚度超過1oz
- 當內層板需使用覆蓋層時

　　在上述使用較多膠量的情況下，常須延長壓合的時間，使其能完全硬化，避免將來在鑽孔時，出現膠渣過多及其他孔壁粗糙等品質問題。同時膠量太多也容易造成偏滑的情形，使得層間對位不準。當膠量增加時板厚也會隨之增加，相對地Z軸方向的熱膨脹亦會增加。

13.1.1.3 基材 PI 的厚度

　　一般常用到的聚亞醯胺(PI)介質基材，多為1mil(25μm)厚的PI膜，為使銅箔的壓合作業方便及其尺寸安定性起見，2mil厚者也有使用歡迎。而1/2~1mil膜厚其順應性及包覆性較好，因此比較適合用於覆蓋層(Coverlay)，貼附在已完成線路的軟板面上，作為防焊及護板的用途。

另有3mil及5mil厚的PI膜，因其吸水性太強，不宜用做絕緣之介質，當進行覆蓋層壓合之前，或多層板壓合前的預烤，都很不容易將水份完全趕走，因而可能導致層間附著力的不足，甚至出現蓋不滿的鍍層空洞等毛病，因此這類厚度的PI膜通常作為補強材之用。

13.1.1.4 基材管理

由於軟性電路板所使用的材料除了FCCL銅箔基板之外還包括覆蓋層、補強板、接著劑等各種材料，所使用的材料種類非常多，再經過疊層之後材料之間的匹配問題變得更為複雜。為了解決材料匹配的問題，通常會儘量使用相同的材質，但是即使使用相同厚度的PI基材和銅箔，也會因為不同的供應商而有不同的特性。硬板的材料只要確定其樹脂種類、含量及Tg點，一般在選擇及管理上便不會有太大差異，但是在軟板材料的管理上，必須跟廠家要求提供詳細的書面資料作為特性的參考與比較，以便確實做好材料的管理。

對於軟板的製造者而言最大的問題是尺寸變化率的不一致。高密度線路對於尺寸精密度的要求非常嚴苛，如果材料的尺寸變化率不一致時，則製程條件無法標準化，也無法利用製程參數、夾治具、或是由製前的底片工具加以補償。連帶地所生產的產品便無法要求其尺寸精密度，如此所製造的產品往往與客戶的設計有不相符之處。

軟板的產品特性很容易因為製程參數或材料選擇改變而有所差異，特別是撓曲特性會隨著覆蓋層材料、壓合條件等因素而改變，使得撓曲壽命有很大的變異。因此對於所使用的材料和製程條件都必須經過反覆的驗證，以求得最佳的組合，如此才能確保成品的特性與信賴度。

另一個必須特別注意的是有接著劑的覆蓋層或是黏結層的材料管理，該等接著劑供應時都呈半硬化(B-stage)狀態，放置在一般環境的溫度下，很容易隨時間而逐漸硬化，所以這些材料通常必須保存在5℃以下有溫、濕度控制的冷藏庫中，以增加其保存期限。這些保存條件和保存狀況的掌握對於成品的品質有相當大的影響。

13.1.2 尺寸精密度的控制

由於線路的密度提高，線寬、孔徑等的尺寸勢必愈來愈小，其精密度的控制愈形重要。除了要求尺寸的絕對精度之外，相對精度的控制也是不可忽略的。例如在1平方英吋的面積中，若要求尺寸的絕對精度在±3 mil之內，則其相對精度的要求相當於±0.3%，要達到這樣相對精度的要求在製程上並不困難。但是實際製造時為了產量及成本的考量會使用多片排版，其面積通常都很大，此時同樣的相對精度的要求在製程上會變得很難達到。例如同樣絕對精度要求±3mil之內，若使用的工件面積為20平方英吋時，則其相對精度變成只有±0.015%，這是很困難做到的。因此為了產量及成本的效益而使用大尺寸的工件面積時，在尺寸精密度的控制上便必須要求的更嚴格。

由於軟板的基材是由塑膠薄膜所構成，因此外力很容易造成尺寸的改變，而且和相同層數的印刷電路板相比，軟性電路板必須經過更多的製程步驟、化學處理和熱處理等，因此相對地在製程上也很容易造成軟板的尺寸變化。在實際製造上，除了銅箔和基材的尺寸控制之外，其他材料之間的匹配，線路設計、設備和製程條件等因素都會影響成品尺寸的精密度，而且不同材料的供應商所提供材料的品質及穩定性等也都會不同，所以每批材料的尺寸精密度可能也會有所差異，這些因素都會影響到高密度線路的良率及品質。因此為了獲得良好的產品品質及精密的尺寸控制，每一個製程的參數及各種的材料品質都必須加以嚴格管制。

13.1.3 製程中軟板的傳送與持取

由於軟板的基材很薄，受到外力很容易變形，所以在製造的過程中在製品的傳送自動化的困難度很高，因此有很多步驟必須仰賴人工作業。因此如果作業員的經驗不夠，很容易造成材料的損害或污染而使得品質降低。例如在進行覆蓋膜對位貼附在已成線基板表面，待進行壓合前，由於銅箔表面直接裸露在空氣中因此很容易受到灰塵或濕氣的污染。又如貼附補強板，至今仍以人工為主。在水平濕製程設備上的傳輸，Panel to Panel的生產往往因設備傳動機構設計不良，基材本身很軟會無法承受自己的重量而下垂，因而造成基材的損傷。在Roll To Roll之生產線，由於板件沒有直接觸設備傳動結構，作業人員碰觸板件機會不多，因此良率往往較好。

製程的自動化上，材料的傳送設計是最重要的議題。如圖13.1之機構所示，圖13.2則是另一設備正傳送軟板的照片。單只是傳送和有噴灑動作的設計結構又有差異，單邊噴灑或上下同時噴灑也有不同設計。單面板大量製作時，很多製程為節省人力及提高良率而導入RTR(Reel to Reel)的自動化設計：

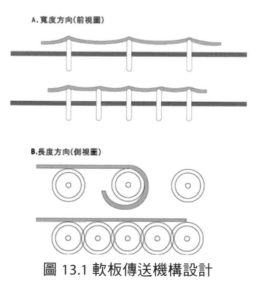

圖 13.1 軟板傳送機構設計

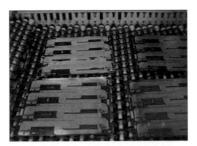
圖 13.2 水平濕製程的特殊承載輸送機構

13.1.3.1 卷對卷 RTR 生產方式

由於設備開發進展快速，RTR的製程方式適用於大部分製程，就製程趨勢而言，使用RTR的方式確實增加產量，但是如果製程生產線間的協調配合的不理想時，使用RTR方式反而會降低生產線的彈性而使得實際產能降低。但是使用RTR方式在材料和製程條件的控制上較穩定，因此比較容易進行品質管理的工作。表4.1是使用RTR生產的優點和缺點，以下是採RTR設計的注意重點：

表13.1　Reel To Reel自動製程設計的優缺點

優點	缺點
產量高	無法少量生產
良率高	生產彈性低
自動化程度高	換線時間長
製程條件穩定	存貨量大
人員需求少	----

A. 連續製程和批式(Batch)製程

軟板的製程分為連續加工製程和一旦進行加工步驟時工件必須停止前進的批式製程。前者的RTR機構相對而言較簡單，只要用絞盤來牽引工件並利用back tension用的滾輪來控制張力即可。後者是必須將材料先推進一定的距離，然後固定在位置上進行加工，因此需要步進傳輸機(Stepper)、XY平台等機構設備。

B. 對位孔(定位孔)

在批式製程中RTR的對位方式有兩種，第一種方式是在工件兩側做定位孔(Align Hole)來對位(類似TAB做法)。第二種方式是在蝕刻銅箔形成線路的同時在基板上形成對位點，並利用CCD來辨識這些對位點作為定位參考點。由於在沖壓時可以同時形成定位孔並在後續製程中配合插梢來定位，所以設備成本會較低。不過利用機械的插梢來定位精度較差，如果要求精度達到±25μm以上時必須使用其他的對位方式。

C.張力控制

由於RTR是以捲帶方式進料，基板通常會捲曲。因此在操作的過程中必須施加一定的張應力在基板上才能讓基板變平。如果張力的控制不穩定時很容易造成加工有缺陷並降低良率，張力太大會造成材料受到拉伸變形而造成材料尺寸誤差。通常RTR的製程中是利用絞盤和back tension用的控制滾輪來控制張力，兩者間施力的平衡是很重要的。

D.前進方向的控制

RTR生產線在傳輸過程中有時並非維持一直線前進，基板在其前進的過程會左右以蛇行的方式前進。如果直接施加張力於基板來強迫基板以直線方向前進時，會對基板產生很大的應力。為了解決這個問題必須使用邊緣位置控制系統。位置控制系統是在滾輪上加上一個致動器(Actuator)並在基板前進時檢測滾輪的位置，如果滾輪偏離直線方向時便利用致動器將滾輪調整回直線方向以控制基板的前進方向。

E.材料寬度

基板寬度越寬時雖然產量會越大，但是尺寸精密度的控制也會變得困難。材料寬度在300 mm以下時滾輪間仍可以維持良好的平行性，但是如果寬度是500~600 mm左右時很難維持材料的平行度，所以較會產生部份的歪斜。

圖13.3是生產中RTR設備圖。

圖 13.3 生產中 RTR 設備圖

正確的設備傳送設計可以提升良率，但製程上有很多部份仍須仰賴有經驗的現場工作人員，製程良率的好壞與員工的素質息息相關。

13.2 單、雙面軟板的製造

其製作流程見圖13.4及圖13.5。

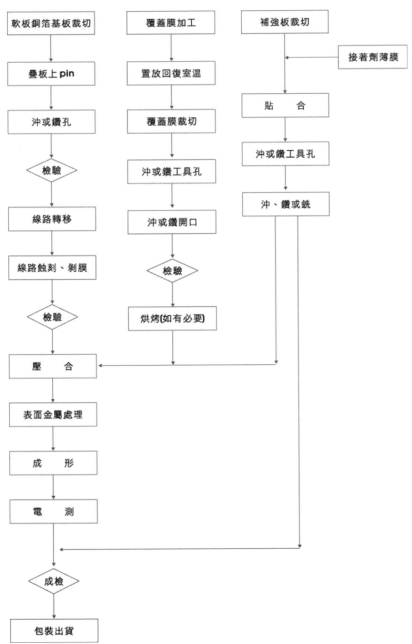

圖 13.4 單面板流程

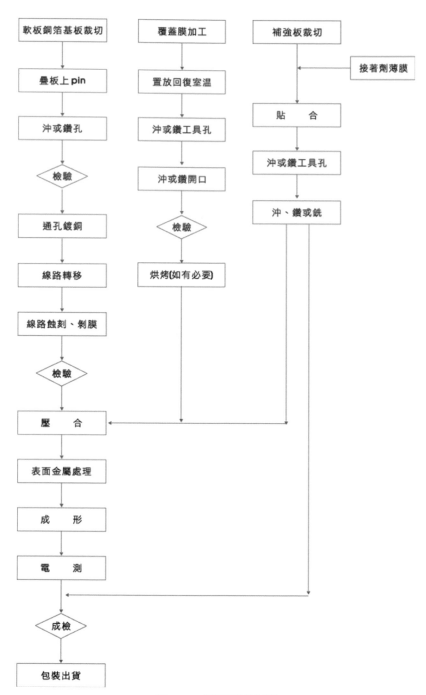

圖 13.5 雙面板流程

13.2.1 材料的使用及裁切

　　軟板基板材料吸濕性強，對於往後製程中及成品的尺寸控制，有絕對的關係，因此基板材料的使用及管理條件要嚴守。每一加工過程中的溫度控制非常重要，很多突發事件就從此衍生。尤其是覆蓋膜的壽命短，管理條件要徹底執行。

　　大部分的軟板材料是以卷狀包裝方式供應，但是並不是每個製程都可以利用RTR的方式進料，其中又以單面板使用RTR製程的成熟度較高，如圖13.6的單面RTR設備示意。對於無法利用RTR的方式進料的製程，就必須裁成片狀來進行。雙面板的PTH製程，也可以RTR製造，但仍有不少以片狀下料，因此一開始便必須將基材裁切成適當的排版尺寸。也有少數供應商提供片裝包裝。因為製造銅箔板時會有應力殘留，因此其方向性非常重要，所以設計排版及裁切時需慎重小心。銅箔與基材的接著力，長方向與橫方向並不相同，長方向的可撓性較佳，因此排版時線路方向最好和長方向平行，為了得到最佳的品質，當面臨排版利用率不佳時，最好優先考量品質為重。軟板的銅箔基板很容易受到外力損害，所以裁切品質的好壞對於後續製程會有明顯的影響。如果產量不是很大時，通常使用手動設備或是滾刀來進行截斷，如果產量很大時則會使用自動分條機，如圖13.7所示。專用的分條機通常可以達到的精密度在±0.2mm左右，可利用光學設備自動檢出蝕刻後的對位圖形來判斷及裁切

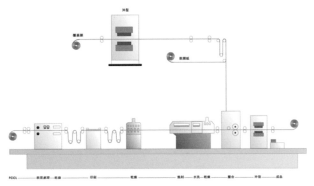

圖 13.6 單面板 RTR 設備示意

圖 13.7 自動分條機（活全）

13.2.2 孔的加工

孔的加工方法和硬板一樣可以利用NC鑽孔，但隨著線路密度的增加，孔徑越來越小，傳統的NC鑽孔有其極限，因此必須開發新的鑽孔技術。目前較先進的孔加工技術包括電漿蝕刻、雷射燒孔、微小孔徑沖孔、化學蝕刻等。這些開孔技術相較於NC鑽孔技術，較容易設計以RTR的方式生產。表13.2是各種技術的詳細比較。

表13.2 各種鑽孔技術的比較說明

項目	機械鑽孔	電漿蝕刻	雷射燒孔	沖孔	化學蝕刻
孔徑(最小)	0.2 mm	0.05 mm	0.03 mm	0.8 mm	0.05 mm
盲孔	困難	可	可	不可	可
孔壁垂直性	良好	傾斜	良好	良好	傾斜
後處理	不須	不須	須清洗	不須	不須
設備	NC鑽床	銅蝕刻線 / 電漿蝕刻機	銅蝕刻線 / 雷射燒孔機	沖床	銅蝕刻線 / PI蝕刻線
產量	高	低	低	高	高
RTR自動化	困難	難度高	速度慢	可能	可能

13.2.2.1 NC 鑽孔

目前大部分的軟板和硬板一樣都是利用NC鑽孔的方式，其設備也大致相同，不過實際作業時兩者製程參數會有一些不同。因軟板材質的物理特性關係，孔徑公差的掌握困難度較高，所以鑽頭直徑的設定值必須多做實驗求得。由於軟板基材的厚度很薄，因此可以多疊同時進行鑽孔，一般疊板10~15層基材一起鑽孔，超過恐有孔位及品質上不良影響。一般使用的蓋板材料是酚醛樹脂基板、環氧樹脂基板或是厚度0.2mm~0.4mm左右的鋁板。使用的鑽頭有專為軟性電路板設計的，但也可以直接使用與硬板相同的鑽頭。由於軟板所用的材料相較於硬板而言其質地較軟，而且接著劑很容易附著在鑽頭上，因此必須經常檢查鑽頭的使用狀況。

13.2.2.2 沖孔

模沖法單面板採用機會較多，常見的有雷射刀模及鋼模兩種。沖孔製程目前有使用RTR方式來生產，較符合量產經濟效益的孔徑大小在0.6~0.8mm之間，由於沖孔的模具製作時間很長，而且設計無法變更，因此和NC鑽孔比較起來其設計的時間及變更的彈性受限很多。而且如果板子尺寸很大時，沖孔的模具製作成本變得非常昂貴而划不來。所以和NC鑽孔比較起來，不論是設備投資或設計的自由度都較不利，因此這個方法越來越不普遍。

隨著沖孔技術的改進、模具精密度的提高及NC化，目前基材25μm厚的無接著劑型銅箔可以達到孔徑75μm，有些甚至可以達到50μm的孔徑。

13.2.2.3 雷射燒孔

很微細的穿孔必須使用雷射燒孔，常用於軟板的雷射，有UV雷射、準分子雷射、脈衝二氧化碳雷射、YAG雷射或是氫氣雷射等。

雖然這些雷射也可以同時對基材的絕緣層或是銅箔進行加工，不過由於對絕緣層的加工速度比銅箔快很多，因此利用同一設備進行所有穿孔製程的話會耗費很多時間使得量產效率變低。通常都是先利用蝕刻的方式來進行銅箔開孔，然後再利用雷射來開穿孔的孔洞。利用雷射雖然可以達到很小的微細孔洞，但是如果上下位置的準確度有偏差時也可能造成孔徑的改變。如果是盲孔的情形，由於只有單面蝕刻銅箔因此不須考慮對位。盲孔的形成方式和下述的電漿蝕刻或化學蝕刻的方式相同。

目前能達到的最微細開孔方式是利用準分子雷射。準分子雷射所產生的光源是紫外光，因此可以直接將基材樹脂的高分子鏈鍵結打斷而形成二氧化碳和水，由於所產生的熱非常少因此對孔洞周圍的熱損害相對地也很小。因此產生的孔壁非常垂直且平滑。如果將雷射光束縮小的話，甚至可以達到$10\sim20\,\mu m$的加工精度。利用準分子雷射可以得到遠大於濕蝕刻製程的深寬比。利用準分子雷射開孔的缺點是雖然高分子鏈會受到紫外光作用而分解成氣體，但是也容易產生殘渣附著在孔洞周圍，所以在電鍍之前必須先清除表面產生的殘渣而增加製程步驟。而且在製作盲孔時，由於雷射束的均勻性不佳會在銅箔表面形成殘留物。

準分子雷射加工另一個缺點是加工速度太慢使得加工成本非常高。所以準分子雷射通常只侷限在精密孔洞及需要高可靠度要求的產品。

脈衝二氧化碳雷射和準分子雷射一樣也是利用紫外光將分子鏈打斷，但是其分解是利用熱裂解的方式，所以孔徑的形狀會比準分子雷射的差。能達到的孔徑通常在$70\sim100\,\mu m$左右，但是加工速率比準分子雷射快很多，所以加工成本會低很多。不過脈衝二氧化碳雷射和電漿蝕刻或是化學蝕刻相比價格仍然很高。

此外利用二氧化碳雷射加工盲孔時必須注意銅箔表面會反射雷射光而使得銅箔表面有機物的去除變得不容易。因此如果要獲得乾淨的銅箔表面還必須經過化學蝕刻或是電漿蝕刻的後續處理。

13.2.2.4 電漿蝕刻

電漿蝕刻是利用通入真空艙體中的氧產生反應性的電漿，並與高分子反應形成二氧化碳和水使其分解。和雷射加工一樣，將銅箔蝕刻後的雙面基板放入電漿中，沒有銅箔的地方利用電漿將基材材料蝕刻掉。不過由於電漿並不像雷射會以垂直方向來蝕刻，因此形成的孔壁不像雷射鑽孔那麼平滑。

電漿蝕刻幾乎適用於所有的高分子，因此即使是化學加工非常困難的Upilex PI薄膜也可以利用電漿蝕刻。蝕刻的速率主要受真空度、電漿氣體、氣體流量、溫度等因素的影響。常用的氣體是氧和CF4的混合氣體，有些也會添加一些氮氣或是其他惰性氣體。因此即使是相同的材料，如果製程參數不同時，其蝕刻速率也會有所差別。電漿的分佈通常不容易均勻，因此加工的均勻度通常會有問題。對於量產型的真空艙，更不容易維持電漿均勻分佈。比較良好的加工條件是使用50μm的PI，在2~3分鐘內便可以蝕刻完全。所能得到的孔徑大小為25μm。如使用厚度為25μm的基材則孔徑大小為50μm。

13.2.3 通孔及全板鍍銅

13.2.3.1 化學銅 + 全板鍍銅

軟板的通孔電鍍製程基本上和硬板的通孔電鍍製程相似，可以化學銅來處理孔壁的金屬化。傳統PTH製程中，其第一站的整孔處理(Conditioning)，為高溫的熱鹼溶液，是化學銅成敗的基本關鍵。一般用在環氧樹脂硬板的整孔劑，不能未經實驗即用在軟板製程中，因軟板材料中的聚亞醯胺及壓克力接著層，在高溫強鹼溶液中時間太久的話，常會出現下列三種缺點：

- 壓克力接著膠層的腫脹(Swollen Adhesive)
- 聚亞醯胺表面所鍍上的銅層會出現破洞(Voids)
- 聚亞醯胺表面所鍍之銅層其附著力也會降低，圖13.8是鍍層剝離的照片

故應選擇室溫操作之微鹼性藥液，以減少板材所受的傷害。

圖 13.8 鍍層剝離的照片

軟板所用的化學銅槽液，與硬板所使用者並無不同，只是強鹼溶液對板材中的Kapton極具攻擊性，故只能使用室溫操作的製程。高溫的厚化銅製程則絕不能使用，即使室溫槽液最好也勿超過30分鐘，否則板材及藥水兩者都會受損。需事前找出最佳的製程條件以使品質達最好狀態。當化學銅完成後，即可直接進行全板鍍銅。此種製程必須特別注意化學銅層的柔軟性要很好，應力要低，以免在動態使用時有分離(Separate)之虞。

圖13.9是利用化學銅製程的孔切片照片

　　由於軟板本身是柔軟的，無法像硬板一樣只夾住軟性電路板的一端而將板子帶入電鍍槽中電鍍，因此必需使用特別的夾治具。銅箔基板如果固定得不好而在電鍍時產生搖晃，很容易造成銅鍍層不均勻。銅層厚度不均勻會造成後續蝕刻時線寬無法掌控的情形，對於細線路而言尤其嚴重。因此為了獲得均勻厚度的銅鍍層，必須在軟性電路板上施加張力使其固定，而且電極的位置和形狀對於電鍍也是很重要的影響因素。

圖 13.9 孔銅沉積切片圖

13.2.3.2 導電碳膜製程 (資料提供：伊希特化公司現被麥特併購)

　　利用碳沉積取代無電解銅來形成導電層的方式在軟板業者採用頗多，此製程被歸類為直接電鍍製程(Direct Metallization Process)。直接電鍍配方有多種，其之所以逐漸取代傳統PTH主要乃因PTH中有EDTA，廢水不易處理，加上甲醛(Formaldehyde)對人體有害，因此有被取代趨勢。以下是Shadow R製程(黑影製程)的介紹：Shadow R黑影製程為利用膠體科學，將穩定的石墨導電膠體附著於欲導通之非導體孔壁上，以利於後製程(鍍銅製程)之孔壁金屬化，形成線路後，讓層與層之間得以導通。

13.2.3.2.1 黑影製程原理

　　經鑽孔後孔壁帶負電性→經陽離子型清潔整孔劑(C/CⅢ or C/CⅣ)清潔板面及孔內並將孔壁適況處理(中和孔壁之負電性，使孔壁帶正電性)→帶負電性黑影劑(Colloid 2 or Colloid 3)吸附在經適況處理後之孔壁上→經固定劑(Fixer)有效控制黑影劑之厚度，並使黑影劑吸附的更好→烘乾使形成穩固之導電膜→微蝕去除板面及內層銅上之黑影劑，留下乾淨之銅面→抗氧化(選擇性)，防止板面氧化→烘乾。

13.2.3.2.2 黑影製程流程

　　放板→15A酸性清潔劑(去除銅面鉻化層)→清潔整孔→水洗→黑影劑→定影→水洗→烘乾→微蝕→水洗→抗氧化(選擇性)→水洗(選擇性)→烘乾→收板(或接乾膜線)。

13.2.3.2.3 黑影製程能力

ShadowR可廣泛使用於各種材料之處理，不僅可處理一般FR-4通孔板，亦能處理PI軟板、Teflon(鐵弗龍)板，更能處理高縱橫比多層通孔板、微孔通孔板和盲孔板。

表13.3是ShadowR製程與PTH製程之比較

圖13.10~13.13是一些應用實例的孔微切片照片

表13.3　Shadow®製程與PTH製程之比較

項目	SHADOW®黑影	Electroless Copper化學銅
製程控制	製程流程短（4~5道藥水，3~4道水洗），使用化學品種類少，反應易控制，化學品不會攻擊基材、接著劑；此外對各種材料均可獲得良好的塗佈（如塑膠、鐵弗龍）	化學品種類多，槽液中多含有強鹼會破壞基材介電層（底膜Polyimide聚亞醯胺）及接著劑（acrylic），造成基材膨鬆及沉銅不佳；製程中產生之氫氣，也易造成槽液離子交換不佳（背光不良）
製程生產方式	水平式自動化生產流程，無論是單、雙面、多層軟板及軟硬板均可大量、快速生產（全程僅需短短 8 分鐘，黑影槽反應時間只要30~60秒），降低操作成本，必要時還可直接接水平鍍銅	垂直式，化學品多（槽子多），反應時間長，人工上下板，生產速度慢
製程成本	節省人力（僅需放板及收板），藥液帶出量低，水洗用水量小，無須特殊生產掛具	人力成本較高，藥液帶出量大，水洗用水量大；需特殊生產掛具，人員操作危險性高
製程環境	化學品毒性低，水平線密閉式生產設備，減少人員曝露於化學品的機會	化學品毒性高（福馬林HCHO），且為開放式作業，對操作人員健康損害極大
廢水處理成本	不含重金屬、螯合劑，廢水經一般處理即可排放，廢水處理成本低，對環境危害小	含大量重金屬、螯合劑，廢水處理困難、處理成本高，對環境危害大

10mil孔徑 Pi軟板 	軟硬板（9層板） 32mil孔徑 100mil板厚 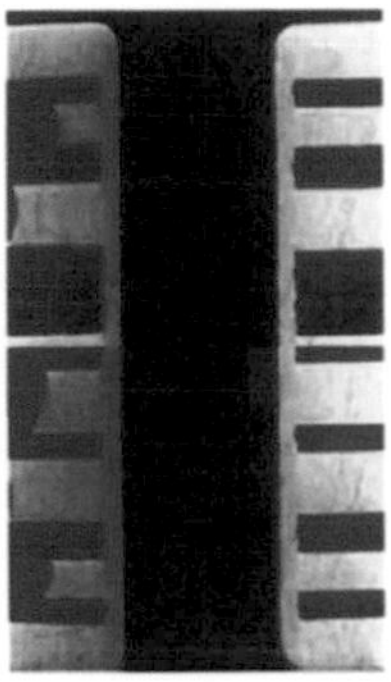	軟硬板PI/FR-4 12層軟板 6 層硬板 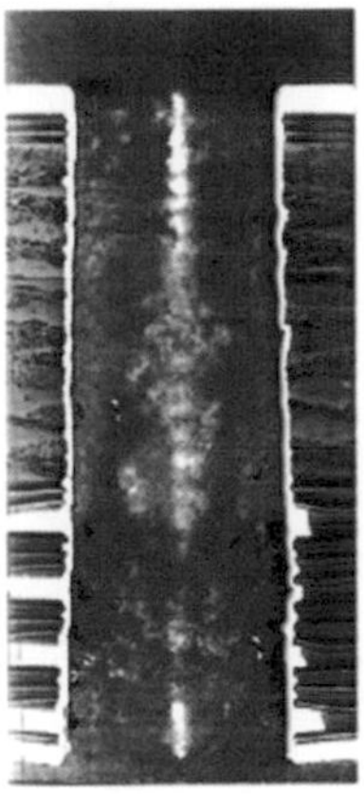	軟硬板 孔徑=16 mil 板厚=120 mil AR=7.5 PI/FR-4 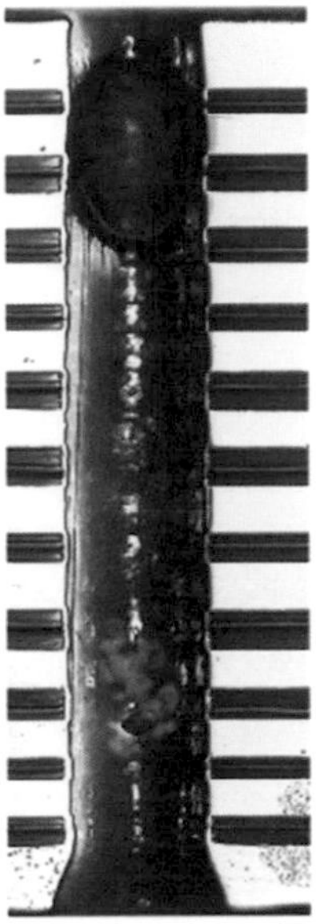

圖 13.10 SHADOW 製程孔切片圖

圖 13.11 SHADOW 製程孔切片圖左 - 高密度導通軟板
圖 13.12 SHADOW 製程孔切片圖右 - 雙面軟板

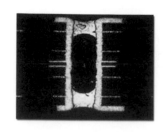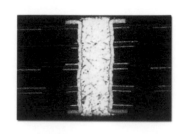

圖 13.13 SHADOW 製程孔切片圖 - 軟硬接合板

13.2.4 線路的製作

13.2.4.1 銅面的清潔與粗化

如果銅箔表面不乾淨，將會造成光阻接著不良而使得蝕刻的良率下降。近來由於銅箔基板品質的提昇，單面板可以省略清潔的步驟，不過如果要進行較高精密線路如50μm以下時，最好不要省略此製程，以增加光阻和基材銅箔的接著性。銅面的清潔製程雖然簡單，但是由於軟板易變形和彎曲，所以必須特別注意採用的方法。一般清潔的方式是使用化學處理製程，簡單粗寬線路厚度也夠的結構，也可採用研磨方式進行粗化及清潔。

13.2.4.1.1 化學處理

化學清潔法較不會使軟板損傷及變形，一般使用清潔劑加微蝕，使銅面的粗化深度可達0.5μm左右，此法可以水平濕製程設備RTR來設計。

13.2.4.1.2 機械研磨

機械研磨通常使用毛刷來研磨，毛刷的材質如果太硬很容易造成銅箔表面受損，如果太軟又達不到清潔的效果。一般所使用的毛刷材料為尼龍，毛刷的硬度及長度也是必須注意的因素。另有採用浮石粉刷板機，以避免刷輪造成基板的拉伸。一般有使用小型手動磨刷機以及大量產使用的水平輸送自動磨刷機設備。

A. 小型手動圓型旋轉刷磨法，是常用的簡便方式，可配合浮石粉(Pumice)進行手刷，被刷的軟板下面應加墊橡皮軟墊，以減少板子的滑動。刷磨完成後，其上的浮石粉必須徹底洗清，以免影響到乾膜的附著力。粗化後的銅面必須立刻以冷風快速吹乾，以防銅面的氧化。

B. 輸送式自動磨刷機，一般多為硬板設計使用，會對軟板帶來損傷，且會造成軟板的拉長拉伸(Stretches)現象，所以只能用在尺寸要求較不嚴的軟板。這一類軟板專用的機器需特別設計，選擇前要好好評估再決定購置。

基材的持拿同樣要十分小心，其表面的凹痕或折痕會造成曝光時無法貼緊檔面而造成線路圖形的偏差。這一點對於精細線路的成像尤其重要。

13.2.4.2 蝕刻光阻的塗佈

蝕刻用的光阻塗佈方式大致可分為三種：網印、乾膜光阻、液態光阻。不同光阻所使用塗佈設備也會有所不同。

13.2.4.2.1 網印

利用網版印刷將光阻塗佈在銅面上是量產成本最低的方式，但是網版印刷光阻所能達到的解析度只有0.2~0.3mm的線寬、距，對於目前的高精密度線路要求，其製程能力是無法達到的，且作業員需要長時間的經驗累積，所以人事成本較高，其對準度也較其他二法差。

13.2.4.2.2 乾膜光阻

使用乾膜光阻所能達到的線寬、距解析度約為70~80μm，目前0.2mm以下的線路大都以乾膜光阻來製作。如果以目前市面上最薄15~25μm的乾膜光阻在最佳狀態下搭配平行曝光機，可以達到30~40μm左右的線寬、距解析度。

選擇乾膜光阻時必須考慮光阻、銅箔基板及製程間的匹配。因為即使在實驗階段能得到良好的解析度在量產時也有可能會造成良率不佳的問題，尤其是當軟板撓曲時，若乾膜光阻材質太硬，往往會產生微小剝離而使得蝕刻的良率降低。

一般乾膜光阻是由PET保護膜和PET離型膜包夾光阻材料所形成的三層薄膜結構，請參見圖13.14。乾膜光阻在與基材壓合前必須先將離型膜撕離，然後使用熱壓滾輪將乾膜壓附到基板上，經過曝光之後在顯像前將保護膜撕開。因工作板件的板邊會有工具孔，因此乾膜光阻的寬度會比基板稍小一點。由於軟板和硬板的的厚度、剛度不同，因此乾膜壓膜設備，也必須經過修改。乾膜光阻的壓膜除了可使用自動化RTR生產設備之外，也可以利用手動壓膜機來進行壓膜。早期的作業方式，有將單面板銅面朝外，基材面朝內，兩張板子疊再一起雙面同時手動壓膜者，待割膜完後撕開即成。圖13.15是壓膜設備示意，圖13.16則是雙面手動壓膜作業。

乾膜光阻壓膜之後為了讓光阻達到穩定，通常在曝光前必須先靜置15~20分鐘。

保護膜

感光膜

底材

圖 13.14 乾膜光阻的三層結構

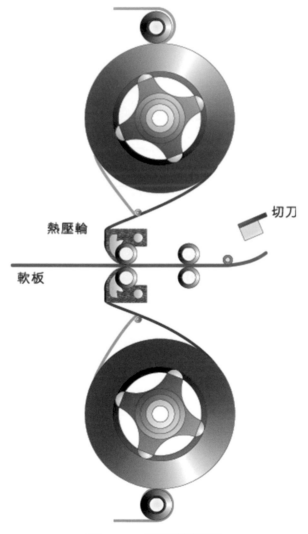

保護膜收集輪

熱壓輪

切刀

軟板

圖 13.15 壓膜機機構

圖 13.16 雙面軟板手動壓膜

13.2.4.2.3 液態光阻

乾膜光阻只能達到30μm左右的解析度，如果解析度更小時必須使用液態光阻，其塗佈光阻的方式比較常見的有：浸塗法(Dipping)、旋塗法(Spin coating)、滾塗法(Roller coating)、噴塗法(Spray coating)等。光阻塗佈的厚度範圍約為5~15μm左右。液態光阻在塗佈後必須經過烘烤的步驟，必須注意的是烘烤條件也會影響光阻特性。

由於線路精密度越來越高，新的技術導入屢屢可見。對於細線路方面的蝕阻應用，也有直接於銅面鍍純錫，再以雷射燒除非線路區之錫阻劑，然後再進行蝕刻、剝錫而得精密線路。或將雷射直接應用於一般的高分子阻劑上，亦得同樣的效果。圖13.17即是純錫阻劑以雷射燒除而得線路的SEM照片。

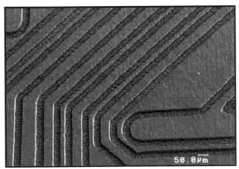

圖 13.17 LPKF 雷射在 etching resister 上所做線路

13.2.4.3 影像轉移

乾膜光阻及液態光阻塗佈完成後必須經曝光製程來進行線路圖案的影像轉移，以上兩種方法皆可設計用Reel To Reel方式生產，關鍵處在於對位系統。

如同硬板的曝光製程，經過UV曝光機曝光後便可以在光阻上形成線路圖形，不過軟板對位的夾治具與硬板不同。如果使用Pin孔的對位方式由於工件會受力伸長，所以對位偏移度大。手動作業方式通常由作業員將工作底片和軟板以目視對位再黏貼於板上,放入曝光台上進行曝光。

如果要製作75μm以下的微細線路時,曝光機光源必須選擇平行光而非一般的散射光源,其比較見圖13.18。使用散射光源不容易得到準確的光阻圖形,特別是線寬50μm以下一定要用平行光才能獲得良好的圖形及良率。當然平行光源的曝光機價格遠高於一般的曝光機。

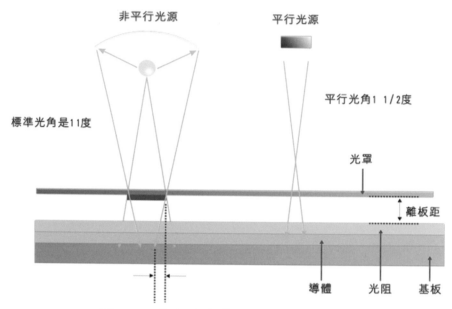

圖 13.18 平行光與非平行光的比較示意

對於高密度軟板,其對位的要求精度更嚴苛,必須利用自動對位曝光機不可。通常此類自動設備都會有3~4個對位孔或標記,供CCD找出正確的位置,並讓底片可以對位。不過由於軟板受力會產生變形而造成尺寸上的誤差,因此必須經過一些校正,所以對位孔位置的設計是很重要的。有些高密度軟板使用的光罩必需改為玻璃而非一般的底片,如此才能進一步將對位精度提升到為15μm以下。

13.2.4.4 顯像

光阻曝光後必須進行顯像步驟才能形成所需要的線路圖形,一般乾膜光阻所使用的顯像液為碳酸鈉水溶液。顯像的步驟雖然簡單,但線寬會隨顯影條件而有不同,且顯像的均勻度對於良率也會有明顯的影響,因此對於微細線路而言顯像條件的控制必須特別注意。

為了避免造成板子受到損壞及顯像的均勻性考量,顯像液噴灑到光阻表面的壓力必須適當且均勻。因此顯像槽噴嘴的構造、配置、數目、噴灑方向及噴灑壓力都是很重要的因素。而且由於顯像液反覆使用之後藥效漸減,因此顯像液必須定時或定量更換。顯像後的乾膜由於已經發生聚合反應，因而變得比較脆，同時它與銅箔的結合力也有些微下降。因此，顯像後的軟板的持拿要更加注意，防止乾膜翹起或剝落。

13.2.4.5 蝕刻

軟板蝕刻藥液最好選擇酸性氯化銅，因聚醯亞胺材質非常怕鹼，而且很會吸水，蝕刻後板材的尺寸變化很大，品質優劣在此就可以判定，不宜在此處做重覆處理的工作。完成蝕刻後，要徹底水洗乾淨，勿使線路邊緣死角處有藥液殘留，以防後製程壓合時，造成化學殘渣或底材的斑點(Stain)。尤其在軟硬複合板的彎折處軟性鉸鏈部份(Flexible hinge)，最容易看到PI底材被污染形成斑點的情況。

單面板線路面一定要朝下，雙面板則應將要求比較嚴格或線路較密集的一面朝下放，這樣可以防止水池效應，以減少蝕刻的側蝕。另外，當採Sheet by Sheet製造時，在蝕刻之前，由於板子覆有銅箔，板材較硬，在蝕刻過程中，當板材上的銅被蝕刻之後就會變得十分柔軟，容易造成傳輸困難，甚至板材會掉入蝕刻槽中造成報廢。因而蝕刻時，可在板子前端黏一塊硬板當作火車頭，牽引軟板前進。硬板的厚度應大於0.8mm，寬度應大於10cm，長度應大於蝕刻機所允許的最小板子長度。最後，為保證蝕刻的最佳效果，蝕刻液的再生與補充添加應當迅速、有效。圖13.19是將進蝕刻段板子在輸送輪上的情形。

圖 13.19 生產中蝕刻線

管理的重點如下：濃度變化控制、噴嘴上下壓力設定、速度、水洗條件、熱風溫度、外觀污染。

13.2.4.6 剝膜

完成蝕刻後，乾膜阻劑必須除去，要注意除膜之化學品不可造成軟板中接著劑的腫脹，且除膜及清洗完成後，還要將板子放在121℃中烤30分鐘，以防材料吸水，尤其是PI材質吸入鹼性物質後，會造成其材料的劣化，如抗拉強度及黏著強度的降低，尤其在高溫下更是明顯。故要儘量減少PI與強鹼接觸的機會，而且更要避免強鹼與溶劑在高溫下同時使用，那將使PI更容易劣化。

軟板上除膜液清洗不足，又遭遇高溫時，很容易造成斑點及變色，故通常設定顯像點 (Break point)在2/3處之外，水洗段的設計亦以充分清洗為原則，以除去可能隱藏的殘鹼。而且剝膜液的管理應比硬板更嚴才行，讓軟板能在快速有效的噴灑中剝除膜渣，以減少PI 部份受損的機會。圖13.20是線路製作完成的板子。

圖 13.20 剝膜後實物板

13.2.5 覆蓋層的加工

覆蓋層是軟板特有的製程，可分為膜狀、感光性防焊油墨、感光性覆蓋層 (Photo-imageable Coverlayer)三種方法。

13.2.5.1 覆蓋膜 (Cover film)

覆蓋膜是最早使用也是最普遍的材料，通常供應商所供應的都是在與銅箔基板、基材相同的覆蓋層薄膜材料上，塗上半硬化狀態的接著劑。供應時覆蓋層的接著劑上會貼附一層離型薄膜(Release film)。由於半硬化的環氧樹脂接著劑在室溫會逐漸硬化，因此必須保存在5℃的冷藏庫中。一般材料的使用保證期限通常為3~4個月，如果保存得當的話甚至可達六個月。壓克力系列的接著劑在室溫較不易硬化，因此即使不冷藏也可以保存半年以上，不過壓克力系列接著劑的壓合溫度較高。

使用膜狀覆蓋層材料必須注意接著劑流動性的改變。一般在出貨前接著劑的流動特性都會調整在一定範圍之內，如果保存在適當條件時，可用壽命為3~4個月，不過在可用期間內接著劑的流動特性會一直改變。如果接著劑的流動性太好，在壓合時會因為接著劑的流動而造成線路及端點受到接著劑污染；如果流動性太差，則壓合性及接著性會有問題，因此接著劑流動性好壞對於覆蓋層壓合的好壞會有明顯的影響。一般剛出貨的覆蓋膜其接著劑流動性通常較高，因此有時必須藉由預烤的方式來降低接著劑的流動性。

覆蓋膜由冷藏庫中取出之後由於溫差的關係通常會在表面凝結一層水氣，因此無法立刻進行覆蓋膜的開孔。如果覆蓋膜材料是PI時，由於PI很容易吸收水氣而造成後續許多加工上的問題，因此通常必須待密封冷藏的覆蓋膜回至室溫後再打開包裝取出使用。

13.2.5.1.1 開窗的製作

　　高精度的軟板，一般採用鑽孔法或鋼模沖孔，比較簡單或層次低的，通常採用刀模法即可。微小孔徑必須用鑽孔，鋼模沖孔的精度可達±0.05mm，壽命長可以沖十萬次以上。刀模成本低，精度僅達±0.2mm，壽命短，通常沖幾千次後就要磨刀片。鋼模沖孔及刀模法示意請見圖13.21~13.24。

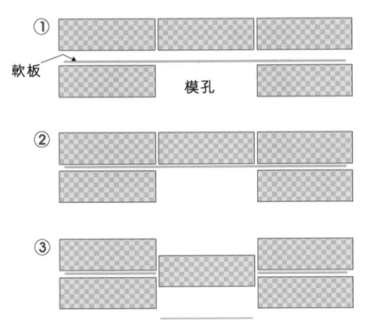

圖 13.21 鋼模沖孔動作示意圖

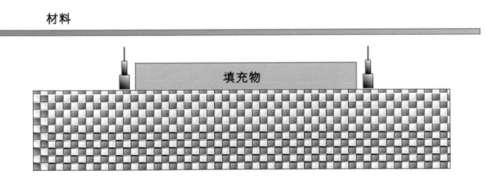

圖 13.22 刀模結構示意圖

圖 13.23 刀模照片

圖 13.24 刀模工具與待切板

　　NC鑽孔通常是將10~20片覆蓋層薄膜連同離型紙固定之後直接加工，由於半硬化狀態的接著劑很容易黏在鑽頭上因此必須常常檢查鑽頭的狀況。NC鑽孔的方式較適合少量的情形，如果產量很大時，NC鑽孔的成本不如沖孔方式划算。

　　開孔之後的覆蓋層薄膜，在去除離型紙後壓合在已經蝕刻線路的電路板上。在壓合之前必須以化學方式清潔銅箔表面的污染和氧化層。去除離型紙的覆蓋膜，由於柔軟沒有固定形狀，所以很不容易自動對位，實際上大部分都是利用人工對位固定後，再進行壓合的動作。由於這部份不容易自動化，利用人工的話又無法達到高精密度，因此這是目前許多廠商積極開發更自動及精密方式的部份。

　　由於雷射的應用越來越成熟，且速度、品質與能力上有長足的改進，因而在覆蓋層的開窗的製程上，也逐漸看到雷射技術應用的例子，圖13.25是覆蓋膜的開窗SEM照片。

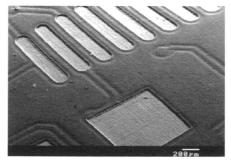

圖 13.25 LPKF 在覆蓋層上雷射開窗

13.2.5.1.2 壓合

　　覆蓋膜層壓合需要高度技巧，其壓合方式與多層板壓合類似，其組合條件及方法，每家都有自己的標準操作程序，各有所長。最重要是必須控制溫度上昇曲線、壓力、加壓時段、加壓方式。壓合之前必須將覆蓋膜對位及固定於已成線路的軟板上，此貼合固定的動作稱〝假貼〞，一般的作業方式是在非成型區以熱銲槍手動點壓之，使其暫時固定，再進行後續的壓合。目前也有設備以半自動方式進行假貼，見圖13.26。假貼完後就進行壓合作業，目前壓合作業有以下兩種方式：

圖 13.26 假貼作業

A.真空熱壓機壓合

　　傳統液壓式(或稱油壓式)壓床，其傳熱的方式有汽熱(Steam)、電熱(Electricity)，及油熱式(Hot oil)等三種。汽熱式加溫很快，但最高溫度只能到達200℃左右。而電熱(Electricity)及油熱式(Hot oil)則可達到更高的溫度，油熱式熱量分佈較均勻，但升溫較慢，故應冷壓熱壓分兩床進行以節省作業時間。不過壓覆蓋膜時尚可採冷熱分床，真正壓多層軟板時，則仍以單床為宜，以減少板翹問題。圖13.27是典型的傳壓機。

圖 13.27 真空熱壓機

此種傳統壓合機是現今硬板壓合製程普遍使用的設備，要靠B-stage的膠層的流動，將板內的氣泡趕到板外去。但若流膠太多時，將會造成板內的缺膠現象(Resin starvation)以及板子的氣泡殘存、線路的變形、孔位的偏移等問題，甚至在鉸鏈區會發生耐彎折壽命(Flexural life)的縮短，故為趕光氣泡及填滿線路的空隙，就勢必要先進行預填才行。為了使線路之間的空氣容易被抽光，使用真空方式是很有用的。早期是採用一種扁型小盒子，將待壓的材料組合完畢後置於其中，四周封以矽橡膠之封條，然後送入普通的熱壓機上，一面抽真空一面進行熱壓。後來又出現一種將整部壓合機都封入一個大密封櫃櫥中的方式(Vacuum chamber)，則更方便，現在國內幾乎都採用了，此種機型對軟硬複合板也可以用。目前尚有所謂艙壓式(Autoclave)的高溫氣壓式壓合機，對多層軟板或軟硬複合板的製造將更為有利見圖13.28。早期軟板膜狀覆蓋層就是以硬板壓合設備進行其完工之單或雙面線路之黏著，直至後來的快壓機出現才改由快壓機生產。

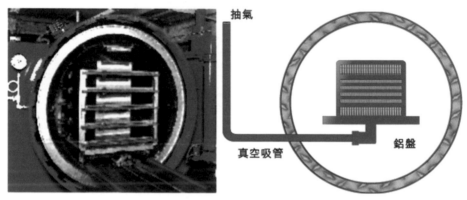

圖 13.28 艙壓機

B.快速壓合機壓合

近年來設備廠商配合材料商開發出快速壓合製程，其優點如下：

a. 單片壓合，機器設計體積縮小，減少空間的佔用。

b. 配合快速接著劑，快速生產，對於樣品的製作時效很有幫助。

c. 減低壓合壓力，減少壓合成品翹曲。

d. 可增加副資材使用壽命。

e. 有效減少轉印效果

快速壓合機見圖13.29及圖13.30，傳統壓合與快速壓合的比較見表13.5。

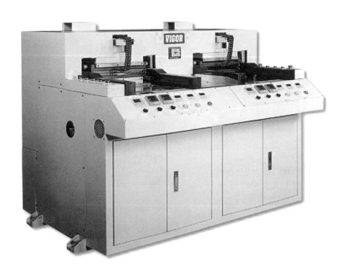

圖 13.29 快速壓合機 1

圖 13.30 快速壓合機 2

表13.4 快速與傳統壓合比較

壓合方式	快速壓合	傳統壓合
壓合時間	短(須經熟化流程)	長
一次壓合數量	1 PNL	約250 PNL
操作人員需求	2人單面板10台，雙面板24台(含線上檢視)	2人操作機台數依壓合等待時間長短而訂，目前以2熱1冷為主
優點	A. 品質 1. 可直接監測每一片產品品質狀況 2. 可避免製品長時間處於高壓高溫環境，影響品質 3. 對於要求較高平整性及較精細之線路產品有較佳之操作性 4. 可均勻控制產品的溢膠量 B. 生產效能 1. 減少少量多樣製作型態造成生產效率的困擾。 2. 可避免製品打樣、試作時與生產排程衝突	1. 可批量大量產出 2. 可壓合硬板/多層軟板/軟硬複合板 3. 可控制溫度壓力曲線變化

13.2.5.1.3 壓合輔助材料

　　圖13.31是一典型軟板壓合疊板的組合結構，各種輔助的疊板材料功能見表13.5。為使覆蓋膜更能密貼突起的線路起見，必須要用到一些軟質耐熱的墊子或薄膜以協助壓合。此類助壓墊多為複合材料，如Teflon/glass，進行壓合操作時應再配合Tedlar離型膜的使用，直接加在板子的上下兩側，以防止溢膠造成問題。除此之外，也可用矽橡膠與玻纖布所組成的助壓墊，再配上脫模紙，也有很好的效果。只是所用的矽橡膠不可太厚，當其超過0.062英吋時，可能在高溫下多次使用後，將發現矽橡膠會有膨脹變形的現象。

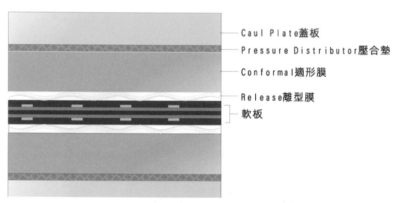

圖 13.31 壓合時輔助物料組合結構

表13.5 輔助的疊板材料種類及功能

項目	功能	實例
Caul Plate蓋板	將壓合機平板上傳來的壓力均勻傳送到疊層中	不銹鋼板、鋁板
Pressure Distributor壓合墊	準確控制熱傳送和均衡壓合時板表面上的壓力	-Temp-R-Glas(PTFE-coated glass fiber) -Reinforced silicone rubber -Reinforced silicone rubber -Pacopad™
Conformal適形膜	延展軟板基材，帶動膠層的流動，將線路間的空氣趕走並讓膠填入，同時降低因熱和壓力而導致的變形	-Reinforced silicone rubber -Polyethylene -Pacothane Plus™
Release離型膜	直接貼住疊層，可防接著劑的轉印，並讓適形膜順利移走	-Pacothane™ -Teflon® -Tedlar®(Polyvinyl fluoride) -TPX®(Polymethylpentene)

註：
Temp-R-Glas ：CHR Div. of Furon Co.的商品
Pacopad™、Pacothane Plus™：Pacothane Technologies的商品
TPX®：Mitsui Petrochemical Industries Ltd. 的商品
Teflon®、Tedlar®：DuPont的商品

13.2.5.1.4 品質重點

(1) 外觀檢查應以4倍放大鏡行之，表層不可起泡、脫落、浮離或有灰塵。

(2) 表層之對位對準應使其所覆蓋錫墊所露出之寬度，至少在4mil以上，以方便焊接，須以10倍放大鏡檢查。

(3) 表層之耐焊性，至少應在260℃，5秒鐘以上。

(4) 表層下之接著劑流出，不可超過表層開孔邊緣之10 mil距離，須以10倍放大鏡檢查。

13.2.5.2 防焊印刷覆蓋層

和膜狀覆蓋層材料比較起來，網版印刷的覆蓋層雖然機械性質較差，但是材料成本及加工成本都便宜很多，因此主要都應用在民生家電用品或汽車零件上。製程設備基本上和硬板防焊漆(Solder mask)的設備相同，只是印刷機必須有固定軟板的構造如吸真空等功能以防黏板。另外所使用的印刷油墨會有差異，一般所使用的印刷油墨分為UV硬化型和熱硬化型兩種。UV硬化型所需的硬化時間很短，但是機械性質和抗化學性較差，因此比較適合在不須考慮機械性質和抗化性的用途上。特別是必須避免用在鍍金的情形，因為如果覆蓋層和板子接合不良而剝離會造成滲鍍。熱硬化型通常需要加熱20~30分的硬化時間。

13.2.5.3 感光型覆蓋層 (PIC，Photo-imagiable coverlayer)

感光型覆蓋層近來使用越來越多，感光型覆蓋層的製程基本上和硬板所用的液態感光防焊漆相同，但其硬化後的柔軟度是必須考慮的。使用的材料也分乾膜和液態兩種。兩種的比較如表13.6。

表13.6 感光性覆蓋層的比較

項目	乾膜型	液態型
厚度	25~50μm	10~20μm
解析度	100μm以下	100μm以下
使用方法	真空壓膜機	網版印刷，spray
線路的填理性	厚導體需用厚的乾膜	塗佈二次後可以完全覆蓋1oz的導體層
曝光前乾燥	不要	必要

13.2.5.3.1 種類

A.乾膜

乾膜和液態的製程方式雖然不同，但是曝光顯影的步驟是一樣的，惟須使用真空壓膜機來貼合此類覆蓋層。製程上首先是將感光型覆蓋膜以真空壓膜機覆蓋整個板面，須特別注意乾膜和板子間不能殘留氣泡，為了避免乾膜有氣泡殘留的情形可以使用真空壓膜機。

壓膜機通常可以同時在板子兩面壓膜，所用的乾膜厚度與銅箔厚度有關，銅箔越厚時，所用的乾膜厚度也越厚。常見的乾膜厚度為25 μm和50 μm。目前PI type的PIC已逐漸成熟有助於高精密高可靠度需求軟板的製作。

B.液態

液態型PIC的塗佈可用網版印刷或是spray coating的方式。網版印刷通常印刷一次能上的厚度約為10~15 μm，若需求更高厚度，則通常會改變方向印刷第二次。Spray coating對於軟板的製程而言是較新的技術，使用Spray coating能塗佈的PIC厚度範圍非常廣泛，厚度與噴嘴有關。目前所使用的液態PIC材料可分為環氧樹脂和PI型，兩者都是雙液型因此必須冷藏儲存。在使用前才將硬化劑與樹脂混合並添加溶劑以調整黏度。塗佈之後必須經過乾燥烘烤的過程。雙面板通常是先塗佈一面，乾燥後再塗佈另一面。

13.2.5.3.2 曝光

PIC的曝光必須配合精密的對位機構，一般接點的寬度為100 μm，所以覆蓋層開孔至少必須達到30~40 μm的精度。如前述對位精度除了受限於機器設備之外，基板本身所產生的尺寸誤差及平坦性較差也會造成對位精度無法提高。

13.2.5.3.3 顯像

顯像的問題通常較小，但是如果是微細線路時必須特別注意顯影條件的控制。雖然一般PIC的顯像液和光阻的顯像液都是碳酸鈉水溶液，但是生產時最好是使用不同設備，避免混用。顯像後為了讓PIC與基板樹脂能充分鏈結，必須經過後烤(Post-cure)的步驟，後烤的溫度隨樹脂種類不同而不同，時間通常為20~30分。

13.2.6 表面金屬處理

軟板線路露出部份，必須確保在未組配之前保持其銅面之可焊性外，還有一些因為用途不同，而有不同的表面處理方法。近年又因為環保方面的無鉛要求，因此表面金屬處理的方式產生很大的改變。

13.2.6.1 噴錫 (HASL -Hot Air Solder Leveling)

HASL是將電路板浸泡在溶融的焊錫中，在拉出時用風刀將高溫高壓的空氣吹在面板上，以控制焊錫的厚度。由於短時間熱風要將整個板面整平相當困難，因此組裝元件時較細的銅墊會有安裝問題。由於噴錫完的瞬間，錫尚未完全冷卻凝固，因此水平置放一般會有較好的厚度分布。當然水平式噴錫和垂直式噴錫的錫厚度不盡相同，一般的經驗水平噴錫的均勻度又比垂直略好，但水平噴錫機的維護比較麻煩。軟板厚度較厚時，噴錫較普遍，但現在板厚越來越薄，噴錫難度增加，且有潛在可靠度問題，再加上環保議題的無鉛訴求，採用噴錫製程越來越少。

13.2.6.2 化錫

化學浸錫機構為置換反應（Exchange Reaction），利用Sn2+置換Cu，以Sn沉積在銅面上。它有以下的優勢：

A.可用於水平或垂直的生產流程

B.可直接進行電測

C.槽液管理容易

D.可重工

E.厚度均勻性良好

F.錫層可直接以目視判斷

G.操作成本低

13.2.6.3 滾錫

此類處理僅適合單面板作業，特別要控制進行速度與溫度的配合。滾錫的優點有：成本低、流程短、具光亮性、管理容易。缺點則是：厚度不易控制、均一性差。

13.2.6.4 鍍鎳／金

鍍金的目的主要為了有良好的接觸性與耐蝕牲，通常厚度要求在$0.5\mu m$ 以下，為了防止銅向金層擴散(Migration)，必須先鍍一層鎳，厚度在$2\sim3\mu m$之間即可，此鎳層謂之Barrier屏障層，特別要注意硬度與疏孔性的控制。

13.2.6.5 化學鎳／金

化學鎳/金製程並不須要使用電流，所以無須線路連通，對製作的彈性大幅提昇因此受到重視。

大部分廠商進行化學鎳製程時，是以次磷酸鹽為還原劑，觸媒與化學鍍銅系統類似。由於採用磷酸鹽系統還原劑，析出的鎳會有磷共析的現象，而磷含量會影響鍍層的物性，因此共析量必須加以控制。

化學金析出基本上分為置換金系統及還原金系統兩種。現在所使用的置換的化學金所能製作的金厚度約為$0.05\sim0.1\mu m$或此數值以下的薄鍍層。厚鍍層的應用仍以還原金較適合，可達到$0.5\mu m$。進行金置換時由於與鎳面有離子交換所以會生成針孔，但還原金是使用觸媒析出故較無此現象。

對於打金線組裝的應用而言，會要求高純度且厚度較厚的金鍍層，至於以焊接為主或打鋁線的產品應用而言，則會要求較薄的鍍金厚度。

13.2.6.6 抗氧化處理

軟板導體露出部份，也有不做其他金屬類表面處理，而保留原來的銅面，為防止氧化，會利用特殊藥液在銅面上反應一層有抗氧化功能的薄膜，市面上此等商品很多，如早期的Cu 56，其抗氧化時間不長，僅數天到一兩週。現有改良的製程稱有機保焊膜(OSP Organic Solderability Preservatives)，或稱預助焊劑，其抗氧化時間可達數月。由於新鮮的銅面才有可銲錫性(Solderability)，如果能以有機析出層保有新鮮的銅面，就可以保有後續的銲錫性。其實並非所有的有機保護膜都有助焊性，除了少數的松香系列保護膜外，多數的保護膜只有保護功能。因此在接下來的焊接時，保護膜必須與助焊劑有相容性。一般而言如果使用有機保焊膜，其焊接所使用的助焊劑活性需要略強，較強的助焊劑可以使有機膜在熱環境下分解並使錫與銅底材直接連接。

現行組裝常有超過一次以上的重熔製程，因此有機膜必須通過一定的耐熱考驗才能勝任。

13.2.7 電測

本節內容請參閱第十章，10.3節。

13.2.8 成型

表面處理完成後，接著就是外型加工，但若是OSP的銅面處理方式，則必須在電測與成型完成後再進行OSP製程。因為軟板成品總厚度在3至5mil之間，非常薄，在加工過程中很容易破裂或毛邊，所以須先試沖檢查品質及尺寸，再調整沖程等以得最佳條件。

外型複雜或孔形奇特的板子，其板子的尺寸安定性非常重要，定位孔製作要精確，其位置分配設計要細加考慮。定位孔徑約在2mm最恰當，太大誤差愈大。特殊設計不在此限。

軟板成型常見的幾種方法如下所述：

13.2.8.1 模具沖型

在軟板的製程中使用模具沖壓的步驟很多，如覆蓋膜開孔、工具孔開孔、一般開孔、外形加工、補強板加工等。通常一個軟板的製程有時甚至會使用到4~5個模具。由於這些模具加工的對象通常是薄且柔軟的材料，因此模具材料和硬板所使用的模具材料不同。軟板的模具可分為刀模(Steel Rule Die，SRD)和鋼模(Hard die)兩種，兩者的比較如表13.7。

A.刀模(Steel Rule Die，SRD)

軟板所使用的刀模如圖13.32，是在厚的硬質PVC板上鑲埋進剃刀型的刀狀模具。模具的製造方式是採NC以雷射用加工出所需要的凹槽，並在這些凹槽中埋入刀型模具。

在刀與刀之間填入發泡PU。和鋼模比較起來刀模的精度和使用壽命較短，不過製作時間短、成本低，因此覆蓋膜的開孔、薄補強板外形加工等常使用這類的模具。刀模所能達到的精度為±0.2mm。如果使用的情形良好，可以有1萬次以上的壽命。刀模對厚度$100\,\mu\text{m}$的薄膜可以正確切斷，但厚度太薄時，沖壓設備、模具的精度等便很重要。

表13.7　刀模及鋼模的比較

項目	刀模	鋼模
精度	±0.2mm	±0.1mm以上
開孔精度	3mmΦ~	0.5mmΦ~
長條形開孔	容易	難
直角曲率	R0.5mm以上	R0.1mm以上
使用壽命	一萬次	數十萬次
生產性	低	高
換模	可用手快速更換	需要起重設備
活動結構	不可	可能
儲存空間	體積小	體積大
設計變更	可能但精度差	可能但時間長及成本高
價格	低	高
交期	不到一週	4~8週

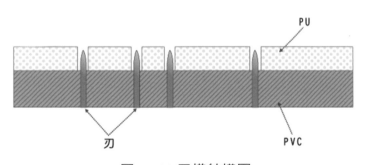

圖 13.32 刀模結構圖

　　刀模對於微細加工的限制較多，通常很難達到直徑3mm以下的開孔。直角的弧角半徑R 必須0.5mm以上。刀模可以很容易達到0mm的長條形開孔(見圖13.33)，不過在長條形開孔的尾端會有如圓形的小洞產生，這是鋼模做不到的。

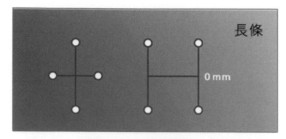

圖 13.33 長條開口

B.鋼模(Hard die)

如前圖13.21所示鋼模是利用公模和母模間的剪應力將軟板截斷。這種截斷方式和一般硬板的加工方式相同，不同的是由於軟板較薄且柔軟，因此加工模具的設計上會有所不同。

通常厚度較厚的基板在沖壓時，公模與母模間會有一定的間隙。但是軟板厚度較薄，因此公模和母模間的間距幾乎為零。這種零間距公母模的製作方式，首先利用工具鋼加工出所需要尺寸的公模，然後利用線切割以較軟的材料作為母模，在母模的邊緣內側留下一些微小的凸邊。當公模沖壓母模的時候會將母模邊緣多出的材料押入母模之內，如此公模和母模間的間距會變小。不過隨著沖壓次數的增加，公母模間的間距會因為磨耗而逐漸增加，因此必須定期保養模具。鋼模的精度為±0.05mm，其切邊的品質非常的好，若保養情況佳，鋼模的壽命可達10~20萬次。

一般模具的設計，由於覆蓋膜開孔要求的精度較高，所以會使用鋼模；而外形加工的部份要求精度較低，所以一般以刀模為主。在製程上，使用兩組模具會增加製程步驟的複雜度，因此可以設計複合模具將鋼模和刀模結合成一個複合模具，利用刀模進行外形加工而以鋼模進行開孔，在一次沖壓時同時完成兩個模具的加工步驟。如此可以大幅減少製程的步驟及模具的數目。

13.2.8.2 NC 成型

利用模具沖壓的加工時間非常短，製程成本也低，但是模具的製作需要很長的時間，且模具(鋼模)製造成本非常之高，因此無法隨時變更模具試做新的設計。NC routing加工是利用CAD提供的NC數據來進行。不過由於工件的處理時間很長，因此製程加工的成本較高。因此Routing主要用在少量試做的的訂單。

最常使用的Routing方式是利用NC成型設備。所能達到的精度與設備有關。和鑽孔垂直上下刀的動作不一樣的地方，Routing時銑刀必須施加橫向力，因此容易有毛邊產生。

13.2.8.3 雷射切割 (Laser cut)

　　另外近年也將雷射應用在成型的製程,其精密度基本上和雷射開孔所能達到的精密度相同,以準分子雷射為例可以達到100μm以下的精度,不過速度較慢且成本高。準分子雷射適合加工有機高分子材料,但是對於金屬則速度很慢。由於外形加工除了基材薄膜和覆蓋層之外,部份也可能含有銅箔,若是此類板子使用準分子雷射時加工速度會很慢。因此如果對於精度要求沒有那麼高時,如果可以改用UV雷射或是YAG雷射,則可以大幅提高加工速度及品質。圖13.34~圖13.36是利用雷射所銑切的單面軟板的斷面情形。

圖 13.34 雷射線路切割圖

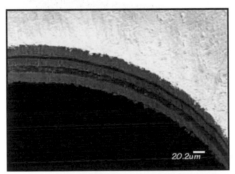

圖 13.35 雷射切割 FPC 外型的 SEM 照片

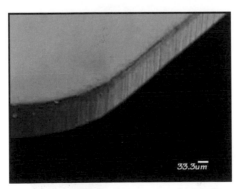

圖 13.36 雷射 在 PI Film 的切割

13.2.9 補強板加工

　　外型加工後的軟板有時需進行補強板的貼附。補強板的加工方式及材質種類、厚度要求沒有一定模式，完全依客戶要求而定。所以工程人員在制定作業流程時，要慎重研究這個問題，選用貼合的黏著劑需先瞭解軟板的用途。

　　軟板蝕刻及熱壓後，尺寸多少有點伸縮，方向性也沒有固定，補強板對位時將有困難，可以將補強板的孔徑放大，以解決孔對孔之位置有差異導致的零件組裝困難的問題。不同供應商的材料，其放大值不一樣，須請供應商提供，或取經驗值調整之。目前補強板的貼附，一般是人工作業為主，如圖13.37，若是將5 mil厚的PI膜做補強材，則通常以熱壓合方式作業。

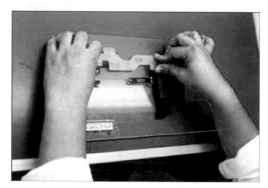

圖 11.37 補強板貼著作業

13.2.10 成品檢驗

　　軟板空板必須檢查線路的電性及外觀，除此之外由於軟板有許多撓曲的部份，因此必須加進機械性質的檢驗。除了100%的電性測試外，外觀的瑕疵檢驗與允收標準可依據IPC-A-600來檢驗；性能方面則依據IPC-6013來檢測與驗證。目前檢驗以AOI(Automatic Optical Inspection，自動光學檢驗系統，見圖13.38為主的人工檢查及複判為輔。

圖 13.38 AOI

13.2.11 包裝

軟板製程的最後步驟是包裝。通常是將適當片數約10~20片左右的軟板疊放之後，以紙膠帶固定在紙基板上，如圖13.39所示。不過由於軟板很容易受外力而損壞，因此在包裝時必須特別注意，並儘量避免使用橡膠系列的黏膠，因為橡膠所含的化學物質會造成接點氧化或是變色。如果基板是PI薄膜，由於PI很容易吸濕，因此通常會將乾燥劑一同置入PE袋中並熱封起來。然後將熱封好的包裝與和墊材一同裝箱。

圖 13.39 包裝作業

最安全的方法是使用專用的承載盤(圖13.40)。不過由於軟板的種類很多，因此承載盤的種類也會很多，相對地會增加庫存管理的成本。

圖 13.40 軟板成品專用承載盤

13.3 多層軟板及軟硬複合板的製造

和雙面鍍通孔的軟板比起來，全多層(Multilayer FPC)及軟硬複合板(Rigid-Flex)的結構及種類要複雜許多，圖13.41及圖13.42分別是多層軟板及軟硬複合板的標準製造流程。前述各製程是單、雙面板的基本標準製程，也都是多層軟板及軟硬複合板製作必經的程序，而軟硬複合板又比全軟板製程更加繁複。軟硬複合板製作過程中有五個最困難的地方：

A.軟板區(Hinge)開窗製程之設計

B.壓合製程(不同基材、不同厚度)

C.各層鑽孔的精準度(如何鑽在PAD中心)

D.鑽孔後孔內膠渣的去除

E.除膠渣後的孔銅製程

F.成型製程(不同厚度及材質)

這些製程不良可能造成的問題有：分層、孔內膠渣造成導通不良、孔銅裂、各層對不準等，不過這些問題大部分可在製程中嚴謹的操作條件加以避免。

首先是選擇正確的材料。軟板部分是使用PI，要越穩定越好，如 DuPont的VN Type Kapton。因為PI材料的收縮(Shrinkage)在機械方向(MD Machine Direction)較和其垂直的TD(Transverse Direction or Cross-machine Direction)大，所以底片的線路方向應置放於較穩定的TD方向。以Sheet方式生產的材料較以Roll方式生產的材料穩定。

其次在排版完成後，盡可能讓線路留下較多的銅，包括板邊在內，使增加線路蝕刻後基材的穩定度。

以下針對這兩類板不同的製程做詳細的說明。

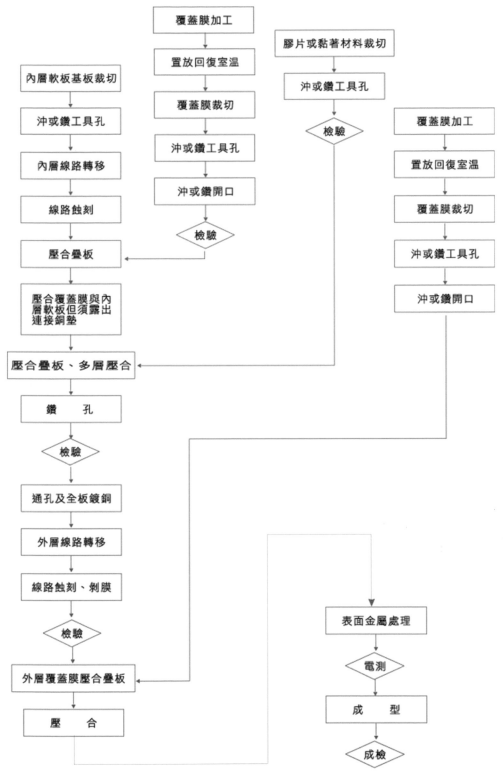

圖 13.41 多層軟板生產流程

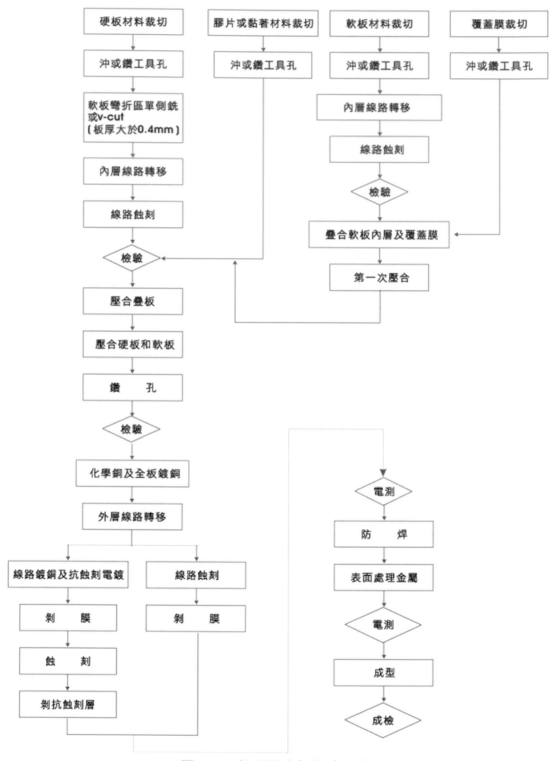

圖 13.42 軟硬複合板生產流程

13.3.1 內層線路製作

多層及軟硬複合板的內層一般是以PI為基材的Flex層，與一般單、雙面軟板並無不同，所以只要進行以下製程即可：

(工具孔鑽孔)-銅面粗化處理-壓膜-影像轉移-顯影-蝕刻-剝膜。如果內層是四層線路的話可以使用兩層雙面板。但是如果軟板的部份因為需要撓曲特性的要求，可以使用單面軟板作為內層，彼此間不用膠層黏著固定，以保持撓曲性。

13.3.2 內層覆蓋膜加工

蝕刻後的軟板需全部覆蓋一層覆蓋膜，可以保護內層線路、增加層間絕緣性、減少多層壓合時氣泡的封陷、且可降低各層線路上銅墊(Pad)的偏移量。基本的製程條件和單、雙面軟性電路板相同。由於這時的覆蓋層不需要開孔加工和對位，因此製程很簡單。在多層與軟硬複合板的製程中必須經過多次的熱硬化過程，因此選擇的材料必須具有良好的耐熱性。雖然基材PI本身的耐熱性很好，但是接著劑必須選擇耐熱性較佳的接著劑如壓克力系的接著劑，或改良型環氧樹脂系(其Tg可達140~170°C)。

現將全多層及軟硬複合板分開來討論：

13.3.2.1 全多層軟板的結構

共有三種壓合方式：

A.將每一內層板，先壓合上一層覆蓋膜，並續用膠層(Bond sheet adhesive)去進一步壓合成為多層板。

三種方式中，以此種較為合適，因每一內層都可先做個別檢查，可能使其對準性達到最佳情況，氣泡也可減少。

B.各內層板完成後，於各層間利用膠層做一次壓合成為多層板，此法在材料成本上最為節省，但氣泡及層間對位不準的情況將最嚴重。

C.總壓合時，不加Coverlayer，只用Bond ply(膠合層)壓合多層板。但此法容易發生氣泡趕不光的情形，因其Bond ply中的Polyimide通常較厚，不易順應上下兩個線路高低面，自然會有氣泡趕不光，而且也會發生偏滑對不準的情形。

13.3.2.2 軟硬複合板的結構

因軟硬複合板的複雜度高，何種製程是最佳的選擇，並無定論，端視各公司的製程能力以及使用何種設備。以下是幾種討論：

A. 之前提及先壓合覆蓋膜，製作成本會增加，在進行多層硬板壓合時，PI表面須做一次粗化(刷磨或噴砂)，使Bond sheet adhesive的附著良好。

B. 只在鉸鏈區(Hinge)先壓附覆蓋膜，但因鉸鏈區須向兩側伸入裝配零件的硬板區(請參見圖13.43)，造成該處因高低不平導致壓力不均，而發生氣泡殘存。不過此時壓力艙式壓合機(Autoclave)的使用，將可減少氣泡問題。

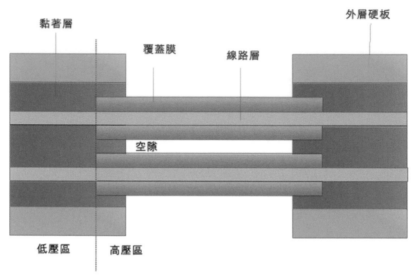

圖 13.43 鉸鏈區覆蓋膜延伸至硬板區的示意圖

13.3.3 軟硬複合板硬板部份的內層蝕刻

外層的Rigid部份通常使用雙面的玻璃纖維基板。不過隨著薄型化的趨勢，目前民生家電所用的基材厚度已經可以達到0.1mm以下了。內層通常只要單面(內面)蝕刻即可。

13.3.4 預塗膠法 (Pre-applied Adhesive)

為了要趕光氣泡常使用較厚的膠層，但膠層太厚時不易硬化，並造成Z軸方向的過度膨脹。此時為了使覆蓋膜能壓的平滑起見，可採預塗膠法(Pre-apply Adhesive)將線路面先予以填平，即可無氣泡存在。

該做法是：在壓合覆蓋膜時，PI層及膠層必須要完全順應線路的高低起伏，才能使氣泡完全趕光。但通常PI會抗拒這種順應適形，而膠層又不易填滿不平坦的板面，常會造成氣泡的殘留。所以解決之道是在壓合之前先在線路面塗佈上一層膠層，以壓床在121℃的溫度，壓10~15分鐘。注意此時不可過熱，以防膠層的提早硬化而失去黏性。經此預膠填平後，再以傳統方式將覆蓋膜壓著在板面上。

13.3.5 覆蓋膜表面的粗化

已有覆蓋膜的各內層軟板表面，PI朝外的光滑面應先予以粗化，才可使多層板的結合更為有力，其粗化法有下列三種：

13.3.5.1. 電漿法 Plasma Etching

此法最為有效，可在"純氧"或另一種"70%氧+30% Freon"的氣體環境的電漿室中，以高電壓使產生漿體自由基粒子，對PI的光滑表面做3~5分鐘的粗化處理。不過在此種處理前，板子要先在120℃中先烘烤30分鐘，以先趕走水份，否則電漿室內不易抽到真空。處理後的板子，最好置入乾燥箱內以防吸水，等待多層板的壓合，但不宜超過12小時。

13.3.5.2. 刷磨法

可加浮石粉(Pumice)再用機械方式刷磨，但必須將浮石粉徹底洗清，以防附著力不足。此種浮石粉可用3個F的等級即可，太細的反不易沖洗掉。

13.3.5.3. 鹼液處理法

可用市售之專用化學品進行處理，然後用10% 的稀硫酸進行中和清洗，此步驟必須徹底，以防止殘鹼在高溫下造成PI材質的劣化。

一般PI軟板材料在高溫下遇到了水份及鹼性化學品時，會發生水解(Hydrolysis)作用而使材料劣化，其機械強度會降低，甚至發生分層現象。故在壓合前，必須烘烤以徹底趕光水份，否則水份會漸滲入PI中造成上述的劣化問題。

13.3.6 軟硬複合板 Hinge 區域的硬板開窗

一塊硬板中，有部份被切空，而位於其中之內層為軟板，該軟板的線路區域可彎折成某一固定的形狀，以利裝配的需要。此一可活動的軟板區稱為鉸鏈區(Hinges)。本步驟即是將此〝窗口〞做出，其方式有：

13.3.6.1 採用 Push back 或切除後加入 Dummy board

所謂Push back的技術，這是沖型製程的一項行之已久技術，將原本已被沖斷的板子又被壓回原處，待全數沖完後，在予以折下，或送至客戶處由客戶組配零件後再折下，通常是針對小板多排版的設計。可利用此技術於本製程中。類似觀念也可沖或銑下該處，再填上同樣尺寸的Dummy board當作Filler，見圖13.44。

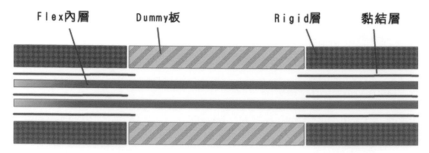

圖 13.44 軟硬複合板鉸鏈區以 dummy board 填平

13.3.6.2 以 V-cut 方法單邊做出 V 槽

見圖13.45，以V-cut切出單邊做出V槽，或以銑刀顯出槽溝，板子仍留於Hinge區域，待至最後成型時再折斷之以去除，見圖13.46。

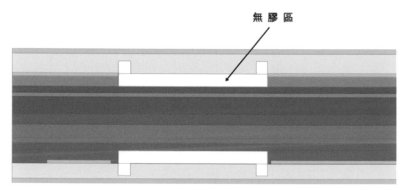

圖 13.45 以 V-cut 切單邊做出 V 槽

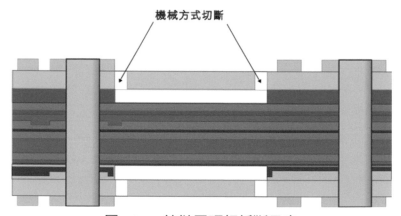

圖 13.46 鉸鏈區硬板折斷示意

13.3.6.3 雷射切除

一般而言，硬板部分的外層厚度並不厚，所以可以控制雷射能量來切割外型後再將之移除，當然邊緣的碳化膠渣須避免或小心清除之。

軟硬複合板壓合最困難之處就是在軟硬兩區之接壤處，不但其結合不易牢固，且容易藏納氣泡。故在軟硬壓合的窗口區，可先將Hinge區的補墊設計得稍薄一點，使Hinge區的總厚度比硬區薄約5mil，如此一來硬區的受壓壓力將大於Hinge區，將可使接壤區的氣泡得以被擠出。但這種配合非常麻煩，為了減少作業上的手續，上述的預切V型槽的方式是可行之法。

13.3.7 膠層的開窗加工

膠層須預先將軟板Hinge區的部份開窗，使後續的壓合作業中不會造成軟板和硬板間的黏著。膠層是兩面都具有離型紙的薄膜，必須使用NC routing或是刀膜沖孔的方式開窗，然後再將開窗的位置與硬板部份的開孔位置對好貼合。通常膠層的開窗大小會伸入硬板部份約1~2mm，以方便對位及黏結。

13.3.8 壓合

詳見13.2.4.1.2節。

作業過程注意事項：

1. 以傳壓方式進行壓合

2. 在疊層熱壓之前，內層的Flex部份和外層的Rigid部份必須經過充分的烘烤乾燥，如此可以確保後續的鑽孔及鍍通孔的品質。

3. 軟板壓合不宜採行如硬板之兩段壓力式的壓合，應一開始就要使用全壓力操作，因軟板所用的膠層，其流膠(Flow)性都很低，須用全壓力才行。

4. 使用真空熱壓機可以減少氣泡之類的缺陷，使製程的良率大幅提昇。

13.3.9 內層對準度檢查

完成壓合的半成品，在上機鑽孔之前，可先用X光透視機配合底片檢查各內層待鑽處圓墊(Pads)的對準度(圖13.47)，並儘量調整NC程式，以免太偏而造成通孔的環墊中破出(Break Out)。一旦各內層發生對不準的情形時，可能是由於壓合進行時其膠層軟化滑動所造成的，也可能來自製程中其他的變數，如蝕刻、烘烤，或覆蓋膜壓合等異常情形所造成，線路的設計結構也是原因之一，PI基材本身原有的變形量或過大的壓力，也都是造成多層板及軟硬複合板半成品內層對不準的原因。

圖 13.47 X-Ray 對位設備

13.3.10 孔的加工

參考13.2.2節。

多層軟板和軟硬複合板孔的加工大半採鑽孔製程，傳統硬板材料中的環氧樹脂及玻纖布，其複合程度都非常均勻，但多層軟板或軟硬複合板的材質則不是那麼理想。用在硬板鑽孔時能夠使用的條件，不一定也能用在軟板上。此等鑽孔條件如鑽針的銳利情形、轉速及進刀速度、墊板、蓋板等，對於多層軟板或軟硬複合板而言，其最佳條件範圍較窄。所鑽的孔壁一定要保持平整，可減少在熱膨脹時孔口被撕裂的危險。而且要注意所用的條件是否會將膠層接著劑拉離或帶出，如此一來，可能也會引起銅皮或PI上出現釘頭的現象。

通常鑽軟硬複合板時，其進刀(Feed)及轉速(Speed)是要逐步試做，由結果的好壞決定操作條件，而且要時時觀察生產線上量產的情形，以下所列出的條件，可做為開始作業時的參考，真正的條件仍然要靠現場量產經驗去不斷的修正而獲得的。

A. 通常在鑽軟硬複合板時，只能鑽一片板子，上面要加鋁蓋板(Entry board)或鋁箔壓合之複合蓋板(Aluminum-Clad)，且還要加用鋁箔所壓合的複合墊板(Back up board)。

B. 要使用全新的碳化鎢鑽針，使完成的切削面更為平滑。

C. 鑽針每做完500擊(Hits)的鑽孔後，即需更換新針。

D. 鑽孔的轉速、進刀速率以及進刀量(Chip Load)和孔徑、厚度、材質有密切關聯，可先依供應商的技術資料進行條件設定，再依品質狀況調整至最佳條件。

13.3.11 去毛邊 (Deburr)

要除去孔口所出現的帶出性毛邊，可以手推小型砂帶機為之，且以圓形軌道的方式進行砂磨，量產者或可採水平輸送的自動化方式去操作。此種輸送方式的去毛頭設備，也適合在軟硬複合板上。不過刷子要做適當的調整，以防板子上所開出的"窗口"受損。

當各種鑽孔條件都已受到良好的管理控制時，則孔壁上所應出現的碎片毛頭應大多來自墊板材料而已。除去毛頭的方法可用真空吸塵法、噴氣或噴水法等皆能奏效，而用超音波再配合溶劑或清洗劑的法子也很管用。

但若鑽孔條件沒控制好時，則可能在孔壁上會出現一種"牽絲"(Stringers)現象的缺點，且每當PI材質因鑽孔不良而出現針頭時，這種現象會隨之增加。上述用以對付孔壁上所出現墊板碎片的清除方法，也可除去此種牽絲。

13.3.12 除膠渣

即使製程條件控制再好，使用壓克力系或環氧樹脂系接著劑在鑽孔時多少都會有膠渣產生，因此在鍍通孔製程前必須先進行除膠渣的步驟。除膠渣主要有兩種方式：

13.3.12.1 過錳酸鉀法 (KMnO2)

如果是玻璃纖維基板的話可以使用過錳酸鹽水溶液，這種水溶液對於環氧樹脂系接著劑具有良好的清洗效果；不過如果是壓克力系接著劑時，接著劑會吸收過錳酸鹽水溶液產生膨潤而殘留在樹脂中很難去除。所以一般壓克力系接著劑會採用以下所述的幾種電漿蝕刻的方式進行去除膠渣。

13.3.12.2 電漿法 (Plasma)

軟硬合板的除膠渣或回蝕，最好的方式當然是採用電漿法(Plasma)，不但是最清潔及快速的方法，而且可信度也最好。電漿法不僅可使後來鍍通孔銅層有最可靠的品質外，也可免去使用各種危險化學品的煩惱，並還能減少人為影響的因素，及達到降低成本的效果(與其他方法相比而得知)。使用電漿法除了可以去除膠渣之外，也可以用來蝕刻絕緣層，利用電漿蝕刻絕緣層可以造成穿孔中的內層銅箔表面形成突起狀，使得銅箔接觸面積變大，讓穿孔的電鍍品質可以大幅提昇。

執行電漿法除膠渣之前，板子要按厚度的不同，先進行30分鐘到4小時在121° C的環境中烘烤，以趕除所吸收的水分，否則電漿蝕膠的效果很難以令人感到滿意。烤完板子後，要趁熱送入電漿處理機中，進行碳氟氣體電離環境的處理。以下是電漿法的操作條件及注意事項：

A.電漿法操作條件

影響除膠渣快慢好壞的變數有下列幾種：

a. 留置處理時間(分鐘)

b. RF Power，射頻的功率(瓦特)

c. 混合氣體的種類(氧氣/Freon，或氧氣/Freon/Nitrogen)

d. 氣體流量(cc/min)

e. 壓力大小(Torr或Pa，1 Torr表示0°C時1mm的Hg柱高)

一般處理時間及設定條件，都因機型及板子的不同而互有所異。最好做實驗以找出最佳條件。必須注意的是，電漿法只對有機物質有效，對金屬表面不發生作用。放在送入密閉的處理空間時，凡不欲被電漿影響到的區域，都必須用金屬膠帶加以遮蔽阻蓋，以免受到攻擊。

B.釘頭的效應

電漿法成效的好壞，與鑽孔本身之品質優劣有很大的關係，不良之鑽孔孔壁，在PI或內層銅環上會出現嚴重的釘頭，孔壁上也可能塗滿了大量的膠糊，因而需要進行長時間的電漿除膠之作業，才能達到應有的標準。且PI之釘頭還會阻止氣漿到達應除的膠面處，因而也需加長處理時間，以作為彌補。

C.氧氣排淨

完成電漿除膠或回蝕的板子，因其死角通孔內必定藏有不少的氟素，這些氟素必須要加以盡除，才不致造成鍍通孔製程處理的缺失。一般的做法是用氧氣進行3~10分鐘大掃除式的排淨工作(Purge)，才可把有機板材上所吸附的氟素排除乾淨。

D.後處理

電漿處理後通常還需進行兩種後處理的作業。其一是因板材中有部份低分子量的有機物，會在電漿處理過程中出現碳化焦化的情形(Charring)，在鍍通孔製程之前必須要予以清除。其二是板材中的玻璃束受到電漿的處理後，會出現浮灰(Ash)而使活性降低很多，需用含氟酸液的濕式法另外加做微蝕，待玻璃表面恢復活性後，才能有良好鍍通孔鍍層附著。此氟酸之配方如下：

氫氟酸(Hydrofluoric Acid) .... 100 ml/l

鹽酸 .... 250 ml/l

室溫浸洗 20-25秒

板子經此濕洗後，還要快速進行幾道強力的水洗，以清除氟氯等離子的污染，之後才能令其進入鍍通孔製程。

13.3.13 化學銅 + 全板鍍銅

多層軟板和軟硬複合板的孔壁導體化及鍍銅基本上和硬板的製程差異不大，導體化可分化學銅及直接電鍍兩種，詳見13.2.3節。

13.3.14 線路的製作

各細製程詳見13.2.4節。

銅面的清潔與粗化-壓膜-曝光-顯像

但因其進行的是負片製程，因此曝光顯像後留在板面上的乾膜是作為抗電鍍之用，其位置是未來蝕刻後的非線路部份，和單、雙面板的正片製程完全相反。

13.3.15 二次銅電鍍、抗蝕刻阻劑電鍍

軟板所用電鍍銅需要注意銅層延展性的好壞，因動態軟板上孔壁銅被拉斷的機會要比硬板發生的機會高，須特別謹慎。多層軟板通孔的銅厚度，一般要比硬板厚，須要在2mil以上，品質也必須要好才行。有時所得到的鍍銅層最好再經過烘烤。有實驗報告曾顯示，鍍銅層若在149°C下烘烤2小時後，其延展性可獲得良好的改善。

軟板鍍完二次銅之後，也如硬板一樣，要鍍錫鉛合金或純錫做為抗蝕刻的金屬阻劑。

13.3.16 剝膜、蝕刻、剝錫

此製程和硬板製程大同小異，先將抗鍍阻劑(乾膜)剝除後，以弱鹼性蝕刻將非線路區之銅層蝕除，此處市售各種商品化的蝕刻液皆可適用。最後再將抗蝕阻劑剝除，完成此製程。通常此三道步驟是由一連線水平設備一次完成的。

13.3.17 烘烤

完成大部份製程的軟板，在進行任何高溫製程時，如壓合、噴錫等，都必須先做嚴格的烘烤，以防PI的吸水，會在強熱後造成分層。所用的烘烤條件為120~135°C，按板子厚度的不同，可調整在2-10小時之不同烘烤時間。

PI層甚至在空氣中也能快速吸入水分，故必須在完成烘烤後30分鐘內儘快進行高溫製程，以避免爆板分層的發生，否則就要用防潮的塑膠袋將烤過的板子加以封存，使在等待製作時，防止PI的吸水，尤其對於多層軟板和軟硬複合板有數個PI材質層，更應著重此步驟。

經長時間的烘烤自然會造成銅皮的氧化，而不利後來的製程。故若能使用真空烤箱(Vacuum Ovens)時，不但可降低烤溫至65~80°C左右，更可避免銅面氧化而減少銅面清潔的麻煩。

13.3.18 覆蓋層加工

詳細請參考13.2.5節。

13.3.19 表面金屬處理

詳細請參考13.2.6節。

13.3.20 電測

本節內容請參閱第十章。

13.3.21 成型

請參考13.2.8節。

多層軟板或軟硬複合板，因其厚度較厚，不易被刀模所切斷，必須要用NC Routing來銑切。多層軟板也可以鋼模沖型方式來成型，但因軟硬複合板厚度有高低差，無法以鋼模沖型，可以雷射切割之，是目前極為普遍的選擇。

軟硬複合板最要避免的是銳利的內緣轉角、毛頭、缺口等，那將是造成進一步撕裂的起源。故有時也在要緊的關鍵區，故意留下一截未蝕的銅面，當成一種補強用的銅護堤(Copper Dams)，以防止PI底材的撕裂。

外形加工後即完成軟硬複合板的製作，不過為了防止Rigid部份和Flex部份結合處在使用時產生剝離，有些會在連接部份再塗上一層保護膠，保護膠的種類通常為室溫硬化型的矽膠，如圖13.48所示。

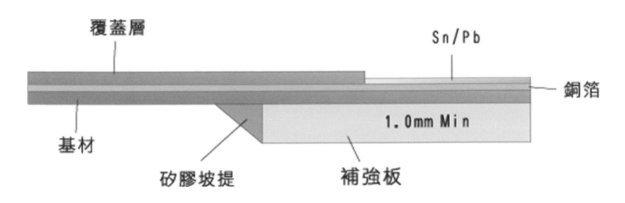

圖 13.48 Rigid 和 Flex 結合處矽膠保護

圖13.49是以雷射切割軟硬複合板外型，在能量控制得當之下，不同材質及不同厚度仍可切出平整的外型。

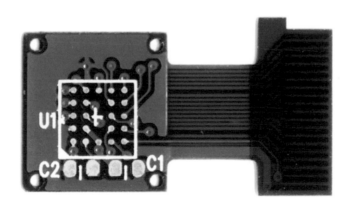

圖 13.49 雷射切割外型的軟硬複合板外緣平整的照片

13.4 蝕雕軟板 (Sculptured Flex Circuits) 製程

　　蝕雕軟板(Sculptured Flex Circuits)，又可稱飛腳板(Flying Lead)，都屬於單層導體雙面露出(Double access)軟板的一種形式。它的製作方式有如下幾種：

13.4.1 預先沖壓 (Pre-punch)

　　預先沖壓的加工方法與TAB的飛腳製程相同。一開始先將PI的覆蓋膜，以沖壓或是NC鑽孔方式進行開窗步驟，然後再壓合銅箔。壓合銅箔後的製程步驟和之前所介紹的相同，不過每個製程方法有些差異。例如蝕刻時由於基材有些地方有開孔因此塗佈光阻時開孔造成的基材表面高低差會造成光阻塗佈的不均勻。目前最常見的方法是以液態光阻來塗佈，若開窗角落未塗佈均勻甚或有漏塗時，再利用人工來完成，因此飛腳的軟板在量產上不容易完全自動化。

　　蝕刻之後由於飛腳的部份沒有基材保護，接點的位置很容易受外力而損壞，因此在處理及運送的過程中都必須特別注意，或在開始時在設計將飛腳兩端的基材和覆蓋層保留下來。

　　圖13.50是利用預先沖壓的方式來製作飛腳的流程示意。

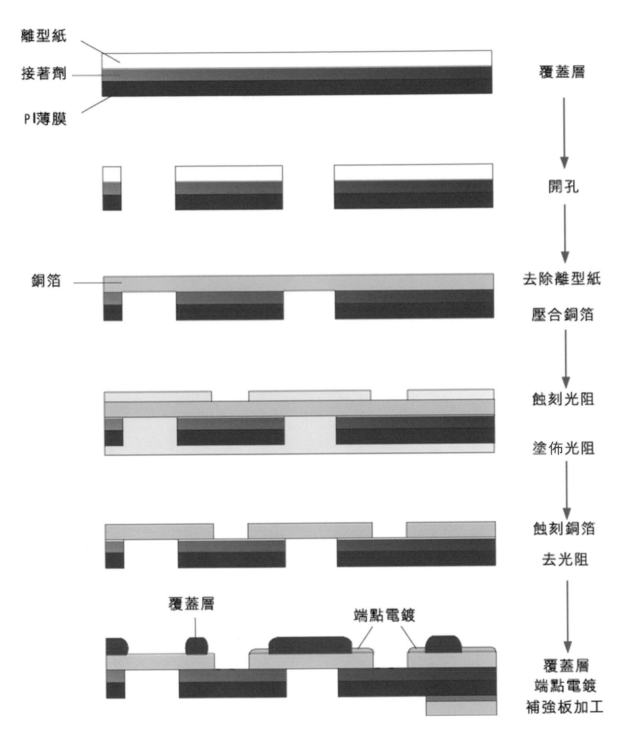

圖 13.50 預先沖壓方式製作露空接腳

13.4.2 雷射加工法

由於準分子雷射波長在紫外光的範圍，因此特別適合用來加工高分子材料，而利用準分子雷射來加工飛腳的製程會很簡單。雷射加工法製作飛腳的製程一直到覆蓋層加工步驟之前都與先前介紹軟性電路板的製程相同，之後必須利用雷射將絕緣層的部份去除來製作飛腳。利用雷射製作飛腳有兩種方式：第一種方式是利用NC機台控制雷射只對開孔的位置加工，另一種是利用光罩的方式形成開孔的圖形。用準分子雷射可以達到50μm以下的開孔孔徑，不過利用雷射加工過後在導體表面會沈積一些碳的殘留物，所以加工後必須進行洗淨。

13.4.3 電漿蝕刻及化學蝕刻

電漿蝕刻和化學蝕刻是成本較低的微細開孔方式。電漿蝕刻飛腳製程是由雙面銅箔基板開始。一邊的銅箔形成線路，另一邊的銅箔則是作為基材蝕刻時的保護層。線路和保護層銅箔的蝕刻可以同時進行。蝕刻好作為保護層的銅箔後，另一面之線路以光阻塗佈保護，隨後即可利用電漿蝕刻或化學蝕刻的方式進行基材的蝕刻。蝕刻好基材之後即去除光阻，及另一面保護層上之銅，接著進行覆蓋層加工及端點電鍍等製程，見圖13.51。電漿蝕刻及化學蝕刻這兩種製程的好處是除了可以進行高精密度的微細加工之外，開孔數目的多寡對於成本的影響不大。

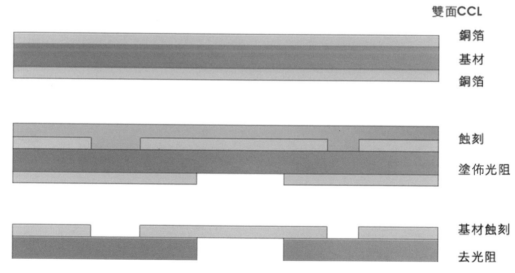

圖 13.51 電漿蝕刻及化學蝕刻製作飛腳

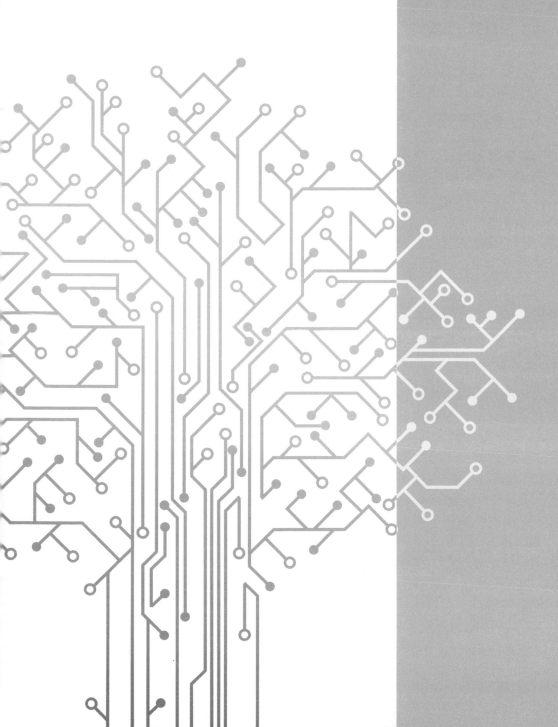

CHAPTER *14*

電路板品質要求

第十四章 電路板品質要求

14.1 前言

14.1.1 繁複的製程與嚴格的品質要求

電路板的製造是歷經很繁複的步驟，在工程技術上有幾個特點：

A. PCB製造是一個集各種專業技術於其中的產業，包含了化學化工、高分子材料、機械、電子、電機、光電學等，幾乎各種專業都需用上；每個步驟都有其品質及公差之不同要求。製作成品交與客戶組裝，所有主、被動零件，如CPU、電阻、電容、晶片組、卡板、連接器等皆以插孔、表面黏著、打線接著等不同形式總合裝置於板子上，其作業的溫度、時間等條件不一。各不同零件間因材質的不同，其Tg、熱膨脹係數、尺寸漲縮等差異，讓電路板承受許多最終產品不良而被歸罪成為眾矢之的。

B. 製程中的參數變化大，使得板子間品質差異欲小不易，尤其是輕、薄、短、小、細線化的HDI板，更有層出不窮的製程問題須隨時解決克服，所以為滿足客戶需要，有責任感的工作人員總是會設法解決問題而後快，不計時候已多晚。

14.1.2 客戶產品規格變更頻繁，交期短

印刷電路板種類繁多，在生產方面具有如下與其他產業不同的特性：

A. 電路板板廠均依客戶指定之規格、設計與數量生產，因此廠商不會庫存（除非客戶要求）。由於客戶訂單規格種類繁多，現又以少樣多量的方式下單，因此生產流程之安排需富彈性，交貨快速穩定亦成為客戶採購的重要考量因素。

B. 生產線冗長，製程複雜，一但某步驟有製造缺失，如未能即時解決問題，將造成成品或半成品的重工、報廢的金錢與時間的損失。因此，生產管理的良窳影響成果甚鉅。

C. 由於產品料號繁多，製程規格也有差異，即使是自動化的生產設備要製作一致的標準也有其困難度，更何況很多的製程頂多只能做到半自動化，很多時候仍需仰賴有經驗的人員來操作、判斷或解決問題，因此從業之工程人員素質要求頗高，相對的當公司人員流動率高的時候，知識經驗就很難累積與傳承。

多層電路板作為電子元件的載體，用以連結元件整合其整體功能，因此如果電路板發生異常，則電器產品就無法正常運作。為保有產品的正常功能，電路板相關的品質與可靠度控管就十分的重要。

14.2 品管系統

要製造好的產品品質須從制度上著手，針對板廠的品管制度，以下做一般性的說明，不同板廠或有差異，但其制度的設計精神是一致的─滿足客戶品質需求。

國際間針對各種不同產業，包括生產服務，甚至政府機構運作等，有一個共同品質管理系統建置與實施的規範--ISO 9000，不管組織規模大小，必定通過第三方做此品質系統的認證，此為產業供應鏈間交易的基本門檻要求。不同產業因產品特性有各自特別的品質管控要求，並遵守一定的程序及檢測規範，例如汽車產業的客戶一定要求板廠建置ISO/TS 16949的品質管理系統，並通過第三方單位稽查通過，客戶才會下單，如圖14.1所示。

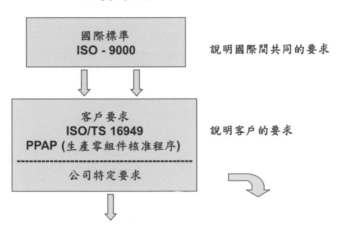

圖 14.1 國際共同與不同產業的品質系統要求

管理機制必須透過相關文件的建置，讓所有相關人員遵循與執行。一般性的文件內容包括執行過程的紀錄，會有四階文件，如圖14.2所示。

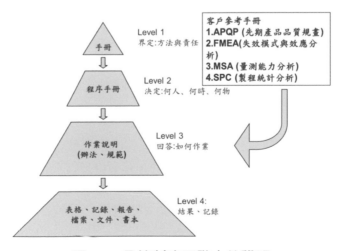

圖 14.2 品管制度四階文件說明

面對各種不同的產品需求，如何有效的管控品質並保持應有的可靠，必須對技術改善、材料的開發及整體製造工程的品管系統著手才能達成。品質在以前的年代是品管單位的事，所以品質檢驗人員配置特別多。後來觀念修正，品質要做好，製造者必須負起全責，於是自主管理當道。但沒有將製造的流程、生產設備、工治具、檢測儀器、以及選用的原物料設計正確，也不可能做好產品品質。因此品管作業必須從供應商管理、材料購入檢驗為起點，製作程序的變異控管、生產線的操作維持等為輔，加上線上的品檢監測、成品的管理控制，使製造工程能系統化穩定的進行，確立好的品質及穩定的可靠度。所以品質是設計出來的─這是現代製造的一個重要概念。相對的，品保組織就必須有對應的設計，圖14.3是一個典型的中型規模以上公司的品保組織系統說明。

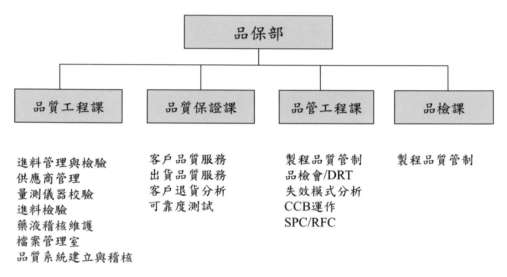

1. 為"Defects Reduction Team"的縮寫,其職責在於良率改善的管理。
2. 為"Change Control Board"的縮寫,其職責在於透過會議的方式由各委員以其專業角度來審核/同意或拒絕變更提出單位之計畫或建議,
3. "Responses Flow Checklist",為異常處理回饋的機制,透過所設定的流程來管制異常處理的過程。

圖 14.3 品保組織及工作職掌

許多品質的問題其實在設計時就已決定，雖然在設計階段主要的考慮是以電路板的電氣性能及結構為考量重點，但設計會影響製造時的難易及良率，其中尤其會影響到的是允許的公差。因此，如何有效的運用製造能力的數據，用以設計恰當的產品結構及恰當的製作程序就成為良好產品設計的要件。

電路板製造時，除了依循各種公訂的規格外，不同的客戶會對其產品訂定個別的規格。尤其電路板會因材料及製程條件的不同而有變動，產品的規格中都會規範其可容許誤差範圍。不論個別產品間或批次間，客戶都希望變異可以控制在較小的範圍內，但愈嚴的規格相對的良率愈低。製造商與客戶間如何協調出可接受的規格必須特別用心，過度的要求未必有利於買者，過鬆的規格也不會被使用者接受。清楚的界定出恰當的允收範圍，可以避免未來許多不必要的困擾。

14.3 電路板製造各製程品質要求

產品品質要求的等級，會根據測試機種的不同而訂定不同的標準。這些測試規格在產品設計階段即應制定，以便選擇適當的材料及生產技術，才能達成產品設定的品質目標。

在執行電路板品質保證工作時，其整體的品管體系非常重要的，體系內的基本構成項目應有：

檢驗：進貨檢查(IQC，或稱進料品管)、製程內檢查(IPQC，或稱製程內品管)、成品檢查(FQC，或稱最終品管)、可靠度測試(Reliability Test)等等，這些項目的實施與記錄都必須嚴格的執行。

電子產品的組裝密度正逐年提高，表面黏著方式的普及，陣列小型封裝(如：BGA-CSP)的組裝、裸晶粒(Bare-Chip)裝配的應用領域已呈現一般化的趨勢。電路板為對應此趨勢，在電鍍通孔多層電路板及高密度增層電路板方面，除了結構種類變化多，規格、材料及製程也變得多元化。

主要的技術變化如：線路微細化、微孔化、介電層薄型化、線路厚度降低、不同製程所使用的新材料等都變化劇烈。而相應於這些快速的產品結構變化，品質保證就須要採用更嚴謹周密的做法。

在架構品質管理體系時，必須從材料進貨開始管制，一直到出貨檢查，所有的品質保證過程都是品質控制的重要的工作。由於電路板可能會有外部無法檢查的潛在缺陷(Latent Defect)，因而採用測試片或測試線路(Coupon)定期執行可靠度測試，就變成品質保證的另一種手法。

設計對產品的生產有決定性的影響，進行設計之初就必須設法簡化程序，對電路板的應有規格在製作生產工具時應該將補償值考慮進去，對於產品允許而對製作有幫助的設計(如：疏密不均的線路可加銅墊來均分電流)應儘量加入，如此將有利於生產的順暢性。

14.3.1 電路板生產過程不同階段的品保確認工作

為達成產品的品質目標，重要的品質保證工作項目如後：

14.3.1.1 進料檢驗 IQC(Incoming Quality Control)

用於電路板製造的物料繁多，對所取得的物料必須保持應有的持續穩定水準，才能有穩定的製程。由於物料選用是製造工程的起跑點，所有的物料特性尤其是基材及銅箔，對成品的性能會產生絕對性的影響。因此進貨時必須將物料的基本資料列入，並對交貨的包裝等必要條件一律定義清楚。對各批次進料應作抽驗，並配合抽驗確實實施收料檢查，持續確認物料特性及變異狀況，使材料進入製程能保持在穩定的範圍內。

一般製造用的原物料分為暫時性材料及永久性材料，所謂暫時性材料就是製作程序中使用，但不會留在成品上的物料，永久材料則是成品會保留的材料。由此觀之，多層板用的膠片、高密度增層板用的介質材料、銅箔、化學銅、電鍍銅、防焊漆、錫、銀、鎳、金等都會出現在成品板上，屬於永久材料，在品管方面嚴格執行進料檢驗。至於暫時性材料，因為只用於生產過程，如感光性材料(乾膜、液態油墨)、鑽針、切刀等。這些物料由於不會出貨給客戶，主要的品質控制著重於物料的操作性及對產品生產品質的影響。針對暫時及永久性材料，使用者必須定出恰當的管制方法才能生產穩定的產品品質。

進料驗收的原則，可依品質長期數據的穩定度作檢查頻率的調節，對於變異大的供應商應加大抽驗的數量及頻率，同時須回饋數據或到廠要求改善。依照物料的變異性，調整實施檢查的內容，對非常安定的材料，某些時候可以進貨時所附帶的檢查報告作存證即可。

14.3.1.2 製程內品檢 IPQC(In Process Quality Control)

電路板的製程是將多個操作單元匯集進行，因無法完全連續生產，在每段接續的製程前後就會實施製程進出料檢驗，這樣的檢驗稱為製程內品檢。許多公司執行所謂的自主品質管理，此製程內檢查並不由品管人員執行，而是由作業員在製程進行中自我檢查。

一般製程內品檢，多數採用的方法是目視外觀檢查，至於檢查的項目隨製程不同而異。表14.1所示，為典型製程內品檢工作項目，特定的尺寸規格必須用儀器或破壞性檢查法量測。

表14.1 一般IPQC檢驗工作項目

製程		檢查項目或內容
流程類別	小程序	
工具孔加工		孔徑、毛邊、位置精度
線路製作 (內外層)	表面處理	研磨均勻度、毛邊、粗糙、突起、污垢、親水性
	壓膜	貼附完整性、氣泡、皺折、異物
	曝光	底片品質、板面清潔度、對位準度、真空度、能量均勻度、曝光框平整度、燈管能量強度、曝光格數
	顯影	光阻殘留、短斷路、光阻附著情況、污染、瑕疵等
	蝕刻	短路、斷路、刮傷、線寬間距、銅渣、污染、線路均勻度等
	剝膜	光阻殘留、刮傷、污染、藥液殘留等

製程		檢查項目或內容
壓板	對位孔製作	孔直徑、位置精度
	板面粗化處理	均勻度、粗化深度或厚度、刮撞傷
	疊板	平整度、膠片對稱性、厚度、疊合對準度
鑽孔 (機鑽與雷射鑽)		孔數、孔徑、毛邊、孔內粗度、釘頭、層分離、膠渣等，雷射鑽必須加上樹脂殘留、底部孔徑、孔壁形狀三項檢查
除膠渣		膠渣殘留、蝕刻量、粗糙度
化學銅電鍍		析出量、析出均勻度、覆蓋率、背光檢查、析出結晶檢視
電鍍銅		鍍層厚度、均勻度、覆蓋率、結合力、鍍層空隙、伸長率、鍍層粗糙、孔內銅瘤、導電度、析出結晶檢視…等
防焊漆	前處理	毛邊、線路變形、均勻度、刮撞傷、污染等
	光阻塗佈	均勻度、覆蓋完整性、污染、厚度
	曝光	底片品質、板面清潔度、對位準度、真空度、能量均勻度、曝光框平整度、燈管能量強度、曝光格數
	顯像	光阻殘留、短斷路、光阻附著情況、污染、瑕疵等
鍍鎳金		厚度均勻度、針孔、結合力、污染
表面金屬處理		均勻度、平整性、銲錫性
外形加工		尺寸精度、刮撞傷、斜邊對稱性

　　製程的最後步驟是外觀檢查和電氣測試，一般稱為FIT(Final Inspection & Testing)，都以全數檢查為原則。電氣測試的治具，必須依據量測點的位置來製作。對於介質層、線路、孔銅等等厚度，在出貨前必須作出完整品質報告，這些項目必須以破壞性檢查才能獲得可靠數據。當然，要保持產品良率，一般不會破壞成品區，某些客戶會在有效區設計測試線路及孔，若沒有則製造廠商可以自行在板邊區加入自行驗證的結構，以取得參考數據。

　　多層電路板的內層檢查一般都會百分之百檢測，因為內層板如果有缺點，在壓板後是無法處理的，事前檢測出不良品，也可降低後續再製作的成本。如果事前不作確切篩選檢查，缺點所造成的問題比例是相乘而非相加的，所以現在以光學自動檢查機(AOI-Automatic Optical Inspector)，用以檢測出板面缺點，幾乎已全面性導入，而且以現在如此精細的線路設計，目視也很難找出缺點。對內層製程外包的生產者而言，回送的過程如何掌握整體品質必須要有恰當的做法，否則容易產生品質糾紛。當然如果有其他的製程外包，在整合回內部製程，品質管制的考慮是一樣的。

14.3.1.3 成品檢查 FQC(Final Quality Control)

產品完成時必須進行最後的品質檢查，以保證交到客戶手中的成品是良品，這個品檢程序是100%檢查。

由於是出貨前的最後檢查因此也稱出貨品質管制(OQC-Outgoing Quality Control)。從品管的精神而言，這一工作只能防止不良品流入客戶手中，並無益於品質的本體改善，因此只能說是品質檢查。某些人也因此用最終檢查測試來稱呼(FIT-Final Inspection & Testing)這個步驟，常進行的項目有短斷路測試、阻抗測試、外觀檢查、尺寸檢查、機械及組裝特性檢查等。

1) 外觀、尺寸檢查

外觀、尺寸檢查主要項目如表 14.2 所示。

表14.2 外觀、尺寸檢查主要項目

尺寸	線寬間距、銅墊、孔圈、孔徑、成品外形尺寸、板彎板翹、全板厚度、防焊漆開口大小、位置精度等。
線路缺陷	短斷路、刮撞傷、線路缺口、針孔、瑕疵、銅渣、粗糙、污染變色、線路剝離等。
鍍層缺陷	鍍層空洞、針孔、鍍層變色、污染、鍍層剝落等。
止焊漆缺陷	針孔、不均勻、剝落、龜裂、殘留、變色等。
基板缺陷	基板空洞、層分離、織紋顯露、變色污染、異物、刮痕等。
金屬處理	刮痕、色澤、異物、覆蓋完整性等。

圖14.4所示，為典型的缺點範例。進行外觀檢查時必須有標準規格做作為判定依循，由於客戶別及產品別不同，會有不同的規格標準，因此應該對應不同的檢驗規範。除客戶提供的針對性的準則外，常見的國際通用檢驗規範有：IPC、JIS等各種準，製作時可以參考採用。

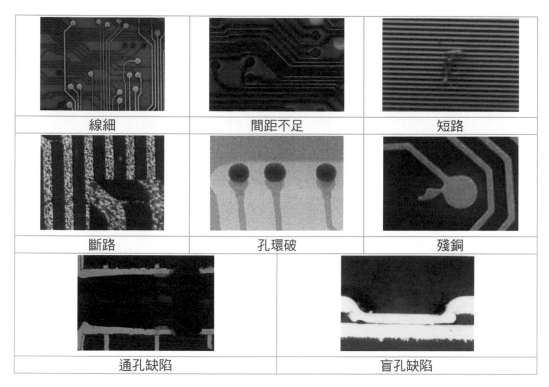

線細	間距不足	短路
斷路	孔環破	殘銅
通孔缺陷		盲孔缺陷

圖 14.4 電路板典型缺點範例

不易判定或說明的項目，可以製作缺點樣本並作出分級，如此可以作為檢驗時的範例來比對。其好處是可以實物對照，易於訓練與辨認，同時樣品可以隨產品變化而更新，不致受限於更新的緩慢而無法依循。

2) 短、斷路測試

檢查線路導通的狀況，必須依據設計資料找出導通的網路，採用短斷路檢查機執行檢查，以判定所做的線形導通情況與設計是否一致。短斷路測試時是由線路的兩端量測有無導通。多數測試都只測定導通而不測電阻，短斷路的判定是以某一邊基準值為依據。較精密的產品，一般都會訂出特別的短斷路基準值。如果絕緣電阻值很重要時，必須將重要線路間的電阻測試項目列入。一般測試方法是以接觸式的量測，多採用探針製作治具量測。近年來由於接線密度的提高，量測的方法趨於多元，導電膠片、導電布、飛針、電弧測試等陸續推出，以因應不同的需求。

除前列兩大項檢查外，當然成品還有其他的相關特性必須檢測，如：導體電阻、絕緣電阻、耐電壓、特性阻抗、高周波特性、雜訊、電磁遮蔽性等。是否也採100%檢測，大半依客戶要求，以及視產品的應用特性，例如特性阻抗就可能需藉由Coupon 做全測試。

3) 機械及組裝特性檢查

　　基板耐重性、彎曲強度、線路剝離強度、層間結合強度、鍍層接著性、銲錫性、折斷溝殘留量等都與此項檢查相關。

　　各項目的量測，在IPC的相關規範，如IPC TM-650提供了大部分的檢測方法；也可以與客戶協調出兩方同意的方法。在線路不斷微細化的此時，機械特性中的線路剝離強度頗受重視，測定時通常是將寬度10mm的銅箔以定速剝離來測定當時的結合強度。因為厚度會影響拉力，因此測試時一般會要求標準厚度，常見的測試厚度為35μm，厚度減小時強度也會降低。當然，測試的基板材料、操作溫度也都是相關影響因素，測試時要充分考慮。

　　多層板的層間強度也很重要，在內層銅箔與樹脂間、內層的樹脂層之間，都會要求接著強度。內層銅箔與樹脂的接著強度試驗，是將經過粗化處理的銅箔壓合到樹脂表面，再進行銅箔的拉力測試。

4) 潛在缺點

　　對於多層電路板的潛在缺陷無法由外部觀察而得，必須要用附加的測試片或線路進行破壞檢查才能得到參考資料。對可靠度方面的測試項目，則必須是先將測試線路設計入板面才能執行，一般的潛在缺點，包含電鍍通孔的強度及導通性、電路板銅墊與零件間的連接可靠度、線路間或線路與銅面間的絕緣可靠度等。

14.3.2 批量管理與追蹤

　　多層印刷電路板的種類，依最終產品設計之需求特性及所指定材料而有極大不同。在製造程序中，常會依設計特性而作不同的製造排程，排程所構成批次特性，會直接影響品質的表現。

　　批次是指將同一料號：材料、線形、外形尺寸、立體結構等相同因子的產品，放在一起生產。這樣一次發出一定的數量，所形成的生產單位叫做批次。一般習慣是愈高層數的電路板，一批所發的片數愈少以防止過重的內層製程負荷。當然某些製程為了要提高機械稼動率，也有混合生產的例子，但一般仍以批為生產單元。

　　批次管制對品質控制有極大的影響，因為生產的管制是以批為單位，品質的現象也會以批的形式出現。生產當中絕不可將批次弄亂，否則不但生產受阻，連品質控制也難以落實。一般生產的方式都會在每個批次加上號碼，和生產流程指示單一起傳送。指示單上的記錄，也隨著材料批次向後製程流動，其所紀錄的內容自然可以提供生產管制追蹤，同時成為品質追蹤的依據。其所記錄的各種事項，如：作業進出時間、品質的狀況、操作人員、檢查人員等，都是追蹤電路板狀況的重要依據。

　　成品切割後，批次管制必須與測試片管理連結，否則一旦出貨有問題，既無法追蹤，更別提可以改善了。追蹤批次的做法，從材料到成品出貨都有完整的管制，並有資料可以追蹤查核，最終的產品才能有完好的品質保證。

14.3.2.1 測試線路 (Coupon 板邊作為破壞性檢測線路或孔⋯等之設計)

1) 測試片

　　對於無法作非破壞測試的品管項目，要準備測試片進行破壞檢查才能使製造程序及成品獲得保障。

　　典型的測試片，如圖14.5所示。多數設計在電路板周邊或小片間的交接處，當然也有部分的產品特別要求每單一成品邊都附上一片小測試片，以進行破壞性測試，或者如對位度及阻抗的檢查。

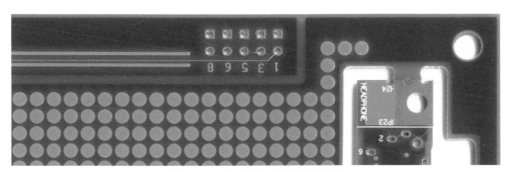

圖 14.5 典型的測試片設計

　　測試線路沒有固定的設計，原則上以能反映產品品質特性為設計指標。測試片的規劃最好是將產品代表性的線路規則與結構，以電鍍通孔或微孔配合線路設計呈現在板邊以供測試。線路的線寬間距、孔徑、銅墊大小、內層厚度等，都儘量作得與實際產品相同，數量則視實際需要增減。

　　對於線路方面的測試，除了前述的項目外，還有長期的熱循環測試(Thermal Cycling Testing)、蒸氣鍋測試(Pressure Cook Test)、成品掉落測試(Drop Test) 等等，用以評估整體的電路板在不同環境下的特性變化。經過這類的測試後，線路仍必須再做外觀檢查、導通測試、拉力測試、電氣測試、耐燃測試等不同項目的再驗證，以確認劣化實驗後電路板仍處於正常狀態。

14.3.2.2 微切片檢查

微切片的使用時機隨檢測目的不同而不同，為追蹤製程狀況而做的切片一般都會在製程完成後即刻執行，但如果是為了確認可靠度測試結果而做的切片，則會在可靠度測試(如：熱衝擊或加濕)後，進行電性及微切片檢查。

1) 一般微切片的檢查項目：

對於鑽孔孔徑、鍍層分佈、內層偏移、孔壁缺點、膠渣殘留、回蝕程度、釘頭、鍍層空洞、孔緣龜裂、壓板空隙、層間剝離、防焊厚度、金鎳鍍層厚度、樹脂厚度等，微切片檢查都是不錯的觀察方式。

同一批次的測試片，會進行浸油式(Liquid to Liquid)熱衝擊測試、浸錫測試(Solder Dip Test)、熱氣式(Air to Air)熱衝擊測試等熱衝擊試驗。其後進行銲錫性(Solderability)測試以及微切片檢查，以觀察鍍層是否龜裂、鍍通孔是否仍連接良好、基材是否剝離或爆板、線路是否浮起等。加濕試驗主要是模擬電路板在使用的生命週期中，其絕緣性有關的電性試驗，尤其是線路層與接地或電源層間的絕緣性。由於電路板的材料生產或製作電路板製程中，有可能發生異物侵入或介電層產生空隙等問題，這些問題都可能影響電路板的絕緣性，當然在可靠度測試時必須包含在內。

斷面檢查(Micro-Crossection，或稱切片)可以用來觀察電路板的結構狀態，從其中獲得許多與製程及產品表現的資訊。一般觀察的方式是用顯微鏡查看某個電路板的斷面，從斷面所呈現的影像來取得資訊。雖然這樣的手段可獲得各種不同的資料，但試片的製作卻很難自動化，尤其是位置的選定、確切的切割、良好的固定、精細的研磨，這些都需要以人工方式進行。

2) 切片與檢視的程序如下：

- 決定檢視位置、取樣方向，如：垂直、水平或斜切，進行取樣。

- 將要測定的孔或樣本進行灌膠。
  (選定的測定位置，要便於研磨作業。為了可以一次研磨多個試片，位置要互相配合並有效率地一次填入多個樣本。)

- 研磨出測定的位置，先粗研磨再細研磨。研磨是一面加水一面進行的濕式法。研磨面必須保持不傾斜，及早進入細研磨以免過度的研磨讓檢視部分消失不見。

- 最後以拋光粉打磨樣本至細緻易於觀察的狀態。

- 研磨完畢將樣本洗淨，經過微蝕的程序進行顯微鏡觀察。

電路板多數的觀察對象是銅，用銅蝕刻液可以去除研磨時的延伸變形，同時可以形成金屬的界線讓觀察更容易，一般使用的銅蝕刻液為雙氧水加氨水的混合液。蝕刻後的樣本再洗淨，擦乾後就可以進行顯微鏡觀察。

目前的切片觀測顯微鏡，都附有數值量測的功能可以進行量測及照相。這些都有助於留下數據及影像證據，可以追蹤缺點、確認尺寸，作成各種教育訓練的資料。對於可靠度測試的前後變化，若使用切片進行測定，也可以得到許多關於電路板的可靠度資訊。

經過取樣測試定期保存這類資料，對送交客戶的產品可以提供充分的品質保證。

14.3.3 印刷電路板的規格

美國IPC(Association Connecting Electronic Indus-tries)規範、軍規MIL(Military Specification)、美國優力安全認證UL(Underwriters Laboratories)規範、日本JPCA(Japan Printed Circuit Association)規範等，是常被應用的國際公認標準。由於IPC歷史較久，在各領域的細節方面制定較完整，對於其他的規格範產生很大的影響。

最近幾年由於技術進步的速度極快，許多新的材料並不為舊規格所涵蓋，尤其是高密度增層板材料及結構，不論認證及規格的訂定都必須加緊追趕才能符合現實所需。

14.3.3.1 IPC-6012 相關品質規格

下文表14.3~14.6是依2015年D版〝IPC-6012硬質電路板之資格認可與性能檢驗規範〞作重點整理而成，方便讀者查詢相關規格、或制定規範之用，有更多細節仍須查詢原規範。表中板子等級Class1、Class2、Class3定義是依據IPC-6011所述：

Class 1 一般性電子產品（General Electronic Products）：包含消費性產品，電腦及電腦週邊適用產品。只要適用即可，其他外觀瑕疵並不重要。此級完工電路板的主要品質要求是只要有功能運作即可。

Class 2 專業用途電子產品（Dedicated Service Electronic Products）：包括通信設備、複雜的商務機器與儀器。此級對高性能與耐用性已有所要求，對不間斷使用狀態雖已有所需求但尚非關鍵所在。某些外觀性瑕疵尚允許其出現。

Class 3 高性能表現/惡劣環境電子產品(High Performance/Harsh Environment Electronic Products)：包括某些設備與產品，其等之持續性能與有求必應之性能已成為關鍵。此等設備不能容忍〝當機〞（Downtime）的發生，想動就必須能動。例如支持生命的項目（如心臟調節器）或飛行控制系統、汽車引擎系統等。本級電路板適用於要求高水準保證之產品，與必須使用之場合（即其用途為無可取代之場合）。

表14.3 Metal finish 最終皮膜與表面鍍層之各種要求

表面處理 Finish	Class1	Class2	Class3
用於板邊連接器及非銲接區的金層 (Min)	0.8μm [31.5μin]	0.8μm [31.5μin]	1.25μm [49.21μin]
用於銲接區域的金層(Max)	0.45μm [17.72μin]	0.45μm [17.72μin]	0.45μm [17.72μin]
用於打線鍵合區域電鍍金層			
（超音波）(Min)	0.05μm [1.97μin]	0.05μm [1.97μin]	0.05μm [1.97μin]
用於打線鍵合區域金層下的電鍍鎳層（超音波）(Min)	3.0μm [118μin]	3.0μm [118μin]	3.0μm [118μin]
用於打線鍵合區的電鍍金層			
（熱超音波）(Min)	0.3μm [11.8μin]	0.3μm [11.8μin]	0.8μm[31.5μin]
用於打線鍵合區域金層下的電鍍鎳層（熱超音波）(Min)	3.0μm [118μin]	3.0μm [118μin]	3.0μm [118μin]
銅面無鉛銲料	須蓋滿，須可錫銲	須蓋滿，須可錫銲	須蓋滿，須可錫銲
有機保焊劑OSP	須可錫銲	須可錫銲	須可錫銲
ENIG之化學鎳層(Min)	3.0μm [118μin]	3.0μm [118μin]	3.0μm [118μin]
ENIG之浸金層(Min)	0.05μm [1.97μin]	0.05μm [1.97μin]	0.05μm [1.97μin]
ENEPIG之化學鎳層(Min)	3.0~6.0μm [118μin]	3.0~6.0μm [118μin]	3.0~6.0μm [118μin]
ENEPIG之化學鈀層(Min)	0.05μm [236μin]	0.05μm [236μin]	0.05μm [236μin]
ENEPIG之浸金層(Min)	須蓋滿，須可錫銲	須蓋滿，須可錫銲	須蓋滿，須可錫銲
直接浸金(銲接區域)	須可錫銲	須可錫銲	須可錫銲
浸銀層	須可錫銲	須可錫銲	須可錫銲
浸錫層	須可錫銲	須可錫銲	須可錫銲
裸銅 Bare Copper	AABUS	AABUS	AABUS
大於2層的埋孔、鍍覆孔和盲孔的板面及孔銅鍍層的最低要求			
板面及孔壁之平均銅厚	20μm [787μin]	20μm [787μin]	25μm [984μin]
局部區域最小厚度	18μm [709μin]	18μm [709μin]	20μm[787μin]
包覆(Wrap)鍍銅層	AABUS	5μm [197μin]	12μm [472μin]
微導通孔（盲孔和埋孔）的板面及孔銅鍍層的最低要求			
板面及孔壁之平均銅厚	12μm [472μin]	12μm [472μin]	12μm [472μin]
局部區域最小厚度	10μm [394μin]	10μm[394μin]	10μm [394μin]
包覆(Wrap)鍍銅層	AABUS	5μm [197μin]	6μm [236μin]
埋孔芯材（2層）板面和孔銅鍍層的最低要求			
板面及孔壁之平均銅厚	13μm [512μin]	15μm [592μin]	15μm [592μin]
局部區域最小厚度	11μm [433μin]	13μm [512μin]	13μm [512μin]
包覆(Wrap)鍍銅層	AABUS	5μm[197μin]	7μm [276μin]

表14.4 目視檢查Visual Examination

項目	Class1	Class2	Class3
邊緣Edges			
板邊與開槽與非鍍通孔(NPTH) 等邊緣所出現的缺口(Nicks)及白斑(Crazing)	不得超過板邊至最近導體所形成間距(即邊寬)的一半，或未超過2.5 mm(0.0984 in)	同Class1	同Class1
白邊(Haloing) 滲透	與最近導線的距離不應當小於相鄰導體的最小間距，如未規定時，則不小於100 μm[3,937 μ in]。	同Class1	同Class1
金屬毛頭	不可以出現	不可以出現	不可以出現
非金屬毛頭	不影響功能可允收	不影響功能可允收	不影響功能可允收
壓合瑕疵 Laminate Imperfections			
外來夾雜物 Foreign Inclusion	依IPC-A-600之允收標準	依IPC-A-600之允收標準	依IPC-A-600之允收標準
白點Measling	允收	允收	製程警示-面積大於相鄰導體間距的50%時
織紋顯露 Weave Exposure	未造成線路間距之縮減而低於下限時可以允收	未造成線路間距之縮減而低於下限時可以允收	不可以出現
刮痕、凹陷，與工具壓痕 Scratches、Dents and Tool Mark	不可造成導體之間的橋接，介質間距之縮減不可低於下限	不可造成導體之間的橋接，介質間距之縮減不可低於下限	不可造成導體之間的橋接，介質間距之縮減不可低於下限
表面微坑Surface Voids	各表面微坑的最長尺度不可超過0.8 mm(0.0031 in，3.1 mil)，且該微坑亦未在導體之間造成橋接，總面積未超過全板面積的5%	各表面微坑的最長尺度不可超過0.8 mm(0.0031 in，3.1 mil)，且該微坑亦未在導體之間造成橋接，總面積未超過全板面積的5%	各表面微坑的最長尺度不可超過0.8 mm(0.0031 in，3.1 mil)，且該微坑亦未在導體之間造成橋接，總面積未超過全板面積的5%

項目	Class1	Class2	Class3
附著力增強處理層出現之色差ColorVariation in Bond Enhancement Treatment(內層板面之黑化或棕化處理層)	斑點狀的色差應可允收；不規則的遺漏區，其總和面積不可超過該層導體面積的10%	斑點狀的色差應可允收；不規則的遺漏區，其總和面積不可超過該層導體面積的10%	斑點狀的色差應可允收；不規則的遺漏區，其總和面積不可超過該層導體面積的10%
粉紅圈 Pink Ring	不影響接合力及功能，不可作為剔退原因	不影響接合力及功能，不可作為剔退原因	不影響接合力及功能，不可作為剔退原因
通孔電鍍層與皮膜層的破洞			
銅層 Copper	每孔允許3個破洞，有破洞的孔數不可超過10%	每孔允許1個破洞，有破洞的孔數不可超過5%	孔壁不允許有破洞
處理皮膜層 Finish Coating	每孔允許5個破洞，有破洞的孔數不可超過15%	每孔允許3個破洞，有破洞的孔數不可超過5%	每孔允許1個破洞，有破洞的孔數不可超過5%
孔環浮離 Lifted Land (未經熱應力試驗)	不可出現浮離現象	不可出現浮離現象	不可出現浮離現象
標記Marking			
辨識	所有標記必須與板材及組裝之零件匹配，並經各種試驗後應仍可辨識	所有標記必須與板材及組裝之零件匹配，並經各種試驗後應仍可辨識	所有標記必須與板材及組裝之零件匹配，並經各種試驗後應仍可辨識
銲墊上標記	不可有標記的存在	不可有標記的存在	不可有標記的存在
絕緣文字油墨外之標記	導電的標記，或是蝕刻銅或是導電油墨（見3.2.10 節）應當視為電路的電氣元件，且不應當降低電氣間距的要求	導電的標記，或是蝕刻銅或是導電油墨（見3.2.10 節）應當視為電路的電氣元件，且不應當降低電氣間距的要求	導電的標記，或是蝕刻銅或是導電油墨（見3.2.10 節）應當視為電路的電氣元件，且不應當降低電氣間距的要求
鍍層附著力 Plating Adhesion	依IPC-TM-650之2.4.1法進行測試，膠帶上不可出現鍍層殘粒，懸空性線邊之金屬細條(Slivers)除外	依IPC-TM-650之2.4.1法進行測試，膠帶上不可出現鍍層殘粒，懸空性線邊之金屬細條(Slivers)除外	依IPC-TM-650之2.4.1法進行測試，膠帶上不可出現鍍層殘粒，懸空性線邊之金屬細條(Slivers)除外

表14.5 板子尺寸上的各種要求Board Dimensional Requirements

項目	Class1	Class2	Class3
孔徑與孔位的準確度 Hole Size and Hole Pattern Accuracy	依採購文件所定之規格上下限	依採購文件所定之規格上下限	依採購文件所定之規格上下限
內、外層孔環與破出 Annular Ring and Breakout (Internal)			
鍍通孔	孔自環中允許破出180°(即半圓周)以內。銲墊/導體相接處的減少量應當低於允許的寬度減少限值。	孔自環中允許破出90°(四分之一周)以內。銲墊/導體相接處的減少量應當低於允許的寬度減少限值。銲墊/導體連接處不得小於50μm[1,969μin]或小於最小導體寬度，取兩者中的較小者。	外環之最低寬度不可低於50μm[1,969μin]。孤立區外環，由於凹點、凹陷、缺口、針孔、斜孔等造成環寬的縮減，均不可超過下限環寬的20%。
內層鍍通孔	只要連接盤/導體連接處的的減少量低於允許的寬度減少限值，允許出現孔破環。若銅墊未做filleting or keyholing 的設計則需有 25μm [984μin]。	只要連接盤/導體連接處的的減少量低於允許的寬度減少限值，允許出現90°範圍內的孔破環。若銅墊未做filleting or keyholing 的設計則需有 25μm [984μin]。	內層最小環寬應當為25μm [984μin]。
外層非鍍通孔	通過目視檢查評定時，連接盤上的孔破環不大於90°。銲墊/導體相接處的減少量應當低於允許的寬度減少限值。	通過目視檢查評定時，連接盤上的孔破環不大於90°。銲墊/導體連接處的減少量應當低於允許的寬度減少限值。	最小環寬應當為150μm [5,906μin]。孤立區外環，由於凹點、凹陷、缺口、針孔、斜孔等造成環寬的縮減，均不可超過下限環寬的20%。
板彎及板翹 Bow and Twist	表面黏著製程(SMT)的電路板，其板彎板翹的上限不可超過0.75%，其他板類不可超過1.5%	表面黏著製程(SMT)的電路板，其板彎板翹的上限不可超過0.75%，其他板類不可超過1.5%	表面黏著製程(SMT)的電路板，其板彎板翹的上限不可超過0.75%，其他板類不可超過1.5%

表14.6 導線Conductor

項目	Class1	Class2	Class3
導線邊緣齊直度 Conductor Definition			
線寬及線厚 Conductor Width and Thickness	依採購文件之規定，若未言明則依提供線路圖之80%	依採購之規定，若未言明則依若未言明則依提供線路圖之80%	依採購之規定，若未言明則依若未言明則依提供線路圖之80%
導線間距 Conductor Spacing	依主圖規定，若未標示，則線距之縮減不得超出提供線路圖之30%	依主圖規定，若未標示，則線距之縮減不得超出提供線路圖之30%	依主圖規定，若未標示，則線距之縮減不得超出提供線路圖之20%
導體缺陷			
導體幾何形狀(導體寬度*導體厚度) 因組合性缺陷造成的的面積縮減	不可超出30%	不可超出20%	不可超出20%
導體寬度之縮減 Conduct or Wid h Reduction (粗糙、缺口、針孔與刮傷)	不可超出30%	不可超出20%	不可超出20%
導體厚度之縮減 Conductor Thickness Reduction (針孔、壓傷或刮痕等)	不可超出30%	不可超出20%	不可超出20%
導體表面 Conductive Surface			
接地層或電源層的缺口與針孔 Nicks and Pinholes in Ground or Voltage Plane	缺點上限尺寸可達 1.5 mm(60mil)，但單一板面每625cm2 [96.88 in2]中不可超過6個	最長尺寸不可超過l.0 mm [0.0394in]。且單一板面每625cm2 [96.88 in2]中不可超過4個	最長尺寸不可超過l.0 mm [0.0394in]。且單一板面每625cm2 [96.88 in2]中不可超過4個
表面黏著銲墊 Surface Mount Lands 沿著銲墊邊緣之缺口、凹陷、及針孔等缺點			
矩形表面貼裝銲墊	不應當超過銲墊長度或寬度的30%，且缺陷不應當侵佔表面貼裝銲墊的完好區域	不應當超過銲墊長度或寬度的20%，且缺陷不應當侵佔表面貼裝銲墊的完好區域	不應當超過銲墊長度或寬度的20%，且缺陷不應當侵佔表面貼裝銲墊的完好區域
圓形表面貼裝銲墊（BGA銲墊）	向銲墊中心的徑向輻射不應當超過銲墊直徑的10%不應當超過銲墊周長的30%	向銲墊中心的徑向輻射不應當超過銲墊直徑的10%不應當超過銲墊周長的20%	向銲墊中心的徑向輻射不應當超過銲墊直徑的10%不應當超過銲墊周長的20%

項目	Class1	Class2	Class3
表面黏裝銲墊 Surface Mount Lands 銲墊內的缺陷			
矩形表面貼裝銲墊	銲墊內的缺陷不應當超過銲墊長度或寬度的20%，銲墊內的缺陷應當位於表面貼裝銲墊完好區域以外	銲墊內的缺陷不應當超過銲墊長度或寬度的10%，銲墊內的缺陷應當位於表面貼裝銲墊完好區域以外	銲墊內的缺陷不應當超過銲墊長度或寬度的10%，銲墊內的缺陷應當位於表面貼裝銲墊完好區域以外
圓形表面貼裝銲墊（BGA銲墊）	銲墊直徑80%的完好區域內不應當有缺陷	銲墊直徑80%的完好區域內不應當有缺陷	銲墊直徑80%的完好區域內不應當有缺陷
板邊金手指 Edge Board Connector Lands			
夾插接觸區內	不可出現刮傷而露出底鎳或底銅；不可有濺錫或錫鉛之鍍層、瘤粒、或凸點等在金層表面上突出	不可出現刮傷而露出底鎳或底銅；不可有濺錫或錫鉛之鍍層、瘤粒、或凸點等在金層表面上突出	不可出現刮傷而露出底鎳或底銅；不可有濺錫或錫鉛之鍍層、瘤粒、或凸點等在金層表面上突出
手指周圍 0.15mm [0.00591in]的邊寬外	缺點最長尺寸未超過150μm[5906μin]，每片手指(Land)上的缺點數亦未超過3個，且有缺點的手指也未超過30%時，可以允收	缺點最長尺寸未超過150μm[5906μin]，每片手指(Land)上的缺點數亦未超過3個，且有缺點的手指也未超過30%時，可以允收	缺點最長尺寸未超過150μm[5906μin]，每片手指(Land)上的缺點數亦未超過3個，且有缺點的手指也未超過30%時，可以允收
縮錫 Dewetting			
導線及大銅面	允許縮錫	允許縮錫	允許縮錫
銲錫連接區	允許縮錫15%	允許縮錫5%	允許縮錫5%
不沾錫(拒錫) Non-wetting.			
銲錫連接區	不允許	不允許	不允許

14.4 電路板的可靠度要求

　　現代品質管制的做法，常以統計的手法作為偵測與改善問題的工具，諸如品管七大手法、實驗計劃法等都是耳熟能詳的應用手段。對用於製造產品的物料，必定存在某種程度的變異，而於製程條件本身也都只能設定在某一範圍。因此產品的最終產出，總會有一定比例超出產品規格。如何使良率提高，以統計手法確認產品與製程都處在最佳狀態，就成為製作者值得努力的方向。

一般可靠度定義為：產品在預定期間或任務時間內、於要求之環境條件下可發揮其足夠功能的條件機率。由於現在的電子產品多樣化，有些功能有極端化的要求，如高頻、高速、惡劣環境等，電子產品在極端化的需求下上要維持一定的產品壽命，在在考驗電路板生產過程的品質控管。

製造高密度增層電路板，品管負有更重大的任務。由於這種電路板的密度高，不良率又有累加性，相關的問題追蹤影響整體良率至鉅。尤其許多品質問題是屬於跨製程的問題，如果不能確實了解製程間橫向的牽連關係，品質的改善並不容易，這也是為何許多的電路板製作者在改善單一製程後卻無法對整體品質作出貢獻的原因。

電路板表面的缺點可以直接觀察，但內部的潛在品質瑕疵卻不易偵測。進行破壞性測試，是進行確認潛在缺點的方法之一。依據以往的經驗，因為潛在的缺點不易在一般測試中察覺，因此常是成品中左右可靠度的重大問題。這類的問題最好在製程中排除，否則會成為可靠度的殺手。

為了保有產品可靠度，除了前述的測試片檢查必須確實執行，還要定期在電路板上加入可靠度測試線路，全方位的確認製程能力及品質狀況，從而改善品質。評估的範圍涵蓋可以廣泛，但千萬不要只重測試項目的多樣而忽略了內容的確實，使用對的量測方法及每一單項測試量足夠，會比測試項目多來得重要。如果品管人力不足，可以交替式的作各種品質指標追蹤，但輕忽量測程序是不被鼓勵的。

持續實施的品管數據，最好作適當的整理與保存。它可以累積起來作為日後訓練及判讀問題的依據，也有助於製程改善及可靠度的提昇。

14.4.1 多層電路板整體可靠度的探討

可靠度有兩個層面，其一是取得產品時的故障率有多高。其二是產品可以穩定使用的壽命有多長。這是一般對產品可靠度的認知。由於產品的檢查無法確實檢出所有的缺點，尤其是潛在缺點，因此希望藉由品保體系，使材料、製程及操作管理能提昇產品可靠度，使產品使用者的滿意度提高。

電路板必須根據設計的規格製造，並持續供應穩定無潛在瑕疵的產品。隨著線路微細化、孔微形化、板厚降低、結構多樣的趨勢，容許公差變得愈來愈嚴格，相對的可靠度挑戰也愈高，這些都是可靠度方面必須努力的方向。

以使用者的立場而言，不論使用何種設備或機械，都會期待使用時一切運作順利。尤其是與生命安全相關的設備，如：航太設備、航空器、汽車、醫療器材等，皆不容任何故障發生，否則會危及生命。因此對此類產品的規格，業界定有有非常嚴謹的規定，尤其是與可靠度有關的規定更是嚴格。這類產品所用的電路板不僅對線路、孔徑等一般規格有要求，從設計階段就開始關注可靠度的問題。

印刷電路板是結構性電子元件，以作為電子零件載體為主要功能，若板內發生瑕疵則整體系統完全無法運作，其損失為整體元件。這不同於單一零件故障可以即時更換修補，因此可靠度測試所扮演的角色就格外的重要。一般電路板的可靠度，主要著重在導通及絕緣方面，但對於行動型電子設備則會追加振動、掉落等使用中會發生的現象模擬測試。

14.4.2 電路板的應力及環境測試

多層電路板的可靠度，會因使用環境的變化而劣化，超過允許範圍就會故障。而環境條件中，又以熱及濕度的影響最大。電路板製作完成後所受的應力，一般最常見的是熱應力。由於電子零件組裝日趨繁複，表面黏著組裝時常必須做兩次甚至更多次，所以會受到超過兩次以上的熱衝擊應力。最近由於無鉛焊錫的導入，迴流銲(Reflow)的溫度勢必提高，因而材料特性也受到嚴苛的考驗，對電路板可靠度的影響就更須重視了。

另外在電子元件作業時，必然會因作業而散發出熱量。對高功率的元件，一般都會設置冷卻機構，但對略小功率者就未必如此。這些因素對可靠度的影響，在探討時也必須加以考慮。

至於濕度的影響，一般最怕的是組裝前的溼度吸收，其中尤其是電路板成品的包裝運送最容易發生問題。近年來較高階的產品不但有真空包裝，較精細者甚至使用防靜電等不同的包材作包裝，這樣的問題確實減少。至於操作中的電路板，一般對於環境溼度較高的處所會要求設備配置空調設施，否則設備停機或開啟程序所造成的溫濕差異可能會產生結露的問題，進而對可靠度產生影響。

在這些應力及溼度的影響下，如何使電子設備仍能順利的運作並使壽命延長，就有賴於可靠度提昇方面的工程努力。依據以往經驗，電路板的可靠度問題幾乎都源自於製造程序所發生的潛在缺陷，因此這方面的問題特別值得重視。

印刷電路板的可靠度，主分為導通、絕緣兩類。對這兩類長時間受到熱應力及溼度影響，所產生的可靠度問題，其主要的影響因素如表14.7所列。

表14.7 熱應力及溼度對可靠度的影響

導通可靠度	
原因	現象
1. 鍍層的伸長率不足 2. 鍍層厚度不足 3. 樹脂膠渣 4. 鍍層結合力差 5. 銅箔物性差	1. 鍍層龜裂 2. 鍍層龜裂 3. 孔壁與內層連接不良 4. 孔壁與內層連接不良 5. 線路斷裂
絕緣可靠度	
原因	現象
1. 膠片與基材、銅箔微細剝離 2. 玻纖被溶液滲透 3. 孔位置偏移等	1. 絕緣不良離子遷移 2. 離子遷移CAF (Conductive Anodic Filament)、絕緣不良 3. 絕緣不良離子遷移

　　由於潛在缺點的呈現時間拖延較長，因此多數的可靠度實驗都採用加速加強的方式以期縮短時間模擬出可能發生的狀況，這些測試的方法及規定隨產品及各地規格而有所不同。例如：IPC-TM-650就是一系列測試方法的規範，但對某些特定的測試仍必須業者自行規劃。對導通可靠度的試驗，以熱衝擊試驗較具代表性，試驗中以低溫及高溫間定時移動循環衝擊，藉以測試電路板的導通可靠度。一般進行的方式以熱媒油作液相測試，測試的標準依業者希望的方式作業。在試驗溫度選擇方面，溫度範圍以高溫250、150、125度C較常被採用，低溫方面則有-65、-60、-40度C者，操作溫度及停滯時間依產品及公司而不同。

　　絕緣可靠度測試必須在有水氣的狀態下作業，主要是模擬電路板吸濕後對絕緣性的影響，因此被稱為加濕絕緣試驗。由於電路板加濕後不但金屬離子可以有遷移的媒介，電路板結構也會因為水氣的液態與氣態間的變化而產生破壞應力，近來電路板在半導體類封裝板的產品就常使用HAST(Highly Accelerated Temperature & Humidity Stress Test)這樣的溫濕熱循環試驗，加速電路板的老化及應力反應，以快速驗證產品的可靠度。常用的加濕試驗多在85℃；85%RH下進行，試驗時間依需要而定，常見的規格是700~1000小時左右。

　　蒸氣鍋測試PCT(Pressure Cooker Test)是在飽和水蒸氣內的高溫試驗，此測試對塑膠基材來說相當嚴苛。目前的一般電路板材料多數都很難通過此項考驗，幸好不少的使用者也認同PCT對塑膠基材而言要求過苛，因此近來多所修正並不強求。

　　環境測試為抽樣破壞性檢查，缺陷的解析十分重要，尤其對製程改善及材料選用有回饋的必要性。因此對可靠度測試的案例多作了解，有助於長期的製程解析及品質改善。

　　電路板的導通可靠度，主要著重在多層板的鍍通孔、增層板的微孔立體連接或是線路連接完整性上。

14.4.2.1 電鍍層的可靠度

在多層板鍍通孔或增層微孔鍍層可靠度方面，較會發生的問題是：

- 材料物性與鍍層物性不合所引起的龜裂。
- 製程中產生的鍍層缺陷，如：密著不良、鍍層空隙或不均。
- 膠渣殘留引起的連接不良。
- 發現問題要靠對製程充分的了解，發生時迅速的回饋。

在鍍通孔鍍層可靠度上發現的問題，多數都是屬於局部性的缺點。由於近年來的電子設備替換率高，使用時間都不十分的長，因此在可靠度的訂定上有放鬆的現象，常聽到所謂的一萬小時至兩萬小時使用壽命，多數都是模擬每天使用約八小時，可以使用超過三年或六年的假設性數字。

1) 電鍍通孔可靠度

電鍍通孔可靠度，在許多不同的產品與應用領域都有探討。如圖14.6所示，電路板經過熱應力測試，在孔轉角處的應力斷裂範例。從以往的研究證實，電鍍通孔的應力斷裂除了與鍍銅層物性有關，與孔的幾何形狀尺寸也有關。因熱膨脹對不同的材料會產生不同的變形量，不平衡的變形會使通孔鍍層產生拉扯，因此可能拉斷或剝離孔壁上的內層銅。

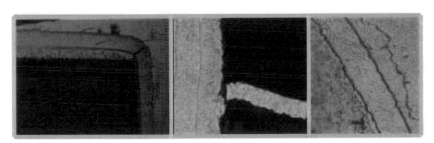

圖 14.6 加熱應力斷裂的通孔斷面

一般的斷裂原因多為冷熱循環造成，測試方法是用熱衝擊及熱循環所產生的應力，藉反覆的疲勞應力測試模擬實際設備操作狀況。

電路板朝向高密度化、多層化的此時，面對更多的複雜組裝程序，選用恰當的樹脂材料，設計恰當的電路板結構才容易作出高品質的多層電路板。以往對通孔鍍銅的厚度，多數都以最低厚度1mil為指標，近來由於板厚隨細線製程的出現而保持在較低的狀態，垂直方向的熱膨脹變化相對較小，因此鍍層厚度也有放鬆的現象。

2) 盲孔鍍層可靠度

　　使用在高密度增層電路板的盲孔，一般的深度設計範圍約為30-100μm。相較於傳統通孔，鍍銅厚度可以較薄，一般常定義的厚度約為10~20μm之間。由於盲孔的深度有限，因此一般的問題都並不出在孔的轉角處，反而因為化學銅的處理或雷射鑽孔的因素，使得盲孔經過可靠度測試後在孔底與銅墊間的介面產生斷裂。多數這類的原因，還是因為介面的清潔度不足所造成的可能性較高，圖14.7為盲孔經過可靠度測試後產生斷裂的範例。

圖 14.7 盲孔經過可靠度測試產生斷裂的情形

　　近年發展出的盲孔填孔製程已非常成熟，其在可靠度測試上有不錯的表現。

3) 膠渣與導通可靠度的關係

　　在多層電路板中，電鍍通孔鍍層與內層連接的好壞十分重要。而在機械鑽孔或雷射鑽孔作業時所產生或殘留的膠渣，會對連接的完整性產生很大的影響。一般對膠渣的要求幾乎都是一致的，那就是不允許孔壁與孔銅間有膠渣的存在。現行的鑽孔製程後，一般都會做除膠渣的作業，因膠渣殘留而導致的導通不良並不多見。當然對於孔間距較近的設計，除膠渣處理過度會有絕緣不良的問題，製作者不可有除膠愈乾淨愈好的想法，必須對膠去除量作適度控制。當然最佳的辦法是改善鑽孔，降低膠渣的產生。

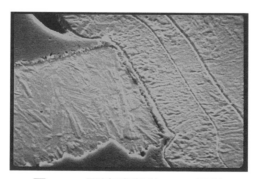

圖 14.8 膠渣殘留的 SEM 照片

4) 內層線路與孔銅連接的可靠度

與內層線路連接的鍍層，如：多層印刷電路板內層銅與通孔鍍層的連結、增層電路板盲孔與底部線路的連結等。若其可靠度不良時很難判定，若在使用中則問題將更複雜。

相關影響品質可靠度的項目有：內層銅在化學銅的前處理、化學銅的物性、電鍍銅的物性等，這些項目必須個別檢討才能掌控問題之所在。

以化學銅製程而言，做為化學銅觸媒的鈀被吸附在通孔孔壁，藉由緊密吸附，以產生均勻的化學銅鍍層。但是在內層銅的部分，由於鈀沒有結合力，所以如果仍存在於化學銅與電鍍銅間將有礙於兩者的結合。因此事先應該用微蝕劑去除內層銅上的整孔劑，使鈀不能吸附。

當化學銅處理良好，轉入電鍍銅的製作程序時，應該注意銅介面的清潔狀態，良好的潔淨度是電鍍品質的保證。

14.4.2.2 絕緣可靠度

固定電路板線路的介電材料，其絕緣可靠度是非常重要的。絕緣的特性是在保障線路與線路間、層間、電鍍通孔或盲孔間的絕緣特性。近年來由於高密度化的驅動下，線間距細密化、層間薄型化、孔距縮小，使得絕緣特性的保持成為大問題。

絕緣變差時，金屬離子會在兩個有電壓差距的線路或通孔間順著玻纖紗表面，產生離子移動，而有漏電現象，稱為陽極玻纖紗漏電(CAF-Conductive Anodic Filaments)。

它主要發生的原因可能有以下幾個可能性：

· 線路間有電壓差，提供了離子運動的動力。
· 有材料間隙產生，提供離子運動的通道。
· 有水分存在，提供離子化的環境媒介。
· 有金屬離子物質存在。

這些因素多數來自於材料破裂、不潔、異物污染等等所造成。

當離子遷移現象產生，線路就會有陰陽極之分，在陰極線路會析出少量的銅，陽極則會小量的溶出銅，但真能觀察到的現象是陽極線路會產生樹枝狀的突出物，而陰陽極線路間則會長出霧狀的銅暈狀態，這些現象最終都會產生短路。圖14.9~14.11所示，為離子遷移的現象圖說。

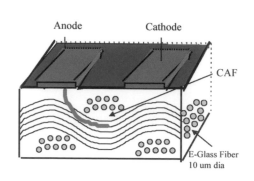

圖 14.9 兩線路間產生 CAF 示意圖

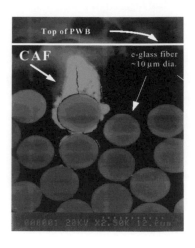

圖 14.10 CAF 實物切面照片

14.4.3 常見電路板的可靠度測試項目

表14.8 是電路板製作過程及成品常採用的可靠度檢測,測頻率時機及條件各板廠皆有不同,端看產品的應用及客戶要求。

表14.8 常見電路板的可靠度測試項目

Item 項目	Process/Product Controlled 製程/產品管制專案	Testing Condition 測試條件	Operation Specification 操作規範
1	Thermal Stress 熱應力	1. normal:288℃/10 Sec/1 time 2. HDI:260℃/10 Sec/5 time	TM-650 2.6.8
2	Thermal Shock (Thermal Cycling) 熱衝擊(熱循環)	125℃(15min)/-55℃(15min),100 cycles	TM-650 2.6.7.2 Condition D

3	Solderability 焊錫性	1. lead solder pot:235+/-5℃
		   floating time:5sec
		2. lead-free solder pot:255+/-5℃
		   floating time:5sec
			J-STD-003 Test C/C1-Solder Float Test

4	solvent extract conductivity 離子清潔度	1. 75+/-3% IPA 2. Testing time 15 mins	Bellcore GR-78-CORE 14.5、IPC-4554 3.6
5	Surface Insulation Resistance 表面絕緣阻值測試	35℃/85%RH, 96hrs 100VDC, 500μA	Bellcore GR-78-CORE 14.4

Item 項目	Process/Product Controlled 製程/產品管制專案	Testing Condition 測試條件	Operation Specification 操作規範
6	Conductive Anodic Filament 離子遷移	Customer Required	TM-650 2.6.14.1
7	Peel Strength 銅箔拉力測試	Speed rate： 2 inch/ min	TM-650 2.4.8
8	Solder Mask Adhesion 綠漆拉力	Paste the ahhesion tape completely on the solder mask, and put out the tape rapidly.	IPC-6012
9	Temperature, Humidity Bias (standard 85/85)	85 ℃, 85 % RH, Vccmax	JESD22-A101

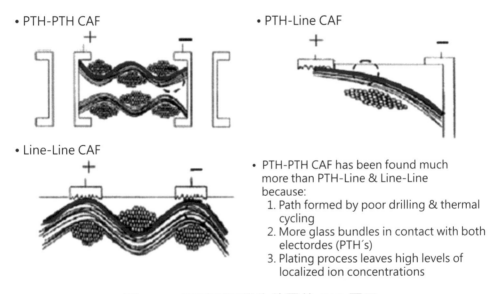

- PTH-PTH CAF
- PTH-Line CAF
- Line-Line CAF

- PTH-PTH CAF has been found much more than PTH-Line & Line-Line because:
  1. Path formed by poor drilling & thermal cycling
  2. More glass bundles in contact with both electordes (PTH´s)
  3. Plating process leaves high levels of localized ion concentrations

圖 14.11 三種不同發生位置的 CAF 圖示

　　由於介電層變薄是高密度增層板的特性，而多數的半導體構裝也需要較高的可靠度。離子遷移既然是絕緣可靠度的殺手，這也難怪高密度產品都十分在乎材料的吸水性，因為它正是離子遷移的重要元兇。樹脂所含的不純物有加水分解性氯、電鍍液中的鹽類、銅箔表面處理物如：鋅、鉻化合物，防焊漆的添加物等。

藉著控制鹵素及金屬鹽類的含量、銅箔上的鉻含量、樹脂中的氯含量，這些對絕緣劣化影響很大的項目，可以提高多層電路板的可靠度。

　　由實驗得知，早期用於銅箔防止變色的鉻酸鹽薄膜，在壓入內層基材後，由於鉻酸鹽稍具吸濕性，會使內層接著面產生少許剝離並形成微細空隙。當加濕下會產生電解液，自然形成腐蝕環境，若再有電場施壓，擴散性自然很大。樹脂中若有水分解性氯游離，則銅箔會有微量溶解，並從內層線路的陰極析出樹枝狀的銅向陽極延伸，終致使絕緣劣化造成短路。這樣的問題在現今的銅箔處理已做改善。

　　由於上述的離子遷移導致絕緣劣化，但電極附近所發生的作用卻不十分明瞭，因此對微小空隙、不明確的化學品等仍難以掌握的事項頗多。但可以確認的是，絕緣劣化與材料及製程有關，而這樣的問題延伸討論則介電層樹脂、玻纖、硬化劑、銅箔表面處理、樹脂浸潤程度等也都會有關係。在製程中開始電鍍前，有多道處理劑的前處理，這些處理的洗淨程序若有鹽類殘留、污染時，絕緣性也會快速劣化。因此不論生產操作、環境管理、製程化學品等外在污染因素都會影響絕緣性，製作時必須加以杜絕。

CHAPTER **15**

工程師必知創新手法介紹

第十五章 工程師必知創新手法介紹

15.1 創新的重要性

工作上自己以及工作夥伴，如果很熟悉以下的內容就表示必須好好看完本章的內容，改變團隊慣性，培養並內化創新思維：

競爭對手有XX，我們也要有XX

OO是個熱門議題，我們也要做OO看看

XX賣得很好，看看能不能拆解，然後改個什麼部分，再跟著推出為什麼生意不好，到底問題出在哪裡？

五個工作績效差的藉口「都是景氣或政策不好」、「業界狀況不好」、「公司規模太小」、「地點不好」、「都是大企業、大型店害的」

15.1.1 S 曲線

查爾斯·漢迪（Charles Handy）將企業的發展過程分成三個部份，並且形成一個從初始，到發展壯大，再到衰落的曲線，這個曲線是企業的必然宿命，但是並非每一個企業都必須不折不扣地按照這個曲線發展、輝煌、隕落，其是否能夠永續經營的根本，在於企業是否能夠在發展過程中，在恰當的時候進行恰當的改變。人和企業的生命發展其實是雷同的，我們稱之為 "S曲線"，見圖15.1。但人是有生命終點，而企業可以追求永續經營，但在有限的生命過程是必須與時俱變做最好的準備有一本書叫做 "企業永續成長的未來學--第二曲線"。查爾斯·漢迪說 "曲線之外另有生機"，持續成長的秘方，就是在第一條S型曲線結束之前，另起一條新曲線，見圖15.2。第二條S型曲線的正確起點應在A點，因為在A點上有足夠的時間、資源與活力，可以確保在第一條曲線開始下降之前，讓新曲線及時超越其最初的摸索掙扎期。但太多的例子是企業的創新起點是在B點，所以沒有起死回生而是陣亡。

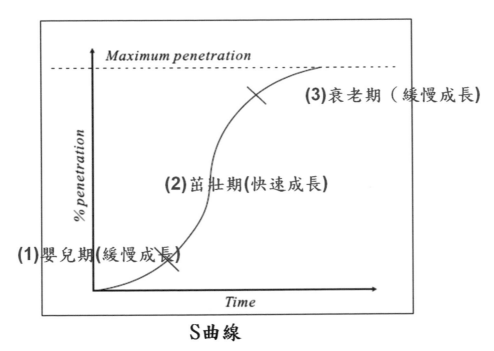

S曲線

圖 15.1 企業經營的 S 曲線

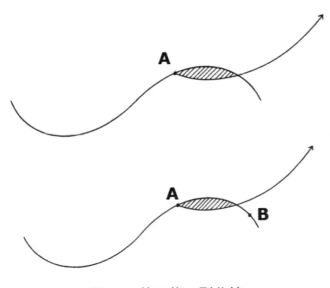

圖 15.2 第二條 S 型曲線

　　這正說明創新是任何企業及個人在尋求第二S曲線，甚至第三、第四...曲線的唯一方法。可是A點的時機至關緊要，圖15.3正說明整合科技推力和市場拉力，以促進創新的成功機率。市場的拉力如何明確判斷，是個人與企業必須不斷學習的技能。有多少企業沒有跨出那道"鴻溝(Chasm)"因而消失，活生生的案例舉不勝舉，如圖15.4的說明。

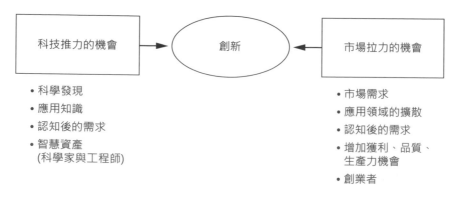

圖 15.3 整合科技推力和市場拉力以促進創新

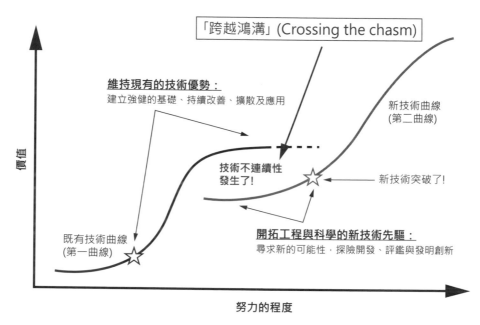

圖 15.4 既有的技術雖正處高峰，但沒有抓到技術演變的關鍵時程，正是那道難以跨越的鴻溝

15.2 產業常用的創新手法介紹

　　一般的創新手法可分歸納為邏輯思維及非邏輯思維兩個大類，各類的常見創新手法如圖15.5所列，不同方法各有千秋，讀者若有興趣，坊間應有很多資料可以查詢，本節不多做說明。下節所介紹的創新工具，是作者多年來研究所看到可深入淺出，有龐大案例支持的邏輯性手法，而且歷經60年以上，各國家各領域大師提出與時並進的觀念融入此理論中。因此試著從單一產業角度來介紹，讓有興趣者可以一窺其妙，或可運用於工作上。

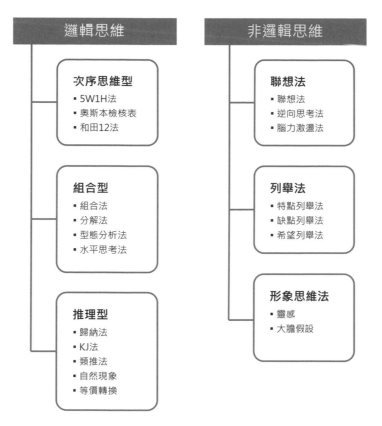

圖 15.5 常見創新手法

15.3 以「TRIZ- 創新發明問題解決理論」導入電路板產業之創新

15.3.1 前言

　　大數據的應用，早在60年前已經有人在進行，那時候的分析是為了尋找創新的原理法則和方法。知道誰發明可在船上發射的火箭引擎？誰發明潛水艇在深海故障，人員如何在沒逃生設備下安全脫離的專利？他就是TRIZ理論的發明人- Genrich Altshuller-根裡奇.阿奇舒勒。

　　「Someone somewhere has already solved your problem.」

　　由於TRIZ的理論基礎來自於大量的專利(前人的努力)，當你用盡心思在解決某個問題時，某人某時已在不同產業領域幫你解答，而你只需有系統的把他的解決方法找出來，應用到你要解決的創新性問題上。

12.3.1.1 TRIZ 是什麼？

人類科學技術進步的兩大動力：來自於自然界生物的演進啟發，以及人類追求舒適生活的科技創新。

15.3.1.1.1 仿生學 Biomimicry（自然演進）

自然界的演化是一個很「笨」的過程，藉由不斷的小地方突變，再不小心的生存了下來，經過千萬年的世代延續及演化過程，而到今日我們人類看到的「最佳」狀態，例如蜂窩組織結構、壁虎腳指上的微細結構、樹木的複合材料結構、魚卵在受精前後的機械性質之劇烈變化、雞蛋蛋殼在老母雞體內的產生、白蟻沙漠築巢冬暖夏涼的內部構造…等。演進的時間少者百萬年，多者幾億年以上，而且是經過各種環境測試，其可靠度應該無庸置疑。

仿生學是指模仿生物建造技術裝置的科學，它是在20世紀中期才出現的一門新的科學。仿生學研究生物體的結構、功能和工作原理，並將這些原理移植於工程技術之中，發明性能優越的儀器、裝置和機器，創造新技術。

從仿生學的誕生、發展，到現在短短幾十年的時間內，它的研究成果已經非常可觀。仿生學的問世開闢了獨特的技術發展道路，也就是向生物界索取藍圖的道路，它大大開闊了人們的眼界，顯示了極強的生命力。

人類仿生由來已久，自古以來，自然界就是人類各種技術思想、工程原理及重大發明的源泉，中國很多武術拳法也是觀察動物的肢體動作而發展。因篇幅有限且非本文重點，僅舉一例扼要說明利用仿生學誕生的產品。

EX.非洲的「沐霧甲蟲-The Namib Desert beetle」小有名氣，因為牠們能在納米比沙漠乾燥的空氣中以翅膀捕捉水蒸氣分子，然後將之聚集成水滴、滾入口中(見圖15.6)。2006年由麻省理工大學的兩位科學家（Robert E. Cohen 以及 Michael F. Rubner）組成的研究小組按照納米比「沐霧甲蟲」鞘翅上「超親水」與「超疏水」紋理的工作原理，運用玻璃或塑膠基板浸入帶電聚合物鏈中，一遍又一遍的對其表面構成進行處理。然後將二氧化矽奈米顆粒加入其中以創造更粗糙的蓄水紋理，並用聚四氟乙烯狀材質密封，組成這種神奇的納米比沐霧甲蟲所具備的霧水收集系統。(見圖15.7)

圖 15.6 利用納米比「沐霧甲蟲」鞘翅上「超親水」
與「超疏水」紋理特性應用於霧水收集系統

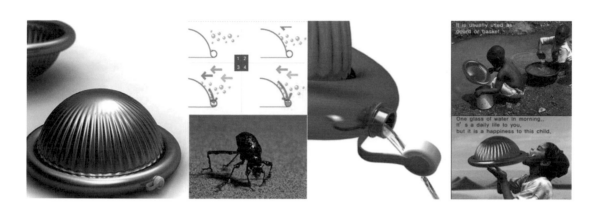

金屬(不鏽鋼)表面冷的
特性讓空氣中的水分凝
結

不均勻表面加大表面積使
凝結更多露珠

利用窄的渠道凝集成水
滴而收集

Dew Bank Bottle (韓國首爾大學Kitae Pak 發明)

圖 15.7 2010 年由 Kitae Pak 設計的霧水收集器（Dew Bank Bottle）

15.3.1.1.2 TRIZ，以人類技術創新之集成 -- 專利 -- 歸納而來的創新方法學

　　TRIZ是俄文Teoriya Resheniya Izobreatatelskikh Zadatch的縮寫，意思是發明性解決問題的理論，翻譯成英文是Theory of Inventive Problem Solving。

　　它是在前蘇聯專利分析專家根裡奇_阿奇舒勒（Genrich Altshuller）的帶領下，從1946年開始，經過1500人年的努力，對20萬份專利進行了分析，再從其中選出了5萬份被認為是有真正突破的專利進行深入研究，從中得出了發明的一般規律。專利制度的建立到今天已超過300年，每一份專利中都記錄著發明技術的內容，70年前透過如此龐大科學菁英人力做如此大規模的分析歸納，是一件了不起的工程。Altshuller帶領的這個研究團隊綜合多個學科領域的原理、法則形成了TRIZ理論體系。透過研究人類進行發明創造、解決技術難題過程中所遵循的科學原理和法則。並將之歸納總結，形成能指導實際新產品開發的理論方法體系。運用這一理論，大大加快人們創造發明的進程，且能得到高品質的創新產品。

　　任何領域的產品改進、技術的變革、創新和生物系統一樣，都存在萌芽、生長、成熟、衰老、滅亡(S曲線)的過程，是有規律可循的。人們如果掌握了這些規律，就能進行產品設計並預測產品的未來發展趨勢。發明問題解決理論TRIZ(台灣稱萃智或萃思)透過分析人類已有技術創新成果——發明專利，總結出技術系統發展進化的客觀規律，並形成指導人們進行發明創新、解決工程問題的系統化的方法學體系。結合仿生學和TRIZ理論，或許是人類在享受科技帶來的生活便利舒適之下，可以和地球其他生物共存而不破壞地球環境的解決之道。

15.3.2 TRIZ 的沿革與內容

　　如前述Altshuller在20歲那年為前蘇聯海軍專利局工作時，產生了最初TRIZ的原始構想。藉由審查大數量的各種專利(超過20萬件)，他發現在問題解決上(或各解決方案間)有一些模式資遵循。他認為一旦分析大量的好專利並將他們解決問題的模式抽離出來之後，人們就可以學習這些模式並獲得創造性問題解決的能力。他以這個構想作為提案，寫了封信給當時史達林。結果史達林對這個提案的答覆，是他在稍後以妨礙憲法為由被逮捕並被送到勞改營。在勞改營那種惡劣的條件下，他遇到了許多技術者和研究人員，因此更堅定了他的想法。當1954年他被釋放之後，他寫了第一篇文章和若干書籍、教導別人、持續他的研究，最後終於將它建構成一套方法論，見圖15.8。

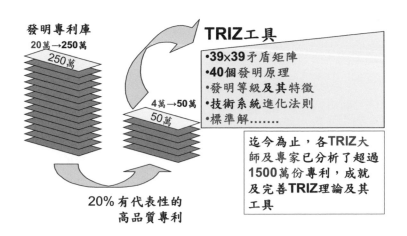

圖 15.8 TRIZ 理論來源： 濃縮數百萬發明專利 - 在 Altshuller 的帶領下，動用前蘇聯 1500 多名專家，經過 50 多年對數以百萬計的專利文獻加以搜集、研究、整理、歸納、提煉和重組，建立了一整套體系化的、實用的解決發明問題的理論方法體系——TRIZ（發明問題解決理論）

　　TRIZ理論與研究在前蘇聯解體以前，一直被視為機密，所以外界無從得知。1980年代前蘇聯重組改革的過程中及解體後，數十位TRIZ大師湧入西方世界，公開這套創新秘技。之後，更結合西方當代學科，整合包括 Altshuller本人與多位TRIZ大師們實務應用經驗，使TRIZ這套創新方法更加完備、好用。經典TRIZ(Classical TRIZ)，是泛指1980年代(含)以前的TRIZ，是以八大工程系統進化趨勢原則、39工程參數結合40發明原則的矛盾矩陣、質場分析的76標準解、ARIZ以及科學效應資料庫等，為經典TRIZ主要的解決問題工具。

　　目前的TRIZ(Modern TRIZ，現代TRIZ)已融合不少西方工程學科，更有效的提升其操作性與實用性。因為此理論的方法工具很多，且包括歐、美、日、韓、中國等的研究與應用越來越廣，因此它如一個有機體似的不斷擴大應用範圍，已跨出工程技術領域而在各式管理面向也陸續發展，尤其是很常用到的發明原理與矛盾矩陣。這也是本文重點，從最簡單的入門工具，也是應用最為廣泛的兩種方法來探討電路板技術演進以及製作過程中，在找出技術矛盾點，解決問題上的應用。

15.3.2.1 TRIZ 歸納的發明層級及其特徵

　　我國專利種類分為三種：1.發明、2.新型、3.新式樣，在TRIZ的應用中，細分發明層級為五大類，這五個層級說明，以及在TRIZ分析眾多世界專利後的整理歸納，並由現代一些TRIZ 大師們在世界各知名企業輔導創新設計過程的經驗法則對照所使用(適用)工具，在表15.1中有詳細說明。

表15.1發明層級說明以及與TRIZ的關聯性

發明層級	內容	比例	範例		TRIZ 工具	價值
第五級	新發現	1%	LED、氫燃料電池、LASER	新的發現	無	100k
第四級	新的觀念，本質外的發明，在科學中找答案，而非在技術中	4%	超音波、陶瓷技術、記憶合金	新的技術	-ARIZ-科學效應	10k
第三級	主要改進，本質內的發明	18%	自排變速器	解決物理矛盾-	質場分析(76 個標準解)-物理矛盾-分離原則-效應運用	100
第二級	已存系統的少許改善	45%	可調式方向盤	解決技術矛盾	-40 項發明原則- 技術矛盾	10
第一級	外觀修改，參數調校，技術上無創新	32%	汽車板金厚度、隔熱牆厚度	妥協式設計	無需 TRIZ 工具	1

15.3.2.2 TRIZ 如何運作？

TRIZ理論體系非常龐大，工具種類非常多，且一直隨著科技的變化而修正，因此變得更強大。如前所述在各式管理及商業模式創新方面，也有不錯的發展。但它並非萬能，所以在其不足處輔以其他非TRIZ工具，其效果更為顯著。

我們以圖15.9來說明其解題模式。將需要解決的特定問題，轉換成為某個一般類型的問題，就可以發現曾經有人解決過跟目前所遇到相似類型的問題，因此就可以參考前人是如何解決它，其中有不少是跨行跨領域的解法，是種創新的東西，便可把它套過來運用，成為所面臨問題的解決方法，此即為萃智解決問題模式。圖15.9以解一個一元二次方程式為例，以試誤法慢慢帶入逼近求解會浪費非常多時間，若將它模式化，只要套用公式即可輕鬆解出答案。

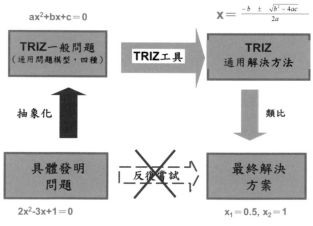

圖 15.9 TRIZ 解題模式

15.3.2.3 TRIZ 的五個重要核心概念

萃智有五個核心概念(哲學)(5 Pillars of TRIZ)， 分別為理想性 (Ideality)、資源 (Resource)、功能 (Functionality)、衝突 (Contradiction)以及時間-空間-介面 (Space-Time-Interface)，見圖15.10以及後面的簡單說明：

理想性（Ideality）	工程系統永遠朝「增加理想最終結果（IFR）演進」，IFR= (感知)利益/(成本+害處)...
資源(Resources)	萃智強調資源是極大化的使用系統上每一個可能的資源，將「轉有害為有利」...
功能(Functionality)	每個系統都含有主要功能，功能分析在做系統元件間有用、過多、不足、有害功能的辨識以解決問題...
衝突(Contradictions)	世上最好的創新是避免掉一些衝突，大部分都是利用有系統的方式來做到，最常用的工具是矛盾矩陣...
空間/時間/介面 (Space/Time/Interface)	透過9/12宮格，從空間/時間或介面上觀看系統元件在時間軸上的變化...

圖 15.10 萃智的五個核心概念

理想性（Ideality）

在研究專利資料庫時，會發現都指向Altshuller辨識到的一個趨勢，那就是系統永遠朝向「增加理想性」方向演進。而此演化是從一系列演進的S曲線特徵而來。萃智很重要的發現是從一個S曲線到下一個S曲線的步驟是可預測的。根據Altshuller的定義，理想性 (Ideality)=利益Benefit / (成本Cost +害處 Harm)，理想性最好的情況就是無限大，當 Ideality = ∞時就是最終理想結果 (Ideal Final Result；IFR)。最終理想結果係達到期望的功能，但不需花費任何成本，也沒有任何壞處(成本+害處 = 0)。

資源 (Resources)

在不使用任何資源的情況下，達到所要的功能，也就是說：又要馬兒跑，又要馬兒不吃草，萃智強調最大化使用系統上每一個可能的資源。

從巨觀/微觀角度，可從六個面向尋找資源：

- Function：功能的轉換(有害變有用)
- Field：能場(無效浪費變有用)

- Substance：物質使用的轉換(有害變有用)

- Space：空間的變化

- Time：時間的變化

- Information：靜態與動態訊息

當創新發明或解決問題可以充分利用到下面兩種模式：

利用現有廢棄無用的資源達成功能 (Waste-to-Wonderful； W2W) 把有害物質轉換為有利資源 (Harm-to-Help；H2H) 才是價值含量高的方案，低碳或循環經濟的精神就在此。

功能 (Functionality)

對任何系統要先問它的主要功能(primary function；PF)為何，即找出它的主要有用功能(main useful function；MUF) 或者是PF，就能了解整個系統的目的。換句話說就是要目標導向 (goal-oriented) ，如此才不會走錯方向，浪費時間。

衝突 (Contradictions)

一切進步的障礙在於衝突。所以如果有辦法找到衝突，並解決它，就是創新的機會。尋找衝突點大部分都是利用有系統的方式來做，最常用的工具是矛盾矩陣，它是由 39x39 矩陣組成，所以有1482 個(1521-39)--包含三到四個最可能解決問題的發明原理--策略引導，讓工程人員以最快速度儘可能消除問題衝突點。這部分是本文重點內容，後文有詳細說明。

空間 / 時間 / 介面 (Space/Time/Interface)

『 We don't see things as they are, we see things as we are.』(我們看事情不是看到它的真相，而是，我們是怎麼樣的人就看到它是那樣的事--From Anaïs Nin)

心理慣性(Psychological Inertia) -看一件事情的當下，往往不是看見事情的本質，而是帶著過去的經驗、觀念，和現在的角度來看它。TRIZ 有一系列完整的工具教我們從不同的時間、空間或介面來看待問題，可讓我們看到不同角度，進而找到一個角度是最容易解決問題的。有些問題在我們習慣感知的角度上，是難以解決的。因此若能跳到不同的時間、空間或介面，從不同的角度看問題，往往能容許我們看得更清楚，解問題變得更簡單。故問題若從某一個觀點來看很困難理解，那就從其他觀點來看就會比較簡單。

真實世界充滿很多的干擾、扭曲與錯誤的訊息，我們通常無法從目前所處的位置來看事物真正的樣貌，所以必須換個位置來看事物，就可以完整看出你認為相同的兩個事物的不同點。

15.3.3 TRIZ 解題流程與工具選擇

TRIZ在一般解題過程中，在辨識問題、定義問題、及解決問題等階段有很多簡單及複雜的工具可以選擇使用，端看問題的類型及其難易度。圖15.11羅列從問題分析、定義、解決的TRIZ工具選擇，在評估解決方案方面則採用它種工具。本文不試圖解說這麼多的工具，因為有很多是必須有TRIZ的基本訓練(如創新師或MATRIZ LEVEL1證書)才會了解，因此我僅就技術演化趨勢、發明原理、矛盾矩陣等較容易明白上手的內容舉例詳細說明之。

問題分析	定義問題	解決問題	評估方案 專利產生
• 因果衝突鏈分析 • 功能/屬性分析 • S曲線分析 • 9/12宮格分析 • 資源分析	• 技術矛盾 • 物理矛盾 • 質場分析 • 理想化/理想最終結果	• 發明原理 • 技術矛盾 • 物理矛盾 • 質場分析/標準解 • 技術演化趨勢 • 資源分析 • 知識/效應 • ARIZ (創新性問題解 　決演譯法) • 簡化(Trim) • 理想最終結果 • 心理慣性工具 • 顛覆分析	• 多標準決策分析 　(MCDA) • 朴氏矩陣(Pugh 　Matrix) • 專利地圖/佈局

圖 15.11 TRIZ 解題流程與工具選擇

15.3.4 技術系統的進化模式 (演進型態)TRIZ Patterns of Evolution of Technological Systems

15.3.4.1 Altshuller 八大技術系統演化法則

Altshuller (1984)指出 "技術系統的演進遵循一定的模式和規律，技術系統的發展（在一定限度內）是可預測的"。傳統的TRIZ發現每個技術系統會依照某個可預測的模式(patterns)來進化，稱該模式為進化線(line of evolution)或進化趨勢(trend of evolution)，也稱作法則(laws)。技術系統依循著上述模式，朝向理想性的方向演化，直到消耗掉系統的資源。同樣的技術演進型態，會重複出現於各產業與科學領域；利用演進型態可以預測某系統的下一步進化，或是與先前的系統做發明上的比較。

表12.2. Altshuller技術系統演化法則

類別	Laws of development of technical systems
靜學 Statics	• The law of the completeness of parts of the system • The law of energy conductivity of a system • The law of harmonizing the rhythms of parts of the system
運動學 Kinematics	• The law of increasing the degree of ideality of the system • The law of uneven development of parts of a system • The law of transition to a super-system
動力學 Dynamics	• The law of transition from macro to micro level • The law of increasing the S-Field involvement

15.3.4.1.1 靜力學 Statics

(1) 系統組件完整性法則 (The law of the completeness of parts of the system)：
一個技術系統是整合原本離散的各元件，並使其運作。系統包含四個基本部分：引擎、傳動裝置、運行機構與控制機構。

(2) 提升系統能源傳導率法則 (The law of energy conductivity of a system)：
任何技術系統的運作都是透過能量的轉換，將能量從引擎經傳動裝置到各組件。系統的能量轉移是朝增加轉移效率的方向演化。

(3) 系統組件律動協調性法則 (The law of harmonizing the rhythms of parts of the system)：
係指一技術系統所含的各組件，其頻率需互相調和。

15.3.4.1.2 運動學 Kinematics

(1) 提升系統的理想性法則 (The law of increasing the degree of ideality of the system)：
本法則是指一個技術系統從增加其理想性的方向發展。

(2) 組件（子系統）非齊一性發展法則 (The law of uneven development of parts of a system)：

系統的組件 (子系統) 並不是同步改善，而是個別以不同的速度在改善。當系統本身愈複雜，其組件個別發展的的現象愈明顯。

(3) 轉移至超系統法則 (The law of transition to a super-system)：
當一系統發展到極致時，將藉由變成另一超系統中的一個次系統持續演化，如此一來，最初的系統被演化到一個新的層次。

15.3.4.1.3 動力學 Dynamics

(1) 從宏觀層面轉變到微觀層面的法則 (The law of transition from macro to micro level)：
技術系統的運行機構，是從宏觀層面發展至微觀層面。

(2) 增加「物質—場」應用法則 (The law of increasing the S-Field involvement)：
技術系統會從不完全的「物質—場」朝向完整的「物質—場」演進，而當系統已是「物質—場」，則會從機械場，轉變成電磁場。

15.3.4.2 Darrell Mann 的三十七項工程演化趨勢

2003年Darrell Mann提出了37項工程演化趨勢參數，目標是希望在達成理想最終結果時，不發生任何有害的效果或功能，以達到系統呈現最佳的運作。表15.3詳列這37種演進線，有興趣讀者可以找相關書籍作進一步研究。

表15.3. Darrell Mann 於2003年提出的37條演進線

空間趨勢 Space Related Trends	
S1	智慧材料 Smart Materials
S2	空間分割 Space Segmentation
S3	表面分割 Surface Segmentation
S4	物件分割 Object Segmentation
S5	奈米化 Macro to Nano Scale-Space
S6	網狀纖維 Webs and Fibers
S7	減少密度 Decreasing Density
S8	增加非對稱性 Increasing Asymmetry
S9	打破邊界 Boundary Breakdown-Space
S10	幾何演化 (線性) Geometric Evolution(Linear)
S11	幾何演化 (立體) Geometric Evolution (Volumetric)
S12	向下縮合 Nesting-Down
S13	動態性 Dynamization

	介面趨勢 INTERFACE RELATED TRENDS
I14	單-雙-多 (同質性) Mono-Bi-Poly(Similar)-interface
I15	單-雙-多 (變異性) Mono-Bi-Poly(Various)-interface
I16	單-雙-多 (增加差異) Mono-Bi-Poly(Increasing Difference)-interface
I17	向上整合 Nesting-Up
I18	減少阻尼 Reduced Damping
I19	增加感官 Senses Interaction
I20	增加顏色 Color Interaction
I21	透明 Transparency
I22	顧客採購關注焦點 Customer Purchase Focus
I23	市場演化 Market Evolution
I24	設計考量 Design Point
I25	自由度 Degrees of Freedom
I26	打破邊界 Boundary Breakdown -interface
I27	簡約設計 Trimming
I28	控制度 Controllability
I29	人為參與 Human Involvement
I30	設計方法 Design Methodology
I31	減少能源轉換 Reducing Energy Conversions
	時間趨勢 TIME RELATED TRENDS
T32	動作協調 Action Co-ordination
T33	節奏協調 Rhythm Co-ordination
T34	非線性 Non Linearities
T35	單-雙-多 (同質性) Mono-Bi-Poly(Similar)-Time
T36	單-雙-多 (變異性) Mono-Bi-Poly (Various)-Time
T37	奈米化 Macro to Nano Scale-Time

　　發明原理和矛盾矩陣是Altshuller首先發展出來實用的工具，在下一節中會有詳細說明。

15.3.5 矛盾（衝突）矩陣與發明原理

　　萃智的第一個實用工具稱為「矛盾矩陣」，是Altshuller率領團隊花了十年之久的時間，看遍了當時全球專利近50萬件，將其收斂萃取成39個工程參數，見表15.4。並在這些大量品質好的專利所作的分析中，抽取出種種突破與改善技術所構成的本質(即創新的方法)，並將它們精心整理成"40個創新發明原理"，見表15.5，並將這兩者連結起來，且指出在創新發明的過程，我們常遭遇的有兩種矛盾：一是所謂的『技術矛盾』、一是所謂的『物理矛盾』。要達創新發明目標，必先解決面臨的問題，也就是必須解決矛盾才可以完成。

表15.4　39項工程參數（六大群組）

幾何	3.移動件長度 4.固定件長度 5.移動件面積 6.固定件面積 7.移動件體積 8.固定件體積 12.形狀	資源	19.移動件消耗能量 20.固定件消耗能量 22.能量浪費 23.物質浪費 24.資訊喪失 25.時間浪費 26.物質數量	害處	30.物體上有害因子 31.有害的側效應
物理	1.移動件重量 2.固定件重量 9.速度 10.力量 11.張力、壓力 17.溫度 18.亮度 21.動力	能力	13.物體穩定性 14.強度 15.移動件耐久性 16.固定件重量 27.可靠度 32.製造性 34.可修理性 35.適合性 39.生產性	操控	28.量測精確度 29.製造精確度 33.使用方便性 36.裝置複雜性 37.控制複雜性 38.自動化程度

表15.5. 40發明原理

01. 分割原理 Segmentation	15. 增強動態性原理 Dynamics	28. 機械系統替代原理 Replacement of mechani-cal system
02. 抽取原理 Taking out or extraction	16. 部分達到或超越原理 Partial or excessive ac-tion	29. 氣壓或液壓結構替代原理 Pneumatics and hydrau-lics
03. 局部品質改善原理 Local quality	17. 多維化原理 Another dimension	30. 柔性殼體或薄膜結構替代原理 Flexible membranes and thin films
04. 增加不對稱性原理 Asymmetry	18. 機械振動原理 Mechanical vibration	31. 多孔化原理 Porous materials
05. 組合原理 Merging / Consolidation	19. 週期性運動原理 Periodic action	32. 色彩化原理 Colour change
06. 一物多用原理 Universality	20. 有效持續運作原理 Continuity of useful ac-tion	33. 同質化原理 Homogeneity
07. 嵌套原理 Nested doll	21. 快速運作原理 （減少有害作用的時間） Rushing through	34. 自生自棄原理 Discarding and Recover-ing
08. 重補償原理 Anti-weight	22. 變害為利原理 Blessing in disguise	35. 改變物理/化學數原理 Parameter Change
09. 預先反作用原理 Prior counteraction	23. 回饋原理 Feedback	36. 相變原理 Phase transition
10. 預先作用原理 Prior action	24. 借助仲介物原理 Intermediary/Mediator	37. 熱膨脹原理 Thermal expansion
11. 預置防範原理 Cushion in advance	25. 自服務原理 Self-Service	38. 加速氧化原理 Accelerated oxidation
12. 等勢原理 Equipotentiality	26. 複製原理 Copying	39. 惰性（或真空）環境原理 Inert atmosphere
13. 逆向運作原理 The other way round	27. 廉價物品替代原理 Cheap short-living ob-jects	40. 複合材料原理 Composite materials
14. 曲線、曲面化原理 Spheroidality / Curvature		

15.3.5.1 技術矛盾

　　『技術矛盾』，乃指產業在使用各種技術時，通常會遭遇到這樣的情況："當我們想要改善系統中的某一參數時，系統卻在另一參數變差"。而TRIZ將上述的情境定義成"技術矛盾 Technical Contradiction"，並試圖透過"消除"該矛盾的方式來找到突破性的解決方案。好的專利正是這類突破性解決方案的歷史紀錄。所以，Altshuller相信從這樣的解決方案中學習，必定能提供我們大量的提示而可用於消除在我們的問題上出現的各種矛盾。傳統上我們在解一項工程難題時，通常會採取妥協(折衷)的解決方案(也就是最佳化)，但對TRIZ的使用者來說，"消滅問題"是第一個考慮的方式，而非妥協。圖15.12解釋了TRIZ和一般方法的差異。

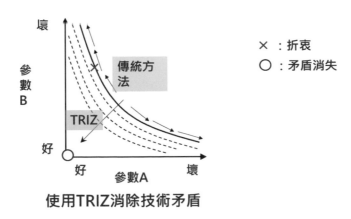

圖 15.12 TRIZ 的解決技術矛盾是往左下方移動將不好的參數徹底消除

15.3.5.2 物理矛盾

　　『物理矛盾』又是甚麼？系統在問題上被要求要朝向某一方向發展，但同一系統的同一面向卻又要求要朝向反方向發展，這被稱之為『物理矛盾』。譬如有一個需求是"鍍銅電流密度設定要高"，生產效率好；但又有相反的需求是"鍍銅電流密度設定要低"，分布力(Throwing power)才會好，這兩個衝突指向銅的沉積速度。當我們碰到這種被要求要在同一時間裡同時滿足兩個對立的需求時，以往的思維是"這很難辦到"，但在TRIZ的理論中是有系統可以找出解決之道—利用分離原理。分離原理是一個很有力很管用的工具，有時將技術矛盾問題轉換成物理矛盾，問題可以迎刃而解，不過這是進階工具，本文不加說明。

- 40 個發明原理用於解決技術衝突的方法。

- 解決物理衝突的方法則採用分離原理。

- 一般一個技術衝突都有隱含著一個物理衝突，設計中的很多問題最終都能轉化為物理衝突。

- 所有的問題都含有技術衝突與物理衝突。

- 解決物理衝突的分離原理與解決技術衝突的發明原理之間存在關係，對於某一分離原理，可以有很多條發明原理與之對應。

- 只要能確定物理衝突及分離原理的類型，40 條發明原理及工程實例可說明設計者儘快確定新的設計概念。

15.3.5.3 矛盾矩陣 Contradiction Matrix

　　Altshuller先是挑出了39個面向(例如，移動件的重量 weight of working part，可操作性 operability，等等)來將描述系統問題的方式加以標準化，然後作成一個改善中面向vs.變差中面向的39 x 39問題矩陣，如圖15.13的局部顯示。接著他逐一分析好的專利從哪一個矛盾問題出發，在這個專利中被涉及的矛盾如何運用40個創新發明原則來解決問題。Altshuller和他的學生們以人工方式去執行分析它，前後花了7年之久，針對這39 x 39問題矩陣中的每一個元素列舉出最常被使用到的前4個創新發明原則。這是最著名最常被應用的『矛盾矩陣』，大半踏進TRIZ領域應用於工作上解決創新問題者，都從此入門，是一個重要的敲門磚和迷人的工具。後來Darrell Mann把矩陣擴充為48 x 48，也就是把工程參數增加到48個。

Improving Feature ＼ Worsening Feature	1 Weight of moving object	2 Weight of stationary object	3 Length of moving object	4 Length of stationary object	5 Area of moving object	6 Area of stationary object	7 Volume of moving object	8 Volume of stationary object	9 Speed	10 Force (Intensity)	11 Stress or pressure	12 Shape	13 Stability
1 Weight of moving object	+		15, 8, 29,34		29, 17, 38, 34		29, 2, 40, 28		2, 8, 15, 38	8, 10, 18, 37	10, 36, 37, 40	10, 14, 35, 40	1, 35, 19, 39
2 Weight of stationary object		+		10, 1, 29, 35		35, 30, 13, 2		5, 35, 14, 2		8, 10, 19, 35	13, 29, 10, 18	13, 10, 29, 14	26, 39, 1, 40
3 Length of moving object	8, 15, 29, 34		+		15, 17, 4		7, 17, 4, 35		13, 4, 8	17, 10, 4	1, 8, 35	1, 8, 10, 29	1, 8, 15, 34
4 Length of stationary object		35, 28, 40, 29		+		17, 7, 10, 40		35, 8, 2,14		28, 10	1, 14, 35	13, 14, 15, 7	39, 37, 35
5 Area of moving object	2, 17, 29, 4		14, 15, 18, 4		+		7, 14, 17, 4		29, 30, 4, 34	19, 30, 35, 2	10, 15, 36, 28	5, 34, 29, 4	11, 2, 13, 39
6 Area of stationary object		30, 2, 14, 18		26, 7, 9, 39		+				1, 18, 35, 36	10, 15, 36, 37		2, 38
7 Volume of moving object	2, 26, 29, 40		1, 7, 4, 35		1, 7, 4, 17		+		29, 4, 38, 34	15, 35, 36, 37	6, 35, 36, 37	1, 15, 29, 4	28, 10, 1, 39
8 Volume of stationary object		35, 10, 19, 14	19, 14	35, 8, 2, 14				+		2, 18, 37	24, 35	7, 2, 35	34, 28, 35, 40
9 Speed	2, 28, 13, 38		13, 14, 8		29, 30, 34		7, 29, 34		+	13, 28, 15, 19	6, 18, 38, 40	35, 15, 18, 34	28, 33, 1, 18
10 Force (Intensity)	8, 1, 37, 18	18, 13, 1, 28	17, 19, 9, 36	28, 10	19, 10, 15	1, 18, 36, 37	15, 9, 12, 37	2, 36, 18, 37	13, 28, 15, 12	+	18, 21, 11	10, 35, 40, 34	35, 10, 21
11 Stress or pressure	10, 36, 37, 40	13, 29, 10, 18	35, 10, 36	35, 1, 14, 16	10, 15, 36, 28	10, 15, 36, 37	6, 35, 10	35, 24	6, 35, 36	36, 35, 21	+	35, 4, 15, 10	35, 33, 2, 40
12 Shape	8, 10, 29, 40	15, 10, 26, 3	29, 34, 5, 4	13, 14, 10, 7	5, 34, 4, 10		14, 4, 15, 22	7, 2, 35	35, 15, 34, 18	35, 10, 37, 40	34, 15, 10, 14	+	33, 1, 18, 4
Stability of the object's	21, 35	26, 39	13, 15		2, 11		28, 10	34, 28	33, 15	10, 35	2, 35	22, 1	

圖 15.13 39*39 矛盾矩陣

15.3.6 電路板產業應用實例說明

TRIZ有非常棒的系統化工具，快速讓工程人員找到想要解決的問題，但在電路板產業的應用卻是少之又少。前一陣子國內著名板廠首度利用TRIZ作專案，不僅解決問題，還同時產生了數個專利，真的令人精神為之一振。因為理論內容龐大，又怕隔靴搔癢，所以以下的案例以淺顯易懂的幾個發明原理來闡述，無法40個都帶到，另外以一個案例說明矛盾矩陣和發明原理的解題應用，相信讀者應該容易理解，並進而引發大家研究與使用的興趣。

12.3.6.1 發明原理應用舉例說明：

1. 局部品質改善原理

局部工作區域更高階無塵室 (Clean room) 如：壓合疊板室、曝光機及防銲塗佈機之台罩式1000 級無塵設置 (圖 15.14)

銑刀、鑽針表面奈米塗層增加壽命 (圖 15.15)

圖 15.14 無塵室　　　　　　　　圖 15.15 銑刀

2. 不對稱性 Asymmetry

High layer count 高層數板子的壓合對位系統 (圖 15.16)

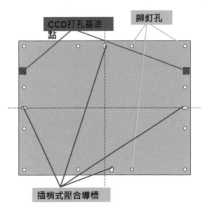

圖 15.16 壓合對位

3. 預先作用 Preliminary Action

成型的郵票孔做法 (圖 15.17 左、右)

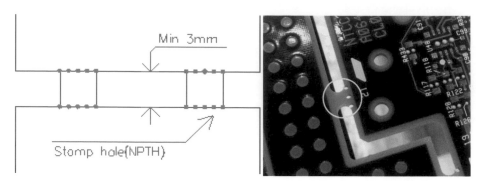

圖 15.17 郵票孔

軟硬結合板在軟板hinge區的硬板開窗處事先v-cut處理(圖15.18)

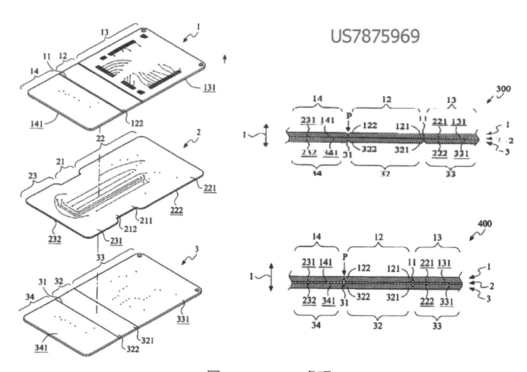

圖 15.18 V-cut 處理

4. 轉換到新空間 Another Dimension

雙面SMD設計(圖15.19)

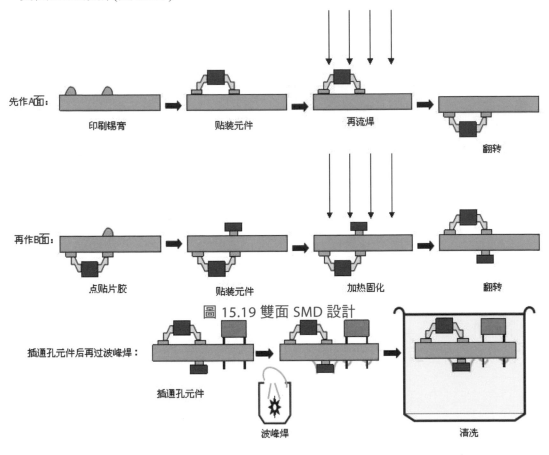

圖 15.19 雙面 SMD 設計

Embedded PCB 設計製作 (圖 15.20 左、右)

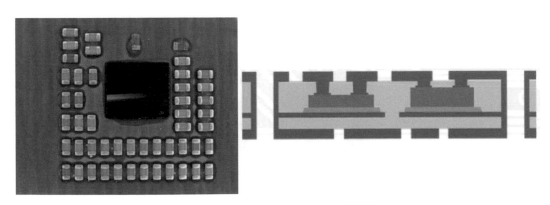

圖 15.20 Embedded PCB 設計

5. 週期性運動 Periodic Action

Pulse-reverse 整流器取代 DC整流器鍍盲孔填孔(圖15.21左、右)

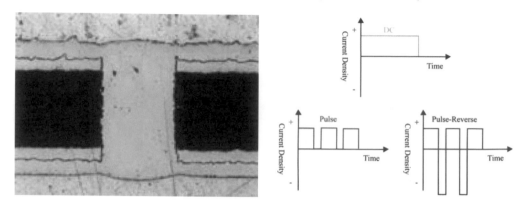

圖 15.21 Pulse-reverse 整流器

High aspect ratio step drilling(圖 15.22)

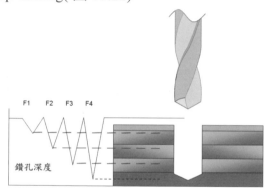

圖 15.22 Hugh aspect ratio step drilling

6. 中間介質 Intermediary/Mediator

軟板覆蓋膜 (Coverlay) 壓合使用的離型膜 (Release film) (圖 15.23)

圖 15.23 離形膜

軟硬結合板高低差壓合使用的適形墊 (Conformal pad) (圖 15.24)

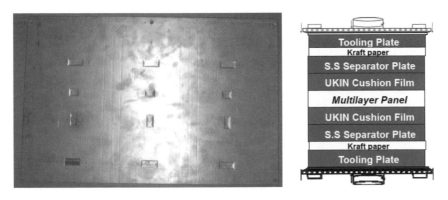

圖 15.24 適形墊

12.3.6.2 利用矛盾矩陣解決發明問題的三步驟 (如圖 15.25 說明)：案例說明

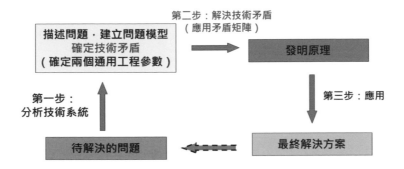

圖 15.25 矛盾矩陣解決發明問題的三步驟

EX. IC 載板製作的排版越來越大，為的是生產效率增加，但碰到的首要問題是製程對位精準度下降，我們就以線路對位來討論：

步驟一：定義要解決的問題。

提高排版尺寸，增加生產效率降低成本，但因工作面積變大造成對位精準度下降。

步驟二：建立問題模型，應用矛盾矩陣找出可以解決方案 (發明原理)。

要改善的參數： 39 Productivity 生產力。

導致惡化的參數： 29 Precision/Accuracy of Manufacturing 製造精密度對應矛盾矩陣，如圖 15.26，得到的 4 個發明原理的建議分別是：

18. 振動原理 Mechanical vibration

10. 預先行動原理 Preliminary action

32. 改變顏色原理 Color change

01. 分割原理 Segmentation

改善參數 ↓ / 惡化參數 →	運動物體的重量 1	時間損失 25	物質的量 26	可靠性 27	測量精度 28	製造精度 29	作用於物體的有害因素 30
1 運動物體的重量	(本格)	10 35 20 28	3 26 18 31	1 3 11 27	28 27 35 26	28 35 26 18	22 21 18 27
2 靜止物體的重量	-	10 20 35 26	19 6 18 26	10 28 8 3	18 26 28	10 1 35 17	2 19 22 37
4 靜止物體的長度		30 29 14		15 29 28	32 10	2 32 10	1 18
5 運動物體的面積	2 □ 29	26 4	29 30 6 13	29 9	26 28 32 3	2 32	22 33 28 1
6 靜止物體的面積	-	10 35 4 18	2 18 40 4	32 35 40 4	26 28 32 3	2 29 18 36	27 2 39 35
7 運動物體的體積	2 26 29	2 6 34	29 30 7	14 1 40 11	25 26 28	25 28 2 16	22 21 27 35
8 靜止物體的體積	-	35 16 32 18	35 3	2 35 16		35 10 25	34 39 19 27
9 速度	2 28 13		10 19 29 38	11 35 27 28	28 32 1 24	10 28 32 25	1 28 35 23
10 力	8 1 37	10 37 36	14 29 18 36	3 35 13 21	35 10 23 24	28 29 37 36	1 35 40 18
11 應力、壓強	10 36 37	37 36 4	10 14 36	10 13 19 35	6 28 25	3 35	22 2 37
12 形狀	8 10 29	14 10 34	36 22	10 40 16	28 32 1	32 30 40	22 1 2 35
31 物體產生的有害因素	19 22 15	21 39 16	3 24 39 1	24	2 40 39 3	3 33 26	4 17 34 26
32 可製造性	28 29 15	35 28 34 4	35 23 1 24		1 35 12 18		24 2
33 操作流程的方便性	25 2 13	4 28 10 34	12 35	17 27 8 40	25 13 2 34	1 32 35 23	2 25 28 39
34 可維修性	2 27 11	32 1 10 25	2 28 10 25	11 10 1 16	10 2 13	25 10	35 10 2 16
35 適用性, 通用性	1 6 15	35 28	3 35 15	35 13 8 24	35 5 1 10		35 11 32 31
36 系統的複雜性	26 30 34	6 29	13 3 27 10	13 35 1	2 26 10 34	26 24 32	22 19 29 40
37 控制和測量的複雜性	27 26 28	18 28 32 9	3 27 29 18	27 40 28 8	26 24 32 28	22 32	22 19 29 28
38 自動化程度	28 26 18	2 28 35 30	35 13	11 27 32	28 26 10 34	28 26 18 23	2 33
39 生產率	35 26 24		35 38	1 35 10 38	1 10 34 28	18 10 32 1	22 35 13 24

圖 15.26 矛盾矩陣案例運用

步驟三：分析4個給定的發明原理，逐一評估找出可行方案 (此步驟需要Domain Knowledge，亦即須相關領域人員team work完成)。

10和01兩個發明原理可行，這裡我們採01.分割原理Segmentation來進行研究找出可行方法。我們採用了兩種曝光系統：

Step & Repeat 步進式曝光

Scanning 掃描式曝光

來改善因大排版帶來的線路對位精準度惡化問題，見圖15.27及圖15.28。

(10預先行動原理Preliminary action可以用在其他製程，讀者有興趣可思考練習一下)

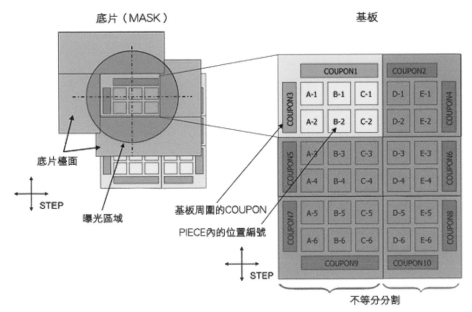

1977 David Mann (GCA), 1979 (Carl Zeiss Jena)

Stepper Principal

Principal:

The whole Mask is exposed onto the Wafer at a time

Then the Wafer steps to the next Position and exposes the Mask at the new Position

:le moves 4x faster than wafer

1987 Perkin Elmer (SVGL)

Scanner Principal

Principal:

The Mask is exposed onto the Wafer by scanning Mask and Wafer past an imaging Slit

Then the Wafer steps to the next Position and the next Scan takes place

圖 15.27 Step & Repeat 步進式曝光系統

底片（MASK）　　　　　　基板

底片檔面

STEP

曝光區域

基板周圍的COUPON

PIECE內的位置編號

COUPON1			COUPON2	
A-1	B-1	C-1	D-1	E-1
A-2	B-2	C-2	D-2	E-2
A-3	B-3	C-3	D-3	E-3
A-4	B-4	C-4	D-4	E-4
A-5	B-5	C-5	D-5	E-5
A-6	B-6	C-6	D-6	E-6
COUPON9			COUPON10	

STEP

不等分分割

圖 15.28 Scanning 掃描式曝光系統

練習

1. 台積電扇出型封裝（Fan-Out）技術是採取何種發明原理 ？

2. 製作細線，Additive process 製程碰到的問題有解決之道嗎 ？

3. 電路板的製程改善，那些有用到『分離原則』？（本文未說明分離原則，希望有興趣讀者自行閱讀書籍或上網搜尋—資料查找蒐集也是問題解決的重要工作之一）

下面兩個練習不在解題，和你的思考慣性有關

4. 你能猜出圖15.29婦人幾歲嗎？

圖 15.29

圖15.30，生氣的表情是左邊還是右邊那一位？

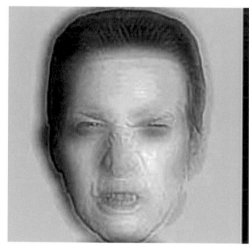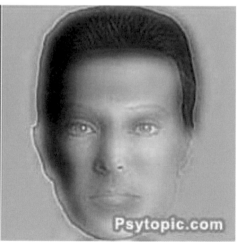

圖 15.30

15.4 後語

　　田口方法與 QFD、TRIZ 三者在日本稱為 21 世紀的開發設計三大手法，前兩者我們都知道是由日本人所提倡。QFD 是 20 世紀 70 年代初起源於日本的三菱重工，由日本品管管理大師赤尾洋二 (Yoji Akao) 和水野滋 (Shigeru Mizuno) 提出，田口方法則是由田口玄一 (Genichi Taguchi) 博士開創。所以TRIZ 可以被日本譽為和田口方法與QFD 同等級的方法非常不簡單， 我個人則認為 TRIZ 更具有包容性和擴充性。

　　有國外學者作統計分析 (ref. Livotov(2004))，TRIZ 各種工具的使用頻率和解題率，如表 15.6 所示，40 發明原則的使用比率最高，不過解題率大概一半左右。如果碰到難度較高的問題通常就會並用兩個以上工具。或者搭配非 TRIZ 工具來解決問題。

表15.6. TRIZ各種工具的使用頻率和解題率

工具	使用率	解題率
40 發明原則	98%	47%
功能和矛盾分析	85%	21%
分離原則	63%	61%
ARIZ	16%	86%
標準解	15%	53%
預期失效辨識	14%	77%
趨勢分析	9%	68%

　　目前全球以韓國和大陸是最積極使用TRIZ於各不同產業，日美次之。韓國幾個產業領先企業如Samsung、LG、浦鋼等應用TRIZ解決問題已超過15~20年，他們進行的每個專案可改善金額數百至數千萬美金，效果非常顯著，同時也以其改良或創新的成果去申請很多專利。Samsung、LG等公司，規定新進工程師一定要先經過TRIZ的基礎訓練。

MATRIZ 為國際萃智協會的簡稱，它有一考照制度--MA TRIZ證照認證。MATRIZ證照制度分為5級：

Level 1 - 3 為考照制度

Level 4 & 5為申請制度

我以韓國和台灣作一比較，單韓國三星內部組織的三星研究院，其機構內就有數千個通過LEVEL 1的工程師，通過 LEVEL 2 & LEVEL 3的中高階人員加總也有數百個，更有數個LEVEL 5大師級的頂尖人才。台灣主要代理及推展TRIZ的單位是中華系統創新學會，筆者這幾年陸續拿到MATRIZ LEVEL 1 & 2 證照，在中華系統性創新學會官網有全台灣拿到證照的人數登錄，LEVEL1不到300個人，LEVEL2一百來個，LEVEL3四十個人不到，而LEVEL 4全台灣只有一個人。統計這些數字是讓讀者們知道，近年來台灣的創新能量一點一滴慢慢退步，這個現象值得大家深思。

"TRIZ is a tool for thinking, but not instead of thinking"

「TRIZ是個工具來幫助思考，而不是代替思考」

CHAPTER **16**

附
錄

圖片來源說明：

圖 3.1：http://b10c10.web.ncku.edu.tw/files/15-1155-118126,c12092-1.php?Lang=zh-tw

圖 3.2：行政院公共工程委員會-工程倫理手冊-96年版

圖 4.1：筆者編繪

圖 4.2：亞洲智識科技："製程綜覽2000"光碟

圖 4.3：https://history-computer.comprinted-circuit-board

圖 4.4：https://zh.wikipedia.org/wiki/File:MK53_fuze.jpg

圖 4.5：http://www.alamy.com/

圖 4.6：https://commons.wikimedia.org/wiki/File：Mouse_printed_circuit_board_component_side_IMG_0952_-_d.JPG

圖 4.7：http://youtube-downloader-mp3.com/exkurze-s-havov-2016-id-nM34iKywPbw.html?id=au2ba5gWLWk

圖 4.8：IPC A-600

圖 4.9：https:// detail .1688.com/offer/ 1093231227.html?spm =a26 1b.2187593.19980887 10.276.PdtfLU

圖 4.10：http://a4.att.hudong.com/46/32/21300542991540142035329383634.gif

圖 4.11：筆者編繪

圖 4.12：筆者編繪

圖 4.13：https://zh.wikipedia.org/wiki/%E5%8D%B0%E5%88%B7%E7%94%B5%E8%B7%AF%E6%9D%BF

圖 4.14：EPEC

圖 4.15：https://www.altium.com/cn/documentation/altium-designer/understanding-printed-circuit-board-makeup?version=18.1

圖 4.16：http://forums.bit-tech.net/showthread.php?t=170872

圖 4.17：亞洲智識科技："多層與高密度電路板總覽"

圖 4.18：筆者編繪

圖 4.19：筆者編繪

圖 4.20：LPKF及筆者彙整

圖 4.21：AT&S，筆者編繪

圖 4.22：https://www.protoexpress.com/blog/via-the-tiny-conductive-tunnel-that-interconnects-the-pcb-layers/

圖 4.23：https://www.schweizer.ag/en/products-solutions/power-electronics/heavy- copper-board.html

圖 4.24：筆者自有圖片

圖 4.25：Casio、CMK、Imbera網站

圖 4.26：IPC-A-600

圖 4.27：http://www.china-hdi.com/NewsDetails-1371.html

圖 4.28：筆者編繪

圖 4.29：筆者編繪

圖 4.30：筆者編繪

圖 4.31：筆者編繪

圖 4.32：筆者編繪

圖 4.33：取自Ray Kurzweil的「The Singularity Is Near-When Humans Transcend Biology」

圖 5.1：TPCA學分班教材筆者重編

圖 5.2：重繪：http://www.geocities.ws/garyyugu/intro_elec_pack/elec_pack.html

圖 5.3：亞洲智識科技："多層與高密度電路板總覽"

圖 5.4：亞洲智識科技："多層與高密度電路板總覽"

圖 5.5：亞洲智識科技："多層與高密度電路板總覽"

圖 5.6：亞洲智識科技："多層與高密度電路板總覽"

圖 5.7：亞洲智識科技："多層與高密度電路板總覽"

圖 5.8：亞洲智識科技："多層與高密度電路板總覽"

圖 5.9：亞洲智識科技："多層與高密度電路板總覽"

圖 5.10：亞洲智識科技："多層與高密度電路板總覽"

圖 5.11：亞洲智識科技："多層與高密度電路板總覽"

圖 5.12：TPCA，筆者重編

圖 5.13：TPCA

圖 6.1：改編自Wackernagel & Rees, 1996

圖 6.2：筆者自有圖片

圖 6.3：https://web.archive.org/web/20140421050855/http://science-edu.larc.nasa.gov/energy_budget/

圖 6.4：IPCC AR6

圖 6.5：筆者編繪

圖 6.6：筆者編繪

圖 6.7：台灣產業服務基金會

圖 6.8：台灣產業服務基金會

圖 6.9：台灣產業服務基金會

圖 6.10：http://blog.sina.com.tw/green_viewpoint/article.php?entryid=591926

圖 6.11：EPEA

圖 6.12：筆者編繪

圖 6.13：筆者編繪 Source:https://www.visualcapitalist.com/visualizing-the-accumulation-of-human-made-mass-on-earth/

圖 6.14：國發會

圖 6.15：IEA

圖 6.16：IPCC

圖 6.17：UL網站

圖 6.18：TPCA

圖 6.19：筆者編繪

圖 6.20：TPCA季刊

圖 6.21：TPCA季刊

圖 6.22：筆者編繪

圖 6.23：https://www.ted.com/talks/jane_poynter_life_in_biosphere_2

圖 6.24：https://www.ted.com/talks/jane_poynter_life_in_biosphere_2

圖 7.1：http://informatikaparatodos.blogspot.tw/2012/01/breve-historia-de-la-computacion.html

圖 7.2：http://rajanlama.com.np/generation-of-computer/

圖 7.3：http://wonderfulengineering.com/what-is-an-integrated-circuit/

圖 7.4：https://www.wikiwand.com/zh-tw/%E6%91%A9%E5%B0%94%E5%AE%9A%E5%BE%8B

圖 7.5：筆者編繪

圖 9.1：筆者編繪

圖 9.2a：亞洲智識科技："多層與高密度電路板總覽"

圖 9.2b：筆者編繪

圖 9.3：IPC A-610

圖 9.4：IPC A-610

圖 9.5：亞洲智識科技："軟板製程技術應用全覽"

圖 9.6：亞洲智識科技："軟板製程技術應用全覽"

圖 9.7：亞洲智識科技："軟板製程技術應用全覽"

圖 9.8：亞洲智識科技："軟板製程技術應用全覽"

圖 9.9：亞洲智識科技："軟板製程技術應用全覽"

圖 9.10：亞洲智識科技："軟板製程技術應用全覽"

圖 9.11：亞洲智識科技："多層與高密度電路板總覽"

圖 9.12：亞洲智識科技："多層與高密度電路板總覽"

圖 9.13：筆者自有圖片

圖 9.14：TPCA學分班講義

圖 9.15：TPCA學分班講義

圖 9.16：Isola

圖 9.17：筆者編繪

圖 9.18：http://www.slideshare.net/manfredhuschka/the-influence-of-rf-substrate-materials-on-passive-intermodulation-pim

圖 9.19：Rogers

圖 9.20：亞洲智識科技："多層與高密度電路板總覽"

圖 11.31：http://www.multiline.com/products/frame02.htm

圖 11.32：筆者編繪

圖 11.33：筆者編繪

圖 11.34：Orbotec

圖 11.35：Hitachi

圖 11.36：Meiko Electronics

圖 11.37：https://www.imp.gda.pl/en/research-centres/o3/o3z3/we-offer/laser-direct-imaging/

圖 11.38：筆者編繪

圖 11.39：筆者編繪

圖 11.40：筆者編繪

圖 11.41：筆者編繪

圖 11.42：TPCA學分班講義

圖 11.43：筆者編繪

圖 11.44：筆者編繪

圖 11.45：志聖

圖 11.46：亞洲智識科技："多層與高密度電路板總覽"

圖 11.47：TPCA學分班講義

圖 11.48：TPCA學分班講義

圖 11.49：http://schmid-group.com/en/markets/electronics/infinityline/

圖 11.50：筆者編繪

圖 11.51：http://wenku.baidu.com/view/430d775390c69ec3d4bb7502.html?re=view

圖 11.161：筆者編繪

圖 11.162：TPCA學分班講義圖 10.163：TPCA學分班講義

圖 11.164：白蓉生先生 "通孔與盲孔之除膠渣與金屬化原理" 教材

圖 11.165：亞洲智識科技： "製程綜覽2000" 光碟

圖 11.166：阿托科技

圖 11.167：筆者編繪

圖 11.168：筆者編繪

圖 11.169：白蓉生先生 "通孔與盲孔之除膠渣與金屬化原理" 教材

圖 11.170：白蓉生先生 "通孔與盲孔之除膠渣與金屬化原理" 教材

圖 11.171：白蓉生先生 "細說酸性鈀與鹼性鈀" 教材

圖 11.172：阿托科技

圖 11.173：超特

圖 11.174：亞洲智識科技： "多層與高密度電路板總覽"

圖 11.175：筆者編繪

圖 11.176：筆者編繪

圖 11.177：TPCA學分班講義

圖 11.178：筆者編繪

圖 11.179：超特

圖 11.180：筆者自有圖片

圖 11.181：TPCA學分班講義

圖 11.182：超特

圖 11.183：超特

圖 11.205：筆者編繪

圖 11.206：https://www.bunniestudios.com/blog/?p=2407

圖 11.207：TPCA學分班講義

圖 11.208：TPCA學分班講義

圖 11.209：亞洲智識科技："多層與高密度電路板總覽" & http://www.epectec.com/pcb/soldermask-design-basics.html

圖 11.210：筆者編繪

圖 11.211：筆者編繪

圖 11.212：筆者編繪

圖 11.213：TPCA學分班講義

圖 11.214：TPCA學分班講義

圖 11.215：TPCA學分班講義

圖 11.216：亞洲智識科技："製程綜覽2000"光碟

圖 11.217：TPCA學分班講義

圖 11.218：TPCA學分班講義

圖 11.219：TPCA學分班講義

圖 10.220：TPCA學分班講義

圖 11.221：TPCA學分班講義

圖 11.222：CraftPix

圖 11.223：TPCA學分班講義

圖 11.224：筆者編繪

圖 11.225：TPCA學分班講義

圖 11.247：亞洲智識科技："製程綜覽2000"光碟

圖 11.248：亞洲智識科技："製程綜覽2000"光碟

圖 11.249：亞洲智識科技："製程綜覽2000"光碟

圖 11.250：亞洲智識科技："製程綜覽2000"光碟

圖 11.251：亞洲智識科技："製程綜覽2000"光碟

圖 11.252：亞洲智識科技："製程綜覽2000"光碟

圖 11.253：亞洲智識科技："製程綜覽2000"光碟

圖 11.254：https://blogs.mentor.com/tom-hausherr/blog/tag/mouse-bite/

圖 11.255：http://dangerousprototypes.com/blog/wp-content/media/2013/01/
IMG_20130102_125150.jpg

圖 11.256：亞洲智識科技："製程綜覽2000"光碟

圖 11.257：亞洲智識科技："多層與高密度電路板總覽"

圖 11.258：亞洲智識科技："製程綜覽2000"光碟

圖 11.259：亞洲智識科技："製程綜覽2000"光碟

圖 11.260：亞洲智識科技："製程綜覽2000"光碟

圖 11.261：亞洲智識科技："製程綜覽2000"光碟

圖 11.262：亞洲智識科技："製程綜覽2000"光碟

圖 11.263：亞洲智識科技："多層與高密度電路板總覽"

圖 11.264：圖片來源說明：http://wenku.baidu.com/view/3cf87c04e87101f69e3195c4

圖 11.265：http://wenku.baidu.com/view/3cf87c04e87101f69e3195c4

圖 10.266：http://wenku.baidu.com/view/3cf87c04e87101f69e3195c4

圖 11.267：http://wenku.baidu.com/view/3cf87c04e87101f69e3195c4

圖 12.7：Happy Holden：『The HDI Handbook』，筆者彙編

圖 12.8：筆者編繪

圖 12.9：Happy Holden：『The HDI Handbook』

圖 12.10：筆者編繪

圖 12.11：筆者編繪

圖 12.12：Happy Holden：『The HDI Handbook』，筆者彙編

圖 12.13：Happy Holden：『The HDI Handbook』，筆者彙編

圖 12.14：Happy Holden：『The HDI Handbook』，筆者彙編

圖 12.15：臻鼎網站

圖 12.16：筆者編繪

圖 12.17：https://resources.altium.com/p/substrate-pcbs-push-limits-hdi

圖 12.18：Source :TPCA

圖 12.19：TPCA季刊白老師技術文章

圖 12.20：Source: AT&S

圖 12.21：TPCA季刊白老師技術文章

圖 12.22：筆者編繪

圖 12.23：筆者編繪

圖 12.24：Source:PCB007 2022/Nov. 筆者編譯

圖 12.25：https://www.allaboutcircuits.com/news/novel-additive-pcb-manufacturing-process-offers-efficiency-environmental-benefits/

圖 12.26：筆者編繪

圖 12.27：工研院

圖 13.1~圖13.51：亞洲智識科技：『軟板制程技術與應用全』

圖 14.1：筆者編繪

圖 14.2：筆者編繪

圖 14.3：筆者編繪

圖 14.4：筆者編繪

圖 14.5：亞洲智識科技："多層與高密度電路板總覽"

圖 14.6：亞洲智識科技："多層與高密度電路板總覽"

圖 14.7：亞洲智識科技："多層與高密度電路板總覽"

圖 14.8：亞洲智識科技："多層與高密度電路板總覽"

圖 14.9：http://www.kson.com.tw/chinese/study_15-19.htm

圖 14.10：筆者編繪

圖 14.11：Isola

圖 15.1：筆者自有圖片

圖 15.2：筆者自有圖片

圖 15.3：筆者自有圖片

圖 15.4：電機月刊第二十一卷第八期，筆者編繪

圖 15.5：筆者自有圖片

圖 15.6：http://subscribe.mail.10086.cn/subscribe/readAll.do?columnId=37811&itemId=3954905

圖 15.7：http://reader.roodo.com/giant0116/archives/21077750.html

圖 15.8：筆者自有圖片

圖 15.9：筆者自有圖片

圖 15.10：筆者自有圖片

圖 15.11：筆者自有圖片

圖 15.12：筆者自有圖片

圖 15.13：筆者自有圖片

圖 15.14：http://www.tmt-pcb.com.tw/VirtualTour3C.html

圖 15.15：筆者自有圖片

圖 15.16：TPCA學分班教材

圖 15.17：http://www.mtarr.co.uk/courses/topics/0254_padep/index.html

圖 15.18：US PATENT 7875969

圖 15.19：http://www.slideshare.net/CathyQuan/pcb-assembly-process-flow

圖 15.20："Embedded Component Technology – ECT" Würth Elektronik GmbH & Co. KG-

圖 15.21：筆者自有圖片

圖 15.22：TPCA學分班教材

圖 15.23：http://www.epectec.com/flex/gallery/

圖 15.24：筆者自有圖片

圖 15.25：筆者自有圖片

圖 15.26：筆者自有圖片

圖 15.27：https://kwagjj.wordpress.com/2013/04/24/stepper-scanner-%EC%B0%A8%
EC%9D%B4-difference/

圖 15.28：http://www.adtec.com/chinese-trad/products/exposure/apex5000.html

參考資料：

1. 政院公共工程委員會-工程 手冊-96年版

2. TPCA學分班教材

3. TPCA叢書 "電路板製前設計"

4. TPCA "製程細說—鑽孔"

5. TPCA相關市場報告

6. 電路板季刊相關文章

7. 亞洲智識科技： "多層與高密度電路板總覽"

8. 亞洲智識科技： "軟板製程技術應用全覽"

9. 亞洲智識科技： "製程綜覽2000" 光碟

10. 亞洲智識科技： "HDI技術與應用" 光碟

11. 白蓉生先生 "通孔與盲孔之除膠渣與金屬化原理" 教材

12. 白蓉生先生 "細說酸性鈀與鹼性鈀" 教材

13. 萃智創新工具精通-許棟樑教授

14. 『Hands-On Systematic Innovation』- Darrell Mann

15. TRIZ創造性解決問題的理論和方法- Genrich Altshuller

16. 電機月刊第二十一卷第八期

17. IPC A-600

18. IPC A-610

19. IPC-572

20. Gartner 2022

21. GfK

22. Yole Development

23. "3D Integration of System-in-Package (SiP)：Toward SiP-InterposerSiP for High-End Electronics"-Endicott Interconnect Technologies, Inc

24. "Embedded Component Technology – ECT"Würth Elektronik GmbH & Co. KG

25. TRIZ For Engineers Enabling Inventive Problem Solving- Karen Gadd/Oxford Creativity

26. 台灣產業服務基金會

27. 日經技術在線

28. 大船科技

29. 鴻龍國際

30. 科茂

31. 志聖

32. 超特

33. 富莉科技

34. 瑞利泰德

35. 鼎揚

36. 阿托科技

37. 羅門哈斯

38. 富偉精機

39. 全新方位

40. EPEC、LPKF、AT&S、Casio、CMK、Imbera、Rogers、Isola、Multiline、Meiko、Electronic Chemical、Eurocircuit、North Print、Ibiden、Dyconex、Creative Electron 等公司網站

41. http://informatikaparatodos.blogspot.tw/2012/01/breve-historia-de-la-computacion.html

42. https://zh.wikipedia.org/wiki/%E5%B7%A5%E7%A8%8B%E5%80%AB%E7%90%86

43. http://wonderfulengineering.com/what-is-an-integrated-circuit/

44. http://rajanlama.com.np/generation-of-computer/

45. http://www.worldcitizens.org.tw/awc2010/ch/F/F_d_page.php?pid=20450-全人理念與工程倫理教育的落實

46. http://ieeexplore.ieee.org/xpl/articleDetails.jsp?arnumber=6498846&filter%3DAND%28p_IS_Number%3A6498833%29

47. http://artjohnson.umd.edu/courses/bioe332/bioe332-ethics.pdf

48. http://www.eiccoalition.org/media/docs/EICCCodeofConduct5.1_Chinese_Traditional.pdf

49. http://www.cie.org.tw/Important?cicc_id=3

50. https://zh.wikipedia.org/wiki/%E5%8D%B0%E5%88%B7%E7%94%B5%E8%B7%AF%E6%9D%BF

51. http://forums.bit-tech.net/showthread.php?t=170872

52. http://terms.naer.edu.tw/detail

53. https://en.wikipedia.org

54. http://www.slideshare.net

55. http://wenku.baidu.com

56. http://blog.sina.com.tw/green_viewpoint/article.php?entryid=591926

57. http://electronicdesign.com/archive/3d-ic-technology-delivers-total-package

58. http://www.samsungsem.com/global/product/pcb/package-substrate/system-in-package/index.jsp

59. http://d.hatena.ne.jp/biztech/20120603/1338684054

60. http://d.hatena.ne.jp/biztech/20120603/1338684054

61. https://www.imp.gda.pl/en/research-centres/o3/o3z3/we-offer/laser-direct-imaging/

62. http://www.systematic-innovation.org/

63. http://myweb.fcu.edu.tw/~mhsung/TRIZ/TRIZ_index.htm

64. https://triz-journal.com/

65. Happy Holden：『The IIDI Handbook』

66. TPCA季刊

67. 『台灣電路板產業智慧製造導入指引』

68. 『Semiconductor Advanced Packaging (John H. Lau)』

國家圖書館出版品預行編目 (CIP) 資料

電路板新進工程師手冊 - Junior engineer's handbook /
張靖霖著
ISBN 978-986-99192-8-9　（平裝）

1.CST: 印刷電路

448.62　　　　　　　　　　　　　　　112014819

電路板新進工程師手冊（二版）
Junior Engineers' Handbook (second edition)

發 行 人：李長明

發行單位：台灣電路板協會

執行單位：台灣電路板產業學院（PCB 學院）

作　　者：張靖霖

地　　址：(337002) 桃園市大園區高鐵北路二段 147 號

電　　話：+886-3-381-5659

傳　　真：+886-3-381-5150

網　　址：http://www.tpca.org.tw

電子信箱：service@tpca.org.tw

印刷排版：雨果廣告設計有限公司 +886-2-2627-9596

出版日期：2023 年 9 月

版　　次：二版

定　　價：（會員）　新台幣 1500 元整
　　　　　（非會員）　新台幣 2200 元整